高等学校经济管理类专业系列教材

系统理论与方法

主　编　刘爱军
副主编　柴　建　李　金　程明宝
　　　　杜　刚　罗太波　徐金鹏

西安电子科技大学出版社

内容简介

本书介绍了系统理论的基础知识、系统建模与模型化的基本技术以及系统分析、评价、决策的常用方法。其中，系统研究方法部分重点介绍了层次分析法、模糊综合评判法、数据包络分析方法、理想点法、主成分分析法、群体决策等众多方法。这些方法可以有效地促进系统理论与系统思维的实践应用。"理论一模型一方法"的组织形式很好地展示了系统理论与方法的知识体系。

本书既可作为高等院校系统工程、管理科学与工程、工商管理、物流工程专业学生的教学用书或参考书，又可作为从事复杂系统分析、系统评价和系统决策的研究人员的参考书。

图书在版编目(CIP)数据

系统理论与方法/刘爱军主编. 一西安：西安电子科技大学出版社，2021.12
ISBN 978 - 7 - 5606 - 5930 - 5

Ⅰ. ①系… Ⅱ. ①刘… Ⅲ. ①系统理论 ②系统方法 Ⅳ. ①N94

中国版本图书馆 CIP 数据核字(2020)第 252324 号

策划编辑 刘小莉
责任编辑 张 玮
出版发行 西安电子科技大学出版社(西安市太白南路 2 号)
电　　话 (029)88202421 88201467 邮　　编 710071
网　　址 www.xduph.com 电子邮箱 xdupfxb001@163.com
经　　销 新华书店
印刷单位 陕西天意印务有限责任公司
版　　次 2021 年 12 月第 1 版 2021 年 12 月第 1 次印刷
开　　本 787 毫米×1092 毫米 1/16 印张 20.5
字　　数 487 千字
印　　数 1～2000 册
定　　价 48.00 元
ISBN 978 - 7 - 5606 - 5930 - 5/N
XDUP 6232001 - 1

前　言

伴随着科学技术的不断进步和社会经济建设的飞速发展，系统工程以大规模工业生产和社会经济系统作为研究对象，以制造工程学、管理科学和系统工程学等为学科基础，逐步完善和发展，形成了一门融入工程技术与管理技术的综合性交叉学科。该学科重点强调了"系统观念"和"工程意识"，高度重视研究对象的"统筹规划、整体优化和综合原理"。系统工程在自然科学、社会科学、工程技术、生产实践、经济建设、社会发展及现代化管理中发挥着重要的作用。应用社会科学及经济管理知识，以工程技术作为手段和方法解决系统的管理问题，是现代系统工程的主要研究方向之一。总体来说，系统工程以降低成本、提高质量和生产率为导向，采用系统化、专业化和科学化的方法，综合运用多种学科的知识，对人员、物料、设备、能源和信息所组成的集成系统进行规划、设计、评价、创新和决策等工作，力求建立更有效、更合理的综合优化系统。

在工科类和管理类的相关本科专业中，系统工程的相关理论知识作为学习其他相应课程的重要基础，在必修课程中的地位越来越重要，编写一本对这些专业有较强针对性的系统工程教材成为学科建设的迫切需求。编者正是本着这一实际需求，编写了本书。编者把"遵循科学规律，紧跟时代脉搏，追求质量为上"作为指导思想，把编写适合于专业学科教学的、具有特色的精品教材作为奋斗目标。本书的编写力求符合精品教材的规范要求，在内容编排上紧跟学科发展的进程，充分反映系统工程这门学科的交叉性、拓展性、目的性、人本性和综合优化性等特点。

本书根据相关专业学生知识结构的需要，系统地介绍了系统理论与系统工程方法、系统建模与系统分析、系统动力学方法、灰色系统、模糊分析方法、系统评价方法等内容，将重点放在基本思想、相关理论及应用方法的阐述方面，内容力求新颖、实用、与时俱进。全书融入了编者长期的教学经验和科研成果，在编排上注意体现教学思路的完整性，同时也考虑到自学者的学习方便。作为有一定针对性的教材，编者在内容的选择、例题的安排等方面注意了专业知识的相关性，每章配置了经典案例和习题，便于读者理解书中的内容。

本书的读者应具备高等数学和线性代数知识。本书着重阐述系统工程的基本思想、理论、模型和方法，力求做到深入浅出、通俗易懂且适于教学和自学。本书将为培养德、智、体全面发展的，适应国家建设和科技发展需要的，既有扎实的工程技术和计算机技术基础，又掌握现代管理科学与系统科学理论和方法的，能熟练应用系统工程知识的，能够对企事业生产工作系统和流程进行规划、设计、评价和创新的，懂技术又擅长管理的复合型高级专门人才作出贡献。

本书由西安电子科技大学刘爱军副教授担任主编，多位编者协作共同完成。编者都是从事系统工程教学工作和科研工作的教师，几位在读研究生及本科生参与了部分编写工作。本书的具体编写分工为：第 1～4 章由刘爱军和柴建负责，编写小组成员包括肖亚璇、张燕；第 5～8 章由李金负责，编写小组成员包括吉晓慧、刘桃宁；第 9～11 章由程明宝负责，编写小组成员包括朱秋云、郭星汝；第 12～13 章由杜刚负责，编写小组成员包括邱红伟、罗森浩；第 14～16 章由罗太波和徐金鹏负责，编写小组成员包括刘海洋、苗婕、丁勃文、赵梦茏。本书的编写还参考了国内外很多相关资料和文献，因此可以说本书是集体智慧的结晶。在此对所有给予我们支持和帮助的朋友、同事、有关人员以及参考文献的作者表示衷心的感谢。同时，本书的出版得到了西安电子科技大学出版社的大力支持，在此一并致谢。

书中讹误难免，欢迎广大读者不吝批评指正。

编　者

2021 年 6 月于西安

目　录

第 1 章　系统的概述

案例导入

中国载人航天系统

2013 年 6 月 11 日，北京时间 17 时 38 分，长征二号 F 改进型运载火箭(遥十)“神箭”成功发射神舟十号飞船。神舟十号飞船是中国载人航天的伟大奇迹，是二期工程实施的第三次交会对接飞行，三位宇航员聂海胜、张晓光和王亚平驾驶着飞船，与轨道上正在运行的天宫一号目标飞行器进行了空前的载人交会对接。此次飞行任务的主要目的之一是进一步评估各系统在执行飞行任务中的功能、表现和系统协调性。载人航天系统包括八个子系统，即航天员系统、空间应用系统、载人飞船系统、运载火箭系统、发射场系统、测控通信系统、着陆场系统和空间实验室系统。这些系统协同合作，共同完成航天计划。

神舟十号飞船是一个成功运用系统思想的典型系统。本章就系统思想的发展及系统的概念、结构、功能和性质等一系列问题展开论述。

1.1　系统的定义

系统(System)是系统工程(System Engineering，SE)的研究对象。“系统”广泛地存在于我们的生活中。“系统”的含义包括从简单事物到复杂事物，从描述结构、显示过程到确定属性、区分功能最后到描述纵横关系以及层次关系等。

1.1.1　系统概念的形成

“系统”最早出现在古希腊唯物主义哲学家德谟克利特所写的《宇宙大系统》中，这个词的本义是指事物的共性部分和每个事物应该处于的位置，也就是部分构成整体。后来，亚里士多德(Aristotle)的“整体大于部分的总和”成为系统论的基本原则之一。

从系统思想发展到一般系统论、控制论、信息论等系统理论，其发展与现代科学技术的兴起密切相关。系统理论或狭义的一般系统论，研究的是系统的模式、原理以及规律，并从数学上描述系统的功能。作为一般系统论的创始人，奥地利的生物学家冯·贝塔朗菲(Von Bertalanffy)在 20 世纪初期把“系统”称为“由相互作用的多种要素构成的复合体”。假设一个对象集合包含有两个及以上不同的元素，所有这些元素都以特定的方式相互关联，则该集合被称为系统。元素是构成系统的最小结构单元。

我国著名科学家钱学森对系统理论和系统科学的发展作出了巨大贡献，他将“系统”定义为一个由若干相互作用、相互联系和相互依赖的组分组合起来的具有特定功能的有机整体。

许国志和其他学者在《系统科学》一书中指出：系统具有整体性、多元性和内在关联性。

具体而言，系统是由其所有组成部分组成的统一整体，具有整体结构、整体特征、整体状态、整体行为、整体功能等；系统是多样性的统一、差异性的统一，不同的多个事物(至少两个)在一定的条件下可以集成到一个系统中；系统中没有孤立的元素，所有元素或组件互相激励、互相补充、互相制约。

人们对世界的认识经历了从古典综合到还原分析，再回到现代综合发展的过程，构成了螺旋式的科学发展史。人们对系统思想的理解以及系统理论的形成和发展也是如此。

1. 中国古代朴素的系统思想

“系统”的概念来源于人类长期的社会实践。在系统思想传播的初期，人类只是对整体、组织、结构、层次等具有浅显的认识。中国是一个文明古国，在丰富的历史宝藏中，关于“系统”的朴素思想纷繁众多，下面是一些具体的实例。

《周易》是中国古代哲学思想的渊薮，是群经之首，是系统思想在中国古代哲学方面的体现，是朴素系统思想的结晶。其系统思想主要体现为“天人合一”和“阴阳和谐”。天、地、人三才之道是《周易》的整体系统宇宙论，即“天人合一”。“阴阳和谐”思想是“天人合一”的具体体现，也是“天人合一”的丰富和强化，同时阴阳变化反映了天地万物的整体性与和谐性。著名易学家张其成认为，从思维逻辑和概括能力的角度看，《周易》将宇宙统一为一个整体，从整体把握宇宙的规律，进而探讨天人关系、主客关系以及自然与社会之间的关系。

《孙子兵法》是中国古代最杰出的兵书，它是系统思想在中国古代军事中的重要应用。公元前5世纪的春秋末期，著名的军事家孙武通过此书向人们阐述了许多朴素的系统思想和运筹谋略，在书中指出打仗要把道义、天时、地利、将才、法治五个要素结合起来考虑。同时，除了对战争理论进行深入分析外，《孙子兵法》还启发人们认识和思考人类社会生活许多方面的矛盾。它具有丰富的朴素唯物主义和辩证因素，已经超越了军事领域，在商业、政治、经济乃至日常生活中得到了广泛的应用。

都江堰工程是系统思想在中国古代工程建设中应用的典型代表。都江堰作为中国古代一项规模宏大的工程建设，大约在公元前250年前后，由当时的秦蜀郡太守李冰和他的儿子李二郎领导当地劳动人民建成，至今仍占有重要地位。整个工程有“鱼嘴”岷江分水工程、“飞沙堰”泄洪排沙工程、“宝瓶口”引水工程三大部分，加上一系列灌溉渠网，巧妙结合形成一个完整的系统。它解决了成都平原的灌溉问题，具有自动分级除沙、利用地形自动调节水量、就地选材、经济方便的特点。

北宋宋真宗时期的“丁渭工程”是系统思想在工程应用中的又一典型代表。当时，由于皇城失火、宫殿被毁，皇帝任命一位名叫丁渭的大臣负责修复宫殿。在紧急情况下，他首先在宫殿旧址前挖了一条沟渠，用挖沟的土烧砖，解决了一些建筑材料的问题，然后将开封附近的水引入沟中，形成了一条水路，方便运输沙子和木料等；在恢复宫殿后，从沟里排水，将沟渠填满建筑垃圾，并恢复原来的街道。这一工程实际上孕育和应用了统筹法的系统思想，其设计巧妙而神奇。

《黄帝内经》是中国古代最著名的医学经典，也是系统思想在中国古代医学领域的体现。其创作于秦汉之际，已有2000多年的历史，是中国现存最早、最完整、最丰富的一部医学名著。它由《素问》和《灵枢》两本书组成，每本书有九卷，共八十一篇，主要论述了气、阴阳、五行三个基本要素的变化。它认为自然界和人体是由金、木、水、火、土五种元素构成的有序的、有组织的整体。

《黄帝内经》等古代医学中的病机、气血、经络等学说，以及建立在阴阳基础上的朴素辩证法，都充分体现了系统的思想。

中国古代虽然没有提出明确的系统概念，也没有建立完备的系统体系，但对客观世界的系统性和整体性有一定程度的认识，并且可以运用这种认识来改造客观世界。

2. 国外古代朴素的系统思想

赫拉克利特(Heraclitus)是古希腊朴素辩证法思想的代表，是爱奥尼亚学派学术思想的传播者。他提出"人不能两次踏进同一条河流"，这意味着一切都在永恒地变化。他认为，世界本身就是事物的不断发展、变化和更新，一切都在变化和存在，所以运动与发展离不开物质的本原。

德谟克利特(Democritus)是古希腊唯物主义哲学家，他提出了宇宙是一个统一的、整体的概念，认为原子组成了宇宙，宇宙的运动是由原子的运动和其相互作用构成的。他提出了"宇宙大系统"的概念，认为原子和真空构成了世界。原子构成了一切事物，从而形成了具有不同系统和层次的世界。

欧几里得(Euclid)的《几何原本》是建立公理演绎系统最早的例子。人类在这之前积累的数学知识是零碎的，《几何原本》运用逻辑的方法组织这些零散的知识，进行分类、比较，揭示它们之间的内在关系，这对数学学科的发展产生了深远的影响，体现了系统思想。

阿基米德(Archimedes)研究了几何学的演绎方法，把杠杆实际应用中的一些经验知识作为"不证自明的公理"，并在此基础上证明了杠杆原理。他的演绎方法开辟了用数学方法研究科学问题的道路，促进了数学和物理学学科的发展。此外，这种定量逻辑分析法还能够应用于现代系统科学和系统工程理论及技术。

盖伦(Gélen)是古希腊医学的大师。他认为人体由三个不同层次的器官、液体和灵气组成，他通过人体解剖学检查了心脏和脊髓的作用，并对人体许多解剖结构以及结合了解剖构造的血液运动进行系统描述，这对生物学的发展产生了深远的影响。

埃及天文学家托勒密(Ptolemaeus)将观测到的大量信息与前人积累的成果综合起来，写出了《天文学大成》，从而揭示了月球绕地球运动的规律。《天文学大成》已成为西方古典天文学的百科全书，通过对月球与地球之间距离精确测量的系统验证，建立了最完整的宇宙地心系统理论，这个理论统治了欧洲超过一千年，直到16世纪哥白尼的日心说发表。

古巴比伦人很早就开始用整体观念来观察宇宙。他们认为宇宙是一个整体，而且认为宇宙是一个密封的盒子，大地是它的底板，底板的中心坐落在积雪覆盖的地区，幼发拉底河起源于此；水围绕着大地，在水的外面有山作为支撑。

古代的朴素系统思想认为世界是一个不可分割的整体，但对世界统一的理解只是建立在想象和猜测的基础上，用自发的系统观来观察自然现象。此外，由于当时的科学技术理论贫乏，不具备对整体细节的理解、观察和实验的能力，很难对系统的具体细节进行分析，对完整性和统一性的理解也是不完备的。"只见森林，不见树木"是这一时期系统思想的最大特点。

3. 近代科学的系统思想

恩格斯在《自然辩证法》中指出："在希腊，因为他们没有发展到解剖和分析自然，自然就被看成是一个整体，从整体的角度来观察。" 近代自然科学于是开始了对大自然细节的认识。近代科学技术在15世纪下半叶开始兴起，力学、天文学、物理学、化学、生物学等学科与古代哲学体系相继分离，发展迅速。

简言之，在辩证唯物主义中，系统思想从运筹学和其他学科中获得了定量表达，并在系统工程应用中不断丰富实践内容，系统思想方法从哲学思维上得到了进一步的发展。

4. 辩证唯物主义的系统科学思想

系统科学思维的发展是通过两个重要的阶段贯穿起来的，第一阶段以第二次世界大战前后的(一般)系统论为基础，并以运筹学、控制论和信息论的出现为标志。

系统论或狭义的一般系统论(General System Theory)是研究系统的模式、原理及规律，并用数学方法描述其功能的理论。系统理论最初形成于20世纪中叶，其代表是美籍奥地利生物学家和哲学家贝塔朗菲(Bertalanffy)。在他的生物学研究中，提出了生物学中有机体的概念，强调必须把有机体当作一个整体或系统来研究，才能发现不同层次上的组织原理，于是建立了一般系统理论。贝塔朗菲在1945年出版的《关于一般系统论》成为系统论形成的标志。从20世纪40年代末到50年代初，一般系统论开始发展成为一门国际性的新兴学科。

运筹学(Operations Research)应用系统的思想，通过分析、实验、定量的方法，合理安排经济管理系统中有限的人力资源、资金资源、物质资源，为决策者提供具有充分依据的最优方案，实现了最有效的管理。1946年，美国学者莫尔斯(Morse)和金博尔(Kimball)共同编撰了《运筹学方法》一书。从那时起，运筹学逐渐发展并创建了数学分支，如线性规划、非线性规划、动态规划、排队论和博弈论等。

控制论(Cybernetics)以系统为控制对象，是研究各种系统的控制和调节的一般规律的综合理论。控制论的基本概念，诸如目的、行为、通信、信息、输入、输出、反馈、控制，以及在此基础上开发的控制论系统模型都具有广泛的普遍意义，与应用技术有着密切的联系。

信息论(Information Theory)是一种关于信息本质和传播规律的科学理论。它是一门研究信息的计量、发送、传递、交换、接收和储存的学科。由于第二次世界大战的迫切需要，通信理论应运而生。它诞生的标志是1948年美国数学家香农(Shannon)出版的《通讯的数学理论》。后来，信息论被控制论所采用，并被用来研究在通信和控制系统中广泛存在的信息传输的一般规律，以及如何提高信息传输系统的性能。

运筹学、控制论与信息论的相互关系可以表达为：信息论反馈信息，控制论控制调整，运筹学实现整体优化。

20世纪60年代中后期，第二阶段开始，出现了耗散结构理论、协同理论、突变论、超循环理论等新的系统科学理论。

耗散结构理论(Dissipative Structure Theory)是研究耗散系统演化规律及方法的一种理论。耗散结构理论与一般系统理论的区别在于它揭示了系统稳定的具体机制。比利时物理化学家普利高津(Prigogine)在1969年提出了这个理论，并认为在系统与环境进行物质和能量交换的过程中，一旦某个参数改变了某个阈值，系统在时间、空间和功能上可能自发地从最初的无序状态改变为有序状态。普利高津把远离平衡后形成的这种新的有序结构称为“耗散结构”。稳定有序的耗散结构是一种“活”的结构，它必须与外界不断地交换物质和能量，保持其有序状态。该理论不仅发展了统计物理和经典热力学，而且促进了理论生物学的发展，为结构稳定有序的系统提供了严格的理论基础。

协同理论(Synergetics)针对各种系统研究在一定的外界条件下，系统中的子系统通过非线性相互作用，使系统从无序态到有序态、从低级有序态到高级有序态以及从有序态到混沌态转换的规律，也是研究系统演化和系统自组织的理论。德国物理学家哈肯(Haken)在 1969 年通过对激光理论的研究，发现激光呈现出丰富的合作现象，从而引出协同的概念，并提出了协同理论。

突变论(Catastrophe)是从量变到质变的角度研究各种事物的不连续变化。其主要特点是利用直观、准确的数学模型来描述和预测事物连续性中断的质变过程。该理论是法国数学家 R·汤姆(R. Tom)于 20 世纪 70 年代创立的。简言之，突变论研究非线性系统从一种平衡状态转变为另一种平衡状态的现象和规律，除了逐渐、持续的平稳变化外，还存在着大量的如地震、战争、桥梁坍塌、经济危机、情绪波动和细胞分裂等突变和过渡现象。

超循环理论(Hypercycle Theory)将生命起源作为一种自组织现象，提出了自然界演化的自组织原则超循环。德国化学家艾根(Eigen)和舒斯特(Schuster)在吸收了进化思想和自组织理论之后，于 1978 年提出了这一理论。他们的“超循环”理论的主要贡献在于，它是直接建立生命现象的数学模型，将控制论中的巨系统理论具体化为生命现象，提出结构模型，并通过生物遗传过程进行验证，为达尔文的进化理论，即生命在生活环境中的进化提供了科学的理论基础。

20 世纪 80 年代以来，非线性科学和复杂性研究的兴起对系统科学的发展起到了非常积极的推动作用。从古代的朴素系统思想到近代科学的系统思想，再到辩证唯物主义的系统科学，系统思想涉及人们对不同领域及其系统的研究，其范围越来越广，对系统的理解也越来越深入。

5. 系统的定义

在自然界和人类社会中，一切都以系统的形式存在，人们生活在各种系统相互交织的环境中。例如，暖气片、暖气管道和锅炉构成了供暖系统；大学里的各个学院、教务处、科研处等部门构成了一个小型的教育系统。到了 20 世纪，“系统”被看作是一个科学概念，随着科学技术的发展，其内涵逐渐清晰。

1)“系统”就在身边

地球是一个巨大的系统，水圈、大气层、生物圈和岩石圈是它的分支；人体是生命体内能够执行共同的生理功能的器官的总称，包括运动系统、呼吸系统、循环系统、消化系统、泌尿系统、神经系统、内分泌系统、生殖系统八大系统；企业是一个由生产系统、销售系统、财务系统等组成的经济系统。

2) 系统是整体、集合并具有一定功能

系统是普遍的客观存在，但不是所有的事物都可以被称为系统。根据学科、需要解决的问题和使用方法，国内外学者对系统的界定主要分为三种类型。

(1) 系统是一个整体。美籍奥地利理论生物学家和哲学家贝塔朗菲作为一般系统理论的奠基人，他认为系统是与环境相关的各部分组成的统一整体。

(2) 系统是一个集合。B·H·萨多夫斯基(B. H. Садовский)是苏联一位颇有影响的系统研究的方法论专家，在他看来，相互联系并形成统一整体的要素以某种方式有序排列，这就是系统。

(3) 系统具有一定的功能。R·吉布松(R. Gibson)定义系统是相互作用的元素的整体总和，其任务是以合作方式完成预期功能。

一个系统是一个有机的整体，由两个或多个相互联系和相互作用的元素组成，这些元素具有集合性、相关性、功能性、层次性和环境适应性。所谓“有机”，是指不可分割的、内在的、必然的联系，所以系统不是元素的简单添加。

系统用数学语言可以描述为

$$\{S, R, J, G, H\} \tag{1.1}$$

式中，S 表示包含各系统要素的集合，$S=\{s_i, i=1, 2, \cdots, n\}$；$R$ 表示系统各要素之间的关系集合；J 表示由某一具体的要素和其关系构成的系统结构；G 表示系统的功能；H 表示系统所处的环境。

对这一定义的理解主要包括以下四个方面：

① 系统及其要素。系统由两个及两个以上的元素组成。要素是构成系统的最基本单元，是系统的基础和实际载体。组成系统的元素可以是单个事物(元素)，例如组件、部件、单个机器、个人、组织；也可以是由多个事物组成的分系统、子系统等。

② 系统和环境。系统和环境不是孤立的，而是相互关联的。任何一个系统都是它所属的较大系统(环境或超系统)的一部分，并与之交互，维持着密切的输入和输出关系，并且该系统与其环境、超系统一起构成系统总体。同时，环境的变化必定会影响系统及其要素的状态，从而导致系统及其要素发生变化。为了生存和发展，系统必须学会适应外部环境的变化，这就是系统对环境的适应性。

③ 系统的结构。构成系统的各个要素之间存在着一定的有机联系，在系统内形成一定的结构和顺序。结构是构成系统的各个要素之间相互关联的方式，系统结构是系统保持完整性和某些功能的内在基础。系统结构用数学语言表示为 $J=\{S,R\}$，意思是在给定系统要素集合 S 的情况下，调整 R 中的关系，可以改变或改进系统的功能。

④ 系统的功能。每个系统都有它的作用和价值，以及它运行的特定目的，即不同于每个组成要素的特定功能。这个功能是由系统结构和内部各种元素之间的有机关系决定的，并且受到系统环境的影响。

通过系统的处理和转换实现的功能用数学语言表示为 $Y=g(S, R, J, G, H)$。在给出系统元素集合 S 的情况下，可以通过调整任何要素集之间的关系来使系统的功能出现转变。系统的功能不等于系统中的子功能之和，即“$1+1\neq2$”。具体地说，系统的整体功能大于系统中各种要素的功能之和。

$$Y \neq \sum_{i=1}^{n} y(s_i) \tag{1.2}$$

式中，$y(s_i)$表示某个系统要素 s_i 的功能。

【例 1.1】 中国载人航天系统的成功运行需要八大要素子系统的协同。$S=\{$航天员系统 S_1、飞船应用系统 S_2、载人飞船系统 S_3、运载火箭系统 S_4、发射场系统 S_5、测控通信系统 S_6、着陆场系统 S_7、空间实验室系统 $S_8\}$。每个要素子系统的功能如下：

航天员系统 S_1：为航天员的选拔和航天服的设计做准备。

飞船应用系统 S_2：利用载人飞船的空间实验支撑能力进行地球观测和环境监测，并进行材料科学、生命科学、空间天文学、流体科学等实验。

载人飞船系统 S_3：由轨道舱和返回舱组成。轨道舱是椭圆形的，是宇航员工作、生活

和休息的地方。返回舱是载人飞船返回地球的唯一舱段。

运载火箭系统 S_4：用于把人造地球卫星、载人飞船、航天站或行星际探测器等送入预定轨道。末级有仪器舱，内装制导与控制系统、遥测系统和发射场安全系统。

发射场系统 S_5：用于提供重新装载、最终组装、测试和运输设施；为宇航员提供发射前的生活、医疗监督、医疗保险和培训设施；为载人飞船发射提供完整的地面设施；组织、指挥、实施载人飞船实验、发射和飞行升段指挥、调度、监测、显示和通信；组织、指挥、实施待发段和升空段应急救援；完成运载火箭升空段的跟踪测量和安全控制；为空间指挥控制中心提供相关参数和图像，以及为载人航天发射区提供后勤服务。

测控通信系统 S_6：中国航天器测控通信系统以西安卫星测控中心为中心，拥有十多个固定站、活动测控站以及远望号测量船，形成了现代化的综合测控网络。

着陆场系统 S_7：中国载人航天新补充的一个系统。着陆场系统的主要任务是：飞船飞行后，从返回舱开始进入大气层，利用先进的无线电测量系统，捕获、分析和预测目标落点，然后组织迅速逼近返回舱，接着处置返回舱，将其安全地返回基地。

空间实验室系统 S_8：设立在太空的用于开展各类空间科学实验的实验室。空间实验室的建设过程是先发射无人空间实验室，而后再用运载火箭将载人飞船送入太空，与停留在轨道上的实验室交会对接，航天员从飞船的附加段进入空间实验室，开展工作。

从结构分析来看，8 个主要子系统根据任务分配进行协调配合，完成大系统的功能。例如，“神舟”号载人飞船的总长度为 8.86 米，最大直径为 2.8 米，总重量为 7790 公斤。在构型方面，它包括轨道舱、返回舱和推进舱以及附加段；采用典型的“三舱一段”结构，每个舱都有自己的结构和功能，并且彼此具有连接和服务的关系。

1.1.2　系统的结构

系统由要素组成，是要素的集合。如果只是从集合的角度来研究系统的各个部分，那么只研究了系统的组成。为了了解系统为什么能保持其完整性，需要观察各个要素之间的关联方式，即理解系统的结构。系统结构决定系统功能，系统结构由联系决定，联系由运动和循环决定。本节将从定义、特点、形式、联系等方面对系统结构进行详细的介绍。

1. 系统结构的定义

系统结构是指系统内各要素的顺序，即各要素相互联系和相互作用的内在方式。系统的总体功能是通过结构实现的，结构是系统的基本属性。客观事物都具有一定的结构，如分子结构、人体结构、企业结构、产业结构、人才结构、知识结构等，结构无处不在。系统的结构可表示为

$$J=\{S, R\} \quad S=\{S_i, i=1, 2, \cdots, n\} \tag{1.3}$$

当给定系统要素集合 S 时，将 R 中的关系进行调整可以改变或改善系统的功能。其中，要素集合 $S=\{S_i, i=1, 2, \cdots, n\}$ 包括多个子集 S_i，并且 S 的组成因系统而异。中国载人航天系统要素集合 $S=S_1\cup S_2\cup S_3\cup S_4\cup S_5\cup S_6\cup S_7\cup S_8$，而 $S_3=S_{31}\cup S_{32}\cup S_{33}\cup\cdots$，其中 S_{31}＝轨道舱，S_{32}＝返回舱，S_{33}＝推进舱等。

集合 R 指的是要素之间的关系集合，即

$$R_j=R_1\cup R_2\cup R_3\cup R_4 \tag{1.4}$$

其中，$R_1=\{S_m, S_n\}$ 表示要素集合 S 中第 m 个要素与第 n 个要素之间的关系，$R_2=\{S_m, S\}$ 表

示第 m 个要素与要素集合 S 之间的关系，R_3 表示整体与环境 H 之间的关系，R_4 表示其他各种关系。

R_1 不仅包含同一层次内不同要素之间的关系，还包含系统内不同层次之间的关系。

2. 系统结构的特点

1）层次性

系统要素组合方式的差异使系统在地位、功能、结构和作用上具有层次性，从而形成不同的系统层次，同时反映出系统层次之间的差异。

企业管理的层次可以划分为战略计划层（高层）、经营管理层（中层）和作业层（基层），形成一个金字塔（如图 1.1 所示）。一般情况下，上一级命令下一级，下一级服从于上一级，下一级向上一级反映情况；也可以"越级指挥""越级反映情况"。我们把前者称为规范层次性，后者称为不规范层次性。

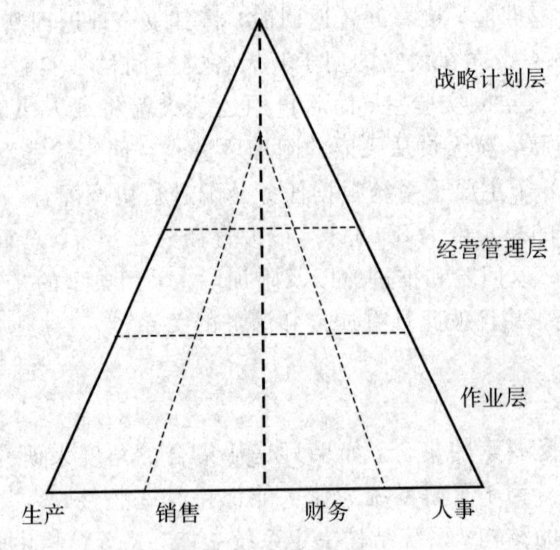

图 1.1　企业管理的层次

2）相对性

系统结构的层次性决定了系统结构与各要素之间的相对性。我们生活在一个无限的客观世界中，其系统结构也是无限的。结构与要素是相对于系统的等级和层次而言的。

更高的层次具有更高的复杂性。系统和要素与系统的层次有关。一般来说，上层结构层次对下层结构层次有约束作用，而下层结构层次是上层结构层次的基础，下层结构层次反作用于上层结构层次，两者之间的关系是辩证的。

3）稳定性

任何系统都处在内外环境的作用之下，受到各种内外部的干扰。稳定性的含义一般有以下三类：

第一类是指外部环境的变化不会对系统的状态造成重大影响。

第二类是指稳定系统被干扰而偏离稳态情况下的稳定性。例如，装有自动驾驶仪的远洋货轮沿着预定的航线行驶，由于风浪干扰其航行而偏离路线，待风浪消失后恢复正常，则自动驾驶仪稳定；如果风浪消失也不能返回预定航线，则系统不稳定。

第三类是指系统自动发生或容易发生某个情况的总趋势。某系统自发地进入某个状态，则认为此状态比原始状态更稳定。

系统稳定性的性质是相对而言的，受到一定范围和时间的制约。即使稳定的系统在某些情况下也并不能保持稳定，而是随着系统的组成要素或者子系统的变化而变化，如果变化加上外部干扰超过一定的限度，系统就可能偏离稳态。

4）开放性和动态性

与外界进行交流是所有系统的共性，在这个过程中，系统从量变到质变，即结构的开放性和动态性。坚持系统结构的开放性和动态性观点，是科学分析事物的态度。

3. 系统结构的形式

系统的结构有不同的形式，如系统的框架结构、系统的运行结构、系统的空间结构、系统的时间结构等。划分系统结构层次是人们理解复杂对象系统的手段和方法。系统的结构层次可根据系统中各要素的联系方式、系统运动规律的相似性、人类认知尺度的大小、能量变化的范围和功能特征来划分。系统的并列与层次结构是系统结构的一种常见形式，任何系统的结构都必须按照并列与分层的规则组成。

低层次结构是高层次结构的基础，高层次结构具备低层次结构的基本属性，同时也会产生更复杂的属性，这些属性在较低层次上是不可用的。例如，人类相对于动物处于高层次，人的生理要求却保留了动物等级的基本特征；但是人类有更高级的属性，动物却没有，也就是人类的社会性。

因此，层次系统既包括结构层次结构，也包括功能层次结构(如马斯洛需求层次理论(Maslow's Hierarchy of Needs)，见图 1.2)。结构的层次性通常是由要素和结构的相对独立性引起的，功能的层次性通常是由功能和活动的相对独立性引起的。

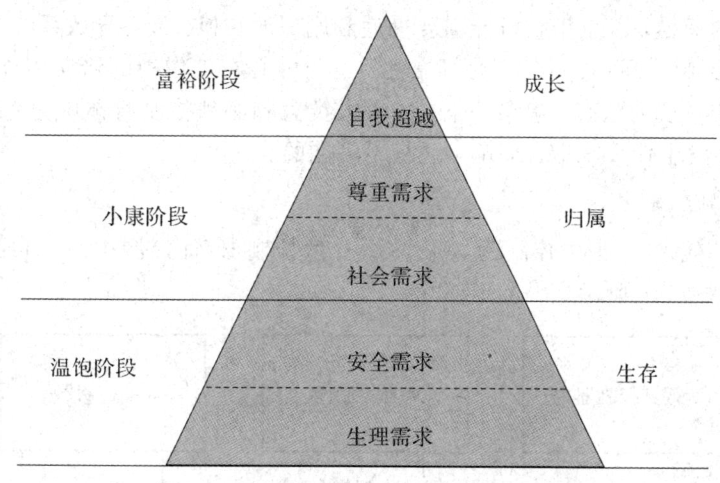

图 1.2　马斯洛需求层次理论

在实际应用中，人们通常将两种基本的系统结构形式结合起来形成几种典型的大系统结构方案。下面是一些典型的大系统结构方案。

1）集中控制系统

集中控制系统的工作方式：将各被控对象的信息、系统及其子系统的外部影响信息输入控制中心，控制中心根据系统状态和控制任务信息生成控制信号，并将这些控制信号发送到构成系统的各种被控对象。控制大系统的一个重要而复杂的问题是确定该控制系统的适当结构。

集中控制系统的原理如图 1.3 所示。

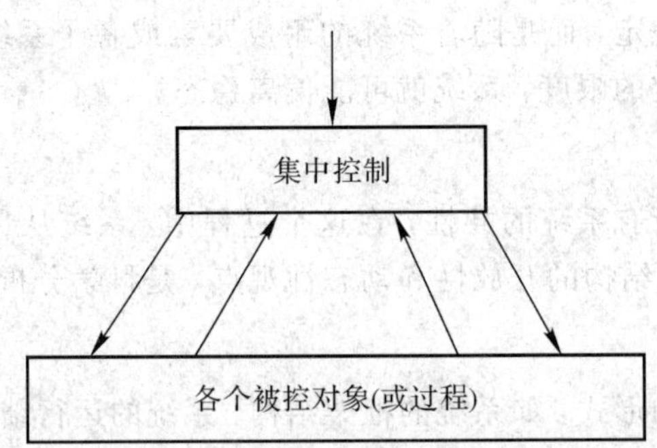

图 1.3　集中控制系统原理图

集中控制系统的优点：所有被控对象的信息集中在一个控制中心。原则上，可以精确地计算出表示系统行为和控制任务的、一致性的、有效性判断的值，从而确保最优控制。例如，在中国过去的计划经济阶段，国家在生产、资源分配和产品消费各方面都是提前计划的。

集中控制系统的缺点：

(1) 集中控制难以实现。信息处理的主要目的是建立系统的最优工作。探索系统最优工作的问题归根结底是确定函数的极值，它是表征控制有效性的准则。随着函数自变量个数的增加，求极值的难度也急剧增加。

(2) 集中控制系统的一个重要特点是结构的高刚度。集中控制使系统长时间保持稳定，抑制系统各部分的波动和演化，不需要对其进行修改。系统的不变结构和演化之间的矛盾将增加到很大的规模，以至于它可能需要彻底和剧烈的转换，最终导致系统瓦解。

(3) 集中控制系统降低了系统的可靠性。控制中心在工作中的错误不能被纠正，并且会严重影响整个系统的状态。想象一下，如果人类大脑必须控制身体中每一个细胞的每一个代谢活动，会发生什么？不言而喻，这是不可能的。

2) 分散控制系统

“分散控制”就是“非集中控制”，它由多个分散控制器(即控制中心)组成，以完成大系统的总任务，如图 1.4 所示。

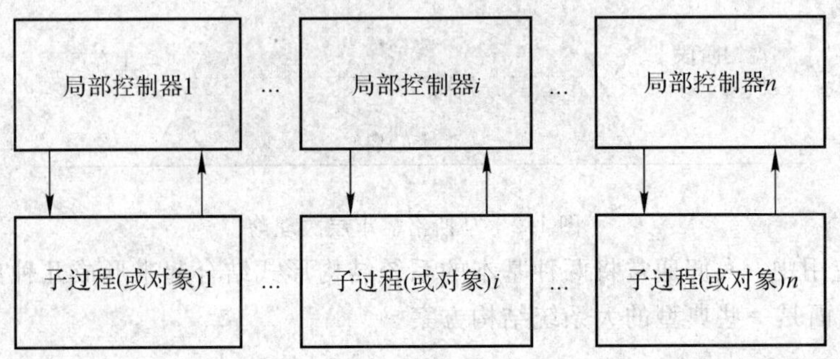

图 1.4　分散控制系统原理图

分散控制系统的优点：

（1）系统可靠性高。由于信息的分散和控制的分散，"危险"也被分散。

（2）局部控制效果良好。由于每个控制器接收和处理的信息量小，因此便于更快地做出决策和反应。

分散控制系统的缺点：

（1）协调困难。仅能通过分散在各处的各种控制器之间的相互通信来协调，因此很难有效地协调。

（2）分析设计困难。分散控制系统的分析设计不能直接应用于一般的控制理论方法。

3）等级结构控制（多级递阶系统）

在控制系统中使用等级结构可以有效克服集中控制系统和分散控制系统结构的上述缺点。

等级结构控制是指一些子系统由上一级控制器进行控制和协调，另一些子系统由另一个上一级控制器控制，这些上层控制器又受更高一级控制器的控制和协调并可以扩展到多个层次。以供应链系统为例，其分层结构如图 1.5 所示。首先，供应链网的结构具有层次性这一显著特征，相对于组织边界来说，虽然每个企业实体都是供应链网中的一个要素，但它们可以通过不同的组织边界来反映。其次，供应链网的结构是双向的，从横向看，使用同种资源（如原材料、半成品或产品）的实体之间相互竞争、相互合作；从纵向看，反映了从原材料供应商到制造商、分销商和顾客的物流、信息流和资金流的过程。最后，供应链网络结构是多层次的。随着供应、生产和销售关系的复杂性增加，供应链网络的成员越来越多。

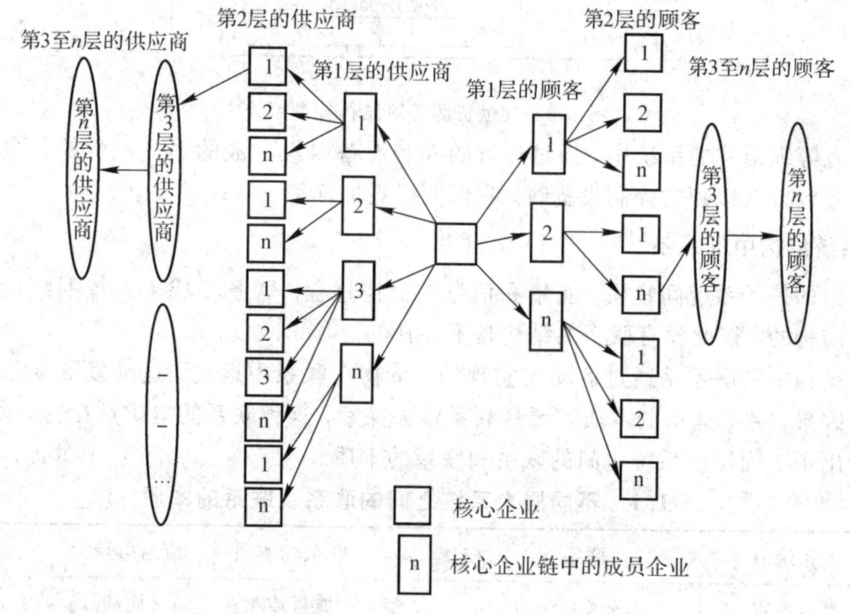

图 1.5　供应链系统的分层结构

等级结构控制的一个特点是将系统逐步划分为子系统，并在子系统之间建立从属关系。上级控制设备控制系统的上级子部分，每个子部分具有自己的控制设备，并且每个这样的子部分被进一步划分为下级部分，这些下级部分也具有自己的适当控制设备，这一直持续到它被划分成系统的基本子部分为止。例如，一个公司可以分为三个层次，第一层是工厂过程控制，第二层是工厂生产调度控制，第三层是公司的业务管理。第一级从属于第二级，而第二级从属于第三级，每一级都有自己的控制管理程序。

在具有等级控制结构的系统中，关于控制系统的状态及其各个部分的状态的信息，以越来越普遍和系统的形式从低级系统传送到高级系统。如图 1.6 所示，文献资源等级结构控制系统的第一层可看作由两个子系统组成，即文献资源控制系统和文献资源分布实施系统。文献资源控制系统基于决策指挥系统，还包括信息系统。文献资源分布实施系统由教育、科技、公共图书馆事业三个分系统所属的图书馆及资料中心组成，这些可以看作是大系统的第二层。图中显示了大系统的结构以及内部和外部的关系。进一步分解该大系统可得各个子系统，各子系统从上至下自成等级结构体系，如公共图书馆由国家级、省级、地级、县、镇、乡、街到村等。

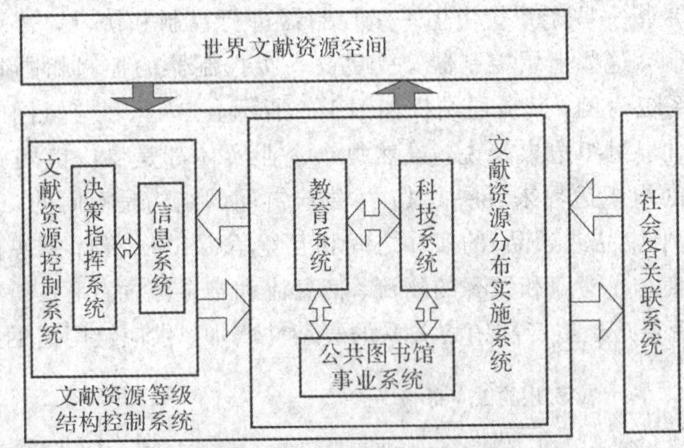

图 1.6　文献资源等级结构控制系统

在具有等级结构的系统中，通过先进的控制设备以最一般的形式产生控制命令。当这些指令传递到较低级别的控制设备时，它们变得更加详细。

4. 系统结构中的联系

联系指的是子系统间物质、能量和信息的交换过程。联系形成了系统的结构，任何系统都是有结构的，彼此没有联系的结构是不存在的。

系统结构中的联系是通过运动来实现的。事物在联系中运动，运动发展联系，联系和运动互为因果关系。运动的本质需要从联系中去探索，这种联系的本质是在运动中体现的。表 1.1 给出了不同层次系统之间的联系和联系的本质。

表 1.1　不同层次系统之间的联系及联系的本质

系统	联系	联系的本质——流通(运动)
无机系统	力的联系(x_1)	能量或微粒子的交换(z_1)
生物系统	x_1＋新陈代谢＝x_2	z_1＋分子层次物质的流通＝z_2
社会系统	x_2＋信息传递	z_2＋信息的流通

从无机系统的角度来看，系统结构由四种力(引力、电磁力、强力、弱力)联系。统一场

论研究了四种力的性质，并且发现力的存在伴随着粒子的交换和波的传播。

生物系统和无机系统之间的主要区别在于是否有新陈代谢的生命现象。

在社会系统中，物质和能量的交换总是在信息的引导下进行的。

除了物质和能量在社会系统中的流通外，信息的传递和流通也是一个极其重要的过程。所有的社会管理都是通过信息实现人、财、物、能量、信息的流通。没有信息流通的社会也会中断社会联系，社会就会崩溃。因此，“流通”是系统的生命。

在无机系统、生物系统和社会系统中，联系的特性是按照层次规律发展的。无机系统之间主要是依靠力之间的联系而联系的。在生物系统内部，不仅包含力的联系，还包括分级物质的流通。在社会系统内部，力的联系和物质的流通是普遍存在的，其次又增加了信息的流通。在社会系统内部，物质和能量的流通是由信息流通驱动的。但即使是最基本的信息，其沟通过程也不是一步到位的。一个完整的沟通过程应该包括图 1.7 所示的基本步骤：

(1) 发信者发出信息。发信者将信息发出，如上级主管部门给予企业任务。

(2) 受信者接收信息。受信者接收来自发信者的信息，如企业接受主管部门分配的任务。

(3) 识别信息。受信者应当识别收到的信息，包括发信者是否有权利发送该信息，以及受信者是否有责任和义务执行该信息。例如，组织部门只能确定企业的人员安排，却没有权利分配生产任务给企业。企业也没有责任或义务执行由他们指派的生产任务。

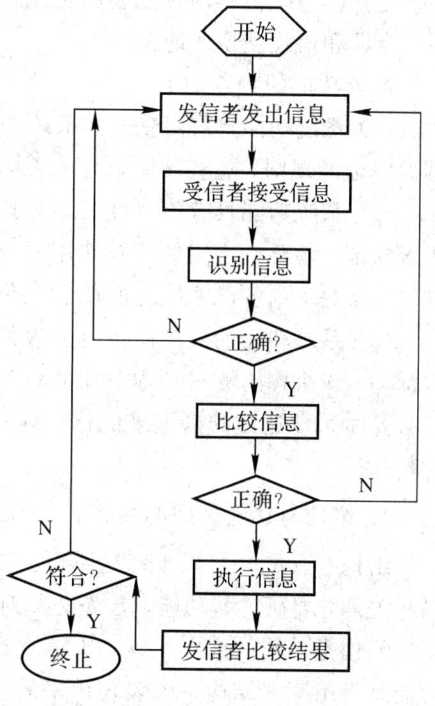

图 1.7　信息沟通的流程图

(4) 比较信息。在识别信息之后，受信者还需要将信息内容跟实际情况进行对比。如果符合实际情况，则执行该信息；反之，尽管信息已送达，也应该拒绝执行该消息。例如，对于分配给公司的生产任务，如果用于生产的原材料没有保障，或者有其他原因，公司就有权拒绝接受任务。

(5) 执行信息。受信者在确定了发信者有权发送信息，其具有履行信息的责任和义务，并且该信息符合客观条件的情况下，应该执行信息。如企业分配给部门的生产任务，只要它们合理，就应当组织生产，确保完成。

(6) 回馈信息。如果受信者因为识别结果或比较结果而拒绝执行信息，则应通知发信者收回信息并更改内容。受信者若执行信息，也应当向发信者报告执行情况和结果。如企业应向上级报告完成任务的情况。

(7) 比较结果。发信者在接收到回馈信息后，应将回馈信息与发信者的意图相比较，若不符合，则应采取相应的措施予以改善，直至达到目标。

王众托院士在《系统工程引论》中指出，信息是一种重要资源。正确、相关、及时、完整的信息是指导人类生产和其他社会活动的重要依据，因此必须重视对信息的研究。

1.1.3 系统的功能

系统的结构和功能具有密不可分的关系。

1. 系统功能的概念

系统结构和功能分别描述了系统内部和外部的状态及功能。

系统的功能指的是某一结构下的系统各要素在给定环境中发挥的作用，也可以理解为系统与外部环境相互联系、相互作用过程中的秩序和能力。在数学语言中，它可以表示为

$$G=g\{S, J, H\} \tag{1.5}$$

系统之所以能够在特定环境中存在和发展，是因为环境 H 中有需要功能的对象。例如，交通系统的存在是由于人们和事物在社会中需要转移的缘故，从系统本身的角度来看，功能是将某个输入转换为输出的能力。例如，信息系统的功能表现在用户输入所需信息的请求之后，系统输出用户需要的信息的能力。因此，系统功能体现了它与外部环境进行物质、能量和信息交换的能力。

系统功能的特点如下：

(1) 系统功能具有可变性。系统功能比系统结构更活跃。系统对外部环境的作用需要遵循一定的规则，随着环境条件的不同，系统功能也随之发生变化。

(2) 系统功能具有相对性。在一定的条件下，功能关系和结构关系可以相互转换。在大系统内部，各要素之间的相互作用属于系统结构关系，但如果将各要素或子系统作为一个整体来考虑，则各子系统之间的相互作用就转化为独立的子系统之间的功能关系。

(3) 系统功能的发挥需进行有效的控制。系统中必须有一个管理机构来监控其功能管理活动，该机构能够将管理对象的状态与管理目标进行对比，从中找出差距，做出判断，并在必要时采取适当的措施来优化管理对象。有效的控制包括可预测性、全面性和及时性三种特性。

2. 结构与功能之间的关系

结构和功能一直以来都是不可分割的，不管是生物还是非生物，其结构与功能都是息息相关的，要研究其功能，首先必须对结构进行分析，而分析结构时必然要学习其功能。

结构是功能的内在基础，功能是要素和结构的外在表现。结构总是表现出一定的功能，功能总是由某些结构系统表现出来的。因此，脱离了结构的功能和脱离了功能的结构都是不存在的。结构决定了系统的功能，功能反作用于结构，它们之间是相互作用和转化的关系。系统结构与功能之间的具体关系还有很多种情况，列举如下：

(1) 一般来说，因为要素是结构和功能的基础，所以如果系统结构的组成要素是不同的，那么系统的功能也是各异的。

(2) 系统结构的组成要素是相同的，但是结构不同，功能也会因此不同。比如某个团队，具有相同的人员，但是组织、分工和劳动合作都发生了变化，就会表现出不同的劳动效果。因此，为了改善功能，不仅需要对单个要素进行改进，还需要对结构进行改进。

(3) 即使系统结构的组成要素和结构都不同，也可以获得一样的功能。这说明可以采用不同的解决方案来实现相同的目标。以记录时间为例，在人类历史上，从古代日晷到现代机械表和石英电子表，虽然它们结构不同，但都具有计时功能。为了实现最优设计，系统

工程通常设计多个模型来实现相同的功能，且选择系统的最优结构。

(4) 一个系统结构不仅具有一个功能，还可以同时具有多个功能。这是因为虽然结构相同，但是环境的不同会促使系统发挥不同的作用，例如某种药物，它对不同的疾病发挥的疗效不同。当然，这里所谓的作用和功能，可有益，也可有害(如药物的副作用)。

因此，任何组织的结构和功能都是相互联系、不可分割的。组织的功能决定了结构，而结构又限制了功能，系统的各个部分相互协调、分工合作，从而完成系统中的各项正常活动。功能是系统内在能力的外在表现，它最终是由系统的内部结构决定的。系统的功能不仅受环境的制约，而且受系统内部结构的制约。这反映了两者相对独立性和绝对依赖性的二元关系。

结构和功能可以是稳定的，也可能是随时变化的。一般来说，相对于系统的结构，系统的功能具有更大的可变性，功能变化是结构变化的先决条件。例如，对于一个企业，当产品需求随市场改变(即其功能改变)时，它必须调整生产，改变产品类型、品种，并调整生产组织，从而导致结构变化。

1.1.4　系统的功效

功效与系统的目的密切相关，因此系统功效的概念只在目的系统中才有意义。下面介绍功效的定义、分类和系统的性能功效不守恒定律等内容。

1. 功效的定义

功效的概念可以定义为：系统为了实现其目标而具备的功能和效率。

效率有两个含义：第一个是趋向于目的的速度，即系统在单位时间内发挥的功能；第二个是系统发挥单位功能时需要消耗的劳动。

对于一个毫无目的的系统来说，功效是毫无意义的，人们不会研究宇宙的功效和银河系的功效。然而，在与目的系统相关的无目的的系统中也会出现功效的含义，如夏日和晴天的太阳具有较高的功效。在人造系统中，常说仪器或设备的功效高等，指的是这些非目的系统在帮助人们实现其目标方面所起的作用。

2. 功效的分类

功效可分为正功效、无功效、虚功效、负功效。

(1) 正功效。能够在大系统实现目标的过程中发挥积极作用的功效都是正功效。可以说，大多数子系统都具有正功效，发挥功效的前提是目标明确。

(2) 无功效。功效和能力的区别在于能力是通过功效表现的，当能力在工作中表现时，才被称为功效。由于各种主观原因和客观原因，这种能力无法具体表现，如工厂停工，那么此系统便是无功效的。因此，可以推断，大多数“怀才不遇”的人没有表现出他们的能力，也就是说，他们没有产生功效。

(3) 虚功效。虚功效是指做了功，但对达到系统的目的不起作用，也就是做了虚功。虚功效和无功效是两种不同的情况，不能同等看待，无功效和虚功效都是对达到系统的目的不起作用，但是与虚功效不同的是，无功效没有做功，而虚功效做了功。

(4) 负功效。虽然做了功，但是和达到系统目的的效果相反便是负功效。负功效可以分为两种情况：一方面是有意识地破坏；另一方面是主观上想实现系统目的，但由于目标不明确、预测能力低、组织能力差、反馈性差等其他原因，客观上违背了达到目的的意愿。

3. 系统的性能功效不守恒定律

系统的性能既与系统的功效有关但又不相同。系统的功效是指系统的功能和效率，系统的性能反映在系统的功效上，但是系统的功效一般不包括系统的全部性能。

宇宙中的一切事物都是复杂的，复杂性表现在宇宙中没有两个一模一样的系统。高度复杂的宇宙之所以变得如此复杂，就是由于不守恒定律导致的。

系统的性能功效不守恒定律是指当系统发生改变时，质量和能量守恒，而性能和功效不守恒。

1）“变”的含义

（1）大系统由子系统构成。

（2）大系统分解为各子系统。

（3）系统内结构改变。

2）“不守恒”的含义

（1）新的性能和新的功效的出现。

（2）原始性能和功效的改变。

该定律具有普遍性和发散性两种特性。普遍性是指这种特性存在于每个系统中。发散是指低层子系统构成高层大系统时的复杂性能和功效。高层大系统具备低层子系统的基本属性，但它也产生了原始低层子系统不具备的新属性。

4. 影响系统功效的因素

系统的功效最终受各个子系统的功效、子系统的结构、各子系统之间的协调配合能力、系统各层次的积极性、系统规模、环境因素和系统的控制能力的影响。

1）子系统的功效

大系统的循环结构是由系统内部各个子系统的循环组成的。因此，子系统的循环组成在很大程度上影响着大系统的功效。

为了使一个性能优良、效率高的大系统发挥它应有的作用，子系统也必须具有自身的性能，与大系统的性能相适应并发挥其功效。例如，一个工厂的每个车间和每个部门的工作直接决定了整个企业的运作。如果铸造车间不能完成任务，加工车间就没有原材料毛坯；如果加工车间管理不善，装配车间就缺少零件；如果装配车间一片混乱，即使零件堆积如山，也不能生产产品。尽管每个车间的生产正常，任务也按时完成，但是如果销售工作做得不好，企业也无法实现利润。由此可见，子系统的好坏直接影响着整个大系统的功效。

2）子系统的结构

系统的结构在前面已经详细地描述过，子系统根据其在大系统中的位置发挥不同的功效，由此子系统间物质、能量和信息发挥的功效也就有所不同。系统的功效受到系统结构的直接影响，好的结构可以充分发挥系统的性能，提高系统的功效；反之，即使拥有性能优良的子系统，也不能达到预期功效。这同样适用于管理系统，主要是分析结构是否合理、人员配置是否妥当，如果结构不合理、工作效率不高、人员配置不当，就无法充分利用人才。

3）各子系统间的协调配合能力

一般而言，每个子系统的功效越高，其大系统的功效也就越高，但这并非绝对正确。因为大系统的功效并不等于每个子系统功效的简单加和。为此，每个子系统不仅需要具有高功效，而且必须能够根据大系统的目的改变其自身的性能，并积极地与其他子系统的活动进行协作。只有这样，大系统才能最终达到更高的功效。否则，即使每个子系统具有最好的性能，整个大系统也不可能实现高功效。例如，A 地生产优质烟草，而 B 地卷烟加工技术精湛，每个都是优秀的子系统。然而，A 地的一些地方政府没有考虑整体情况，而是竞相建立自己的烟草工厂，结果高品质的烟草被用来生产劣质香烟。从 A 地局部利益的角度考虑，虽然可以得到一定的收益，但从总体上看，经济效益会降低。

为了促使各子系统之间的协调配合，每个子系统首先应该具备合作的意愿，然后保证子系统间的合作顺畅。

4）各层次系统的积极性

目的系统的主要特征之一是努力实现系统的目标。明确的目标可以提升各子系统的积极性，而子系统积极性的提升可以提高大系统的整体效率。在系统中，大系统与子系统的目标既存在相似，也存在矛盾，因此子系统会受到一定程度的约束。只有在形成大系统时对双方都有益处，子系统才会具有较高的积极性。

5）系统的规模

系统的规模指的是系统的层数和每个层次中子系统的数目。在创建一个新系统时，需要分析具体问题，并结合客观情况，合理地确定规模。

6）环境因素

环境是指客观存在的状况，该客观状况可与系统发生物质、能量和信息的流通，也就是使系统能够运行并发挥功效的条件。

人类社会的子系统不能被动地等待环境变化，然后被动地适应环境。他们必须预见社会发展的趋势，及时改变自己的结构，才能生存。例如，现代企业必须对社会消费需求模式的变化做出预测，并事先准备对策，以占领市场，获得收益。

7）系统的控制能力

系统总体上只有在子系统相互协调的情况下才能发挥更高的功能。然而，系统的内部和外部条件在不断变化，而且子系统的利益不同，不会主动配合系统条件的变化。所以，只有加强对子系统的控制，大系统才能发挥更高的功效。这是为了在内部和外部条件改变的情况下，大系统仍可以及时向各子系统分配任务，协调各子系统的利益，调整各子系统的行为。

1.1.5　系统的环境

收集系统周围与系统相关的各种因素，如自然、社会、国际、劳动和技术等，这些因素的属性或状态及其变化都会影响系统，引起系统的变化。同时，在系统建立并开始运行后，系统本身也会影响周围环境，引起环境因素的属性或状态的变化。因此，对系统环境的分析是系统分析的重要内容之一。系统环境对决策者来说是非常重要的。“牛鞭效应”是决策者经常遇到的一个难点。

订货时，购买者会事先估计和确定最佳经济规模，并据此加大订货量。此外，一个接一个的订单会使供应商的工作量和成本增加，通常供应商会要求购买者在一定周期内购买一定数量的货物，而且购买者为了尽快获得所需的货物，或者为了以备不时之需，常常人为地多加购买，因此导致与订货策略相关的“牛鞭效应”的产生。价格变动通常是由于一些促销手段或者其他因素(如价格折扣、通货膨胀等)变化引起的。这些因素会使许多购买者的预购订单大于实际需求，因为如果库存成本小于价格折扣带来的收益，购买者愿意提前多加购买，这样订货就无法真实反映需求的变化，故导致了“牛鞭效应”。

整个供应链中的所有环节，包括零售商、分销商和制造商等，都会造成链上企业订单的波动，需求信息被扭曲(或多或少)的问题频繁出现，信息失真越来越严重。美国著名的供应链管理专家 HauL. Lee 教授解释牛鞭效应为：虽然客户对特定产品的需求没有很大变化，但这些商品的库存和延期交货波动却很大。

解决“牛鞭效应”的最佳方法是尽可能缩短“鞭子”，这样做引起的变化较小。建立一个有效的供应链管理系统，可以尽量减少“牛鞭效应”，降低运营成本，并且能够实现对客户需求的实时响应。企业应该高效地整合供应链，改变传统的模式来实现真正的高效率。因为管理专家认为，问题不在于是否管理了供应链，而是有没有实施新的管理模式，尤其是在分销和库存管理方面。

1.1.6 系统的分类

由于系统具有不同的功能和结构，因此可以对系统进行分类。分类也是系统研究的基本方法，通常采用的是基于系统的相似性或相异性的二分法。为了便于对系统的性质进行研究，更深入地了解系统类型的特点及它们之间的联系，根据不同的标准，系统可以分为以下几类。

1. 按自然属性分类

(1) 自然系统是由自然物体(动物、植物、矿物、水资源等)自然形成的系统，例如人类存在之前就有的海洋系统、矿物系统等，它们的特点是自然形成。

(2) 人造系统是根据人的特定目标和主观努力而构建的系统。人造系统通常是具有经济活动的，所以常被称为社会经济系统。

事实上，大部分系统是自然系统和人造系统相结合的复合系统，可以说是人们利用科学的力量改造了自然系统。例如，社会系统看起来是一个人造系统，可是人的意志并不能左右它的发展，它的发展有其内在的规律。

2. 按物质属性分类

(1) 由诸如矿物、生物、机械和人类群体等实体构成的系统称为实体系统。该系统基于硬件，并通过静态系统的形式表示出来，例如人机系统、机械系统和电力系统等。系统不仅具有实体部分，概念部分对于系统也是必不可少的。

(2) 由概念、原理、原则、方法、系统和程序等概念性非物质要素构成的系统称为概念系统。

在现实生活中，实体系统和概念系统在大多数情况下是结合起来的。实体系统是概念

系统的物质基础；概念系统通常是实体系统的中枢神经系统，以指导实体系统的动作或服务于实体系统。系统工程通常研究由这两种类型系统组成的复合系统。

3. 按运动属性分类

(1) 静态系统表征系统的运行规律，不考虑时间对其产生的影响，即模型中的量随时间变化而不发生改变，如车间布局系统等。静态系统也是实体系统。

(2) 系统状态随时间变化的系统称为动态系统，即系统的状态变量可表示为时间函数系统。它具有输入、输出和转换过程，通常具有人的行为因素。由于系统的特性是由其状态变量随时间变化的信息描述的，所以在实际应用中，分析和研究动态系统是主要目的。

静态系统可以被认为是动态系统的一种特殊情况，其处于稳定的系统中。

4. 按系统与环境的关系分类

(1) 封闭系统是指系统与环境之间没有交换的关系，即处在一个封闭的状态。封闭系统与环境没有沟通，系统内部的部件相互之间存在某一平衡关系。这种关系的意义是由不同系统的层级和系统的内容确定的，理解系统内部平衡关系是了解封闭系统的基础。

(2) 开放系统是指系统与环境之间具有交换的关系。这样的系统为了适应环境，通过系统内各子系统的不断调整和改善来寻求发展。开放系统通常具有自适应和自我调节能力、相对的孤立系统、特定的输入和输出。

(3) 孤立系统是指系统与外部环境不交换物质、信息和能量。换句话说，物质、信息和能量在系统内部，不能传递到外部，外部环境的物质、信息和能量也不能被传送到系统内部，如生态系统和商业系统等。

5. 按反馈属性分类

系统输出对系统输入产生作用的现象称为反馈。无反馈的系统称为开环系统，具有反馈的系统称为闭环系统，分别如图 1.8(a)、(b)所示。

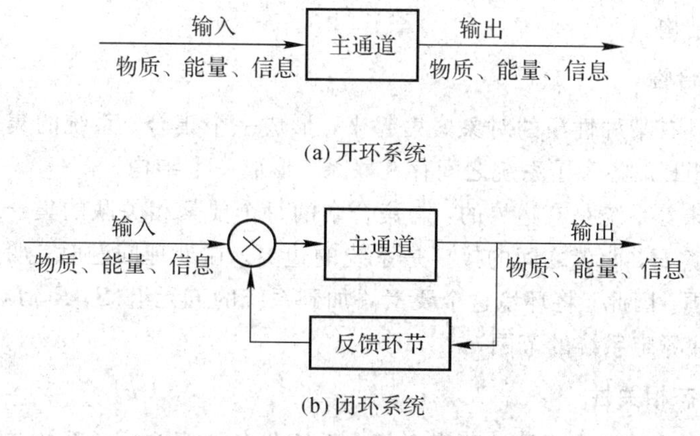

图 1.8　开环系统和闭环系统示意图

6. 按人在系统中的工作属性分类

人类活动可以分为两类：第一类活动是作业活动，第二类活动是管理活动。作业活动是最基本的活动，即直接影响到外界或自身的活动(如吃、穿、走、睡等)；管理活动以作业活动为活动对象，使得作业活动能够以有序的方式执行，以实现预定目标。在任何项目中，作业系统和管理系统是紧密结合的，甚至在个人的日常生活中也是如此。

自然界和人类社会的许多系统是非常复杂的，上述分类不是绝对的，复杂系统往往是多个系统形态的组合和交集。

1.2 系统的性质

确定系统的性质是理解系统、研究系统和掌握系统的关键。不断变化的系统有一些共同的特点，这就是系统的共性。对于某些类型和级别的系统，也有一些独特的共性，这是相对于其他系统的特性。

1.2.1 系统的共性

系统的共性包括系统的整体性、有序性(层次性)、集合性、动态相关性和涌现性。

1. 系统的整体性

系统的整体性即系统的总体性、全局性。系统是由若干相互作用、相互联系的单元组成的特定整体，具有一定的结构和功能。虽然每个要素都有其自身不同的特征和功能，但是通过要素之间各种关系的相互影响，要素的特性总是以系统的综合特征和功能显示出来的。一个班级作为一个整体表现出它的学习氛围和班级风格，一个学校对外表现的是它的教学风格、学校精神、学生素质等。

2. 系统的有序性(层次性)

系统都具有结构，但是有结构并不代表有序，有组织才会有序，有序性在系统的层次上可以充分反映出来。例如，有机生命系统是按照严格的层次结构来组织的，包括“生物细胞—大细胞—器官—生理子系统—个体—群体—生态系统”；高校系统包括“大学—学院—系—班级”。系统的层次性结构表明研究系统应首先明确系统的层次及其内部结构，使系统具有合理的层次结构。

3. 系统的集合性

集合就是把具有某种性质的对象聚集起来，形成一个集合。系统的集合性表明系统由两个或更多要素组成，各个子系统之间存在联系，形成一个结构。

集合性还意味着系统是有边界的，与集合中的每个要素相关联的集合之外的一切事物构成了系统的环境 H，两者之间的接口是系统的边界。在处理问题时，明确系统边界可以避免扩大研究范围。因此，将环境这个要素添加到系统的五元组$\{S, R, J, G, H\}$中，以明确系统的边界，并界定系统的范围。

4. 系统的动态相关性

系统的动态相关性是指系统各要素之间、系统与各要素之间、系统与环境之间的相互影响、相互制约、相互作用和不可分割性。例如，在人体中，每个器官或子系统不能独立于人体而存在，各个器官和子系统的功能和行为影响着整个机体的功能和行为。它们的影响不是独立的、静态的，而是在与其他要素的相互关联中动态地影响整体的状态。系统的动态性取决于系统的相关性。

要素间的关系包括正相关和负相关。也就是说，系统要素在系统中的作用以及对其他要

素的作用既有正作用，也可能存在负作用。例如，城市中的市政、交通、文化、卫生和商业系统是相互联系的，城市生活和发展的目标是通过系统内各子系统的协调运行来实现的。

5. 系统的涌现性

系统的涌现性包括系统整体的涌现性和系统层次间的涌现性。在系统的各个部分形成一个整体之后，它将产生一些整体具有而各个部分原来没有的某些东西(性质、功能、要素)，这种系统的属性被称为系统整体的涌现性。系统层次的涌现性意味着当下层的多个部分形成上层时，会出现一些新的性质、功能和要素。比如说“三个臭皮匠赛过诸葛亮”，这意味着个体和群体之间存在质的差异。此外，汽车的发动机、轮胎和传动系统的组合产生了任何要素都不具备的驱动功能。

1.2.2　系统的特性

系统的层次从低到高发展，高层次具有较低层次的共性，但也具有较低层次没有的特性。生物系统是一个比无机系统高一级的系统，不仅具有整体性、有序性(层次性)、集合性、相关性等共性，还增加了无机系统所没有的特性，如目的性、环境适应性和开放性等。社会系统是一个比生物系统更高一级的系统，其增加了生物系统所没有的环境改造性等。图 1.9 显示了系统的共性和特性之间的关系。系统的共性是指所有系统的性质，包括无机系统、生物系统和社会系统；而特性是相对的。例如，目的性和环境适应性是生物系统相对于无机系统的特性，同时也是生物系统和社会系统的共性。

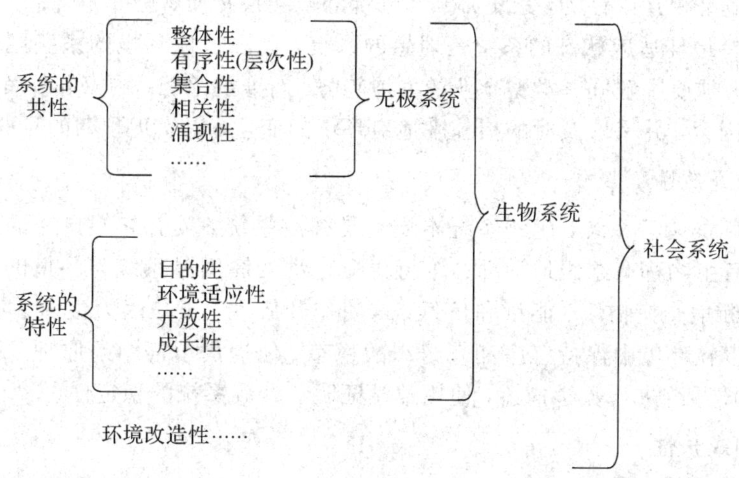

图 1.9　系统的共性与特性

1. 系统的目的性

系统按照统一的目的组织部件的性质称为系统的目的性。除了自然系统之外，人工系统也符合系统的目的性，而不是完全由因果关系决定的。通常，该系统具有一定的目的，为了达到预期的目的，该系统具有一定的功能，每个子系统甚至元素都有其自身的中小型目的。只有了解系统中各层次各要素的目的，才能合理制定各种管理制度和规章制度，有效地管理系统。系统的目的性原则要求人们正确地确定系统的目标，使系统能够通过各种调整手段被引导到预定的目标，以达到系统总体优化的目的。

有目的的系统被称为目的系统，包括生物系统和社会系统。与系统的完整性相对应，目的系统具有明确的总体目的，系统中的各子系统协同工作，以完成大系统的既定目标。如表1.2所示，生存和繁殖(群体生存)是生物系统的目的；社会系统是一个多层次大系统。

表1.2　系统及系统目的

系　统	目　的
生物系统	生存和繁衍(群体生存)
社会系统	与自然协调发展，以求人类的生存和发展；其子系统有其明确的分目标

此外，子系统不仅努力完成大系统的目的，还拥有自己的目的。因此，有必要研究确定系统的目的与子系统的目的之间的关系，促使各个子系统能够相互配合，在实现自己的子目的的同时实现大系统的目的。

2. 系统的环境适应性

系统存在于环境中，不能独立于环境而存在，其发展会受到环境的影响。量变时期，系统与环境之间的关系是相对稳定的，这体现了系统对环境的适应性。这种性质是系统稳定性在系统外部关系中的表现。

通常一个系统会主动调整自身，以适应环境，从而更有利于自身的成长、发展和壮大。当外部环境的特征发生变化时，系统特性会发生相应的变化。环境变化对系统有很大的影响，系统和环境是相互依存的，系统必须与外部环境交换物质、能量和信息。一个能够与外部环境经常保持最佳适应状态的系统是理想的系统，无法适应环境的系统则很难生存。例如，一个公司必须要了解同一类型企业的发展趋势、行业的趋势、国家和外贸的要求、市场的需求等环境因素，并采取及时的措施来适应环境的变化、以实现预期的目的。

3. 系统的开放性

不同于封闭的物理系统，生物系统本质上是开放系统，具有它们自身的特殊性。贝塔朗菲认为，所有生物都有组织地活动并维持生命运动的原因是系统与环境的相互作用，即系统和环境不断地交换物质、能量和信息，这叫作开放性。正是因为生命系统具有开放性的特性，才可以在环境中保持有序和有组织的稳态。他提出了等结果原理，利用一组联立微分方程对开放系统进行数学描述，使用数学证明了开放系统的稳定性。

4. 系统的成长性

任何系统都是从无到有、从小到大慢慢发展的。在系统发展的过程中，系统的要素不断增加，内部的层次和结构清晰，系统结构的稳定性得到加强，系统与环境密切相关，适应性越来越好；相反，在系统的老化阶段，各要素都在缩小，层次结构模糊，系统结构的稳定性减弱。如果系统发展到一定阶段，并没有及时更新，就会进入衰退期，难以进入更高的层次。企业的发展就是一个明显的例子。

5. 系统的环境改造性

环境改造性的含义是存在于社会系统中的人们拥有对无机系统和生物系统进行改造的能力。社会系统不仅要适应环境的变化，还要对环境做出适当的改变，这体现了社会系统与生物系统的不同。

课后习题

1. 从生活中找一个系统，讨论该系统的构成要素。绘制该系统的结构图，并详细描述系统的子系统功能和系统工作流程。

2. 结合专家对系统的定义，讨论一下组成系统的要点是什么，并举例说明这些要点。

3. 系统的共性和特性分别指什么？

4. 开放系统的定义是什么？

5. “整体大于部分之和”是什么意思？试举例说明。

参考文献

[1] 廖名春.《周易》经传十五讲. 北京：北京大学出版社，2002.
[2] 施维，邱小波. 周易图释大典. 北京：中国工人出版社，1995.
[3] 常秉义. 易经与大智慧. 北京：光明日报出版社，2003.
[4] 祖行. 图解易经. 西安：陕西师范大学出版社，2006.
[5] 李零. 孙子兵法注译. 成都：巴蜀书社出版社，1991.
[6] [美]塞缪尔·B·格里菲思. 孙子兵法：美国人的解读. 育委，译. 北京：学苑出版社，2003.
[7] 孙东川，林福勇. 系统工程引论. 北京：清华大学出版社，2004.
[8] 汪应洛. 系统工程. 北京：机械工业出版社，2003.
[9] 袁旭梅，刘新建，万杰. 系统工程学导论. 北京：机械工业出版社，2007.
[10] 高志亮，李忠良. 系统工程方法论. 西安：西北工业大学出版社，2004.
[11] 吕永波. 系统工程. 北京：清华大学出版社，北京交通大学出版社，2005.
[12] 程代展. 系统与控制中的近代数学基础. 北京：清华大学出版社，2007.
[13] 喻湘存，熊曙初. 系统工程教程. 北京：清华大学出版社，北京交通大学出版社，2006.
[14] 周德群. 系统工程概论. 北京：科学出版社，2007.
[15] 王众托. 系统工程. 北京：北京大学出版社，2010.
[16] 董肇君. 系统工程与运筹学. 北京：国防工业出版社，2007.
[17] 伍振忠，孙和祥. 略论全国文献资源等级结构控制系统[J]. 图书馆界，1987，(04)：72-74.
[18] 孙东川，孙凯，钟拥. 系统工程引论. 4 版. 北京：清华大学出版社，2021.
[19] 周德群，贺铮光. 系统工程概论. 3 版. 北京：科学出版社，2021.
[20] 贾俊秀，刘爱军，李华. 系统工程. 西安：西安电子科技大学出版社，2014.
[22] 中国载人航天工程网. 神舟十号[EB/OL]. 国家航天局. 2017-8-25[2021-4-6] http://www.cnsa.gov.cn/n6758824/n6759008/n6759014/c6794317/content.html.
[23] 唐伟杰. 新闻背景：中国载人航天工程八大系统[EB/OL]. 中国新闻. 2011-9-29[2021-4-6]https://www.chinanews.com/gn/2011/09-29/3363367.shtml .

第2章 系统理论与系统工程方法

2.1 系统理论及案例

在当今社会，随着经济和科学技术的迅速发展，以及生产、社会活动、科学研究、人类文化活动规模的日益扩大，各部门之间的联系日益密切，逐渐形成了一个个具有特定功能或用途的有机整体，如现代高速铁路、省际电网和电信网络、大型水利工程、载人航天工程等现代大规模复杂工程。这些复杂工程和生产任务的完成，既需要考虑工程实践中的细节问题，又需要运用系统的观点和方法把握总体工程。系统工程学就是在社会实践中建立的一门考虑系统总体的学科。纵观国内外，在长期的生产实践中，人们也逐渐将系统思维应用到改造自然、造福人类的活动中。

【例 2.1】 阿波罗载人登月计划。

“阿波罗载人登月计划”是举世公认的系统工程范例。1957 年 10 月，苏联首次发射了人造地球卫星，这一事件在美国引起了巨大震动，民众纷纷指责美国在太空研究中的速度过慢，且与苏联存在严重的科研差距。

为了扭转这种局面，美国加快了导弹研究的步伐，并在 1958 年 1 月将“探索者”卫星成功送入轨道。1961 年 4 月，苏联再次发射了载人“东方 1 号”航天器，首次完成人类太空飞行。面对苏联的步步紧逼，在 1961 年 5 月，美国总统肯尼迪强调，美国必须在苏联之前将载人航天器送上月球，于是就有了举世闻名的“阿波罗载人登月计划”。

该计划主要被分为三个阶段进行。第一阶段为火箭技术发展阶段。1961 年，当首次提出阿波罗计划时，美国只有一枚推力为 170 吨的阿特拉斯火箭，根本无法将重达数十吨的航天器放入轨道。经过 8 年多的时间，美国创造了推力为 3400 吨的土星 5 号火箭，成功满足了火箭技术需求。第二阶段为制造导弹阶段。阿波罗宇宙飞船上大多数的规划、判断和分析功能都是由地面上的大型计算机控制系统通过无线电命令操控的，因此必须具有先进的制造导弹技术，才能实现对飞船的有效控制。第三阶段为通信技术发展阶段。地面需要始终与宇航员保持联系，才能使将航天器上的各种遥测数据连续不断地发送到地面，并且还要保证地面指令持续不断地发送到航天器。这些电信号需要经过 40 万公里的长距离传输，因此先进的通信技术是保证双向沟通的关键。

该计划至 1972 年 12 月第 6 次登月成功结束耗时 11 年，共计花费 255 亿美元，约 120 多所大学、80 多个科研机构 2 万多家企业参与研究工作；而且阿波罗号宇宙飞船由约 200 万个零部件组成，分散在世界各地制造。由此可见，“阿波罗载人登月计划”是现代科学技术各领域密切合作的结果。

从上述例子可以发现，系统工程方法在完成大型复杂项目的过程中发挥着至关重要的作用。系统工程方法是一代又一代从事系统工程研究的专家和学者智慧的结晶。随着时代的发展，处理系统复杂性的一些新思路和新方法也在不断丰富系统工程理论，同时也扩大了其应用的广度和深度。随着人们对客观事物及其自身的思维理解能力的逐步提高，系统工程学科正在快速发展、与时俱进。

系统理论方法是从系统的角度出发去研究和改造客观对象的方法。它要求人们用整体的观点全面分析要素、系统、环境以及该系统与其他系统之间的关系，从而掌握其内部联系和规律性，实现对系统的有效控制和改造。此外，系统理论方法还要求人们构建反映系统运动变化规律的数学模型，通过定量研究探索实现系统优化的途径。

系统由元素组成，它是一个相互联系、相互作用的整体。组成系统的元素具有特定功能，它们相互组织、相互协调，从而形成一个完整的系统。系统理论是在 20 世纪三四十年代发展起来的，它由贝塔朗菲创立。自系统理论和系统方法建立以来，这种科学方法不断丰富和发展，其中包括的原则主要有以下四点：

(1) 整体性和综合化原则。该原则是系统理论最重要的原则之一。它要求人们在研究问题时树立全局概念，并始终将研究对象视为一个有机整体。使用哪些元素(子系统)来形成整体，以及如何安排各种元素(子系统)之间的关系都要有益于系统整体功能的发挥。

系统虽然都是由元素组成的，但在功能上，每个元素的功能总和不等于整体功能，可以通过公式“ET ＝ E1 ＋ ER”进行表达。该公式的含义是，任何系统的整体功能“ET”等于每个元素的功能之和“E1”，加上每个元素相互联系形成结构产生的功能“ER”。

(2) 联系性原则。联系性原则的含义有两个：系统与外部环境的联系和限制；系统内各个元素之间的相互联系和约束。从哲学的角度讲，系统、环境和元素之间密切相关。事物总是存在于某种系统中，成为该系统的一个要素。如果该事物与其特定系统分离，那么它必然属于另外一个系统，并成为新系统中的一个要素。任何系统都是更高级别系统的组件(或子系统)，任何一个系统的元素都是次于该系统的子级系统。对于一个特定系统，其他系统都是其所在的外部环境。因此，系统、要素和环境是彼此联系和制约的。

(3) 动态性原则。没有绝对封闭或静止系统，它始终存在于特定的环境中，与外界进行着能量和物质的交换，并受到环境的影响，随着环境的变化而变化。

(4) 最优化原则。这是系统理论的出发点和最终目标。研究和改造系统的最终目标是使系统发挥最优的功能。如生产系统具有高产量、高质量、低成本、低消耗、高利润等多种目标。为了使生产系统具有最佳功能，必须同时考虑这些目标，以创建能够实现低成本、低消耗、高产量、高质量和高利润的功能最优方案。

系统工程方法是建立在整体、统筹规划、综合考察、相互协调基础上的一种方法。与传统方法相比，系统工程方法具有整体化、最优化、定量化和模型化等特点。

(1) 整体化。系统工程方法最基本的特征是从整体出发，将一定数量的、不同但相互作用的事物作为一个整体来看待。它认为世界上的对象、事件和过程不是随机累积的，而是由各种元素组成的一个有规律的有机整体。系统工程方法之所以完整，正是因为它注重系统的整体功能。从整体出发，辩证地把握整体与局部的关系，反映了人类思维方式的重要变化。

(2) 最优化。从整体角度来看，所谓优化就是主要目标的优化，这是一种通过系统的方法来处理问题的特征，也是以驱动系统为目的的一种固有规律。它可以根据具体的需要，定量地确定系统的最优目标。因此，系统优化的本质是占用最少的空间和时间，消耗最少的材料和能量，且充分利用信息，最大限度地达到目标。

(3) 定量化。系统量的确定是多方面、多角度的。在用数学方法描述系统时，应根据调查研究的目的和要求选择相应的方法。原则上，系统工程方法要求在综合收集有关量的基础上，确定影响全局的基本量，进而找出决定事物质量的数量界限。系统的分析需要定性分析和定量分析，单纯的定性分析只是初步的、粗糙的，不能对问题有具体明确的指导。因而，量化的根本意义在于处理问题的精确性和评价问题的标准化。

(4) 模型化。建模是实现系统方法量化和系统实验的必要途径，只有根据研究目的设计相应的系统模型，才能确定系统的边界范围，识别系统的要素及其相互作用，从而进行定量计算。只有建立系统模型，才能进行仿真实验，利用电子计算机进行系统仿真，不断检查和修改系统方案，逐步实现系统优化。

所谓系统工程方法，就是基于系统理论将研究对象放在系统的形式中，从整体上、联系上、结构的功能上，精确地考察整体、部分(要素)、外部环境三者之间的关系，从而获得最优处理问题的一种方法。

2.2 霍尔方法论

在系统工程方法论中，最早和最有影响力的是 1969 年美国贝尔电话公司的系统工程师霍尔(A. D. Hall)提出的一个以时间、逻辑和知识为坐标的三维结构，后人将其称为“霍尔三维结构”,该结构可以直观地显示系统工程的各项工作内容，如图 2.1 所示。“霍尔三维结构”方法主要用于大型工程建设项目的组织、管理以及优化，并对于大多数硬性或偏硬性工程问题的解决发挥着巨大的作用，该方法与软系统方法论相对应，因此又称为硬系统方法论。

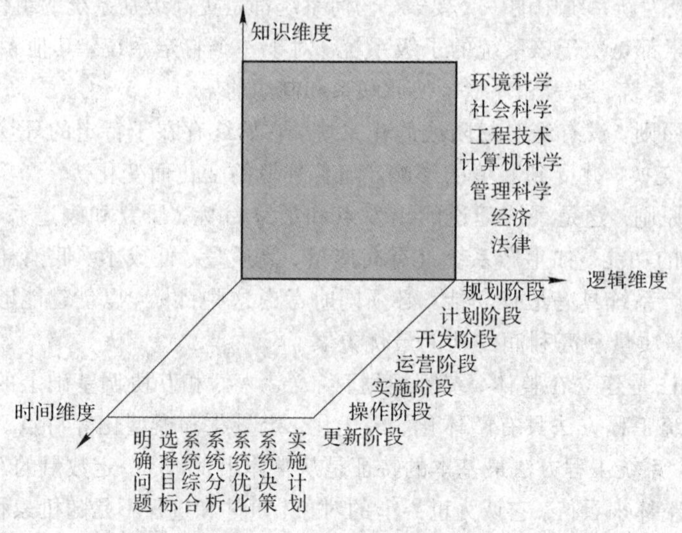

图 2.1 “霍尔三维结构”图

2.2.1 时间维度

时间维度表示从开始到结束所需的时间段，即系统工程的工作阶段或过程。任何一个系统都有一个生命周期，起始于规划，终止于更新、改造和报废。因此，系统工程从规划到更新的整个过程或生命周期按时间顺序可分为七个阶段，任何研究工作都可以对应于某个阶段，且每个阶段都有相应的研究任务。由于这七个阶段是按照时间的先后顺序进行划分的，因此，该维度被称为“时间维度”。各个阶段列举如下：

(1) 规划阶段(调查分析、研究方案设计阶段)：对需要研究的系统进行调查分析，明确研究目标，在此基础上，提出系统用户自己的设计思路和初步计划，并制订系统工程活动策略、政策和计划。

(2) 计划阶段(拟议阶段，项目设计阶段)：根据规划阶段提出的一些设计思路和初步规划，从社会、经济和技术可行性等方面进行综合分析，制订若干具体项目方案。

(3) 开发阶段(分析阶段，研制阶段)：分析和比较设计方案。以计划为行动指南，把人、财、物构成一个有机整体，使所有环节和部门都能按照事先指定的总目标，构建出实现系统发展的具体计划，同时制订出符合总目标的生产计划。

(4) 运营阶段(生产阶段，施工阶段)：综合选择方案，确定最优实施方案，生产或开发系统组件(软件和硬件)，并提出系统安排计划。

(5) 实施阶段：系统设计、安装和调试。

(6) 操作阶段：安装系统，完成系统的运行计划，使系统按其原有用途运行。

(7) 更新阶段：完成系统评估。在当前系统运行的基础上，对系统进行改进和更新，使系统工作更加高效，同时为系统进入下一个开发周期做好准备。

值得注意的是，规划、计划、开发、运营，实施、操作和更新这七个阶段按时间顺序排列，但在实际工作中，不一定是从规划阶段开始，而应从解决目标问题所要求的最早阶段开始。

2.2.2　逻辑维度

逻辑维度是指系统工程的每个阶段应遵循的逻辑顺序和工作步骤，主要包括：明确问题、选择目标、系统综合、系统分析、系统优化、系统决策、实施计划。

1. 明确问题

收集相关信息和数据，明确问题的历史、现状、发展趋势和环境因素，掌握问题的实质和关键点。调查研究是明确问题的关键，主要包括以下两个方面：① 环境研究。新系统是在特定环境中生成的，新系统的制约因素、领导的决策基础、试验新系统所需的资源均来自环境。此外，系统的质量只能在环境中进行评估。② 需求研究。从广义上讲，需求研究是环境研究的一个方面，但由于需求研究在环境研究中的作用突出，因此有必要重点分析。

1) 明确问题的步骤

(1) 确定主要问题、子问题以及构成问题的因素；

(2) 确定问题的层次结构；

(3) 将问题分解为要求、约束、可变因素以及涉及的人员和组织等；

(4) 确定主要的主观考虑因素并确定系统边界；

(5) 确定影响主要问题的未来条件。

2) 明确问题的方法

明确问题有两种方法：一种方法是把与问题有关的信息片断逐个记录在卡片或纸条上，把它们摊在桌面上全面进行审视，把有关联的放在一堆，这样就逐渐形成一些局部情况和子问题给它们再命名，作为一个单元，和其他类似单元再进行聚类，找出它们之间的关联，这样就能逐步形成问题；另一种方法是通过写书面报告来清理思想，明确问题。例如在某一阶段开始撰写问题剖析报告，在结束时撰写阶段结果报告。

2. 选择目标

目标的选择与整个任务的方向、规模、投资、工作周期、人员配置等有关，因此是一个相对重要的环节。细节的目标被称为“指标”。系统问题通常有多个目标，在已经确定问题的前提下，应建立明确的目标体系，作为衡量所有备选方案的评价准则。

1）确定目标的步骤

(1) 识别主要要求、目的、目标和子目标；

(2) 建立上述因素的层次结构；

(3) 确定目标、约束、变量以及人与组织之间的相互关联程度；

(4) 确定主要前提和假设；

(5) 建立或确定目标的衡量标准；

(6) 建立初步评估标准。

2）目标及其重要性

目标就是系统希望实现的结果，正确的目标设定很重要。目标的确定将影响整个项目的方向、范围、投资、周期、人员配备等决策。根据实践的经验可以知道，许多与决策相关的问题难以达成一致往往是由于目标不明确或评估标准不一致导致的，方案的变更也通常是由于目标不明确或改变而造成的。

3）确定目标的原则

(1) 长期性：制订对系统未来有长远意义的目标和指标；

(2) 总体性：注重系统的整体效益，必要时对系统的某些部分做出让步；

(3) 可行性：目标应该先进，并通过努力可以实现，同时要注意实现目标的制约因素；

(4) 清晰度：目标力求用数量明确表示；

(5) 多目标时应区分主次、轻重、缓急，以权重计算综合评价值；

(6) 标准化：注重标准化，与国内外同类系统进行比较，力争达到先进水平；

(7) 指标数量适宜，不宜过多，重要的事情不能重叠和包含；

(8) 指标计算应简洁，最好用简单的换算或现有的统计得到指标。

4）指标

一旦确定了目标，就有必要确定最终实现评估目标的指标体系。所谓的指标是指衡量目标实现程度的评估标准。因此，我们必须尽可能地为每个(子)目标分配指标，然后实现指标的统一。一般工程项目从以下四个方面给出相应的指标体系：

(1) 运行目标：给出战术技术指标；

(2) 经济目标：给出直接和间接的经济效益指标；

(3) 社会目标：给出与国家指导方针和政策相符合的项目指标以及社会效益指标；

(4) 环境条件：给出环境保护和可持续发展指标。

3. 系统综合

系统综合就是探讨实现目标的途径、方法、方式和措施，从而形成系统方案。系统综合是一个创造性的过程，需要多方共同努力。系统综合基于两个分析步骤：明确问题和设定目标。没有综合就没有分析，系统综合为后续的分析步骤奠定了基础。

系统综合的步骤如下：

(1) 找出实现目标和子目标的所有可能方案；

(2) 确定方案中活动和措施的指标；

(3) 将方案链接到目标结构。

1) 制订方案的原则

方案是实现系统目标的方式和方法。例如，通过“搭建桥梁”“修建隧道”“制造轮渡”等方式均可以实现上海浦东和浦西的沟通，这三种沟通方式便是三种不同的方案。但是，作为实现系统目标的解决方案，上述方案过于笼统，需要进一步完善。在制订方案时应考虑以下原则：① 目的性——方案要遵从于目标；② 可行性——方案应满足客观约束，并可通过努力实现；③ 全面性——方案应该是多样化的，即尽可能列举所有可能的选择方案；④ 排斥性——方案应该是互斥的，不能允许一个方案包含在另一个方案中，决策结果不能同时采用两种方案；⑤ 可比性——和其他方案应该可以比较，也就是说，方案应该在性能、成本、时间等其他指标上可以进行比较。

2) 制订方案的方法

根据系统类型、系统功能和系统目标的多样性等特点，制订方案的方法也是多种多样的。以下是两种常用方法：

(1) 目标-手段法。例如公司可以通过“增加销售量”或“降低成本”来实现“增加利润”的目标。此时，“增加销售量”或“降低成本”可以用作实现“增加利润”目标的两种备选方案，分别将“增加销售量”和“降低成本”作为分目标，继续搜索方案和目标直至可以从一系列方案中获取最优方案。

(2) 形态结构法。首先，列出每个设计目标。例如设计残疾人乘坐的三轮车，应有以下设计目标：动力、传动、制动等。其次列出每个设计目标的可能设计方案。例如，“动力”可以通过人力、电池、小汽油机等来实现，如表 2.1 形态矩阵所示。表中每行代表一种方案的设计目标，每列代表每种设计目标的方案。从不同行中分别选取一个元素，将这些元素进行组合就构成了一个总设计方案，如“蓄电池、齿轮、手闸”等方案。

表 2.1 形态矩阵

方案	目标 1	目标 2	目标 3	目标 4
A 动力	人力	蓄电池	小汽油机	其他
B 传动	链条	齿轮	皮带	其他
C 制动	脚闸	手闸	身体	其他
……	……	……	……	其他

4. 系统分析

系统分析是通过为每个方案建立模型，进行计算和分析，以获得可靠的数据以及结论。系统模型是对系统某个方面的特征的一般描述。系统分析主要依靠模型来代替实际系统，使用微积分和仿真来代替系统的实际运行，选择参数并实现优化。系统建模可以深入了解所提出的政策措施和解决方法，分析这些措施方法在实施中的预期效果。

系统建模的主要步骤如下：

(1) 为每个方案创建描述性或预测性模型，或者为整个系统建模，以便在各种方案下分析整个系统；

(2) 对模型进行鉴定；

(3) 改进并且合并模型；

(4) 寻求模型运行的结果。

5. 系统优化

在约束条件的限制下，我们总是希望选择最佳解决方案。例如在系统中使用定量优化方法来确定每种方案的优势和劣势，从中再挑选出最佳方案。也就是说，根据系统分析结果，对每个方案进行评估，进行必要的改进，并筛选满足目标要求的备选方案以提交给决策部门。

优化过程是处理模型的过程，即求解已建立的模型，该过程通常使用单目标或多目标优化方法。优化的主要步骤是：根据主要评价标准(包括效果、风险、成本)，在各种条件下评估每个方案，并且估计各种条件发生的概率。

6. 系统决策

决策部门参考前一步骤给出的最优解决方案，根据用户的实际情况，将指标体系作为评价标准，在考虑决策者偏好的基础上选择最合适的方案。由于各种考虑因素的影响，决策者选择的方案不一定是最佳解决方案。可以说，不做任何事情，维持现状，也算是一种方案，这一方案称为零方案。在获得一个不同的且优于现有方案的解决方案之前，不要轻易否决原方案。

系统决策的步骤：

(1) 客观地或主观地排列每个标准的重要性，并给出权重；

(2) 集中评估信息；

(3) 选择一个方案。

7. 实施计划

在做出决策之后，方案的详细实施步骤和内容需要转化为实际计划，同时形成书面文件，然后执行。实施的主要步骤是：根据选定的方案制订实施计划；制订事故发生时的应急措施。

值得注意的是，在决策或实施过程中，有时提出的各种方案都不令人满意。此时，有必要返回到前面的某个步骤，重新开始，然后提交决策。在实践过程中，系统综合、系统分析和系统优化是一个循环、递进的过程，即在系统分析和系统优化的过程中可以生成系统解决方案，也可以对多个模型进行修正。

上述逻辑步骤对顺序的要求不是很严格，且步骤的划分也不是绝对的，有些步骤可以分为几个步骤来执行，或者几个步骤可以合并成一个步骤进行，具体的划分应根据需求而定。

将上述七个时间阶段与七个逻辑步骤组合形成的二维矩阵称为霍尔管理矩阵或活动矩阵，如表 2.2 所示，表中矩阵元素 a_{ij} 表示时间维度和逻辑维度是一一对应的。

表 2.2　霍尔管理矩阵

逻辑维	1	2	3	4	5	6	7
时间维	明确问题	选择目标	系统综合	系统分析	系统优化	系统决策	实施计划
1. 规划阶段	a_{11}	a_{12}	a_{13}	a_{14}	a_{15}	a_{16}	a_{17}
2. 计划阶段	a_{21}	a_{22}	a_{23}	a_{24}	a_{25}	a_{26}	a_{27}
3. 开发阶段	a_{31}	a_{32}	a_{33}	a_{34}	a_{35}	a_{36}	a_{37}
4. 运营阶段	a_{41}	a_{42}	a_{43}	a_{44}	a_{45}	a_{46}	a_{47}
5. 实施阶段	a_{51}	a_{52}	a_{53}	a_{54}	a_{55}	a_{56}	a_{57}
6. 操作阶段	a_{61}	a_{62}	a_{63}	a_{64}	a_{65}	a_{66}	a_{67}
7. 更新阶段	a_{71}	a_{72}	a_{73}	a_{74}	a_{75}	a_{76}	a_{77}

某一特定的活动，如 a_{24}，代表对方案计划阶段的系统分析。霍尔管理矩阵可以提醒人们在哪个阶段该做什么工作，从而达到合理利用资源、提高工作效率的目的。

使用霍尔管理矩阵时需要注意两点：① 为了达到最佳结果，必须重复每个阶段的步骤活动，重复性特征反映了从规划到更新的控制、监管和决策的需要；② 系统工程的每个阶段都有自己的管理内容和管理目标，它们相互连接，加上特定的管理对象，形成了一个有机的整体。

2.2.3　知识维度

知识维度指的是在完成逻辑维度的每个步骤所需的专业知识和管理知识，包括自然科学、工程技术、经济学、法律、管理、环境科学和计算机技术。系统工程是一门将多学科知识综合起来的学科，这些学科在系统工程领域都起到了非常重要的作用。在上述的每个阶段和逻辑步骤中，并不是都需要所有学科的知识。

霍尔提出的知识维度是一个概念维度。事实上，我们可以通过对系统方法的使用有效地获得每个阶段和每个逻辑步骤所需的知识。只要掌握了这些知识，我们就能够进一步开发、利用、计划和控制系统，从而更好地实现系统工程目标。随着知识经济概念的提出和引入，知识管理开始被各国管理科学家广泛关注，知识管理的本质在于如何把正确的知识在正确的时间传递给正确的人，使之能做出最满意的决策。

知识管理过程一般划分为以下几个阶段：

(1) 知识辨识阶段：依据系统工程的总体目标，制定知识来源战略，划定知识管理的范围，辨识知识。

(2) 知识获取阶段：将已经存在的知识正式化。

(3) 知识选择阶段：对知识的价值进行相应的评估，将相互冲突的价值去掉。

(4) 知识储存阶段：运用适当、有效的方式对所选择的知识进行储存。

(5) 知识共享阶段：给每一个阶段的使用者传递正确的知识。

(6) 知识使用阶段：在工作中对所获取的知识进行有效利用。

(7) 知识创新阶段：在科研、实验和创造性思维的过程中发现新知识。

霍尔提出的基于时间维度、逻辑维度和知识维度的三维结构标志着“硬系统工程方法论”的建立。该方法论的特点是具有明确的目标并尽可能明确需求，其核心内容是优化。

2.3 切克兰德方法论

随着信息系统技术的深度和广度的不断增加，人们逐渐意识到，信息系统的建立过程不是一项简单的任务，而是一个复杂的社会过程。大量的工程实践证明，信息系统建立失败的主要原因不是技术因素，而是人为因素和社会因素。信息技术的广泛使用，企业流程的重组要求员工学习新的工作程序。公司重组需要多个部门的参与，涉及部门利益冲突，因此经常遭到抵制，而不能顺利进行。用技术工程衍生的“硬”系统方法开发信息系统已变得越来越有限。自 20 世纪 70 年代以来，系统工程已广泛应用于社会经济系统，涉及人、信息和社会等复杂因素，众多因素又难以量化，属于非结构性问题。许多学者在霍尔方法论的基础上提出了各种修正方案，具有代表性的是英国学者切克兰德(Checkland)提出的一种系统工程方法论，被称为软系统方法论。

2.3.1 软系统方法论的轮廓

软系统方法论的轮廓如图 2.2 所示。该方法论包括两种类型的活动。虚线上方是“现实世界”活动，指的是人们在社会生活中相互作用的行为，即“人类活动系统”；虚线下方是“思维活动”，包括问题场景中人们的活动。

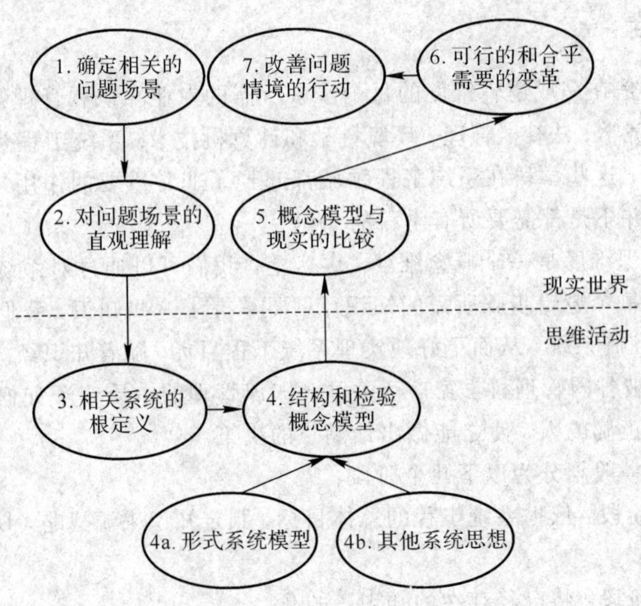

图 2.2 软系统方法论的轮廓

为了便于理解，在图 2.2 中，将该方法分为 7 个阶段，在实际工作中不一定必须从第 1 阶段到第 7 阶段顺序执行。

第 1 阶段：确定相关的问题情景。即尽可能多地收集与问题相关的信息，表达问题的状态，并找到影响因素以及它们之间的关系，从而确定系统问题的结构，以及相关的参与者和利益相关者。同时，应了解系统问题的关键要素，研究各种基本观点，选择最合适的基本观点，确定的观点必须经得起时间的考验。

硬系统方法论的观点是，需要设计一个系统，该系统在明显的系统层次结构中具有明确的位置。在软系统方法论中，边界和目标几乎是不可能确定的，需要设计和更改的系统有许多可能的表达式。

第 2 阶段：对问题场景的直观理解。在这个阶段对问题有了更深入的描述，并以此对问题场景进行讨论。在实际中，这种讨论往往侧重于初始分析而缺乏根定义，因此需要进一步的工作来改进和细化根定义。

第 3 阶段：相关系统的根定义。在表达阶段结束时，需要回答的问题是"与问题相关的系统是什么"，而不是"需要设计什么系统"，必须仔细回答，以清楚地解释所选系统的基本性质。这是相关系统的"根定义"(即基本定义)。

第 4 阶段：结构和检验概念模型。概念模型来自"根定义"，该模型通过一种全面而系统的表达来对问题进行解释。"根定义"描述了系统"是什么"，而概念模型则解释了对系统"做什么"才能成为根定义的系统。保证概念模型正确的关键就是对照形式系统模型及其他系统思想来检验所定义的概念模型。

第 5 阶段：概念模型与现实的比较。将第 1 阶段所明确的系统问题和第 4 阶段所建立的概念模型进行对比，对根定义的结果进行适当的修正，并将比较结果进行分析评价，选择可行的较好方案，从而得出最优可行解。

第 6 阶段：可行的和合乎需要的变革。通过有针对性的设计，形成一个可行的解决方案，使人们更愿意接受并实施解决方案。

第 7 阶段：改善问题情境的行动。根据实施过程中获得的信息，重新认识问题，纠正描述，改进基础和概念模型的定义，进一步比较、纠正、选择方案、设计和实施步骤，并不断进行多重反馈。所以这是一个不断"学习"的过程。

2.3.2　软系统方法论的特点

软系统方法论也是一种重要的系统方法，常被用于处理人类活动中出现的问题。与其他的系统理论方法相比，软系统方法论更有助于解决信息系统建设中的问题，它的独特之处在于能够有效地理解问题的周期性和演变性，强调问题情况而不是定义明确的问题，识别解决问题中的多个角色，并应用一套标准来推导和分析问题。

软系统方法论概述了理解、分析、解决问题和实施步骤的动态过程。它不需要预先规划的信息系统开发蓝图，而是使用研究问题场景中包含的结构和过程。前者涉及组织结构、沟通结构、利益集团结构、权力分配结构等；后者指的是在给定结构中不断变化的元素，如活动、上下文方法、功能标准等。

在软系统方法论方面，更注重观察问题情况的作用。它不仅关注一些专家所进行的抽象的解决问题的活动，而且接受问题场景中的社会结构关系和期望。在软系统方法论中，客户是倡导者，问题所有者是"拥有"问题的个人或群体，问题解决者是具有解决问题技能的个人和群体。这三个角色都必须被理解为描述场景的角色，但它们的数量不需要确定。所有角色都可以由同一个人或一群人来扮演，这些角色彼此之间可能感觉非常不同。

"软系统"和"硬系统"这两种方法论之间的主要区别在于后者将问题和要求视为"给定

的”，而前者在后期阶段允许出现完全不可预测的答案。软系统方法论中包含比较阶段，而硬系统方法论中没有相应的阶段。因此，硬系统方法论可以被视为软系统方法论的特例。

2.4 综合集成方法论

2.4.1 综合集成方法论的产生

系统工程方法论一直是系统工程研究开发及应用的重要内容。人们以霍尔、切克兰德等方法论及系统分析方法为基础，以东方文化与西方文明等多方面的结合为重要特征，在系统工程方法论的研究与应用方面取得了众多值得国内外学者广泛关注的研究成果。

1. 综合集成方法论的提出

20 世纪 80 年代初，结合现代作战模式的研究，钱学森提出了处理复杂行为系统的定量方法学。这种定量方法学实现了科学理论、经验和专家判断的有效结合。

20 世纪 80 年代中期，在钱学森的指导下，系统学讨论班又进行了方法论的探讨，并考察了各类复杂巨系统，特别是社会系统、地理系统、人体系统和军事系统研究的新进展。

在社会系统中，为解决宏观决策问题，建立了包含几百个变量和上千个参数的数学模型，采用定性与定量相结合的方法开展研究；在地理系统中，用生态系统、环境保护以及区域规划等方法开展综合研究；在人体系统中，把生理学、心理学、西医学、中医学和其他传统医学相结合开展综合研究；在军事系统中，将军事对阵方法和现代作战模型相结合展开研究。

在对这些研究进展进行提炼、概括和抽象的基础上，20 世纪 80 年代末，钱学森提出了处理开放的复杂巨系统的方法论——“从定性到定量综合集成方法”。1992 年，钱学森提出了从定性到定量综合集成研讨的体系。这套方论从整体上研究和解决问题，采取人机结合、以人为主的思维方法和研究方式，对不同层次、不同领域的信息和知识进行综合集成，达到对整体的定量认识。

2. 综合集成的含义

综合与集成是系统工程中出现频次很高的术语。集成一词在其他学科出现得也很频繁，例如集成电路，此外还被常常被翻译为整合。综合高于集成，综合集成的重点是综合。集成比较注重物理意义上的集中和小型化、微型化，主要反映量变；综合的含义更广、更深，主要反映质变。

综合集成研究的是系统之上的系统：包含本系统而比本系统更大的系统。在方法论上，综合集成与还原论相对应、相对立，又相互补充，即所谓相反相成、对立统一；两者应该结合起来，相互取长补短。离开了还原论的系统论，就可能退化为古代的整体论。

2.4.2 综合集成方法论的步骤

用综合集成方法论解决开放复杂巨系统的问题，大致可分为以下几个步骤：① 明确任务、目的；② 尽可能多地请有关专家提出意见和建议，并搜集大量有关的文献资料，认真了解情况；③ 在定性认识的基础上建立一个系统模型，须注意与实际调查数据相结合，然后用计算机进行建模；④ 通过计算机运算得出结果，并将结果反复修改、检验，最后邀请专家对结果的可靠性进行评估。

综合集成方法论综合了许多专家的意见和大量数据资料的内容，把定性的、不全面的感性认识加以综合集成，达到定量的认识。根据系统分析的思想，结合复杂系统问题的特点，综合集成方法论可分解为三个步骤。

1. 系统分解

在分析任务的基础上构成问题，把关于整体目标的、高度概括但又相当含糊的陈述转变为一些更具体的、便于分析的目标。根据问题的性质和要求达到的总目标，将复杂的问题分解成若干子问题，并按系统变量间的相互关联及隶属关系，将子问题以不同层次聚集组合，形成一个递阶层次结构的体系。

2. 模型集成

首先建立模型：构造一组合适的模型，描述子系统组成变量及其之间的关系以及决策者的偏好；然后集成资源：将各种定性、定量分析方法，以及领域专家、信息等一切可以利用的资源，采用分布式计算机网络有机地结合起来，供分析问题使用；最后进行系统分析：利用集成的资源进行分析评价，采用各种模型方法计算所有可行方案对指标体系的满意度，得出各种指标的分析结果。

模型集成涉及资源广泛，使用算法理论复杂，需要利用大量多样化的数据，实现技术更新速度快，因此，它是综合集成方法的难点所在。

3. 系统综合

系统综合就是利用多目标决策的方法综合各子系统的分析结果，以反映整个系统行为的结论。根据系统分析和综合的结果，对所列的备选方案进行比较、排序，确定出一定意义下的最佳方案，供决策者参考。如果决策者对分析结果不满意，则可以利用在分析和反馈过程中获得的新信息，对问题进行重构和分析。

2.5 WSR 方法论

20 世纪 90 年代，日本系统科学学者提出了西那雅卡那系统方法论。这种方法论吸取了切克兰德等人的思想，形成了一种软硬结合、刚性和柔性相互补充的系统方法论。对于难度自增值系统，王浣尘提出了“旋进原则”，即不断跟踪系统的变化，采用循环交替的方法逐步推进问题的深度和广度。这些在东方系统思想指导下提出的方法，是对系统工程方法论的进一步补充。

在钱学森、徐国志和美国华人专家李耀子的工作基础上，我国系统工程专家顾继发和英国的华人专家朱志昌在 20 世纪 90 年代中期提出了物理-事理-人理(WSR)系统方法论。该方法论提出系统工作研究人员在处理复杂问题时不仅应理解物理，懂自然科学，还应知晓事理，了解各种科学研究方法，同时应理解人理，懂得交往的艺术。只有将这三者相结合，运用人类理性思维的逻辑性、形象思维的全面性、创造性来组织实践活动，才有可能产生最大的效率。

2.5.1 WSR系统方法的内容及工作程序

1. WSR系统方法论的内容

WSR系统方法论的主要内容如表2.3所示。

表2.3 WSR系统方法论内容

	物　理	事　理	人　理
道　理	物质世界法则、规则的理论	管理和做事的理论	人、纪律、规范的理论
对象	客观物质世界	组织、系统	人、群体、关系、智慧
着重点	是什么？（功能分析）	怎样做？（逻辑分析）	应当怎样做？（人文分析）
原则	诚实、追求真理、尽可能正确	协调、有效率、尽可能平滑	人性、有效果、尽可能灵活
需要的知识	自然科学	管理科学、系统科学	人文知识、行为科学

物理是物质运动的机理，通常涉及自然科学知识，主要回答什么是“物”，其内涵是：物理象征本体论的客观存在，包括物质及其组织结构；阐述的是客观存在的规律和定律；物理运动一般是客观存在的，不受人类意志的支配。

事理是做事的道理，通常涉及管理学的知识，主要回答如何去做，其内涵是：人们办成办好事情应该遵循的道理、规律；也可表示方法，帮助人们给予客观存在提供有效处理事务的方法；管理者介入和执行管理事务的方式和规律。

人理是做人的道理，处理任何事和物都离不开人去做，以及由人来判断这些事和物是否得当，通常要用到人文社会科学的知识，主要回答应当如何去做。其内涵是：关注、协调系统中所有团体互相之间的主观关系；把事务组织在一起有效开展工作的方法；管理主体之间相互沟通、学习、调整、谈判等技巧。

2. WSR系统方法论的实施步骤

WSR系统方法论作为一个统一的工作过程，可以分为六个步骤，包括理解决策者意图、调查分析、形成目标、建立模型、提出建议和实施方案，如图2.3所示。

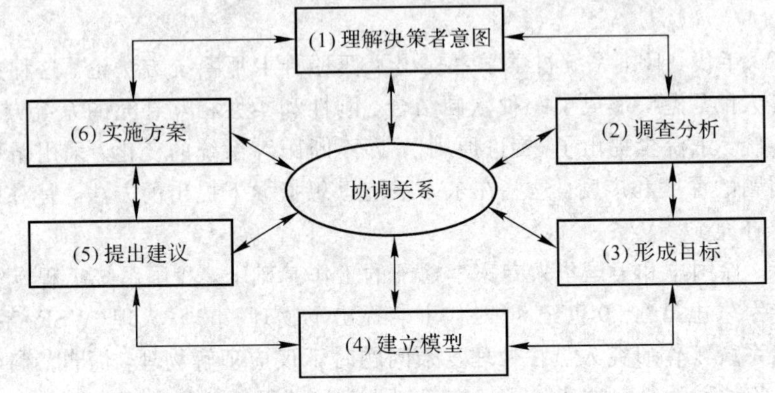

图2.3 WSR系统方法的工作过程

(1) 理解决策者意图。在进行任何工作之前，都需要弄清楚待解决的问题，同时也要理解决策者的意图。明确问题和理解意图是解决问题的出发点和基础。这需要决策者之间的沟通和协调。在大多数情况下，决策者提出的任务可能是明确的，也可能是相当模糊的，这通常作为起点来推动项目。因此，理解决策者的意图是非常重要的。在这个阶段，可能开展的工作是接受、澄清、深化、修改和完善。

(2) 调查分析。调查分析是系统工程活动和物理分析过程的重要组成部分。任何结论都必须经过仔细调查后才能得出。在这一阶段，调查分析应与被调查者相协调，以避免不必要的问题。一般来说，在专家和大群体的合作下进行调查分析可以出具“情况调查报告”等书面工作文件。

(3) 形成目标。对于一个复杂的问题，在了解决策者的意图、调查分析、获取相关信息后，需开展的工作就是形成目标。这些目标可能会与决策者的初衷不一致，需要经过大量的分析和进一步的考虑，不断改变、协调，最终达成共识。

(4) 建立模型。这里建立的模型可以是数学模型、物理模型、概念模型、操作过程、操作规则等。一般而言，模型是在与相关学科理论知识基础上形成的。目标形成所做的是设计工作，选择相应的方法、模型、步骤和规则，对目标进行分析和处理，称为建立模型。

(5) 提出建议。利用模型对各种条件、环境和方案进行分析、比较和计算后，得出解决问题的初步建议。提出的建议应该是可行的，尽可能地满足相关主题，最后由决策者从更高的层面进行整合和权衡，决定是否被采纳。要使决策者通过建议，协调比其他阶段更为重要。

(6) 实施方案。在方案实施的过程中需要与相关主体进行沟通，从而取得满意的效果。

3. WSR 系统方法论的实施原则及特点

1) WSR 系统方法论的实施原则

在应用 WSR 系统方法论时通常需要遵循以下原则：

(1) 参与：在整个过程中，除了系统工程师外，决策者和相关的实践者也应经常参与。只有这样，系统工作人员才能理解决策者的意图。

(2) 综合整合：由于问题涉及多种知识和信息，往往需要将其与所讨论的专家意见进行整合，综合各种意见和方案，取长补短。

(3) 人机一体化：将人员、信息、计算机、通信手段有机结合，充分利用各种现代工具，提高工作能力和工作效率。

(4) 迭代和学习：不追求一步到位，要时刻考虑新的信息。对于极其复杂的问题，也要尝试不断探索。

(5) 差别化处理：虽然物理、事理和人理三个要素是不可分割的，但不同的情况下必须区别对待。

(6) 开放性：项目工作的各个方面和环节都要开放。

2) WSR 系统方法论的特点

(1) 该系统方法论是将自然科学、工程技术和社会科学综合起来，使它们更深入、更复杂地交叉、渗透和整合。其目的是利用现代科学理论和技术手段构建一个以计算机为工具、以专家为媒介的高度智能的开放系统。因此，它与人类知识高度融合，并将社会信息、服务与人类社会活动充分结合，从而促进人类理解和改造世界。

(2) 该系统方法论将计算机作为核心工具，使用计算机建立数据库、模型库、知识库、方法库，并借鉴新数据、新模型和新方法，从而丰富系统本身，并随着时间和环境的变化分析和调整模型，以更有效地指导人类社会实践。

(3) 该系统方法论是专家组的合作工作的成果，其优势得以有效发挥。

(4) 该系统方法论是一种包含多种方法的通用方法。这种方法不是特定的模型方法，而是一个方法组和模型库。它包括所有现有的“软”、“硬”方法和模型。它汇江河成大海，将所有可利用的方法均充实到“事理”中去丰富它的内容，拓宽解决问题的方法范围，提高它的科学性、系统性。

(5) 通过专家群体、决策者及系统内有关人员之间的联系、沟通和协调，了解决策者的目的、目标、需求、价值观、偏好、背景、系统内相关人员状况及彼此之间的关系等，它将提高对实践主体的认知高度，并运用行为科学、社会学、人际关系学、管理学和心理学等社会科学知识，将其尽可能多地反映在模型方法的建立上。

(6) 它是在现代科学技术条件下，从实践到认识，再实践，再认识，如此循环，螺旋上升的实践论观点的具体化。

(7) 在面对具体问题时，根据环境条件，从物理、人理和事理三个方面出发，使其成为较“硬”或较“软”的方法，或“硬”“软”兼备的方法，这完全可由专家及决策者运用软系统方法论中的 CATWOE 分析确定。由此可见它是非常灵活且方便的。

(8) 它与 20 世纪 90 年代在欧美等国企业兴起的以计算机为工具、以人为中心、以顾客满意为目标，为应对竞争激烈、变化迅速的国际和国内市场而进行的“企业再造工程”不谋而合。“企业再造工程”的目的是使企业高效地对变化的市场做出快捷灵活的反应，以使顾客满意，从而赢得市场。让顾客满意，有效性及灵活性正是“物理-事理-人理(WSR)系统方法”的基本特征。

物理-事理-人理(WSR)系统方法是一种包含多种方法的通用方法。在使用的过程中应根据适用范围分为两个层次，指明方法的原理、功能、地位和作用，使方法库系统化、层次化、规范化、科学化。在现实中，领导者内心世界是一块禁区，研究人员很难真正理解其真实背景和目的，这通常与实践的成功或失败密切相关。因此，研究者必须运用社会学、心理学、行为学等知识去把握具体的现实情况，充分调动人们的主观能动性，从而达到既定的目标。近年来，我们在信息系统、水资源管理、项目评估、空间安全分析等领域的研究和应用中都采用了这种方法，效果显著。物理-事理-人理(WSR)系统方法将科学技术知识、社会科学知识、决策者及系统内部相关人员相互结合起来，从而实现了系统科学的整体分析、整体规划、整体设计和整体协调。

4. 运用 WSR 的思想指导评价

1) 评价过程的三个阶段

系统实践行为是由物质世界、系统组织和人的动态统一构成的。大多数工程问题的调查和干预都应该涵盖这三个方面以及它们之间的动态联系，评估工作也不例外。

在运用 WSR 思想指导评价工作时，评价过程一般可分为以下三个阶段：

(1) 物理阶段：了解评价对象最基本的属性和特点，选出最具代表性的评价对象属性，建立评价指标体系，尽可能详细和全面地收集信息，确定指标值。

(2) 事理阶段：确定指标的权重，通过选定的方法按照提供的过程和准则进行分析，从而对对象进行评价。

(3) 人理阶段：将领导、评价者和评估对象三者之间的关系进行协调，对各方面权衡后给出最终的评估结果报告。

在具体的评价中，为了得到满意合理的评价结果，我们应该尽量将物理、事理和人理联系起来，特别是考虑到人理对评价结果的影响。尤其是当评价本身涉及被评价群体的切身利益、被评价群体和上级领导的利益时，应充分考虑“人理”的作用。在这种情况下，人理告诉我们，要处理好人与人之间的关系，而不是顽固地坚持所谓的客观判断，这种客观的判断可能有偏差。在强调人理时，我们一定不能忘记利用物理来维护自然科学的基本原理，用事理来尽可能科学地管理一切事物。

2) 评价中的人理

在具体的评估工作中，涉及的人理因素主要包括以下几个方面：

(1) 代表国家或投资集团的领导意愿。评估的目的是检查项目是否符合预期的要求和指标；项目是否有利于部门、集团甚至国家；评价结果是否可以真正满足领导者、代表国家或融资的意愿，并影响部门之间的关系。

(2) 对领导、评价者、评价对象之间的关系进行协调。这三者之间关系的好坏会影响评价指标体系的选择、评价指标取值和权重的确定，更甚者会对评价方法的选择有影响，从而对最终的评价结果产生影响。

(3) 综合不同评价专家组的判断。评价结果往往会被专家的主观判断所影响，并且在有些情况下，选择不同的专家所代表的利益群体也不同，因此要将其主观判断仔细综合。

3) CATWOE 分析

要想更好地进行人理分析，评价过程中通常要进行 CATWOE 分析，CATWOE 分析的基本要素如下：

(1) 客户(Customer)：要求评估的领导者和需要使用结果的领导者。

(2) 行动者(Actor)：评估这项行为的执行者，即评估者。

(3) 转化(Transformation)：使现状、事实、表象、内涵向具体评价结果进行转化，即评价方法。

(4) 世界观(World View)：应尽可能公正，但必须考虑到人理的作用。

(5) 所有者(Owner)：希望进行评估的上级。

(6) 环境(Environment)：评价对象的评价状态。

在了解了这六个基本要素和它们之间的关系之后，为了得到一致的评价结果，努力满足所有利益群体的愿望是很重要的。当冲突难以解决时，应首先满足领导者的愿望，这样才能承认评价结果。

大多数评估方法都是基于领导者的偏好(即决策者)来实现的。评价是一种具有强烈社会特征的行为，往往带有“导向性”，而方法的“科学性”也常常需要服从“导向性”。因此，评价时所使用的方法越客观，与评价意图相抵触的概率就越高。因此，评价者应以系统的态度去了解物理、事理、人理，这有利于评价工作的顺利完成。

2.5.2　应用 WSR 的案例分析

【例 2.2】 地区发展战略研究。

20世纪80年代中期，本案例来源于作者在某地从事发展战略研究的过程中，将“硬系统”的思维方法应用其中。考虑到是整个社会系统，他尝试采用一些半定性半定量的方法，如德尔菲法和统一规划计划法。特别是在该地进行了一项400人的大型调查，但市领导不同意调查结果。从事理方面来看，当地科技厅认为作者做得很好，并颁发了奖项。然而，在看到软系统方法论的观点之后，作者却很遗憾没有选择正确的方法论，于是，他将400份问卷进行了聚类分析，发现了一些有趣的现象：基层干部和科研机构的人在该地区很容易聚为一类，而高层领导人却不容易聚集在一起，这表明高层领导和基层在许多问题上意见并不统一。此外，大学教师也很难聚集在一起，因为他们总是从其感兴趣的理论出发。在项目开始和项目进行的过程中，作者认为他应该多听取领导的意见，对领导数据进行适当的加权和平均。同时，也要兼顾项目其他参与人的希望与意图。由此可以看出，高层领导必须参与战略项目。之后，在当地提出新的战略规划时，作者首先关心的是有无高层领导参与，在确定并无高层领导时作者就放弃了参加该项目。1986年，他参与了中国科学技术协会组织的吕梁地区发展战略的制订，当课题组制订战略计划并准备召开评估会议时，课题组成员与当地领导发生冲突。作为课题组的秘书长，作者不得不提前前往现场，仔细了解双方的矛盾，并与区域领导公开沟通，了解他们的意图，对方案进行适当的修改，从而得到了双方的认可。作者正是很好地将物理、事理和人理结合，才解决了这一矛盾。

【例2.3】 全球气候变暖。

20世纪90年代初，在一个有关全球气候变化的项目中运用常规的系统工程方法进行研究时，发现有些“事理”很难弄清楚。更加重要的是，这个问题所涉及的学科较多，因而首先要做到的是确保不同学科的专家在相互学习、相互理解的基础上综合各种知识，其次是对问题本质的理解。在这个问题上，气候变化模型在一定程度上因未能得出明显的变暖趋势而受到批评。

事实上，不同的研究者对全球气候变化的理解不同。例如，英国科学记者考尔德(Calder)认为，过度燃烧化石燃料导致的“温室效应理论”是错误的，并进一步抨击了英国科学家和英国气象局(Met Office)的作用。2004年，法国研究人员在英国《自然》杂志上发表了一篇文章。通过对600多年葡萄收获数据的分析，他们发现了气候变化的模式，并得出全球变暖是周期性气候变化的结果。在过去的几年里，关于气候变化的新闻源源不断。2009年12月哥本哈根世界气候大会期间，“气候门”事件爆发，震惊了全球科学界。

2010年1月，联合国政府间气候变化专门委员会(IPCC)承认，该机构2007年的一份报告是存在问题的，报告称如果全球变暖持续下去，喜马拉雅冰川将在2035年完全消失。西方媒体评论说，这种“认错”可能引发外界对全球变暖数据测算的质疑。

之后，IPCC关于全球变暖的科学可信度和其结论的准确性开始受到社会各界的质疑，许多科学家对气候变化等问题进行了更多的科学研究。北京大学承继成等发表了一份关于全球气候变化的报告，用丰富的科学数据质疑了IPCC报告的科学性。经过系统和科学的研究，他们认为IPCC关于二氧化碳排放导致全球变暖，以及全球变暖导致频繁的极端天气的报告缺乏科学依据。这些讨论反映了人们可以从不同的知识立场和观点来解释相同的物理现象。更甚者有人认为“错误”背后存在利润动机。这就是“人理”研究的问题。除此之外，还要考虑国家利益问题，即使气候变暖，不同地区、不同国家的利弊不同，在“发展中国家和发达国家应承担的责任”问题上也存在不同意见，就像大多数国家都同意的《京都议定书》却被美国否决了。当然，作者无意违背人们为了自省由于人类本身不当行为而导致对地球的人为破坏，而采取种种自觉和联合的行动，只是想说只考虑“物理”和“事物”是不够的，还必须充分考虑到“人理”。

【例 2.4】 中日大学评价。

20 世纪 90 年代中后期，WSR 系统方法论形成后，它被用来解决很多实际问题，大部分都是对问题的评估，如国内贸易业务管理信息系统的评价，海军武器系统评价，中国的劳动力市场监测、评价以及经验交流项目和研究项目的选择和评价等。

21 世纪初，日本的一名研究生使用 WSR 系统方法对中国和日本的大学进行评价。从物理、事理和人理的角度出发，这位研究生构建了三个层次的指标：

(1) 物理水平指标。

① 基本信息：学生总数、教师总数、经费(主要来自政府和社会科研经费)、工程重点学科数量、理科和文科的重点学科数量。

② 学术成果：发表 SCI、EI、ISTP、CSCD(用于中国高校评价)论文数；在 CA、SSCI 和 NATURE(用于日本大学评价)上发表的文章数量。

(2) 事理水平指标。

① 人均效率：人均学生人数；每位教员的平均经费；各教员在 SCI、EI、ISTP、CSCD 发表的论文平均数量，各教员发表的论文平均总数。

② 投资效率：每万元 SCI、EI、ISTP、CSCD 发表论文数，每万元发表论文总数。

(3) 人理水平指标。

将校长评价、院长评价、院士评价、公司评价(日本大学用)、学生评价考虑在内。

课后习题

1. 霍尔三维结构的定义和特点是什么？
2. 霍尔三维结构与切克兰德方法论相比较有何异同点？
3. 试说明综合集成方法论的具体步骤。
4. 试说明 WSR 方法论的具体步骤。
5. 对物理、事理和人理进行简要阐述。

参考文献

[1] CHARNES A, COOPER W W, RHODES E. Measuring the efficiency of decision making units [J]. European Journal of Operational Research, 1978, 2: 429 - 444.

[2] COOK W D, SEIFORD L M. Data envelopment analysis (DEA)-Thirty years on [J]. European Journal of Operation Research, 2009, 192(1): 1 - 17.

[3] BANKER R D, CHANG H. The super-efficiency procedure for outlier identification, not for ranking efficient units [J]. European Journal of Operational Research, 2006, 175: 1311 - 1320.

[4] WANG Y M, CHIN K S. The use of OWA operator weights for cross-efficiency aggregation [J]. Omega, 2011, 39 (5): 493 - 503.

[5] FOROUGHI A A. A new mixed integer linear model for selecting the best decision making units in

data envelopment analysis [J]. Computers & Industrial Engineering, 2011, 60(4): 550 - 554.
[6] WANG Y M, JIANG P. Alternative mixed integer linear programming models for identifying the most efficient decision making unit in data envelopment analysis [J]. Computers & Industrial Engineering, 2012, 62: 546 - 553.
[7] 徐玖平，卢毅. 地震灾后重建系统工程的综合集成模式[J]. 系统工程理论与实践，2008，28(007)：1 - 16
[8] 刘舒燕，涂建军. 基于霍尔三维结构理论的物流一体化实施步骤与方法[J]. 武汉理工大学学报，2006(10)：97 - 101
[9] 张晓冬. 系统工程. 北京：科学出版社，2010.
[10] 郁滨. 系统工程理论. 合肥：中国科技大学出版社，2009.
[11] 高志亮，李忠良. 系统工程方法论. 西安：西北工业大学出版社，2004.
[12] 孙东川，林福永，林凯. 系统工程引论. 2 版. 北京：清华大学出版社，2009.
[13] 章军. 基于切克兰德方法论的农产品品牌建设方法[J]. 市场周刊，2009(03)：50 - 52.
[14] 叶惠敏，戴冠中. 基于综合集成方法的网上舆论倾向分析与评估系统方案[J]. 计算机工程与应用，2005，41(016)：216 - 217.
[15] 顾基发，高飞. 从管理科学角度谈物理-事理-人理系统方法论[J]. 系统工程理论与实践，1998(8)：2 - 6.
[16] 顾基发. 物理事理人理系统方法论的实践. 管理学报，2011，8(3):317.
[17] 王众托. 系统工程. 北京：北京大学出版社，2010.
[18] 周德群. 系统工程概论. 北京：科学出版社，2007.
[19] 袁旭梅，刘新建，万杰. 系统工程学导论. 北京：机械工业出版社，2007.
[20] 吕永波. 系统工程. 北京：清华大学出版社：北京交通大学出版社，2005.
[21] 汪应洛. 系统工程. 北京：机械工业出版社，2005.
[22] 许国志. 系统科学. 上海：上海科技教育出版社，2000.
[23] 赵国杰，王海峰. 物理事理人理方法论的综合集成研究[J]. 科学与科学技术管理，2016，37(3)：50 - 57.
[24] 薛惠锋，周少鹏，杨一文. 基于 WSR 方法论的项目管理系统分析[J]. 科学决策，2012(3)：1 - 13.
[25] 李存金，王俊鹏. 重大航天工程设计方案形成的群体智慧集成机理分析：以阿波罗登月计划为例. 中国管理科学，2013，21(S1)：103 - 109.
[26] 谭跃进，陈英武，程志君. 系统工程原理. 2 版. 北京：科学出版社，2021.
[27] 张庆英. 物流系统工程—理论、方法与案例分析. 3 版. 北京：电子工业出版社，2021.

第 3 章　系统建模与系统分析

3.1　系统模型概述

模型是对客观事物的概括和抽象。一般来说，系统模型可以帮助人们以更少的时间和成本对实际系统进行研究和实验，并且使系统的行为更容易观察。开发系统模型是为了客观地研究该系统。在生活和生产实践中，人们探索出了各种形式的系统模型（如符号、图表、公式等），描述了系统的一方面或多方面的基本属性，并提供了与系统相关的知识。

3.1.1　系统模型的定义

系统模型是对现实系统主要组成部分的描述、模仿和抽象，用来研究各部分之间的相互作用、因果效应和应用条件下的关系，它反映了系统的本质及其主要特征。

尽管人们对于系统模型的定义不尽相同，但总的来说，系统模型需要简洁地表达真实系统，并且是真实系统的理想化抽象。现实中的系统，其属性是多种多样的，我们需要根据研究的不同目的来确定系统属性。换句话说，即便是对于同一系统，也要紧紧依照研究目的建立符合要求的系统模型。另外，当赋予参数和变量不同的含义后，同一模型可以被当作是不同系统的模拟。

通常情况下，系统模型由如下几部分构成：

（1）系统，即被描述的研究对象。

（2）目标，即所设立的目标。

（3）子系统，即构成系统的子部件。

（4）约束，即系统所受到的限制条件。

（5）变量，即用来描述系统组成的变量，可分为内部变量、外部变量、状态变量等。

（6）变量关系，即描述系统不同变量之间的定量或定性关系。

3.1.2　模型的特征

在对一个系统进行仔细观察和了解后，需要建立模型来测量、转换、分析和研究重要因素及其相互关系，然后提供决策支持。因此，模型必须涵盖系统的基本要素，并尽可能简单、准确、可靠、经济和实用。系统模型反映了现实的主要特征，但它不同于实际系统，只是反映了类似问题的共同特征。系统模型的特征总结如下：

（1）系统模型是对研究对象的合理抽象和有效模仿。

（2）系统模型与研究目的有关，是由与问题相关的因素构成的。

（3）系统模型反映了研究对象（系统）中主要因素之间的关系，并反映了系统的行为特征。

因此，模型必须能够展现研究对象的本质。同时，模型需要通过某种方式来表达，如概念模型、符号模型等。此外，还需要一种科学的模型描述方法，即系统建模方法或系统模型化方法。

3.1.3 模型的分类

系统种类繁多，且对相同的系统用不同的方法以不同的侧面按不同的研究目的建立不同形式的模型，故对系统模型进行分类很有必要。

1. 按照形态分类

按照形态的不同，模型可分为实体模型和抽象模型。

(1) 实体模型：一种具有实体系统功能和结构的以原型为要素进行描述的模型，因其直观、形象，也被称为形象模型。它依据系统原本几何层面上的放缩，来呈现出系统模型的某些特殊属性，如用于课堂教学的原子模型、用于展示的宇航器模型等。然而不是所有的系统都可以形成实体模型，只有真正含有实物实体的系统才满足实物模型形成的条件。

(2) 抽象模型：一种采用概念、原理、方法等非物质形态，对系统进行抽象描述而得到的模型。如以数学方法形成的模型、通过逻辑关系进行表达的框图、通过类比方法抽象得出的类比模型等。此类模型的特殊性在于通过观察模型表面，已看不出系统原型的形象，只能体现出同原有系统在根源上相似的属性。它是在原有系统“剖析认识—深入提高—进一步剖析认识—再深入提高”的前提条件下，经过人类思维高度抽象理解的产物，是系统工程中使用频率较高的模型。这种模型又可分为以下几类：

① 数学模型：使用数学方法进行描述的系统模型。它采用字母、数字和各种数学符号这些数学工具来对系统结构、特性以及内在联系进行数学抽象、处理而生成的模型。它是系统工程中最常用的定量分析工具，其主要特点是可以通过数学运算得出系统运行的规律、特点及结构。例如用于国民经济中的综合平衡模型、随机服务系统模型、可靠性模型、最优化模型等都是数学模型。

② 逻辑模型：通过图的描述来体现系统运行逻辑关系或系统状态的模型。它表达了系统组成部分中抽象的逻辑关系，其主要特点是清晰地显示系统各部分的相互关系，不但适用于定性分析，同时适用于定量计算和指示系统运行程序。例如，网络计划法中的 CPM 网络图、某种算法的计算框图、结构原理图、结构模型图等都属于逻辑模型。

③ 模拟模型：使用一个易于实现控制和求解的系统代替、模仿另一个较为复杂的系统的行为和状态的模型。它可采用实体形式抽象与数学形式抽象。数学形式抽象模型是通过数学方法来抽象体现系统状态变化的模型，如力-电压相似系统、系统动力学模型等。

④ 分析模型：通过使用曲线、图、表描述系统结构和特点的模型。它一般用于系统状况分析，通过线、图、表等形式清楚地表示系统的结构、变化趋势等。例如直方图、变动曲线、雷达图等都属于分析模型。

2. 按照应用对象分类

按照应用对象的不同，系统模型可分为经济模型、社会模型、生态模型、工程模型、人口模型、生理模型、环境模型、交通模型等。

3. 按照研究问题的出发点存在区别分类

按照研究问题的出发点存在区别，系统模型可分为宏观模型、微观模型等。

4. 按照途径的差异分类

按照途径的差异，系统模型可分为预测模型、结构模型、过程模型、决策模型、性能模型、组织模型、行为模型、最优化模型等。

总而言之，系统模型可通过不同的标准进行分类，但无论按照什么分类标准，在模型的实际应用中都必须符合系统存在的目的，都必须根据研究目的选择一种或几种模型。

3.1.4　模型的作用和局限性

模型是对现实系统抽象表达的结果，它既反映现实，又高于现实。模型的主要功能如下：

(1) 简化操作过程。

(2) 缩减观察周期。

(3) 适合实验研究。

(4) 支持灵敏度分析。

在面对不同的系统问题时，应该采用适当的系统建模方法。但无论采用哪种具体的建模方法，都应该遵循建模的基本原则。

模型只是实际系统的近似和抽象。事实上，模型只考虑了部分因素，很多其他因素和相互关系并没有考虑，所以与实际情况存在偏差是难以避免的。

3.2　系统分析概述

系统分析(System Analysis)是兰德(Research ANd Development，RAND)公司在 20 世纪 40 年代为解决大规模复杂系统问题提出的一套解决方法和步骤，并首次提出“系统分析”一词，早期主要应用在军事武器系统的研究与开发等领域中。二战后，系统分析逐步由武器系统分析转向国防战略和国家安全政策的系统分析。20 世纪 60 年代以来，系统分析方法广泛地应用于各类系统分析中，并在实践中逐步认识到定量分析的不足，对众多相互影响的社会因素进行定性分析也十分必要。20 世纪 70 年代，来自 12 个欧美国家的有关部门组成了国际应用系统分析研究所(IIASA)，将系统分析发展到社会、经济、生态等众多领域，并赋予了新的定义。从狭义上说，系统分析以霍尔三维结构中的逻辑维为基础，与切克兰德方法论等相通；从广义上说，系统分析可与系统工程同义。

3.2.1　系统分析的定义

在系统工程方法论中，狭义上的系统分析是系统工程中的一个逻辑步骤，也就是说，系统分析是系统工程中的一项优化技术，可具体应用于非结构化决策中。而一般来说系统分析与系统工程同义，即系统分析是系统工程。因此，系统分析在实际应用中十分重要。

系统分析是在对系统目标充分挖掘的基础上，确定系统的要素、结构、功能和环境，运用建模及预测、优化、仿真、评价等方法，对系统的诸多方面进行定性与定量相结合的分析研究，为决策者提供满意的系统方案，可以总结为以下几点：

（1）确定目标是解决问题的第一步。虽然也可采用以问题作为引导的分析，但只能涉及短期的相关方面，而确定目标后的分析就可以考虑长远方面的内容。

（2）在分析过程中，系统目的、功能、结构、环境、成本和效果等都需细致地进行分析、比较和实验，系统分析人员要探索和扩展相关要素，结合以往的经验广泛收集和分析数据和资料，从而可以综合全面地了解问题，最后确定经济有效的处理程序，或者对原系统提出改进方案。

（3）建模及预测等科学技术方法与运筹学是相通的：通过对若干备选方案建立的模型进行优化计算或模拟实验，比较和评价所得结果与预定任务或目标，最后整理出少数较好的可行方案，形成完整的综合资料来帮助决策者选择最优系统方案。

（4）系统分析对系统问题的解决不应该是静态的。从长远上来看，环境是变化的，系统也是变化的。在当前各个备选方案的评价之后，还需确定系统行为演化规律，包括演化的环境、条件和机制。

（5）系统分析的目的是帮助决策者深入分析所面临的问题，为其提供可能的依据来辅助其做出决策、解决问题。方法是采用系统的观点，定性和定量分析结构和状态，对可行的备选方案进行选择和比较，然后评价和协调得出最优解决方案。任务是提出系统方案、评价和对新系统的建议。其中涉及的“选择”不是一个动作，而是一个过程。

作为系统工程处理问题的核心内容，系统分析是处理过程中的一个不可或缺的环节，能够有效进行目标设定、方法选择、有限资源调配和行动策略确定等。

3.2.2 系统分析的构成要素

在实际问题中，我们所接触到的系统都处于动态变化之中，而且系统所处的环境也各不相同。同一系统在不同的阶段也会因为分析目的的不同，所采用的方法也不同。因此，要确定技术先进、经济合理的最优系统，首先要确定系统现有的具体组成要素，然后根据要求分析其功能、结构、演化规律等。

1. 问题

在系统分析中，问题包含以下两个方面：① 研究的对象（或对象系统），正确定义这类问题需分析人员和决策者讨论相关要素和条件；② 实际系统与目标系统的偏差，确定此类问题来为系统的改进提供线索。

2. 目的及目标

目的是对系统的总要求，具有整体性和唯一性，这是系统存在的根源，是建立系统的根据，也是系统分析的出发点。

目标是系统目的的具体化，其具有从属性和多样性，是系统所希望达到的结果或完成的任务。对某一系统进行分析的时候，系统分析首先要明确系统所要达到的目的，明确系统的若干个子目标。确定这些目标一般是一个反复分析的过程，可以用反馈控制法，逐步地明确问题，选择手段，确定目标。

3. 可行方案（替代方案）

一般情况下，为了实现某一目标，可以采取多种手段和措施，这些手段和措施在系统分析中称为可行方案或备选方案。可行方案首先应该是可行的，或经过努力后是可行的，同时还应该是可靠的。由于条件的不同，方案的适用性也不同，因此，在明确系统的目的之后，就要通过系统分析，提出各种可能的方案，供决策时选择。

4. 模型

模型可以用来帮助人们认识、模拟、优化和改造系统。在系统分析中，模型是用来对前面给出的备选方案进行对比、分析和评价的手段。模型用来预测各个替代方案的性能、费用和效益，以定量分析为主。因为模型可将复杂的问题简化为易于处理的形式，用简便的方式，在决策制订出来以前预测出它的执行结果，所以说模型是系统分析的主要工具。

5. 费用、效果、效益及有效度

1）费用

费用是一个方案用于实现系统目标所需消耗的全部资源(如资金、劳动力、材料、能源等)的价值，可用货币表示。这里的费用是广义的，包括失去的机会与所做出的牺牲(即机会成本，以及在一些对社会具有广泛影响的大型项目中存在的一些非货币支出费用)。例如，影响生态的因素、污染环境的因素、影响旅游行业的因素等。系统分析中需要从系统的生命周期角度考虑费用的构成和数量。

2）效果

效益是指用货币尺度来评价达到目标的效果；而有效性是指用非货币尺度来评价达到目标的效果。效果可以分为好、较好、较不好和不好，也可以进行排序。好和较好的可以采用；较不好的，需要再进行系统分析，找出较好的解决方案，再看方案的效果；不好的，就应该及时放弃，并建立新的系统。在分析系统的效果时，必须注意直接效果，但是也不能忽略间接效果。

3）效益

当某个工程项目或企业的目的实现后，即开发的系统运行以后，就可以获得一定的效果。其中能换算成货币价值的那部分效果就称作效益。效益又分为直接效益和间接效益(次生效益)。直接效益包括使用者所付的报酬，或由于提供某种服务而得到的收入。间接效益则指直接效益以外的那些增加社会生产潜力的效益。

4）有效度

在评价系统的效果时，虽然通过一定方法可以将效果进行量化，但并不是所有的效果都能换算成货币，这就产生了有效度的概念。有效度是用非货币尺度所表示的效果。

效果不管用效益还是有效度来表示，都有必要将其公式化为备选方案的价值属性和外部环境的评价属性的函数。两种属性中前者表现为价值要素，如系统功能和可靠性等，后者则为系统价值的权重。

6. 评价标准

衡量可行方案优缺点的指标即为评价标准。备选方案存在多样性，因此有必要制订统一的评价标准进行优劣比较和综合评估，对方案进行排序以供选择，并以此为依据制订决策方案。评价标准必须具有明确性、可计量性和敏感性。明确性是指评价标准的概念要做到明确、具体、尽量单一，而且还要对方案达到的指标能够做出全面的衡量。可计量性是指确定的评价准则，应力求是可计量的和可计算的，尽量用数据来表达，使分析的结论有定量的依据。敏感性是指在多个评价准则的情况下，要找出标准的优先顺序，分清主次。

常用指标有：成本指标、时间指标、质量和品种改善指标、劳动生产率指标、劳动条件改善指标和特定效益指标等。

7. 决策者

决策者是系统问题中的利益主体和行为主体，他们在系统分析中有重要作用，是一个不容忽视的重要因素。决策是决策者根据系统分析结果的不同侧面、不同角度、个人的经验判断以及各种决策原则进行综合的整体考虑，最后做出优选决策。决策的原则包括：当前利益与长远利益相结合；整体效益与局部效益相结合；外部环境与内部环境相结合；定性分析与定量分析相结合。实践证明，决策者与系统分析人员的有机配合是保证系统工作成功的关键。

3.2.3 系统分析的原则与程序

1. 系统分析的原则

系统分析应立足于实际问题，坚持以问题为导向、注重整体、平衡优化、方法集成等基本原则。其主要原则及相应要求如下：

(1) 整体性原则。系统分析的根本思想是将研究对象看作一个有机整体，以整体效益为目标。在理解和改造系统的过程中，整体性原则强调从构成系统的各种要素间的关系出发，探索系统作为一个整体的本质和规律。

(2) 层次性原则。系统作为一个整体由某些要素构成：一方面，要素可称为子系统，由下一层要素构成；另一方面，系统又是更大系统的组成部分。这种相互包含的关系构成了系统的层次结构。在物流问题上，必须注意存在于整体与层次、层次与层次间的相互制约。

(3) 结构性原则。系统要素之间的相互结合构成了系统存在和运行的结构系统。比如说在确定物流系统优化目标时，有必要考虑各要素之间的结构模式及其产生的作用和影响，并以此进行结构设计来满足物流系统的整体要求。

(4) 相关性原则。系统及其要素之间是相互联系和相互作用的，两者之间的相关性都需在研究过程中引起注意。例如，物流系统中，国民经济与物流系统之间的相互联系和作用就是一大研究热点。

(5) 目的性原则。系统的建立总是为了达到预期目的的。因此，在系统分析中，物流系统具有一定的发展规律和发展趋势，尊重客观规律的同时要确定预定目标。

2. 系统分析的程序

系统分析需循序渐进地探索和分析，其各部分之间存在着逻辑关系，既要具体一步一步完成，又要利用经验做出判断，激发创新性思维。图 3.1 显示了系统分析的基本过程。

(1) 划定问题范围。系统分析时首先要了解面临的问题，明确问题的性质，界定问题的范围。问题一般产生于外部环境和系统内部因素的相互作用之中，总是具有某种性质和存在范围。当问题确定后，首先要对问题的重点和范围进行明确的阐述；其次，有必要进一步研究内部因素和外部环境之间的联系，在问题间划清界限。

(2) 确定目标。为了解决问题，要确定具体的目标。系统的目标通过某些指标表达，制定的标准则是衡量目标达到的尺度。系统分析是针对所提出的具体目标而展开的，由于实现系统功能的目的是靠多方面因素来保证的，因此系统目标也必然有若干个。

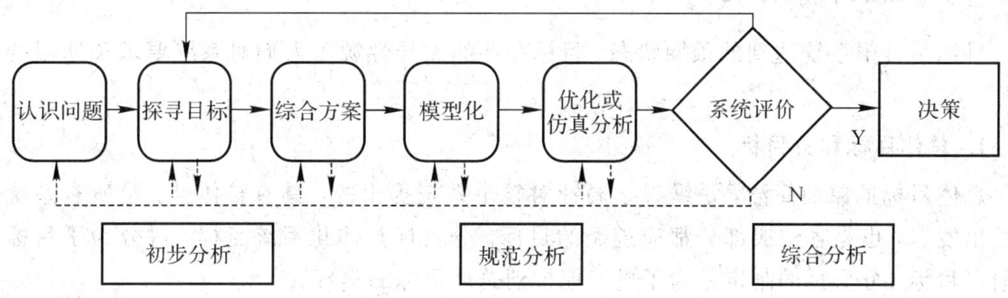

图 3.1　系统分析的基本过程

(3) 收集资料，提出方案。系统分析中，要根据目标收集必要的资料和数据，并以此为基础进行更深一步的分析。收集方法通常有调查、实验和引用资料等。收集资料切忌盲目性，不能一味追求数量和规模的庞大，要更注重数据和资料的实用性、价值性和有效性，并不是所有的资料对于分析人员来说都有用。

(4) 建立分析模型。建立分析模型的目的是便于分析和比较可行方案。在建立之前，首先要简化问题本质特征，找出系统的输入、输出、转换以及系统的目标和约束等因素及其关系。按照表达方式不同可将模型分为图示模型、仿真模型、数学模型和实体模型四种。模型建立的意义在于确认影响系统功能目标的主要因素，更具体地说是确认影响程度、总目标和分目标的完成途径及其约束条件等。

(5) 分析替代方案的效果。利用模型进行操作和分析，揭示系统内部运动的规律，计算和度量备选方案的可能结果，并考察各种指标的实现程度。例如，劳动力、时间、设备、资金和动力等因素都会对费用指标产生影响，指标会因不同方案输入和输出的不同而变化。另外，计算机技术可以很好地解决复杂和计算量较大的模型分析问题，然后需要根据模型产生的结果进行系统分析，从而评价各个方案的优劣。

(6) 综合分析与评价。在分析过程中，还存在例如政治、经济、军事、科技和环境等定性因素需要考虑，与预期目标进行对比，综合分析所有可行方案得到评价结果，以此来提供可行的解决方案，或对各方案建立优先级，以供决策者参考。对于鉴定方案的可行性，系统仿真往往是一个经济有效的方法。

3.3　系统目标分析

只有确定了目标，才能开始系统的分析和设计，实现系统应该满足的各种需求。系统目标会影响系统的全局和全过程，目标一旦确定，系统的发展方向也就确定了，并且系统的成功与否也取决于目标的恰当与否。因此，系统目标分析十分关键，是系统目的具体化，也是为了验证目标的有效性和经济性，以及获得最终的目标集。系统目标分析的主要研究对象包括系统目标的分类、目标集的确定以及目标冲突和利害冲突。

系统目标分析的目的一是论证目标的合理性、可行性和经济性；二是获得分析结果——目标集。

3.3.1 系统目标的分类

目标是希望系统达到的预期状态。目标存在的差异性源于人们对系统要求和期望的多样性。

1. 总体目标和分目标

总体目标抽象而简洁，是纵观全局针对整个系统提出的，具有整体性，是所有系统活动的出发点，也是各组成部分都应遵循的目标。分目标具体化系统目标，可分为子目标和各阶段目标，分目标的制定是为了更好地推动总体目标的实现。

2. 战略目标和战术目标

战略目标涉及系统整体，是从长期战略考虑制定的目标，规定了系统开发的预期结果，确定了发展方向的一致性。为了实现战略目标，需要制订具体且量化的战术目标，战术目标要服从战略目标，不然会妨碍战略目标的实现。

3. 近期目标和远期目标

根据所处时期，总体目标又可以分为近期目标和未来发展中的远期目标。例如，2010年实现我国国民生产总值翻一番，到2050年要达到中等发达国家的现代化水平即基本实现现代化，前者属于我国制定的近期目标，后者则为远期目标。

4. 单目标和多目标

单目标即一个目标，具有单一性和突出性，且约束少，这使得在实际情况中局限较多和风险较大。例如，使用DDT来杀死害虫能促进丰收，但同时也对益虫造成伤害，破坏了生态系统的平衡，还会形成污染。为追求多方面利益满足实际需要而确定两个及两个以上的目标，则为制订多目标，制订过程要符合目标决策从单一化过渡到多样化的必然趋势。单一的经济增长目标只能获得当下的利益，从长远来看是不可行的，因此权衡经济、社会和文化等方面，企业的目标应该是多目标体系。

5. 主要目标和次要目标

在制订的系统目标中，具有重要地位和决定性作用的则为主要目标，相对而言影响程度较小的则为次要目标。因为不可能同时实现所有的目标，所以在当前的系统中有必要进行研究判断，进行主要和次要的分类，同时要注意避免过分强调次要目标而忽略主要目标。这两类目标不是一成不变的，当内外条件发生改变时，目标的重要程度也会随之而变，因此目标关于主要和次要的分类需要随时进行调整。

3.3.2 目标集的确定

目标分析是系统分析和设计的出发点。通过制订目标，把系统所应达到的各种要求落到实处。目标分析是整个系统分析工作的关键，是系统目的的具体化过程。系统目标一旦确定，系统就将朝着系统所规定的方向发展。系统目标关系到系统的全局和全过程，它对系统的发展方向和成败起着决定性作用。

1. 目标确定的方法

目标分解形成层次结构即为目标树，如图 3.2 所示。目标树以树的形式表达目标与目标之间的层次关系，同时便于目标间的价值衡量。建立目标树的过程就是把目标逐步分解、细化和展开的过程，从而明确系统目标结构和问题总体情况并开始进一步分析。目标树有利于在总目标的指导下对分目标进行统一计划和处理，从而达到优化整个系统功能的目的。

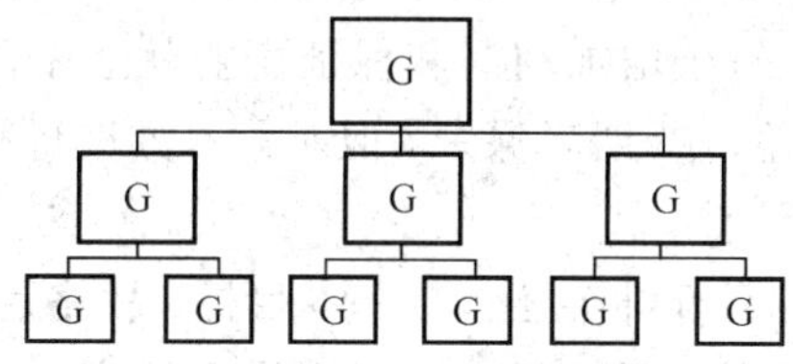

图 3.2　目标树

【例 3.1】　国家教育系统规划目标如图 3.3 所示。总目标是提高我国全民的文化素质，为达到此目标就要加强基础教育、发展职业教育、提高高等教育和发展成人教育等。

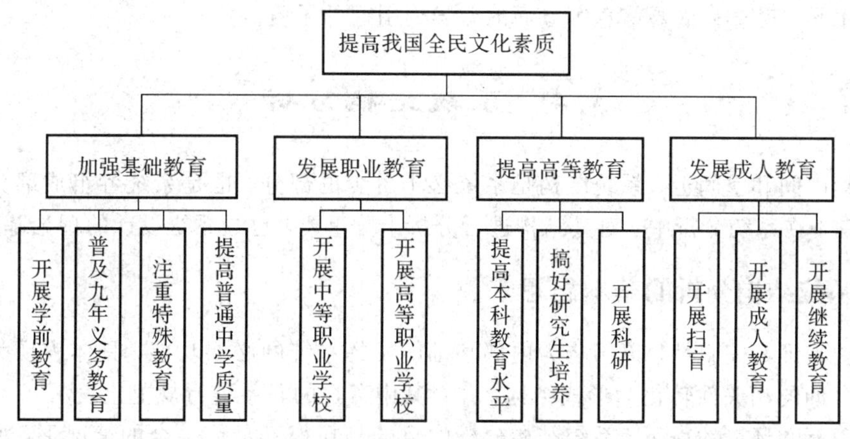

图 3.3　国家教育系统规划目标

2. 基本原则

(1) 一致性原则。充分分析各级目标间的相互联系，在上一级目标指导下，维持横向和纵向的一致性。

(2) 全面性和关键性原则。考虑整个体系的整体性，强调和突出在实现总目标时发挥关键性作用的分目标，防止忽略重要目标，另外可以通过设置目标权重来表示相对重要性。

(3) 应变原则。系统中的变化因素有自身条件、所处环境和新观点、新见解等，为了适应这些变化，目标也要及时加以调整。

3.3.3　目标冲突和利害冲突

一般来说，对于多个目标并存的情况，目标之间的关系分为三种：

(1) 两个目标相互独立：两个目标的存在与实现没有任何关系，是互不影响的。

(2) 目标互补关系：一个目标的实现将促进另一个目标的实现。

(3) 目标冲突关系：一个目标的实现将会制约或阻碍另一个目标的实现。在目标分析过程中，系统分析人员经常会发现，许多关键情况往往是由于存在着目标冲突关系造成的。

一种是目标冲突问题，涉及专业技术，并且不妨碍社会的发展。面对这种情况，系统可以删除其中一个目标，或修正约束条件，也可以增加某个目标的约束。例如，产品设计过程中主要涉及低成本和高质量两个目标。解决目标冲突的方法包含以下两种：① 通过删除引起冲突的分目标来消除目标集的矛盾；② 继续分析研究所有分目标来得出并存的方案。

另一种是社会性质的利害冲突问题，因为其与企业利益相关，在解决过程中应谨慎考虑合适的方法和对策。例如，对于增加利润和保证企业就业率两个目标来说，相应的处理方法有三种：① 放弃一方利益；② 两者保一，但对另一方进行利益补偿；③ 协议更改目标系统使其相容。

因为目标存在的层次性，目标冲突还包括基本目标、战略目标及管理目标之间的冲突，其中确定基本目标才能确定系统，战略目标可以引导系统实现长远方向的基本目标，管理目标可以具体化战略目标来制订当下的决策。要在不同层次的目标冲突之间寻求一个最优解决方案，更多的是通过实现基本目标来解决长期与短期利益之间的矛盾。在利益方面，主体不一样要求就不一样，这在目标冲突中也得以体现，因此解决冲突最主要的就是有效解决认知水平、观念和重要信息等方面的差异而引起的矛盾。

3.4　系统结构分析

在连续时间和空间上，系统结构是系统必不可少的部分，也是系统各组成部分间相互联系的方法。在系统分析中，对其结构进行分析十分重要，也是系统设计的理论基础。

3.4.1　系统结构分析的基本思想

系统要保证其完整性，以结构为内部基础能发挥系统的必要功能，具体表现为将系统各组成部分间的相关性转化为形式结构，并对其中存在的联系进行规范化表示。

在总目标和环境约束下，系统结构分析的目的是在得到最优结合的情况下，使系统组成要素、要素间关联均达到最优，并以此得到合理的系统结构。

3.4.2　系统结构分析的主要内容

系统是多个元素的集合。系统工程中主要涉及的社会系统由数百个要素组成，对要素之间的相关性进行分析也是结构分析较为重要的一步。为了达到系统给定的功能要求，即达到对应于系统总目标需要具有的系统作用，系统必须具有相应的要素，即系统要素集 $S=\{s_i,\ i=1,\ 2,\ \cdots,\ n\}$。

上述结构分析的内容可用公式表示为

$$\begin{aligned} \Pi^{**} &= \max_{\substack{P-M \\ P-H}} P(S,\ R,\ F) \\ S_{\mathrm{OPT}} &= \max(S \mid \Pi^{**}) \end{aligned} \tag{3.1}$$

其中，Π^{**} 表示系统的最佳结合效果，S_{OPT} 表示系统最大输出，$R=\{r_{ij},\ i,\ j=1,\ 2,\ \cdots,\ n\}$ 表示要素相关关系的集合，F 表示系统要素及其相互关系在层次结构上的可能分布形式，P

表示 S、R、F 的结合效果函数，M 为目标集合，H 为环境集合。

3.4.3　系统的相关性分析

系统目标要求的实现不能只靠关系要素的确定，除了明确要素的质量和水平，还需确定要素间的相关性。由于系统属性的不同，要素的相关联系也存在差异，这也就形成了相关关系集，而相关性分析的提出是为了确保相关关系的合理性。

1. 相关关系的概念

在判断系统要素集能否达到总目标的要求时，相关性分析是指分析要素之间的相互联系。系统属性除了受要素质量和合理化的影响，还受要素之间对应关系的影响。例如，高质量美观的手表和劣质手表所采用的是相同标准的零件，屹立百年的摩天大楼和摇摇欲坠的高楼都是使用同样材质的砖瓦。

要素因系统的差异性而变得多样化，它们之间关系的表达也具有多样性，比如因果关系、数量关系、位置关系、紧密性、时间序列、力学或热力学特性、管理方法、组织形式和信息传递等方面。这就形成了一个相关关系集，即

$$R=\{r_{ij},\ i,\ j=1,\ 2,\ \cdots,\ n\} \tag{3.2}$$

特定元素之间才会存在相关性，所以在元素不以预定方式改变的条件下，任何复杂的相关性都可以被转换为元素之间的相互关系。$r_{ij}=1$ 代表要素间存在着二元关系；$r_{ij}=0$ 代表要素无关。

2. 相关关系的确定(因果关系分析)

常用的相关关系的确定方法有相关矩阵分析法和因果关系分析法两种。

(1) 相关矩阵分析法。

相关矩阵(邻接矩阵)分析法是分析系统要素之间相互影响和相互作用常用的一种简便易行的方法。假设系统包括 n 个要素 $s_i(i=1,\ 2,\ \cdots,\ n)$，两两要素间的关系可用如下矩阵表示：

$$\begin{array}{c} \\ s_1 \\ s_2 \\ \vdots \\ s_i \\ \vdots \\ s_n \end{array}\begin{array}{c} \begin{array}{ccccccc} s_1 & s_2 & \cdots & s_j & \cdots & s_n \end{array} \\ \begin{bmatrix} r_{11} & r_{12} & \cdots & r_{1j} & \cdots & r_{1n} \\ r_{21} & r_{22} & \cdots & r_{2j} & \cdots & r_{2n} \\ \vdots & \vdots & \vdots & \vdots & \vdots & \vdots \\ r_{i1} & r_{i2} & \cdots & r_{ij} & \cdots & r_{in} \\ \vdots & \vdots & \vdots & \vdots & \vdots & \vdots \\ r_{n1} & r_{n2} & \cdots & r_{nj} & \cdots & r_{nn} \end{bmatrix} \end{array} \tag{3.3}$$

其中：

$$r_{ij}=\begin{cases} 1，当\ s_i\ 对\ s_j\ 有影响时 \\ 0，当\ s_i\ 对\ s_j\ 无影响时 \end{cases} \tag{3.4}$$

在确定元素 r_{ij} 时，应以第 i 行元素 e_i 为原因，设想当其变化时，对每一列上要素 e_i 的影响依次进行分析，进而确定要素间是否存在直接的相关关系。

【例 3.2】 某地想找出影响人口问题的因素及涉及的相关关系矩阵如下：

	人口总数	出生率	死亡率	国民素质	国民收入	污染程度	食物营养	国民风俗	计生政策	生育能力	医疗水平	期望寿命
人口总数	0	0	0	0	0	0	0	0	0	0	0	0
出生率	1	0	0	0	0	0	0	0	0	0	0	0
死亡率	1	0	0	0	0	0	0	0	0	0	0	0
国民素质	1	1	0	0	0	0	0	1	1	0	0	0
国民收入	1	1	1	0	0	0	0	1	1	1	0	1
污染程度	1	0	1	0	0	1	0	0	0	0	0	1
食物营养	1	1	1	0	0	0	0	0	0	1	0	1
国民风俗	1	1	0	0	0	0	0	0	0	0	0	0
计生政策	1	1	0	0	0	0	0	0	0	0	0	0
生育能力	1	1	0	0	0	0	0	0	0	0	0	0
医疗水平	1	1	1	0	0	0	0	0	0	1	0	1
期望寿命	1	0	1	0	0	0	0	0	0	0	0	0

(3.5)

从这个庞大的矩阵中，我们可以很清晰地看出，人口总数的组成要素和出生率、死亡率、国民素质、国民收入、污染程度、食物营养、国民风俗、计生政策、生育能力、医疗水平和期望寿命诸多要素之间存在着相关关系，但到底如何相互影响，可以通过解释结构模型（ISM）进行分析。

（2）因果关系分析法。

因果关系图用于描述存在的因果关系、系统结构和运行机制等，制作步骤为：① 确定系统的主要元素，对系统状态进行清晰描述；② 找出元素间的因果关系，包括正因果关系和负因果关系；③ 绘制因果图。

因果因素主要涉及以下相关概念：

① 因果箭：表达形式为带箭头的实线。正因果关系箭头上标“+”，负因果关系箭头上标“−”。

$$A \xrightarrow{+} B\text{，正因果箭}$$

$$A \xrightarrow{-} B\text{，负因果箭}$$

例如，技术进步$\xrightarrow{+}$经济发展：技术的进步会促进经济的发展。

需求$\xrightarrow{+}$价格：市场需求增加时，相应产品或服务价格会上升。

成本$\xrightarrow{-}$利润：价格不变时，增加成本会导致利润减少。

医疗水平$\xrightarrow{-}$人口死亡率：医疗水平提高会降低人口死亡率。

② 因果链：要素间的因果关系可相互传递，$A \longrightarrow B \longrightarrow C$ 表示 A 影响 B，B 又影响 C。因果链具有极性，若因果链为极性负，则含有负因果箭的个数为奇数，否则为极性正。

因果链表示如下：

$$A \xrightarrow{-} C \xrightarrow{-} D\text{，正因果关系}$$

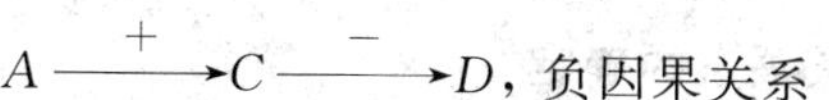

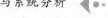

例如，国民收入$\xrightarrow{+}$营养水平$\xrightarrow{+}$期望寿命：国民收入的增加提升了营养水平，从而增加了期望寿命。

③ 因果关系反馈环：原因导致结果，结果的好坏反映原因，这样的回路被称为因果关系反馈环，其特点为封闭且首尾相连，有正负两种之分。图 3.4(a)为正反馈环，元素间均为正因果关系或具有偶数个负因果关系，正反馈环可促进自身效果及性能，但具有不稳定性；图 3.4(b)为负反馈环，能够约束自身变量变化且具有调节能力，比如社会经济系统。

图 3.4(b)中的因果关系反馈环反映了一个简单的库存系统。当外界需求增加时，库存就会相应地减少，减少到一定数目时，为使数量回到正常水平，管理者需向生产商购买货物增加订单。期望库存与库存量之间总是存在差额，即为库存偏差，在此关系式中，库存偏差的大小与期望库存数量成正比，而与库存量大小成反比。

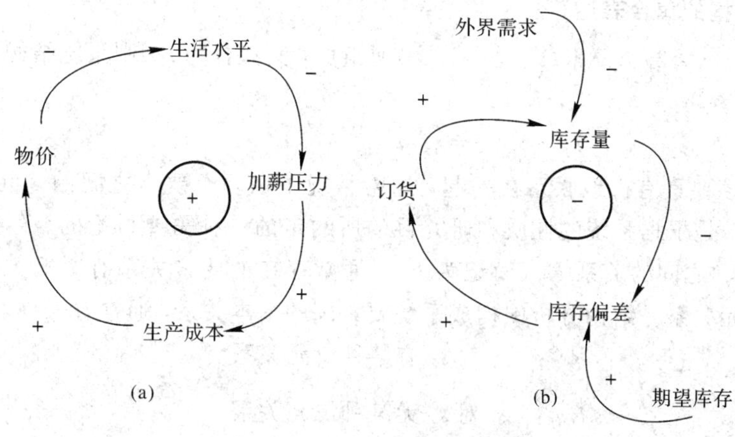

图 3.4　因果关系反馈环图例

3.5　系统结构模型

3.5.1　系统结构模型概述

系统由两个以上相互影响、相互作用、相互联系的要素构成，是含有特定功能与结构的有机整体。其中系统的结构分析是系统分析的重要内容，是对系统全面认识的基础，也是系统优化分析、设计与管理的基础内容。关联树方法(例如目标树、决策树)、解释结构模型化方法、系统动力学结构模型化方法等是几种比较具有代表性的系统结构分析方法。而系统模型一般是通过定量分析建立的静态、动态、线性以及非线性模型。这一部分将在后面的内容中予以介绍。

一般情况下，系统的某种结构可通过示意图、集合、有向图和矩阵四种方式来表达。前面章节中讲过，结构是系统内众多要素之间相互联系的方式，而结构模型是通过定性方式表示系统构成要素以及它们之间本质上相互依赖、制约和关联状况的模型。结构分析是指结构模型化以及予以解释的过程，具体内容包括：对系统目的、功能的认识；系统构成要素的选取；对相关要素之间的联系及其层次关系的分析；系统整体结构的确定及其解释。

1. 系统要素的选取及其关系的确定

首先，选定系统分析人员。所选人员数 10 人左右为宜，成员必须对所选问题持关心态度，且保证持有各种不同观点的人入选。

其次，设定问题。由于小组成员掌握的情况、分析的目的是杂乱无章的，每个成员站在不同立场，因此为了使研究工作很好地开展，提前必须采用 KJ 法、5W1H 疑问等方法来明确规定所研究的问题。

然后，选择构成问题的要素。一般采用名义分组法（Nominal Group Technique，NGT），通过这种方法把每个人的想法同小组的集体创造性思考很好地结合在一起。

最后，建立要素之间的关系。在结构模型的程序中关键的是决定要素间有无关系。首先必须明晰“关系”的含义（因果关系、优先关系、包含关系、影响程度、重要程度等），判断时应靠直觉进行，继而给出要素间的直接关系。

2. 系统结构的集合表达

设系统由 $n(n\geqslant 2)$ 个要素（$s_1, s_2, \cdots, s_n$）所组成，其集合为 S，则系统结构的集合表达如下：

$$S=\{s_1, s_2, \cdots, s_n\}$$

系统的众多要素有机地联系在一起，通常情况下以两个要素之间的二元关系为基础。所谓二元关系，是根据系统的性质和研究目的所约定的一种需要讨论的、存在于系统中的两个要素（s_i, s_j）之间的关系 R_{ij}（简记为 R）。通常存在的要素关系有影响关系、因果关系等。其中的二元关系是结构分析中构成系统要素间的基本关系，通常有三种表现形式：

$$\begin{cases} s_iRs_j: & s_i \text{ 对 } s_j \text{ 有某种二元关系} \\ s_i\bar{R}s_j: & s_i \text{ 对 } s_j \text{ 无某种二元关系} \\ s_i\tilde{R}s_j: & s_i \text{ 对 } s_j \text{ 有无某种二元关系不明确} \end{cases}$$

二元关系有两个重要性质：

(1) 二元关系的传递性。一般情况下，传递性指的是：若 s_iRs_j，且 s_jRs_k，则有 s_iRs_k（其中 s_i、s_j、s_k 为系统的任意构成要素）。该性质表现出两个要素的间接联系，可记作 R^t（其中 t 为传递次数），例如 $s_iR^5s_k$ 表示 s_i 经过 5 次传递到达 s_k。

(2) 强连接关系。若 s_iRs_j，且 s_jRs_i，则称 s_i 与 s_j 间具有强连接关系，反映了两个要素具有相互替换的属性。

依系统要素归纳域 S，及其有关二元关系的概念为前提条件，为简化所有要素间关联方式的表达，我们将系统的构建要素中满足下述二元关系 R 的要素 s_i、s_j 的要素对（s_i, s_j）的集合，称为 S 上的二元关系集合，记作 R_b，即

$$R_b=\{(s_i, s_j)\mid s_i, s_j\in S, s_iRs_j, i, j=1, 2, \cdots, n\} \tag{3.6}$$

一般情况下，（s_i, s_j）和（s_j, s_i）表示不同的要素对。其中，“要素 s_i 和 s_j 之间能否具有某种二元关系 R”，也就等价于“要素对（s_i, s_j）可否隶属于 S 上的二元关系集合 R_b”。

因此，我们可利用系统的构成要素集合 S 以及在 S 上确定的二元关系集合 R_b 来一同表现系统的某种基本结构。

【例 3.3】 某一系统由 8 个要素（$s_1, s_2, \cdots, s_n$）组成。经过每个要素的相互判断认为：

s_2 影响 s_1、s_3 影响 s_4、s_4 影响 s_5、s_7 影响 s_2、s_4 和 s_6 相互影响、s_8 影响 s_2。故可通过要素集合 S 和二元关系集合 R_b 来表达该系统的基本结构，其中：

$$S=\{s_1, s_2, s_3, s_4, s_5, s_6, s_7, s_8\}$$

$$R_b=\{(s_2, s_1), (s_3, s_4), (s_4, s_5), (s_7, s_2), (s_4, s_6), (s_6, s_4), (s_8, s_2)\} \tag{3.7}$$

3. 系统结构的有向图表达

有向图(D)是由节点和连接各节点的有向弧所构成的。其形成的步骤是：系统的各构成要素由节点进行表示，要素之间的二元关系由有向弧表示。路长是指由节点 $i(s_i)$ 到 $j(s_j)$ 的数值最小的有向弧数，即要素 s_i 与 s_j 间二元关系的传递次数。双向回路是指由某个节点作为起点，沿着有向弧经其中的某些节点各一次，且能回到该节点。汇点是指仅表现进入却未离开的节点，如节点 1。源点是指仅表现出离开却无进入的节点，如节点 3。

如图 3.5 所示，s_2 到 s_1、s_3 到 s_4、s_4 到 s_5、s_7 到 s_2 和 s_8 到 s_2 的路长均为 1。s_4 和 s_6 间具有强连接关系，s_4 和 s_6 相互到达，在其间形成双向回路。

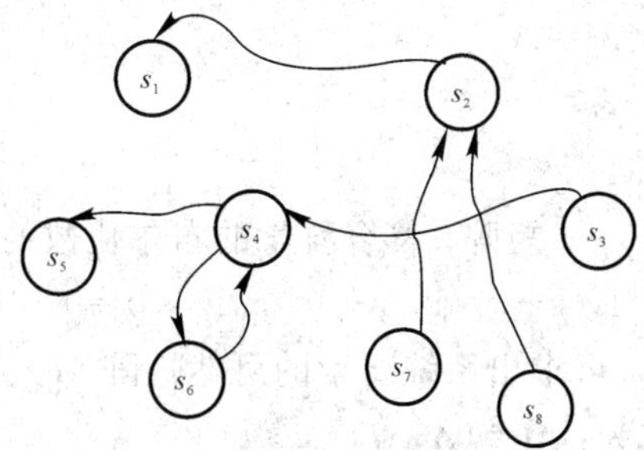

图 3.5　有向图

4. 系统结构的矩阵表达

(1) 邻接矩阵 (**A**)。邻接矩阵(**A**)是用来表示系统要素间本质上的二元关系或直接联系情况的方阵。不仅表达了系统的所有要素，还清晰展示了要素之间的二元联系的矩阵。若 $\mathbf{A}=(r_{ij})_{m\times n}$，则其定义式为

$$r_{ij}=\begin{cases}1, & s_iRs_j \text{ 或 } s_i, s_j\in R_b：s_i \text{ 对 } s_j \text{ 有某种二元关系}\\ 0, & s_i\bar{R}s_j \text{ 或 } s_i, s_j\notin R_b：s_i \text{ 对 } s_j \text{ 无某种二元关系}\end{cases} \tag{3.8}$$

若第 i 行元素全为 0，则 s_i 是系统的输出要素(汇点)；若第 j 列元素全为 0，则 s_j 是系统的输入要素(源点)。邻接矩阵(也叫作直接关系矩阵)只能表现系统要素之间的直接关系，不能表达出其中的间接关系。图 3.5 的邻接矩阵可以表示为

$$\mathbf{A}=\begin{array}{c} \\ s_1\\ s_2\\ s_3\\ s_4\\ s_5\\ s_6\\ s_7\\ s_8\end{array}\begin{array}{c}\begin{matrix} s_1 & s_2 & s_3 & s_4 & s_5 & s_6 & s_7 & s_8\end{matrix}\\ \begin{bmatrix}0&0&0&0&0&0&0&0\\1&0&0&0&0&0&0&0\\0&0&0&1&0&0&0&0\\0&0&0&0&1&1&0&0\\0&0&0&0&0&0&0&0\\0&0&0&1&0&0&0&0\\0&1&0&0&0&0&0&0\\0&1&0&0&0&0&0&0\end{bmatrix}\end{array}$$

很明显，**A**中“1”的个数和例中R_b所包含的要素，对数目和图3.5中有向弧的条数相同，均为7。在邻接矩阵中，若有一列(如第j列)元素全为0，则s_j是系统的输入要素，如图3.5中的s_3、s_7和s_8；若有一行(如第i行)元素全为0，则s_i是系统的输出要素，如s_1和s_5。

(2) 可达矩阵(***M***)。若在要素s_i和s_j间含有着某种传递性质的二元关系，或在有向图上出现由节点i至j的有向通路，那么就称s_i是可以到达s_j的，或者说s_j是s_i可到达的。即可达是指：如果$s_i R^t s_j (0 \leqslant t \leqslant r)$，则称$s_i$可以到达$s_j$，其中$r$是在没有回路条件下的最大路长或传递次数。可达矩阵可定义为：系统要素之间任意传递性的二元关系或有向图中两个节点之间通过任意长的路径可以到达情况的方阵。

如$\boldsymbol{M}=(m_{ij})_{n\times n}$，符合无回路条件下的最大路长或传递次数为$r$，即有$0 \leqslant t \leqslant r$，故可达矩阵定义为

$$m_{ij}=\begin{cases}1,\ s_i R s_j(\text{存在着 } i \text{ 至 } j \text{ 的路长最大为 } r \text{ 的通路}) \\ 0,\ s_i \bar{R} s_j(\text{不存在该通路})\end{cases} \tag{3.9}$$

其中$t=1$：基本的二元关系，$M=A$；

$t=0$：自身可到达，$s_i R s_i$；

$t \geqslant 2$：传递二元关系。

矩阵**A**和***M***是$n\times n$阶0-1矩阵，符合科学的布尔代数的运算规律，即：***M***的元素均为“1”或“0”，0+0=0，0+1=1，1+0=1，1+1=1，0×0=0，0×1=0，1×0=0，1×1=1，根据邻接矩阵**A**的算数规则，可求出系统要素的可达矩阵**M**。

可达矩阵***M***的计算公式为：$\boldsymbol{M}=(\boldsymbol{A}+\boldsymbol{I})^r$。

其中$r=1$：凸显无中断的到达；

$r=2$：凸显两两要素的数值距离为2；

$r=3$：凸显两两要素的数值距离为3。

最大传递次数(路长)r，可根据下述规则确定：

$$\begin{aligned}&(\boldsymbol{A}+\boldsymbol{I})\neq(\boldsymbol{A}+\boldsymbol{I})^2\neq(\boldsymbol{A}+\boldsymbol{I})^3\neq\cdots\neq(\boldsymbol{A}+\boldsymbol{I})^{r-1}\neq(\boldsymbol{A}+\boldsymbol{I})^r \\ &=(\boldsymbol{A}+\boldsymbol{I})^{r+1}=\cdots=(\boldsymbol{A}+\boldsymbol{I})^n\end{aligned} \tag{3.10}$$

以图3.5相应的邻接矩阵为例，其表达如下：

$$\boldsymbol{A}+\boldsymbol{I}=\begin{array}{c} \\ s_1 \\ s_2 \\ s_3 \\ s_4 \\ s_5 \\ s_6 \\ s_7 \\ s_8 \end{array}\begin{array}{c} \begin{array}{cccccccc} s_1 & s_2 & s_3 & s_4 & s_5 & s_6 & s_7 & s_8 \end{array} \\ \begin{bmatrix} 1 & 0 & 0 & 0 & 0 & 0 & 0 & 0 \\ 1 & 1 & 0 & 0 & 0 & 0 & 0 & 0 \\ 0 & 0 & 1 & 1 & 0 & 0 & 0 & 0 \\ 0 & 0 & 0 & 1 & 1 & 1 & 0 & 0 \\ 0 & 0 & 0 & 0 & 1 & 0 & 0 & 0 \\ 0 & 0 & 0 & 1 & 0 & 1 & 0 & 0 \\ 0 & 1 & 0 & 0 & 0 & 0 & 1 & 0 \\ 0 & 1 & 0 & 0 & 0 & 0 & 0 & 1 \end{bmatrix}\end{array}$$

其中，主对角线上的“1”，表示各要素经过零步(自身)到达情况(单位矩阵***I***)；剩余的“1”，表示要素间距离为1的数值长度(直接)到达情况(邻接矩阵**A**)。故可达矩阵既表示了直接关系，又表示了间接关系。

$$(\boldsymbol{A}+\boldsymbol{I})^2=\boldsymbol{A}^2+\boldsymbol{A}+\boldsymbol{I}=\begin{array}{c} \\ s_1\\ s_2\\ s_3\\ s_4\\ s_5\\ s_6\\ s_7\\ s_8\end{array}\begin{array}{c}\begin{array}{cccccccc} s_1 & s_2 & s_3 & s_4 & s_5 & s_6 & s_7 & s_8\end{array}\\ \begin{bmatrix} 1 & 0 & 0 & 0 & 0 & 0 & 0 & 0\\ 1 & 1 & 0 & 0 & 0 & 0 & 0 & 0\\ 0 & 0 & 1 & (1) & (1) & 0 & 0 & 0\\ 0 & 0 & 0 & 1 & 1 & 1 & 0 & 0\\ 0 & 0 & 0 & 0 & 1 & 0 & 0 & 0\\ 0 & 0 & 0 & 1 & (1) & 1 & 0 & 0\\ (1) & 1 & 0 & 0 & 0 & 0 & 1 & 0\\ (1) & 1 & 0 & 0 & 0 & 0 & 0 & 1\end{bmatrix}\end{array}$$

其中，带括号的“1”，表示要素间数值长度为 2 的到达情况(矩阵 $\boldsymbol{A}^2$)。根据布尔代数的定义运算规则，在展开$(\boldsymbol{A}+\boldsymbol{I})^2$的流程中，巧妙运用 $\boldsymbol{A}+\boldsymbol{A}=\boldsymbol{A}$ 的关系，继而由运算规则可得：$(\boldsymbol{A}+\boldsymbol{I})^3=(\boldsymbol{A}+\boldsymbol{I})^2$，即有 $r=2$。故所形成的可达矩阵为

$$\boldsymbol{M}=\begin{array}{c} \\ s_1\\ s_2\\ s_3\\ s_4\\ s_5\\ s_6\\ s_7\\ s_8\end{array}\begin{array}{c}\begin{array}{cccccccc} s_1 & s_2 & s_3 & s_4 & s_5 & s_6 & s_7 & s_8\end{array}\\ \begin{bmatrix} 1 & 0 & 0 & 0 & 0 & 0 & 0 & 0\\ 1 & 1 & 0 & 0 & 0 & 0 & 0 & 0\\ 0 & 0 & 1 & (1) & (1) & 0 & 0 & 0\\ 0 & 0 & 0 & 1 & 1 & 1 & 0 & 0\\ 0 & 0 & 0 & 0 & 1 & 0 & 0 & 0\\ 0 & 0 & 0 & 1 & (1) & 1 & 0 & 0\\ (1) & 1 & 0 & 0 & 0 & 0 & 1 & 0\\ (1) & 1 & 0 & 0 & 0 & 0 & 0 & 1\end{bmatrix}\end{array}$$

(3) 缩减矩阵。强连接关系可在系统中形成回路，且回路中的要素具有自反性、对称性和传递性，则这些要素满足等价关系。因此，在已有的可达矩阵 $\boldsymbol{M}$ 中，将满足强连接关系的一组要素认作一个要素，保留其中的某个代表元素，去除掉其余要素及其在 $\boldsymbol{M}$ 中的行和列，就得到这可达矩阵 $\boldsymbol{M}$ 的缩减矩阵 $\boldsymbol{M}'$。

$$\boldsymbol{M}=\begin{array}{c} \\ s_1\\ s_2\\ s_3\\ s_4\\ s_5\\ s_6\\ s_7\\ s_8\end{array}\begin{array}{c}\begin{array}{cccccccc} s_1 & s_2 & s_3 & s_4 & s_5 & s_6 & s_7 & s_8\end{array}\\ \begin{bmatrix} 1 & 0 & 0 & 0 & 0 & 0 & 0 & 0\\ 1 & 1 & 0 & 0 & 0 & 0 & 0 & 0\\ 0 & 0 & 1 & (1) & (1) & 0 & 0 & 0\\ 0 & 0 & 0 & 1 & 1 & 1 & 0 & 0\\ 0 & 0 & 0 & 0 & 1 & 0 & 0 & 0\\ 0 & 0 & 0 & 1 & (1) & 1 & 0 & 0\\ (1) & 1 & 0 & 0 & 0 & 0 & 1 & 0\\ (1) & 1 & 0 & 0 & 0 & 0 & 0 & 1\end{bmatrix}\end{array}\Rightarrow\boldsymbol{M}'=\begin{array}{c} \\ s_2\\ s_3\\ s_4\\ s_5\\ s_6\\ s_7\\ s_8\end{array}\begin{array}{c}\begin{array}{cccccccc} s_1 & s_2 & s_3 & s_4 & s_5 & s_6 & s_7 & s_8\end{array}\\ \begin{bmatrix} 1 & 0 & 0 & 0 & 0 & 0 & 0\\ 1 & 1 & 0 & 0 & 0 & 0 & 0\\ 0 & 0 & 1 & 1 & (1) & 0 & 0\\ 0 & 0 & 0 & 1 & 1 & 0 & 0\\ 0 & 0 & 0 & 0 & 1 & 0 & 0\\ (1) & 1 & 0 & 0 & 0 & 1 & 0\\ (1) & 0 & 0 & 0 & 0 & 0 & 1\end{bmatrix}\end{array}$$

(4) 骨架矩阵 $\boldsymbol{A}'=(\boldsymbol{A}+\boldsymbol{I})^r$。对于给定系统，$\boldsymbol{A}$ 的可达矩阵是唯一的，但实现某个 $\boldsymbol{M}$ 的 $\boldsymbol{A}$ 却有可能是多个的。我们将某个 $\boldsymbol{M}$ 具有最小二元关系个数的邻接矩阵 $\boldsymbol{A}$ 叫作 $\boldsymbol{M}$ 的最小实现二元关系矩阵，或称为“骨架矩阵”，记作 $\boldsymbol{A}'$。

系统结构的三种表达方式相互呼应，各有特色。通过集合表达系统结构，概念清晰，在

诸多表达方式中处于基础地位；有向图模式表现直观、易于理解；矩阵形式便于通过抽象的逻辑运算，数学方法对系统结构进行分析处理。以这些系统结构的表达方式作为基础和工具，融合各种技术，可实现复杂系统结构的模型化。

3.5.2 递阶结构模型的建立

基于可达矩阵 **M**，经过划分区域、划分级位、提取骨架矩阵和绘制多级递阶有向图四个阶段形成模型，从而建立反映系统问题要素间层次关系的递阶结构模型。

1. 划分区域

划分区域即将系统的构成要素的集合 S，有条理地划分成满足给定二元关系 R 的相互独立的区域的过程。

于是，首先将可达矩阵 **M** 作为基础条件，划分与要素 $s_i(1, 2, \cdots, n)$相联系的系统要素的类型，并找出在整个系统(所有要素集合 S)中有突出特征的要素。有关要素集合的定义如下：

(1) 可达集 R_b。系统要素 s_i 的可达集是在可达矩阵或有向图中由 s_i 为起点，可到达的众多要素所组成的集合(从行看：元素为 1 的集合)，记为 $R(s_i)$。其定义式为

$$R(s_i)=\{s_j \mid s_j \in S, m_{ij}=1, 2, \cdots, n\}$$

可达集为 $R(s_1)=s_1$，$R(s_2)=\{s_1, s_2\}$，$R(s_3)=\{s_3, s_4, s_5, s_6\}$，$R(s_4)=R(s_6)=\{s_4, s_5, s_6\}$。

$$\boldsymbol{M}=\begin{array}{c} \\ s_1\\ s_2\\ s_3\\ s_4\\ s_5\\ s_6\\ s_7\\ s_8 \end{array}\begin{array}{c} \begin{array}{cccccccc} s_1 & s_2 & s_3 & s_4 & s_5 & s_6 & s_7 & s_8 \end{array}\\ \begin{bmatrix} 1 & 0 & 0 & 0 & 0 & 0 & 0 & 0\\ 1 & 1 & 0 & 0 & 0 & 0 & 0 & 0\\ 0 & 0 & 1 & (1) & (1) & 0 & 0 & 0\\ 0 & 0 & 0 & 1 & 1 & 1 & 0 & 0\\ 0 & 0 & 0 & 0 & 1 & 0 & 0 & 0\\ 0 & 0 & 0 & 1 & (1) & 1 & 0 & 0\\ (1) & 1 & 0 & 0 & 0 & 0 & 1 & 0\\ (1) & 1 & 0 & 0 & 0 & 0 & 0 & 1 \end{bmatrix} \end{array}$$

(2) 先行集 $A(s_i)$。系统要素 s_i 的先行集是指在可达矩阵或有向图中可到达 s_i 的众多要素所组成的集合(从列看：元素为 1 的集合)，记为 $A=(s_i)$。其定义式为

$$A(s_i)=\{s_j \mid s_j \in S, m_{ij}=1, j=1, 2, \cdots, n\}, i=1, 2, \cdots, m$$

先行集 $A(s_i)$为：$A(s_1)=\{s_1, s_2, s_7, s_8\}$，$A(s_2)=\{s_2, s_7, s_8\}$，$A(s_3)=\{s_3\}$，$A(s_4)=A(s_6)=\{s_3, s_4, s_6\}$，$A(s_5)=\{s_3, s_4, s_5, s_6\}$，$A(s_7)=\{s_7\}$。

$$\boldsymbol{M}=\begin{array}{c} \\ s_1\\ s_2\\ s_3\\ s_4\\ s_5\\ s_6\\ s_7\\ s_8 \end{array}\begin{array}{c} \begin{array}{cccccccc} s_1 & s_2 & s_3 & s_4 & s_5 & s_6 & s_7 & s_8 \end{array}\\ \begin{bmatrix} 1 & 0 & 0 & 0 & 0 & 0 & 0 & 0\\ 1 & 1 & 0 & 0 & 0 & 0 & 0 & 0\\ 0 & 0 & 1 & (1) & (1) & 0 & 0 & 0\\ 0 & 0 & 0 & 1 & 1 & 1 & 0 & 0\\ 0 & 0 & 0 & 0 & 1 & 0 & 0 & 0\\ 0 & 0 & 0 & 1 & (1) & 1 & 0 & 0\\ (1) & 1 & 0 & 0 & 0 & 0 & 1 & 0\\ (1) & 1 & 0 & 0 & 0 & 0 & 0 & 1 \end{bmatrix} \end{array}$$

(3) 共同集 $C(s_i)$。系统要素 s_i 的共同集是指 s_i 在可达集和先行集的共同部分，即交集。记为 $C(s_i)=R(s_i)\cap A(s_i)$。其定义式为

$$C(s_i)=\{s_j \mid s_j\in S,\ m_{ij}=1,\ j=1,\ 2,\ \cdots,\ n\},\ i=1,\ 2,\ \cdots,\ n$$

(4) 起始集 $B(s_i)$。系统要素归纳域 S 的起始集是指在 S 中仅影响其他要素(可达)，而不受其他要素影响(不被其他要素可达)的要素所构成的集合，记为 $B(S)$。$B(S_1)$中的要素在有向图中仅有箭线流出，而无箭线流入，这表示的是输入要素。起始集 $B(S_i)$定义式为

$$B(s_i)=\{s_i \mid s_i\in S,\ C(s_i)=A(s_i),\ i=1,\ 2,\ \cdots,\ n\}$$

(5) 终止集 $E(s_i)$。终止集是指符合条件 $C(s_i)=R(s_i)$的集合构成了系统的输出要素。系统要素的终止集是在系统中仅受其他要素影响，而不影响其他要素的集合，即图 3.5 中的 $E(S)=\{s_1,\ s_5\}$。

当 s_i 为 S 的起始集(终止集)要素时，相当于 $C(s_i)$部分覆盖整个 $A(s_i)(R(s_i))$区域。这样，为了区分系统要素集合 S 能否分割，需要研究系统 $B(S)$中的要素和可达集要素(或$E(S)$中的要素及其先行集要素)能否分割(是否相对独立)即可。这两种划分方法如下所示：

第一种方法：在 $B(S)$中任意取出两个要素 b_u、b_v。如果 $R(b_u)$与 $R(b_v)$的交集不为空集，则 b_u、b_v 及 $R(b_u)$、$R(b_v)$中的要素归属于同一区域。若对所有 b_u、b_v 都存在该结论(均不为空集)，则区域不可分；如果 $R(b_u)$与 $R(b_v)$的交集为空集，则 b_u、b_v 及 $R(b_u)$、$R(b_v)$中的要素不能归属同一区域。至少可将系统要素集合 S 分割为两个相对独立的区域。

第二种方法：利用终止集 $E(S)$来判断区域能否划分，只要判定 $A(e_u)$与 $A(e_v)$是否为空集即可(e_u、e_v 是 $E(S)$中任意两个要素)。

区域分割的综合表达可记为

$$\pi(S)=P_m,\ P_m,\ \cdots,\ P_m$$

其中，P_k 为第 k 个相对独立区域的要素集合。经过区域分割后的可达矩阵化为块对角矩阵，记作 $\boldsymbol{M}(P)$。

可达集、先行集、共同集和起始集列表如表 3.1 所示。

表 3.1　可达集、先行集、共同集和起始集列表

s_i	$R(s_i)$	$A(s_i)$	$C(s_i)$	$B(s_i)$	$E(s_i)$
1	1	1,2,7,8	1		1
2	1,2	2,7,8	2		
3	3,4,5,6	3	3	3	
4	4,5,6	3,4,6	4,6		
5	5	3,4,5,6	5		5
6	4,5,6	3,4,6	4,6		
7	1,2,7	7	7	7	
8	1,2,8	8	8	8	

由 $E(S)=\{s_1, s_5\}$，且 $A(s_1)\cap A(s_5)=\{s_1, s_2, s_7, s_8\}\cap\{s_3, s_4, s_5, s_6\}=\varnothing$，因此，$\{s_1, s_2, s_7, s_8\}$与$\{s_3, s_4, s_5, s_6\}$分别属于两个不同的区域，即

$$\pi(S)=P_1, P_2=\{s_1, s_2, s_7, s_8\}, \{s_3, s_4, s_5, s_6\}$$

$$\boldsymbol{M}(P)=\begin{array}{c} \\ s_1 \\ s_2 \\ s_3 \\ s_4 \\ s_5 \\ s_6 \\ s_7 \\ s_8 \end{array}\begin{array}{c} \begin{array}{cccccccc} s_1 & s_2 & s_3 & s_4 & s_5 & s_6 & s_7 & s_8 \end{array} \\ \left[\begin{array}{cccccccc} 1 & 0 & 0 & 0 & 0 & 0 & 0 & 0 \\ 1 & 1 & 0 & 0 & 0 & 0 & 0 & 0 \\ (1) & 1 & 1 & 0 & 0 & 0 & 0 & 0 \\ (1) & 1 & 0 & 1 & 0 & 0 & 0 & 0 \\ 0 & 0 & 0 & 0 & 1 & 1 & (1) & (1) \\ 0 & 0 & 0 & 0 & 1 & 1 & 1 & 1 \\ 0 & 0 & 0 & 0 & 0 & 0 & 1 & 0 \\ 0 & 0 & 0 & 0 & 0 & 1 & (1) & 1 \end{array}\right] \end{array}$$

2. 划分级位

划分级位即确定某区域内的每个要素所处层次地位的过程，是构建多级递阶结构模型的关键工作。

设 P 是通过区域划分得到的某个区域要素集合，若使用 $L_1, L_2, \cdots, L_l$ 表达出从高到低的各级要素集合(其中 l 为最大级位数)，则级位划分的结论可记作：

$$\Pi(P)=L_1, L_2, \cdots, L_l。$$

第一层要素即最高级要素(L_1)为系统的终止集要素。级位划分的基本方法如下：

(1) 找出并去除系统要素集合的最高级要素；

(2) 继续寻找剩余要素集合中的最高级要素；

(3) 重复上述方法，直到找出最低级要素集合(即 L_l)为止。

表 3.2 P_1 级位划分过程表

s_i	$R(s_i)$	$A(s_i)$	$C(s_i)$	$C(s_i)=R(s_i)$	L_i
1	1	1,2,7,8	1	√	$L_1=\{1\}$
2	1,2	2,7,8	2		
7	1,2,7	7	7		
8	1,2,8	8	8		
2	2	2,7,8	2	√	$L_2=\{2\}$
7	2,7	7	7		
8	2,8	8	8		
7	7	7	7	√	$L_3=\{7,8\}$
8	8	8	8	√	

根据表 3.2，得到对该区域进行级位划分的结果为

$$\Pi(P_1)=L_1, L_2, L_3=\{s_1\}, \{s_2\}, \{s_7, s_8\}$$

同理可对 $P_2=\{s_3, s_4, s_5, s_6\}$进行级位划分，结果为

$$\Pi(P_2)=L_1, L_2, L_3=\{s_5\}, \{s_4, s_6\}, \{s_3\}$$

P_2 的级位划分过程如表 3.3 所示。

表 3.3　P_2 的级位划分过程表

s_i	$R(s_i)$	$A(s_i)$	$C(s_i)$	$C(s_i)=R(s_i)$	L_i
3	3,4,5,6	3	3		
4	4,5,6	3,4,6	4,6		$L_1=\{5\}$
5	5	3,4,5,6	5	√	
6	4,5,6	3,4,6	4,6		
3	3,4,6	3	3		
4	4,6	3,4,6	4,6	√	$L_2=\{4, 6\}$
6	4,6	3,4,6	4,6	√	
3	3	3	3	√	$L_3=\{3\}$

由此得到的可达矩阵为

$$
\boldsymbol{M}(L)=\begin{array}{c}
 \\ s_1\\ s_2\\ s_3\\ s_4\\ s_5\\ s_6\\ s_7\\ s_8
\end{array}
\begin{array}{cccccccc}
s_1 & s_2 & s_3 & s_4 & s_5 & s_6 & s_7 & s_8\\
1 & 0 & 0 & 0 & 0 & 0 & 0 & 0\\
1 & 1 & 0 & 0 & 0 & 0 & 0 & 0\\
(1) & 1 & 1 & 0 & 0 & 0 & 0 & 0\\
(1) & 1 & 0 & 1 & 0 & 0 & 0 & 0\\
0 & 0 & 0 & 0 & 1 & 0 & 0 & 0\\
0 & 0 & 0 & 0 & 1 & 1 & 1 & 0\\
0 & 0 & 0 & 0 & (1) & 1 & 1 & 0\\
0 & 0 & 0 & 0 & (1) & 1 & (1) & 1
\end{array}
$$

3. 提取骨架矩阵

提取骨架矩阵是通过对可达矩阵 $\boldsymbol{M}(L)$ 进行缩减和检出，进而建立起 $\boldsymbol{M}(L)$ 的最小实现矩阵，即骨架矩阵 $\boldsymbol{A}'$。可达矩阵的缩减分为 3 个步骤。

(1) 检查各层次中的强连接要素，并进行缩减处理。如通过对 $\boldsymbol{M}(L)$ 中的强连接要素集合 $\{s_4, s_6\}$ 作缩减处理，即将 s_4 作为代表元素，去掉 s_6 后的新矩阵为

$$
\boldsymbol{M}(L)=\begin{array}{c}
 \\ s_1\\ s_2\\ s_3\\ s_4\\ s_5\\ s_6\\ s_7\\ s_8
\end{array}
\begin{array}{cccccccc}
s_1 & s_2 & s_3 & s_4 & s_5 & s_6 & s_7 & s_8\\
1 & 0 & 0 & 0 & 0 & 0 & 0 & 0\\
1 & 1 & 0 & 0 & 0 & 0 & 0 & 0\\
(1) & 1 & 1 & 0 & 0 & 0 & 0 & 0\\
(1) & 1 & 0 & 1 & 0 & 0 & 0 & 0\\
0 & 0 & 0 & 0 & 1 & 0 & 0 & 0\\
0 & 0 & 0 & 0 & 1 & 1 & 1 & 0\\
0 & 0 & 0 & 0 & (1) & 1 & 1 & 0\\
0 & 0 & 0 & 0 & (1) & 1 & (1) & 1
\end{array}
\Rightarrow \boldsymbol{M}'(L)=\begin{array}{c}
 \\ \\ s_2\\ s_3\\ s_4\\ s_5\\ s_7\\ s_8
\end{array}
\begin{array}{ccccccc}
\boldsymbol{s_1} & \boldsymbol{s_2} & \boldsymbol{s_3} & \boldsymbol{s_4} & \boldsymbol{s_5} & \boldsymbol{s_6} & \boldsymbol{s_7}\ \ \boldsymbol{s_8}\\
1 & 0 & 0 & 0 & 0 & 0 & 0\\
1 & 1 & 0 & 0 & 0 & 0 & 0\\
(1) & 1 & 1 & 1 & 0 & 0 & 0\\
(1) & 1 & 0 & 0 & 0 & 0 & 0\\
0 & 0 & 0 & 0 & 1 & 0 & 0\\
0 & 0 & 0 & 0 & 1 & 1 & 0\\
0 & 0 & 0 & 0 & (1) & 1 & 1
\end{array}
$$

(2) 去除越级二元关系。如在 $\boldsymbol{M}'(L)$ 中，已有第二级要素 (s_4, s_2) 至第一级要素 (s_5, s_1)、和第三级要素 (s_3, s_7, s_8) 至二级要素的二元邻接关系，故可去掉第三级要素到第一级要素的超过同层级的二元关系，即将 $\boldsymbol{M}'(L)$ 中 (s_3, s_5)，(s_8, s_1) 和 (s_7, s_1) 的“1”改为“0”，得

$$\boldsymbol{M}(L)=\begin{array}{c} \\ s_2\\ s_3\\ s_4\\ \\ s_5\\ s_7\\ s_8 \end{array}\begin{array}{c} \begin{matrix} s_1 & s_2 & s_3 & s_4 & s_5 & s_6 & s_7 & s_8 \end{matrix} \\ \begin{bmatrix} 1 & 0 & 0 & 0 & 0 & 0 & 0 \\ 1 & 1 & 0 & 0 & 0 & 0 & 0 \\ (1) & 1 & 1 & 1 & 0 & 0 & 0 \\ (1) & 1 & 0 & 0 & 0 & 0 & 0 \\ 0 & 0 & 0 & 0 & 1 & 0 & 0 \\ 0 & 0 & 0 & 0 & 1 & 1 & 0 \\ 0 & 0 & 0 & 0 & (1) & 1 & 1 \end{bmatrix} \end{array} \Rightarrow \boldsymbol{M}'(L)=\begin{array}{c} \\ s_2\\ s_3\\ s_4\\ \\ s_5\\ s_7\\ s_8 \end{array}\begin{array}{c} \begin{matrix} s_1 & s_2 & s_3 & s_4 & s_5 & s_6 & s_7 & s_8 \end{matrix} \\ \begin{bmatrix} 1 & 0 & 0 & 0 & 0 & 0 & 0 \\ 1 & 1 & 0 & 0 & 0 & 0 & 0 \\ 0 & 1 & 1 & 1 & 0 & 0 & 0 \\ 0 & 1 & 0 & 0 & 0 & 0 & 0 \\ 0 & 0 & 0 & 0 & 1 & 0 & 0 \\ 0 & 0 & 0 & 0 & 1 & 1 & 0 \\ 0 & 0 & 0 & 0 & 1 & 1 & 1 \end{bmatrix} \end{array}$$

(3) 减去自身二元关系(即减去单位矩阵)，将 $\boldsymbol{M}'(L)$ 主对角线上的“1”全变为“0”，形成存在二元关系数值颇低的骨架矩阵 $\boldsymbol{A}'$，即

$$\boldsymbol{M}'(L)=\begin{array}{c} \\ s_2\\ s_3\\ s_4\\ \\ s_5\\ s_7\\ s_8 \end{array}\begin{array}{c} \begin{matrix} s_1 & s_2 & s_3 & s_4 & s_5 & s_6 & s_7 \end{matrix} \\ \begin{bmatrix} 1 & 0 & 0 & 0 & 0 & 0 & 0 \\ 1 & 1 & 0 & 0 & 0 & 0 & 0 \\ 0 & 1 & 1 & 1 & 0 & 0 & 0 \\ 0 & 1 & 0 & 0 & 0 & 0 & 0 \\ 0 & 0 & 0 & 0 & 1 & 0 & 0 \\ 0 & 0 & 0 & 0 & 1 & 1 & 0 \\ 0 & 0 & 0 & 0 & 1 & 1 & 1 \end{bmatrix} \end{array} \Rightarrow \boldsymbol{A}'=\begin{array}{c} \\ s_2\\ s_3\\ s_4\\ \\ s_5\\ s_7\\ s_8 \end{array}\begin{array}{c} \begin{matrix} s_1 & s_2 & s_3 & s_4 & s_5 & s_6 & s_7 \end{matrix} \\ \begin{bmatrix} 0 & 0 & 0 & 0 & 0 & 0 & 0 \\ 1 & 0 & 0 & 0 & 0 & 0 & 0 \\ 0 & 1 & 0 & 0 & 0 & 0 & 0 \\ 0 & 1 & 0 & 0 & 0 & 0 & 0 \\ 0 & 0 & 0 & 0 & 0 & 0 & 0 \\ 0 & 0 & 0 & 0 & 1 & 0 & 0 \\ 0 & 0 & 0 & 0 & 0 & 1 & 0 \end{bmatrix} \end{array}$$

4. 绘制多级递阶有向图 $\boldsymbol{D}(\boldsymbol{A})$

根据骨架矩阵 $\boldsymbol{A}'$，绘制逐级递阶有向图 $D(A)$，即构建系统要素的递阶结构。通常分为 3 个步骤：

(1) 通过从上到下的顺序，在分区域中逐级排列系统构成要素。

(2) 在同级中加入被除去的与其要素有强连接关系的要素，以及表达它们之间存在相互关系的有向弧。

(3) 按 A 所示的邻接二元关系，采用级间有向弧连接成有向图 $D(A')$，如图 3.6 所示。

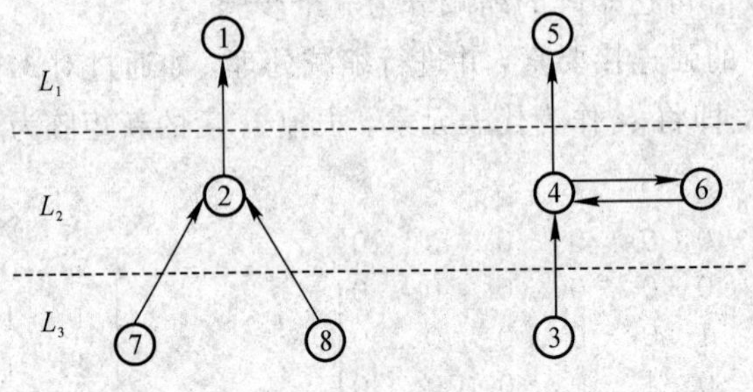

图 3.6 有向图

3.5.3 结构模型化技术

结构模型化技术是建立结构模型的方法论。下面列举了国外有关专家、学者对结构模型法的描述。

J·华费尔特 (J. Warfield，1974 年)认为结构模型法是在仔细定义的模式中，通过图形和文字来刻画复杂事件(即系统或研究领域)结构的一种方法论。

M·麦克林(M. Mclean)和 P·西菲德(P. Shephed，1976 年)谈到：“结构模型的含义是什

么呢？首先我们知道在结构复杂的整体中，组成该整体的部分之间相互依存的方式……”从某种意义上讲，结构是一切数学模型的本质。具有特殊相互作用的部分组成了这些模型。故结构模型法的本质是一种突出表现，即一个结构模型的关键节点是组成一个模型部分的选择，以及清晰地表述各组成部分之间的相互作用。

D·希尔劳克(D. Cearlock，1977 年)认为结构模型强调的是确定变量之间是否存在联系结构及其联结关系的相对重要性，而不只是了解构建严谨的数学关系和精确计算其系数。于是，在确定构建系统变量间联结关系时，应预先选择简单的函数形式。因此，结构模型法的核心是相关的趋势和平衡状态下的具体辨识。

通过相关文献资料可知，目前已经存在众多的结构模型化技术。无论哪种技术，它必定是通过一批要素(如系统的建筑材料)开始构建的，而这些要素是从何而来的呢？一般而言，系统要素的挑选含有一定的直觉性，也就是说，要素的选择是在个人或小组成员的经验以及讨论和文献检索的基础上进行的。然而，在选择较优方式的过程中，找到一种形成系统要素的方法成为目标。对于某个复杂的系统而言，我们需要制作一张能反映系统概貌的结构图，并通过它来帮助我们进行思考。这就是我们所要讨论结构模型的意义所在。

常用的结构化模型方法很多，这里介绍以下两种：

1. DEMATEL 方法

决策试验和评价实验室法(Decision Making Trial and Evaluation Laboratory，DEMATEL)是一种使用图论以及矩阵工具来进行系统要素分析的方法，通过分析系统中各要素之间的逻辑关系和直接影响关系，来判别要素之间是否存在关系并对其强弱进行评价。目前，该方法已经成功应用于企业创新能力评价、绿色产品评价等多个领域。

针对于一个系统，该方法汇聚相关人员，收集有关内部和外部信息，来明确系统含有的诸多要素，通过严格地挑选有代表性的人员，保证收集信息的全面性和客观性，确保对系统分析的正确性。该方法的实施步骤如下：

(1) 设通过分析所收集的信息后，确定系统包括 n 个要素，记为 S_1，S_2，…，S_n。

(2) 分析系统各要素之间是否含有直接影响关系以及影响关系的强弱，若要素 S_i 对要素 S_j 存在直接影响，则由 S_i 画一个箭头朝向 S_j，同时在图中的箭头上用数字标明要素之间的强弱关系，其中“强”标上 3，“中”标上 2，“弱”标上 1；反之，若有某箭头以 S_i 为起点指向 S_j，则表示要素 S_i 对要素 S_j 存在直接影响，箭头上的数字表示两两关系间的强弱，如图 3.7 所示。

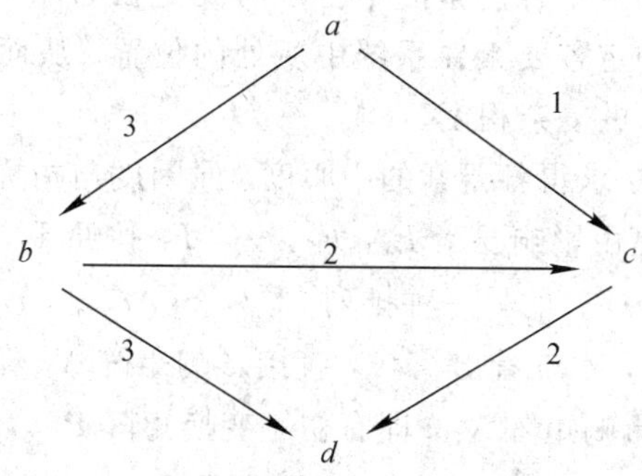

图 3.7　因素相互影响有向图

(3) 初始化直接影响矩阵，即用矩阵的形式来表示各要素间的直接相互影响关系。设 n 阶矩阵 $\boldsymbol{X}^d=(a_{ij})_{n\times n}$，若要素 S_i 对要素有直接影响，则定义 a_{ij} 为相应箭头上的数字，否则记为 $a_{ij}=0$。如果矩阵全 0，则要素 S_i 对要素 S_j 存在直接影响；反之，如果 $a_{ij}=0$，则要素 S_i 对要素 S_j 不能产生直接影响。$\boldsymbol{X}^d=(a_{ij})_{n\times n}$ 表示两个要素间存在的相互直接影响关系。

(4) 为了分析各要素间的相互联系，需要求出综合影响矩阵，步骤方法如图 3.8 所示。

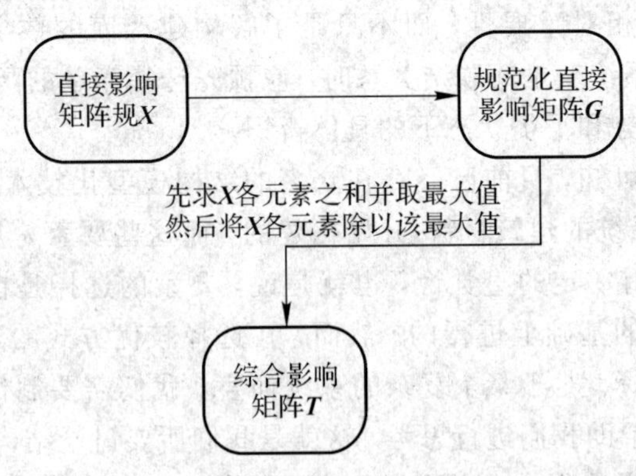

图 3.8　DEMATEL 方法的算法步骤图

(5) 影响要素分析。考核 $\boldsymbol{T}$ 中元素 t_{ij}，计算出各元素的影响度、被影响度以及中心度与原因度。

t_{ij} 表示要素 i 对要素 j 所产生的直接影响程度，或要素 j 受到要素 i 的综合影响程度。

$\boldsymbol{T}$ 的各行元素之和为 $\boldsymbol{T}_{\mathrm{r}}=(\boldsymbol{T}_{\mathrm{r}}(1),\boldsymbol{T}_{\mathrm{r}}(2),\cdots,\boldsymbol{T}_{\mathrm{r}}(n))^{\mathrm{T}}$，表示各行对应要素对诸多其他要素的综合影响值，称为影响度。

$\boldsymbol{T}$ 的每列元素之和为 $\boldsymbol{T}_{\mathrm{c}}=(\boldsymbol{T}_{\mathrm{c}}(1),\boldsymbol{T}_{\mathrm{c}}(2),\cdots,T_{\mathrm{c}}(n))^{\mathrm{T}}$，表示各列对应要素受到诸多其他各要素的综合影响值，称为被影响度。

要素 F_i 的中心度为 $\boldsymbol{M}_i=\boldsymbol{M}_{\mathrm{r}}(i)+\boldsymbol{M}_{\mathrm{c}}(i)$，表示该要素在评价指标体系中的位置，以及在评价指标体系中所起作用的大小。

要素 F_i 的原因度为 $\boldsymbol{R}_i=\boldsymbol{T}_{\mathrm{r}}(i)+\boldsymbol{T}_{\mathrm{c}}(i)$，如果原因度 $R_i>0$，表明该元素对其他要素的影响程度偏高，则称之为原因要素；如果原因度 $R_i<0$，表明该元素受到其他要素的影响程度偏高，则称其为结果要素。

通过上述计算，我们可以根据影响度和被影响度判断出各要素之间的相互影响关系，对系统整体的影响程度，再根据各要素的中心度可判定出各个要素在系统中的重要程度，还可根据原因度的大小，确定各要素在系统中所处的位置。从而根据量化关系，删减要素的数量，简化要素之间关系的复杂程度。

定理　DEMATEL 方法求得各要素的中心度、原因度与指标的顺序无关。

证明　① 不妨设 $\boldsymbol{X}_1$ 是由影响要素 F_1，F_2，…，F_n 按照 1，2，…n 排列得到的直接影响矩阵，$\boldsymbol{X}_2$ 是按照 1，2，…，n 的另一种排列 1，2，…，$i-1$，i，$i+1$，…，$j-1$，j，$j+1$，…，n 得到的直接影响矩阵，不难看出 $j>i$，直接影响矩阵 $\boldsymbol{X}_1$ 经过交换第 i，j 列后，再交换第 i，j 行即可得到直接影响矩阵 $\boldsymbol{X}_2$，即有初等变换矩阵 $\boldsymbol{P}(i,j)$使得

$$\boldsymbol{X}_2=\boldsymbol{P}(i,j),\ \boldsymbol{X}_1=\boldsymbol{P}(i,j)$$

又因为

$$P(i,j)^{-1}=P(i,j)$$

所以有

$$X_2=P(i,j)^{-1}X_1P(i,j)$$

即

$$X_1=P(i,j)X_2P(i,j)^{-1}$$

也就是说，X_1 与 X_2 是等价的，由于：

$$\begin{aligned}T_1&=X_1(X_1-I)^{-1}\\&=P(i,j)X_2P(i,j)^{-1}(P(i,j)X_2P(i,j)^{-1}-I)^{-1}\\&=P(i,j)X_2P(i,j)^{-1}P(i,j)(X_2-I)^{-1}P(i,j)^{-1}\\&=P(i,j)X_2(X_2-I)^{-1}P(i,j)^{-1}\\&=P(i,j)T_2P(i,j)^{-1}\end{aligned}$$

反之亦有

$$T_2=P(i,j)^{-1}T_1P(i,j)$$

所以 T_1 与 T_2 是等价的。

下面我们来证明根据综合影响矩阵 T_1 所求的要素 F_i 的中心度 M_i 和原因度 R_i，与根据综合影响矩阵 T_2 所得的相等。

根据综合影响矩阵 T_1，由中心度 M_i 的定义可得，M_i 是 T_i 的第 i 行与第 i 列的和；而根据综合影响矩阵 T_2，由中心度 M_i 的定义可得，M_i 是 T_2 的第 j 行与第 j 列的和。由于 $T_2=P(i,j)^{-1}T_1P(i,j)$，而 $P(i,j)$是互换两行或者两列的变换矩阵，互换行不改变列和，互换列不改变行和，所以综合影响矩阵 T_1 的第 i 行的行和与第 i 列的列和分别与综合影响矩阵的第 j 行的行和与第 j 列的列和相等，所以根据综合影响矩阵 T_1 所求的要素 F_i 的中心度 M_i 和原因度 R_i，与根据综合波及矩阵 T_2 所得出的数值是相等的。

② 在通常情况下，X_1 是由影响要素 F_1，F_2，…，F_n 按照从 1，2，…，n 的任意一种排列形成的直接影响矩阵，X_2 是按照从 1,2，…，n 的任意另一种排列得到的直接影响矩阵，显然 X_1 与 X_2 意义是等价的，即存在一个可逆矩阵 P，其中，$P=P(i_1,j_1)\cdots P(i_t,j_t)$，这里 $P(i,j)$是互换两行或者两列的变换矩阵，使得 $X_1=PX_2P^{-1}$ 成立，同理可知 T_1 与 T_2 是等价的，从① 的结论可知，根据综合影响矩阵 T_i 所求的要素 F_i 的中心度 M_i 和原因度 R_i，同根据综合影响矩阵 T_2 所运算得出的数值是相等的。

综上所述可知，依据 DEMATEL 方法算得的诸要素的中心度与原因度与指标排列的顺序无关。因此，该方法求解能够保证我们构造直接影响矩阵时，无需关注指标顺序。

2. ISM 方法

解释结构模型方法(Interpretative Structural Modeling Method，ISM)是由 Bottelle 研究所为分析复杂的社会系统问题而开发的、最有代表性的解释结构模型方法。该方法是根据系统要素的邻接关系，得出要素之间的可达矩阵，将它分离成为独立子系统或者分解成有层次的子系统。

ISM 方法的应用范围颇为广泛，它可以应用于能源、资源等国际性问题以及地区开发、交通事故等国内范畴，同时还可以解决企业、个人范围内的诸多问题。它在系统工程的诸多阶段都发挥着强大的作用，其中包括：明确问题、确定目标、计划、分析、综合、评价、决策等阶段，特别是对统一意见很有效。在一般情况下，适于运用 ISM 法的准则是：① 探究问题的本质；② 寻求解决问题的有效解决方案；③ 满足众人需求和意见等。

在应用 ISM 方法过程中，除了前面提到的问题设计、选择系统要素、建立要素之间关系外，还要根据前面明确的关系，通过人工或计算机绘制有向图，再求解结构模型，最后再由小组全体成员讨论它的研究意义。在绘制有向图的过程中，又可以划分为两个阶段：第一阶段根据问题确定可达矩阵；第二阶段根据所得矩阵构建结构解析模型。

我们首先来看各种可达矩阵的分解方法。

(1)可约可达矩阵的分解。若布尔矩阵符合可约特质，则存在置换矩阵 $\boldsymbol{P}$ 使

$$\boldsymbol{P}^{-1}\boldsymbol{A}\boldsymbol{P}=\begin{bmatrix} A_{11} & A_{12} \\ A_{21} & A_{22} \end{bmatrix}$$

式中，$A_{12}=0$ 或 $A_{21}=0$。

(2)既约可达矩阵的分解。构筑矩阵 $\boldsymbol{P}$ 是易行的。这种情况下的 $\boldsymbol{A}$ 进化为 $\tilde{\boldsymbol{A}}$，就是由 $\boldsymbol{A}$ 推算得下三角分块阵 $\boldsymbol{A}$。

3.5.4 系统结构模型缺陷与系统工程研究新方法

1. 系统结构模型的缺陷

与现有的其他技术方法一样，结构模型法存在一定的不足。以 ISM 方法为例，其存在的不足有：

从理论角度分析，在应用 ISM 方法时，最大的问题是推移律的假定。假定推移律，即表示不同级要素之间仅有一种递阶结构关系，也就是说级与级间不存在反馈回路。然而，在分析实际问题时，各级要素间往往存在着反馈回路。例如：在分析有关总人口增长的案例中，我们说出生率的大小影响总人口的增长，然而在实际中，两者之间是存在着反馈回路的，即出生率的提高会影响总人口的增长，反之总人口的增长又会影响出生率的提高，也就是两者形成一个正反馈回路。但是，ISM 方法的关键之一是将系统的各要素划分成若干级次以后进行分析，所以级与级之间是不能有反馈回路的。当出现上述情况时，我们总是要有目的地忽视一些关系，这样就可能影响结果分析的正确性。

直接应用 ISM 方法形成可达矩阵的前提是在系统中找出一个“典型要素”，并保证对这个要素具有极其深入的了解，清楚它与其他所有要素间的关系，否则该方法就没有办法在实际情况下进行操作。在通常情况下，在分析之前，人们获取的关于系统结构的信息是零散的、不完全的、肤浅的甚至是错误的。ISM 方法的这一要求显然不完全遵循人的认知规律。

在实施 ISM 方法时，当项目小组成员在认知过程中出现较大差异时，必须有人站出来进行协调工作。作为协调人，一方面必须确保拥有个人和群体创造过程和激励机制等方面的知识，同时，对于参与者可能会提出的问题所涉及的知识领域必须要有足够的认识，才能成功地帮助他们增进理解、调查和交流；另一方面，还要对 ISM 方法有相当深入的了解，这样才能激励参与者同技术专家进行密切交流。然而，能够胜任这种角色的人员非常稀缺。由此，这样的因素也会影响方法的正常应用。

2. 新的系统工程研究方法

系统工程研究所面对的是具有高度非线性及复杂性的现实问题，采用传统的“硬”技术

理解和预测这种多变量、多参数、非线性的复杂系统是不适用的，并且很难建立起合适的数学模型，因此迫切需要建立与之相适应的新的“软”技术。事实表明，在处理这类系统时，必须面对较高的不精确性和不确定性问题。

为了克服传统计算的不足，学者们陆续提出神经元数学模型、模糊逻辑理论和遗传算法等智能算法。1991年，L. Zadeh首次将这些方法命名为软计算。软计算方法集合包括模糊逻辑控制(Fuzzy Logic Control)、神经网络(Neural Networks)、近似推理以及一些具有全局优化性能且通用性强的Meta-heuristic(现代启发式)算法，如遗传算法(Genetic Algorithms，GA)、模拟退火(Simulated Annealing，SA)算法、禁忌搜索(Tabu Search，TS)算法、蚁路(Ant System，AS)算法等。这些方法模拟了自然界中智能系统的生化过程(人的感知、脑结构、进化和免疫等)，更适应于解决现实生活中各类复杂系统问题。

模糊逻辑是建立在多值逻辑基础上，运用模糊集合的方法来研究模糊性思维、语言形式及其规律的科学。其核心是对复杂的系统或过程建立一种语言分析的数学模式，使自然语言能直接转化为计算机所能接受的算法语言。神经网络是一种模仿动物神经网络行为特征，进行分布式并行信息处理的算法数学模型。这种网络依靠系统的复杂程度，通过调整内部大量节点之间相互连接的关系，从而达到处理信息的目的。神经网络在各个领域中的应用主要包括：模式识别、信号处理、知识工程、专家系统、优化组合、机器人控制等。随着神经网络理论本身以及相关理论、相关技术的不断发展，神经网络的应用定将更加深入。

下面对“软”计算中常应用的Meta-heuristic算法进行简要介绍。

(1) 遗传算法(GA)。GA是借鉴“优胜劣汰”的生物进化与遗传思想而提出的一种全局性并行搜索算法。它用搜索和优化过程模拟生物体的进化过程，用搜索空间中的点模拟自然界生物体，以经过变形后的目标函数度量生物体对环境的适应能力，将生物优胜劣汰类比为优化和搜索过程中用好的可行解取代较差可行解的迭代过程。GA是一个群体优化过程，为了得到目标函数的最优值，从一组初始值出发进行优化。这一组初始值好比一个生物群体，优化的过程就是这个群体繁衍、竞争和遗传、变异的过程。

(2) 模拟退火(SA)算法。SA算法是基于Monte-Carlo迭代求解策略的一种随机寻优算法。模拟退火算法从某一较高初温出发，伴随温度参数的不断下降，结合概率突跳特性在解空间中随机寻找目标函数的全局最优解，即局部最优解能概率性地跳出并最终趋于全局最优。SA是通过赋予搜索过程一种时变且最终趋于零的概率突跳性，从而有效避免陷入局部极小并最终趋于全局最优的串行结构的优化算法。SA算法是一种通用的优化算法，理论上具有概率的全局优化性能，目前已在工程中得到了广泛应用，诸如VLSI、生产调度、控制工程、机器学习、神经网络、信号处理等领域。

(3) 禁忌搜索(TS)算法。TS算法的思想最早由美国工程院院士Glover教授于1986年提出，并在1989年和1990年得到了进一步的定义和发展。TS是一种具有记忆功能的全局逐步优化算法，核心在于对搜索过程使用短期记忆和中长期记忆，以令搜索具有广泛性和集中性，其基本思想是搜索可行的解空间，在当前解的邻域中找到另一个更好的解。但是为了能够逃出局部极值和避免循环，算法中设置了禁止表，当搜索的解在禁止表中时，则放弃该解。TS算法可以灵活地使用禁止表记录搜索过程，从而使搜索既能找到局部最优解，同时又能越过局部极值得到更优的解。

(4) 蚁路(AS)算法。蚁路算法最早是由Marco Dorigo等人在1991年提出的，其基本思想来源于自然界蚂蚁觅食的最短路径原理。根据昆虫科学家的观察，发现蚂蚁从窝巢至食物源，在经过的路径上会留下信息素，后来的蚂蚁会以一定的概率倾向于走信息素多的路径。越短的路径单位时间内经过的蚂蚁越多，其信息素也会越多，信息素又会吸引蚂蚁走这条路径。蚂蚁—信息素—路径之间形成一个收敛反馈，最后直到所有蚂蚁都走这条最短的路径。如果将路径长度比作函数值，蚂蚁比作问题的一个解，可构造出一个行动序列，经过上述群体行动，最后得到大家都走的一条路，即为最小值。

课后习题

1. 系统模型的主要特征是什么？建模的本质和功能是什么？
2. 什么是系统分析？
3. 试画出系统分析流程图并说明具体环节。
4. 系统分析的原则有哪些？
5. 系统目标的分类有哪些？
6. 试说明系统结构分析的基本思想及其作用。
7. 试分析系统中环境、目标和结构之间的相互关系。
8. 试简要说明结构模型的作用、特点、适用范围。
9. 图 3.9 所示为系统基本结构的有向图。要求：

(1) 写出系统要素集合 S 及 S 上的二元关系集合 $\boldsymbol{R}_b$；

(2) 建立邻接矩阵 $\boldsymbol{A}$、可达矩阵 $\boldsymbol{M}$ 及缩减矩阵 $\boldsymbol{M}'$。

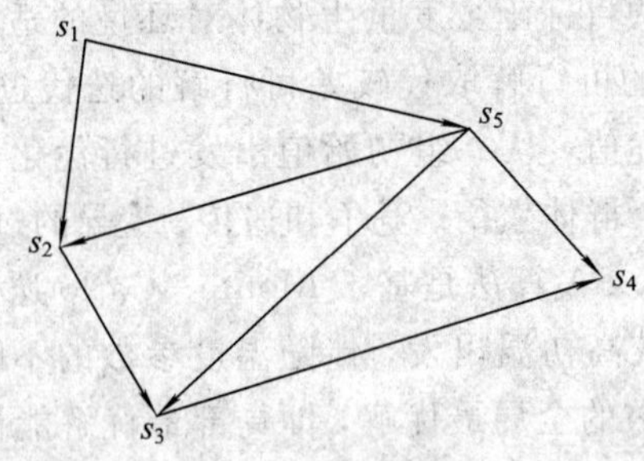

图 3.9　题 9 图

10. 根据以下可达矩阵，分别用规范方法与实用方法建立其递阶结构模型。

$$\begin{bmatrix} 1 & 0 & 0 & 0 & 1 & 0 & 1 \\ 0 & 1 & 0 & 0 & 0 & 0 & 0 \\ 0 & 0 & 1 & 0 & 1 & 1 & 0 \\ 0 & 1 & 0 & 1 & 0 & 0 & 0 \\ 0 & 0 & 0 & 0 & 1 & 0 & 0 \\ 0 & 0 & 1 & 0 & 1 & 1 & 0 \\ 0 & 0 & 0 & 0 & 1 & 0 & 1 \end{bmatrix}$$

参 考 文 献

[1] 汪应洛. 系统工程. 3 版. 北京：机械工业出版社，2003.

[2] 张晓冬. 系统工程. 北京：科学出版社，2010.

[3] 郁滨，等. 系统工程理论. 合肥：中国科技大学出版社，2009.

[4] 高志亮，李忠良. 系统工程方法论. 西安：西北工业大学出版社，2004.

[5] 孙东川，林福永，林凯. 系统工程引论. 2 版. 北京：清华大学出版社，2009.

[6] 王众. 系统工程. 北京：北京大学出版社，2010.

[7] 周德群. 系统工程概论. 北京：科学出版社，2007.

[8] 袁旭梅，刘新建，万杰. 系统工程学导论. 北京：机械工业出版社，2007.

[9] 陈亚青，韩云祥. 解释结构模型在航空事故分析中的应用[J]. 防灾科技学院学报，2009. 11(2)，4-6.

[10] 贾俊秀，刘爱军，李华. 系统工程学. 西安:西安电子科技大学出版社，2014.

[11] 刘澜，王琳，刘海旭. 交通运输系统分析. 2 版. 成都:西南交通大学出版社，2014.

[12] 顾培亮. 系统分析与协调. 2 版. 天津：天津大学出版社，2008.

[13] 王恩亮. 工业工程手册. 北京：机械工业出版社，2006.

[14] 汪应洛. 系统工程理论、方法与应用. 2 版. 北京：高等教育出版社，1998.

[15] 顾昌耀. 系统工程基础. 北京：国防工业出版社，1990.

[16] 刘军，张方风，朱杰. 系统工程. 北京:机械工业出版社，2014.

[17] 吴祈宗. 系统工程. 北京:北京理工大学出版社，2006.

[18] 陈磊，李晓松，姚伟召. 系统工程基本理论. 北京:北京邮电大学出版社，2013.

[19] 姚德民，李汉铃. 系统工程实用教程. 哈尔滨:哈尔滨工业大学出版社，1984.

[20] 黄晓明，高英. 道路管理与系统分析方法. 北京:人民交通出版社，2009.

[21] 邓红霞. 教学质量监控系统的研究与实现[D]. 太原理工大学，2006.

[22] 钟小军，等. 现代管理理论与方法. 北京：国防工业出版社，2000.

第4章 系统动力学方法

4.1 系统动力学基本知识

4.1.1 系统动力学的发展

系统动力学(System Dynamics)是美国麻省理工学院(MIT)J. W. 福雷斯特(J. W. Forrester)教授最早提出的一种对社会经济问题进行系统分析的方法论。它综合应用控制论、信息论和组织理论等有关理论和方法，建立系统动力学模型，是一种定性与定量相结合的分析方法。系统动力学是一门分析研究复杂反馈系统动态行为的系统科学方法，它是系统科学的一个分支，也是一门沟通自然科学和社会科学领域的横向学科，它实质上就是分析研究复杂反馈大系统的计算仿真方法。系统动力学的目的在于综合控制论、信息论和决策论的成果，以电子计算机为工具，分析和研究信息反馈系统的结构和行为。从系统方法论来说:系统动力学是结构的方法、功能的方法和历史的方法的统一,它基于系统论，吸收了控制论、信息论的精髓，是一门综合自然科学和社会科学的横向学科。系统动力学的发展过程大致可分为以下三个阶段：

(1) 系统动力学起源于20世纪50年代后期，最早运用于工业生产领域，用来处理企业中一些易受到不稳定因素影响的问题，如产量与雇员数量的波动、企业的供销、生产与库存的关系等。这一阶段的理论基础来自福雷斯特教授在哈佛商业评论发表的《工业动力学》，之后他又详细阐述了系统动力学的原理和方法论。除此之外，在20世纪60年代，福雷斯特教授还发表了总结美国城市兴衰问题的理论与应用研究成果的 Urban Dynamics (1969)和著名的 *World Dynamics* (1971)，并于1972年正式提出了系统动力学的相关定义。

(2) 系统动力学在20世纪70～80年代得到了快速发展。当时，很多科学家对世界人口剧增与资源短缺的现状感到困惑，依据系统动力学理论提出2个世界模型——WORLD Ⅱ(*World Dynamics*, Forrester, 1971)和 WORLDⅢ(*The Limits to Growth*, D. Meadows, 1972; *Toward Global Equilibrium*, D. Meadows, 1974)。这两个模型引起了一场深远的论战，使得系统动力学理论在这一番论战中迅速地传播与发展。80年代初，福雷斯特教授在多方的资助下开始研究美国全国模型，并取得了一些开创性的进展，为当时的一些国家在发展方面长期存在的问题提供了全新的解决思路，因此系统动力学在理论和应用层面进入了蓬勃发展时期。

(3) 系统动力学从20世纪90年代至今被广泛应用于各个领域。随着研究广度和深度的不断增加，系统动力学日益强调控制理论、系统科学、突变理论、耗散结构的稳定性分析、灵敏度分析、统计分析、参数估计和优化技术应用。系统动力学的研究范围越来越广，除社会经济问题外，还涉及经济、能源、交通、环境、生态、生物、医药、工业、城市等领域。

系统动力学是综合了反馈控制论(Feedback Cybernetics)、信息论(Information Theory)、系统论(System Theory)、决策论(Decision Theory)、计算机仿真(Computer Simulation)以及系统分析的实验方法(Experimental Approach to System Analysis)等发展而来的。它利用系统思考(System Thinking)的观点来界定系统的组织边界、运作及信息传递流程，以因果反馈关系(Causal Feedback)描述系统的动态复杂性(Dynamic Complexity)，将所要研究的问题流体化，并建立量化模型，利用计算机仿真方法模拟不同策略下所要研究的系统行为模式，最后通过改变结构，帮助人们了解系统动态行为的结构性原因，以及各组成部分在整个系统结构中的作用，从而分析并设计出解决动态复杂问题和改善系统绩效的高杠杆解决方案(High Leverage Solution，即以最小的投入获取最大的绩效)。利用系统动力学的基本观点和方法来分析研究系统动态行为的模型就称为系统动力学模型。

近年来系统动力学正在成为一种新的系统工程方法论和重要的模型方法，已经渗透到许多领域，尤其在国土规划、区域开发、环境治理和企业战略研究等方面，正显现出它的重要作用。随着国内外管理界对学习型组织的关注，系统动力学思想和方法的生命力更为强劲。但目前应更加注重系统动力学的方法论意义，并注意其定量分析手段的应用场合及条件。

4.1.2　系统动力学基本理论的核心思想

系统动力学基本理论的核心思想是著名的“内生”观点，即系统行为的性质主要取决于系统内部的结构，也就是系统内部反馈结构与机制。

系统的内部结构是指系统内部各反馈回路和结构以及它们相互作用的关系与性质。尽管系统的行为丰富多彩，但在外部环境的作用下系统可能会发生千变万化的反应，然而系统行为的发生与发展都主要地根植于系统内部。复杂系统，比如一国的国民经济，尽管有时要受外部事件(比如国际金融危机)的严重影响，但其行为特性仍主要取决于其内部组成部分之间的相互作用和所采取的政策。

关于系统内部微观结构与其宏观行为的关系问题，创始人 Forrester 对此做了精辟的阐述：“系统之宏观行为源自其微观结构。”这已成为数十年来系统动力学界的经典。系统动力学强调内因与外因的辩证关系。内因是系统存在、变化、发展的依据，外因是系统存在、变化、发展的客观条件。在一定条件下，外部的干扰起着重要作用，但归根到底，外因也只有通过系统的内因才能起作用，而系统的演化方向则是由内、外因通过内部反馈机制共同决定的。

4.1.3　系统动力学基本理论

系统动力学(System Dynamics)是一门分析研究信息反馈系统的学科，也是一门认识系统问题和解决系统问题交叉的综合性新学科。它是系统科学和管理科学中的一个分支，也是一门沟通自然科学和社会科学等领域的横向学科。从系统方法论来说，系统动力学的方法是结构方法、功能方法和历史方法的统一。系统动力学认为，系统的行为模式与特性主要取决于其内部的动态结构与反馈机制。

系统：相互作用诸单元的复合体。

反馈：系统内同一单元或同一子块其输出与输入间的关系。

对整个系统而言，反馈是指系统输出与来自外部环境的输入的关系。反馈可以从单元(或子块)或系统的输出直接联至其相应的输入，也可以经由媒介——其他单元、子块、甚至其他系统实现。所谓反馈系统就是包含有反馈环节与其作用的系统。它受系统本身历史行为的影响，把历史行为的后果回授给系统本身，以影响未来的行为。

反馈系统就是相互联结与作用的一组回路。反馈系统就是闭环系统。单回路的系统是简单系统;具有三个回路以上的系统是复杂系统。反馈系统俯拾皆是，生物的、环境的、生态的、工业的、农业的、经济的和社会的系统都是反馈系统。开环系统是相对于闭环系统(即反馈系统)而言的，因其内部未形成闭合的反馈环，像是被断开的环，故称为开环系统。

正反馈的特点是，能产生自身运动的加强过程，在此过程中运动或动作所引起的后果将回授，使原来的趋势得到加强;负反馈的特点是，能自动寻求给定的目标，未达到(或者未趋近)目标时将不断做出响应。具有正反馈特性的回路称为正反馈回路，具有负反馈特点的回路则称为负反馈回路(或称寻的回路)。分别以上述两种回路起主导作用的系统则称为正反馈系统与负反馈系统。

事实证明，由若干回路组成的反馈系统，即使各单独回路所隐含的动态特性均简单明了，但是其整体特性的分析却往往使直观形象解释与分析方法束手无策。反馈结构复杂的实际系统与问题，其随时间变化的特性与其内部结构关系的分析不得不求助于定量模型和计算机模拟技术。系统动力学的理论、构模原理与方法就是在人们面临上述困境，寻觅出路的时候，于50年代应运而生的，它为复杂系统甚至特大系统提供了分析研究并寻找解决问题强有力的工具。

4.1.4 系统动力学的特点

系统动力学方法本质上是基于系统思维的一种计算机模型方法。一般来说，系统思维方法与系统动力学方法的区别在于:系统思维方法不包括仿真模拟的过程，而系统动力学方法通过对实际系统的建模过程，提供仿真模拟的结果。

在日常生活中，我们往往是从事件开始认识事物的。例如股市暴涨暴跌、流行病发生、战争爆发等。事件一般是在固定的时间点上出现的。我们要正确地认识事件，必须要联系相关事件，并从它们的发展过程中去观察。也即，要考察事件所在的行为模式。行为模式是系统的外在表现，可表现为一系列的相关事件随事件的演变过程，是多个关联事件表现出的过去、现在和未来。例如，我们看到经济的缓慢增长、利率的变化、失业率的波动等。行为模式是由系统的内部结构决定的。结构是产生行为模式的物质的、能量的、信息的内在关系。系统的结构决定其行为模式，而事件是行为模式的重要片段。利用系统动力学分析问题，要由事件出发，分析系统的结构与行为模式的关系，以采取成功的政策和策略，调整系统结构，干预和控制系统，改善系统的行为模式，大大避免坏事件的发生。

系统动力学的适用范围有:

(1) 适用于处理长期性和周期性的问题。如自然界的生态平衡、人的生命周期和社会问题中的经济危机等都呈现周期性规律并需通过较长的历史阶段来观察，已有不少系统动力学模型对其机制做出了较为科学的解释。

(2) 适用于数据不足的问题。建模中常常遇到数据不足或某些数据难于量化的问题，系统动力学通过各要素间的因果关系、有限的数据及一定的结构仍可进行推算分析。

(3) 适用于处理精度要求不高的复杂社会经济问题。上述问题描述方程总是高阶非线性动态的，应用一般数学方法很难求解，系统动力学借助于计算机及仿真技术仍能获得主要

信息。

复杂的社会经济系统是系统动力学的主要研究对象，这类系统具有以下特点：

(1) 社会系统中需要对多个方案进行评价和选择。对社会系统行为的研究一般分为三个步骤，首先是采集信息，其次是按照某个标准对信息进行加工处理，最后做出相应的决策。而这个决策就是多个方案进行比较和择优的过程。

现实中的绝大多数管理问题都是一个庞大且复杂的系统，要对这些管理问题进行决策需要大量信息，其中既包含可感知的实体信息，又有抽象的关于价值、社会伦理、道德观念及个人、团体的不同意见等因素。

(2) 自律性。自律性是指自己管理、约束自身行为的一种能力。反馈机构的存在使得系统具有自律性，同样的社会系统因其内部固有的"反馈机构"也具有自律性。利用系统动力学研究社会系统问题，核心问题是准确识别研究社会系统中存在的反馈机制。

(3) 非线性。非线性是指社会现象的原因和结果之间没有严格的线性关系。一些问题的原因和影响在时间和空间上并不一致。

4.2　系统动力学结构模型化原理

4.2.1　系统动力学的基本原理

系统动力学首先对问题进行定性分析，并对要研究的问题进行粗略估计。然而，对于实际复杂的管理问题，仅仅定性分析远远不够，还需要定量研究。系统动力学的本质是研究反馈控制，其基本过程是：首先分析实际系统情况，采集对象系统的状态信息，然后根据信息做出决策的分析，最后根据决定实施计划，并将实施情况反馈到实际系统中。系统的状态变化形成了一个反馈循环系统，如图 4.1 所示。

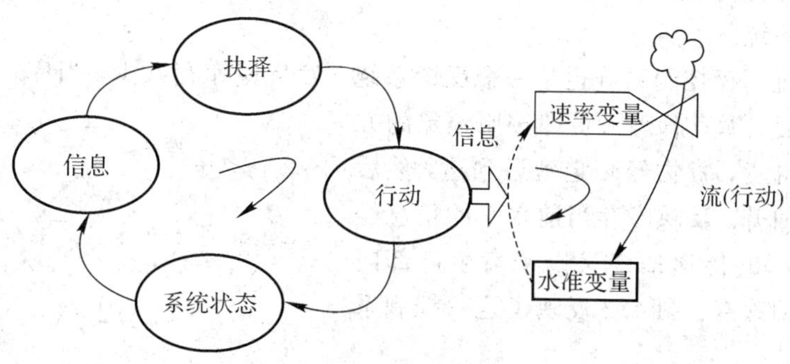

图 4.1　系统动力学基本工作原理

系统可以分为两类：良结构子系统和不良结构子系统。良结构子系统的组成相对简单，由一个或多个一阶反馈循环组成。一阶反馈回路通常由三个基本变量组成：状态变量、速度变量和辅助变量。它们可以分别用状态方程、速率方程和辅助方程来描述。辅助方程通常由一些数学函数、逻辑函数、信息和物质延迟函数、表函数和常数表示。

利用上述三个基本变量，可以实现对复杂系统结构中良结构子系统的定量描述。然而，在实际的社会经济管理中，"不良结构"部分往往包含人为因素，难以用具体的数学形式表达出来，因而只能用定性或者半定量的方法来进行分析，主要包含三种方式：

(1) 把部分不良结构近似地视作“良化”结构，用近似的良结构代替不良结构。

(2) 定性与定量结合。

(3) 无法定量处理的部分，进行定性分析。

综上所述，系统动力学包含四个基本要素、两个基本变量和一个基本思想：

系统动力学的四个基本要素：状态或水准、信息、决策或速率、行动或实物流。

系统动力学的两个基本变量：水准变量(Level)和速率变量(Rate)。

系统动力学的一个基本思想：反馈控制。

需要补充说明的是:信息流源于对象系统内部，实体流源于系统外部。

4.2.2 动态问题与反馈观点

系统动力学分析反馈系统中的问题通常是动态的，因此，建立关于动态的概念和反馈的观点是学习系统动力学的基础。

1. 动态问题

系统动力学研究的问题中一些变量往往会随时间变化。如企业雇员数量的波动、产品市场需求的增加或者减少、建筑工程经费的超支等，都是一些难以预测的动态问题，在系统分析过程中常借助图形来表示变量的变化波动。

2. 反馈观点

所谓反馈，就是信息的传送和返回。对控制系统来说，反馈是自动调节动态平衡的关键步骤。系统中可能只有一个反馈回路，也可能有多个反馈回路。系统中的每个循环都包含影响最终决策结果的决策链接，决策链路起着决定系统变量的作用。

例如一个可以恒定温度的冷储存系统，传感器会将实时温度信息传递给制冷系统，以此来控制系统开关，从而控制储存室内的温度。传感器、制冷装置、储存室以及系统管道组成了一个反馈系统。

常见的物流库存控制系统也是一个反馈系统。发货使库存减少，当库存低于期望水平以下一定数值后，库存管理人员即按照预定的方针向生产部门订货，货物经一定延迟到达，然后使库存量逐渐回升。反映库存当前水平的信息经订货与生产部门的传递最终又以来自生产部门的货物形式返回库存。图 4.2 反映了这一控制系统的反馈流程。

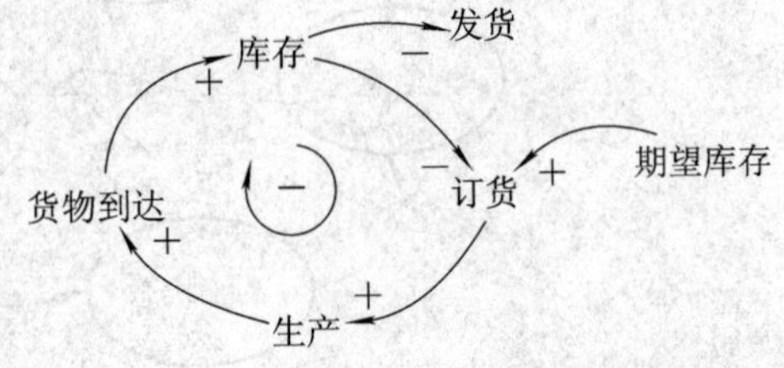

图 4.2 库存控制系统的因果关系图

3. 规范的模型

系统动力学模型是基于反馈控制理论，运用计算机技术，研究复杂社会经济大系统的方法，一般从系统内部微观结构出发，建立系统动力数学模型。而规范的系统动力学模型在处理实际问题时很有必要，不规范的模型往往存在很多漏洞，以下是规范模型具有的特点：

(1) 规范的模型对问题的描述更准确；

(2) 规范的模型在处理复杂问题时具有独特的优势。与思维模型不同，系统动力学的规范模型可以可靠地跟踪任何复杂假设和交互的含义，而不会受到术语、情感或直觉差异的影响。

(3) 用规范的模型进行多次有目的的实验，管理者可以有效地获得想要的优化结果。

4.2.3　系统动力学的结构模式

系统动力学对系统问题的研究，是基于系统内在行为模式、结构间紧密的依赖关系，通过建立数学模型，逐步发掘出产生变化形态的因果关系。系统动力学的基本思想是充分认识系统中的反馈和延迟，并按照一定的规则从因果逻辑关系图中逐步建立系统动力学流图的结构模式。

1. 因果关系图

因果箭：连接因果要素的有向线段。箭尾始于原因，箭头终于结果。因果关系有正负极之分，正(+)为加强，负(-)为减弱。

因果链：因果关系具有传递性。在同一链中，若含有奇数条极性为负的因果箭，则整条因果链是负的因果链，否则，该条因果链为正的因果链。

因果反馈回路：原因和结果的相互作用形成因果关系回路(因果反馈回路)，是一种封闭的、首位相接的因果链，其极性判别如因果链。图 4.3 即为一个因果关系图。

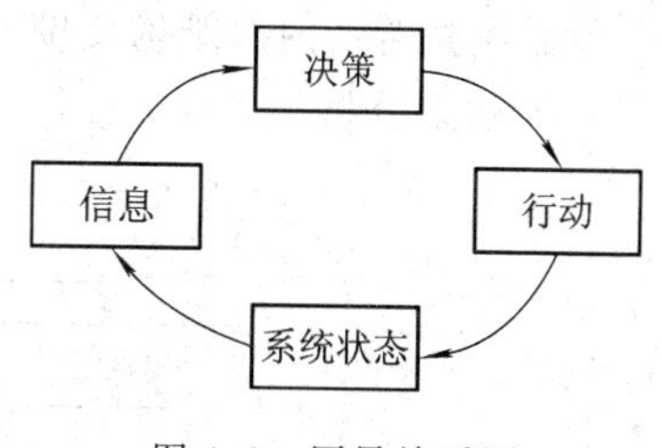

图 4.3　因果关系图

反馈的概念是普遍存在的。以取暖系统产生热量温暖房间为例，屋内的探测器将室温信息返回给取暖系统，以此来控制系统的开关，进而也控制了屋内的温度。室温探测器是反馈装置，它和炉子、管道、抽风机一起组成了一个反馈系统。

2. 流图

流程图是系统动力学结构模型的基本形式，绘制流程图是系统动力学建模的核心内容。

(1) 流(Flow)：系统中的活动和行为，通常只区分实物流和信息流。

(2) 水准(Level)：系统中子系统的状态，是实物流的积累。

(3) 速率(Rate)：系统中流的活动状态，是流的时间变化；在 SD 中，R 表示决策函数。

(4) 参数量(Parameter)：系统中的各种常数。

(5) 辅助变量(Auxiliary Variable)：其作用在于简化 R，使复杂的决策函数易于理解。

(6) 滞后(Delay)：由于信息和物质运动需要一定的时间，因此带来原因和结果、输入和输出、发送和接收等之间的时差，并有物流和信息流滞后之分。图 4.4 就是一个简单的 SD 流图。

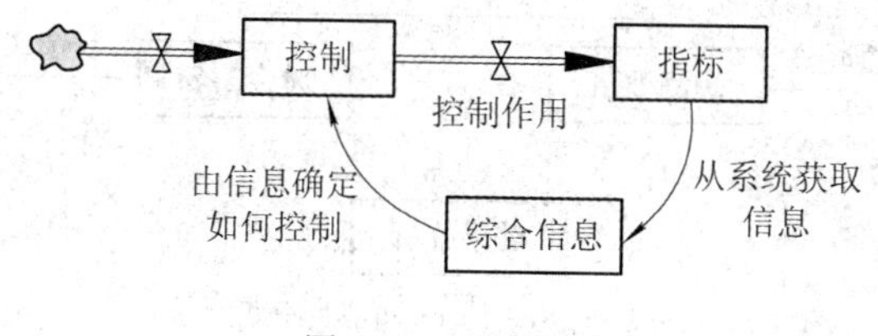

图 4.4　SD 流图

4.2.4　系统动力学建模步骤

如图 4.5 所示，建立系统动力学模型的一般步骤如下：

(1) 明确研究目标。充分了解需要研究的系统，通过资料收集、调查统计，根据系统内部各系统之间存在的矛盾、相互影响与制约作用，以及对应产生的影响，确立矛盾与问题。

(2) 确立系统边界、因果关系分析。对研究目标产生的原因形成动态假设(Dynamic Hypothesis)，并确定系统边界范围。由于系统的内部结构是多种因素共同作用的结果，因此，系统边界的范围直接影响系统结构和内部因素的数量，然后再结合研究目标的特征，将系统拆分成若干个子系统，并确定各子系统内部结构，以及系统与各子系统之间的内在联系和因果关系。

(3) 构建模型。绘制系统流程图，并建立相应的结构方程式。其中绘制系统流程图是构建系统动力学模型过程中的核心部分，它将系统变量与结构符号有机结合起来，明确表示了研究对象的行为机制和量化指标。

(4) 模型模拟。基于已经完成的系统流程图，在模型中输入所有常数、函数及状态变量方程的初始值，设定时间步长，然后进行模拟。得到预测数值及对应的图表，再根据研究目标，对系统边界、内部结构反馈调整，能够实现完整的系统模拟。

(5) 结果分析。对模型进行测试，确保现实中的行为能够再现于计算机模型系统，并对

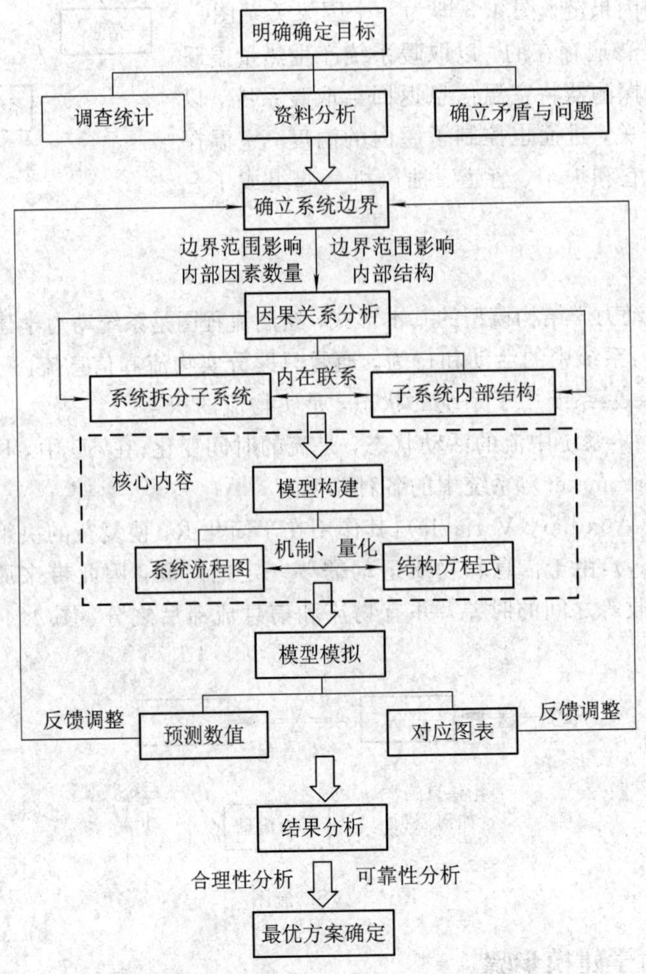

图 4.5　系统动力学的建模步骤

模拟结果进行分析、预测，设计、测试各选择性方案，减少问题，并从中选定最优化方案。

4.3　Vensim 软件的基本使用方法

4.3.1　动态系统的行为模式与结构

系统的行为由其结构决定。动态系统行为的基本模式有：① 正反馈所产生的增长；② 负反馈所产生的寻的行为；③ 负反馈加上时间延迟所引起的振荡，包括减幅振荡、有限循环和混动。更复杂的模式有 S 形增长、过度并崩溃，这些复杂模式是由结构的非线性相互作用产生的。

(1) 正反馈回路结构所产生的指数增长。典型例子：人口增长模型(如图 4.6 与图 4.7 所示)。

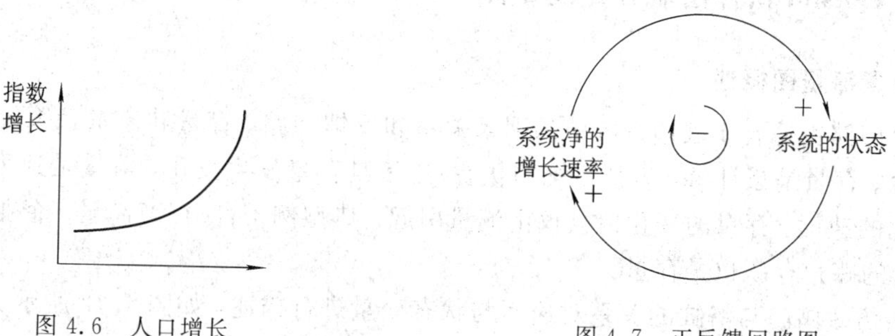

图 4.6　人口增长　　图 4.7　正反馈回路图

(2) 负反馈回路结构所产生的寻的。半导体生产过程缺陷发生速率(如图 4.8 与图 4.9 所示)。

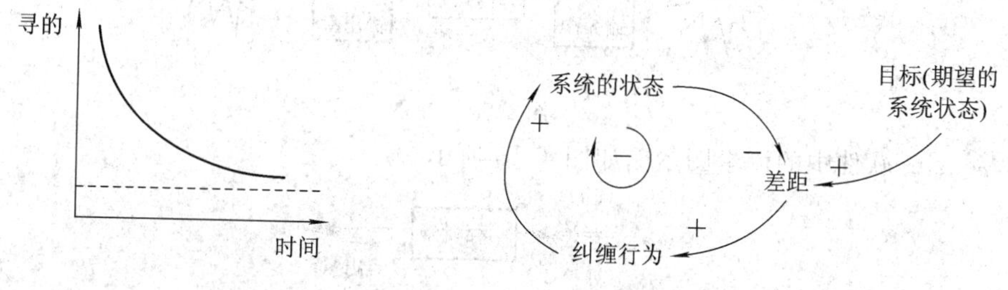

图 4.8　半导体生产过程缺陷发生速率　　图 4.9　负反馈回路图

(3) 带有时滞的负反馈回路结构所产生的振荡。典型例子：平民失业率，库存系统(如图 4.10 与图 4.11 所示)。

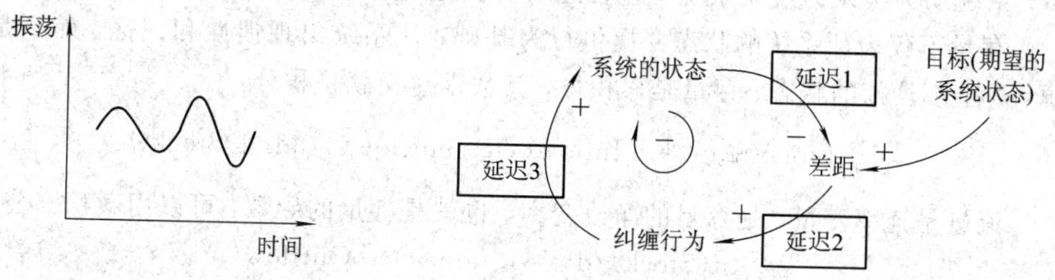

图 4.10　平民失业率，库存系统　　图 4.11　负反馈引起振荡的回路图

4.3.2 Vensim 建模步骤

Vensim 建模步骤如下：

(1) 构建一个模型或者打开一个现有的模型；

(2) 用结构分析工具(树状图)检查模型结构；

(3) 进行模型仿真，通过调节模型参数取值，看模型对参数变动有何反应；

(4) 使用数据分析工具(图形和图表)更详细地检查模型的行为特征；

(5) 执行控制的模拟实验并精简模型；

(6) 使用模拟合成模式下的输出结果，分析工具输出，自定义图形和图表；

(7) 向客户/观众展示模型及其行为表现。

4.3.3 Vensim 软件绘制存量流量图

1. 存量流量图概述

因果回路图适合于表达系统中的因果关系和反馈回路。存量和流量是系统动力学中的核心概念。存量是累计量，表征系统的状态；流量是存量发生变化，流量是速率量，它表征存量变化的速度。存量的变化由且仅由流量引起。典型例子：库存产品量、企业员工数是存量，银行的账户存款也是存量。

流图仿效阀门与浴缸的关系对速率与状态变量进行描述，如图 4.12 所示。

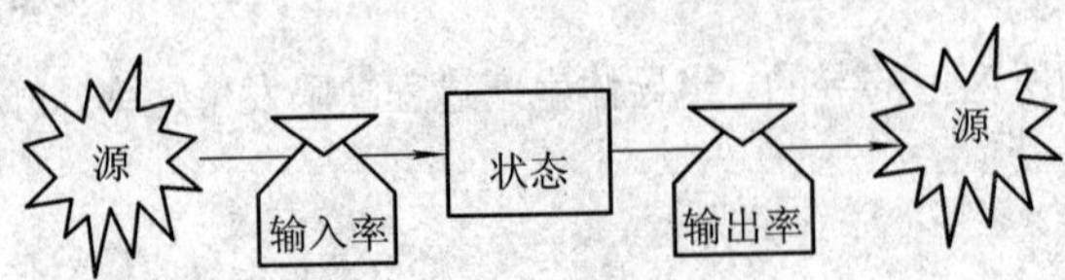

图 4.12 流图

Vensim 软件中的流量图示例如图 4.13 所示。

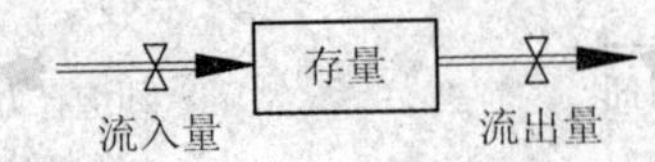

图 4.13 Vensim 中的流量图示例

水平变量(Level)或称状态变量表示累计环节。“水平”的涵义源自流体在容器中积存的液面高度，如水位。速率(Rate)又称变化率，即随着时间的推移，水平变量值的增加或减少。系统动力学认为反馈系统中包含连续的、类似流体流动与积累的过程。

存量不仅表征系统的状态并提供行为基础，让系统出现惯性和记忆，而且是延迟的来源，产生不均衡的状态。存量是累积量，其数学意义就是积分：

$$\text{Stock}(t)=\int_{t_0}^{t}[\text{Inflow}(s)-\text{outflow}(s)]\mathrm{d}s+\text{Stock}(t_0)$$

流量是速率变量，是存量的净改变率，也就是存量的导数，可以用微积分公式表示：

$$\mathrm{d}(\text{Stock})/\mathrm{d}t=\text{Inflow}(t)-\text{Outflow}(t)$$

存量流量视角代表连续的时间，典型例子为如图 4.14 所示的人口模型。

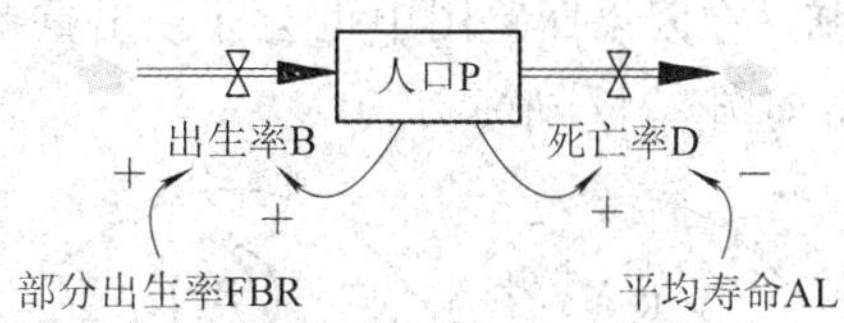

图 4.14　人口模型

接下来，简单对比系统因果回路图与存量流量图(见图 4.15)。

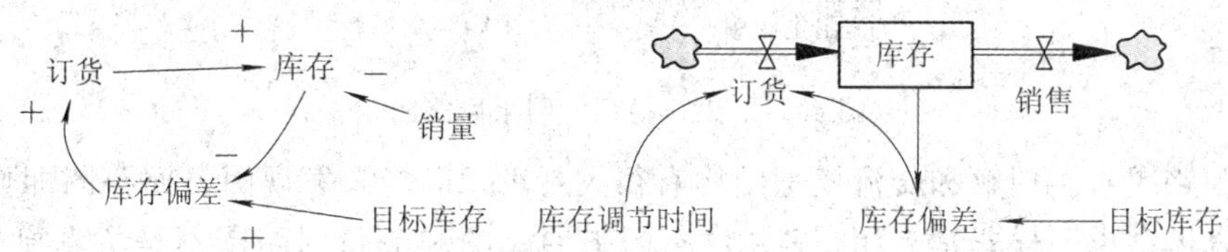

图 4.15　因果回路图(左)与存量流量图(右)

在库存系统的存量流量图中，除了存量和流量之外，还有"库存偏差""目标库存"和"库存调节时间"这些变量，它们有的是辅助变量，有的是常量。辅助变量是用来描述决策过程中的状态变量和速率变量之间信息传递和转换过程的中间变量，这里"库存偏差"是辅助变量，库存偏差=目标库存－库存。研究期间保持不变或者变化甚微的量为常量。这里"目标库存"和"库存调节时间"为常量。

图 4.16 为劳动力队伍流图。劳动力队伍一般可分成两部分，一部分为已具有劳动技能的正式工人；另一部分为尚在培训的工人，培训需要一定时间，如半年或一年，称为培训延迟。

图 4.16　劳动力队伍流图

2. 模型创建注意事项

1）变量命名

水平变量：变量名中每个单词的首字母大写，而速率变量、辅助变量、常量等全部小写。

2）绘图

(1) 水平变量用 Level 创建，使用 Level 工具创建的工具默认为水平变量。

(2) 速率变量使用 Rate 创建，在创建水平变量时，按 Esc 键，可以不对该变量命名。可以定义速率变量的箭头是单向还是双向。

(3) 常量、辅助变量通常使用 Variable 工具进行添加。

(4) 一般情况均可在程序编辑器中修改，但为避免混乱，尽量使用特定的工具创建。

4.3.4　Vensim 软件绘制因果回路图

1. 因果回路图概述

因果回路图是表示系统反馈结构的重要工具。一张因果回路图包含多个变量，变量之间由标出因果关系的箭头连接。在因果回路图中也会标注出重要的反馈回路。变量由路图链联系，因果链用箭头表示，如图 4.17 所示。

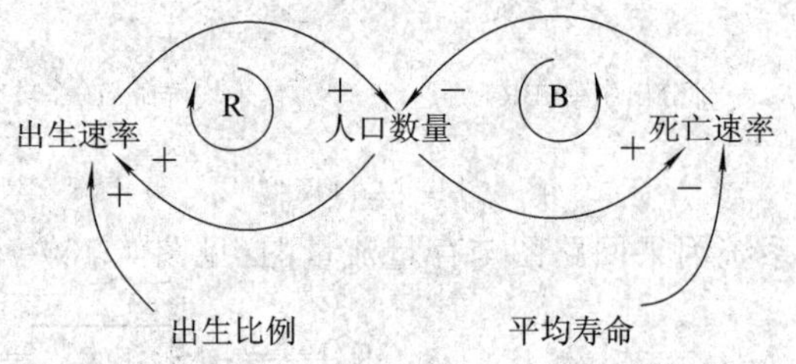

图 4.17　人口模型的因果回路图

因果回路图对于理解和交流模型结构有很大帮助。很多人发现因果回路图即使不形成最终的仿真模型也一样非常有用。必须注意因果回路图和流量回路图不是仿真模型。仿真模型中出现的所有变量都是赋有数学关系式的。

因果回路图有时也被称为影响图(Influence Map)、向图、因果环图(Causal Loop Diagram)，普遍地用于构思模型的初始阶段。图中的因果链可标明其影响作用的性质是正的还是负的，粗略地说，正号表明，箭头指向的变量将随箭头源变量的增加而增加、减少而减少，而负号则表示变量间取与此相反的关系，如图 4.18 所示。

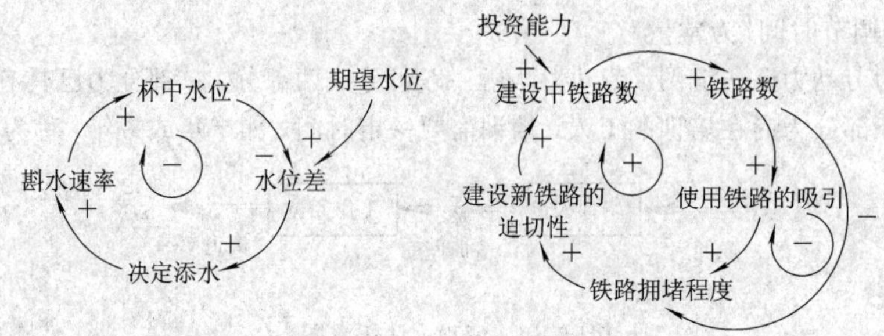

图 4.18　因果回路图展示

为了确定回路的特征，即回路的极性，可沿着反馈回路绕行一圈，看一看回路中全部因果链的积累效应如何，回路极性为正或为负。确定回路极性的方法：若反馈回路包含偶数个负的因果链，则其极性为正；若反馈回路包含奇数个负的因果链，则其极性为负。因此，反馈回路的极性取决于回路中因果链符号的乘积。其中，正反馈的作用是使回路中变量的偏离增强，而负反馈回路则力图控制回路的变量趋于稳定。负反馈作用并不坏，而正反馈作用并不一定都是好的。

在因果回路图绘制过程中，尽可能确定变量的量纲，必要时可自己构造。例如某些心理学方面的变量，不得不采用精神上的“压力”单位。确定量纲有助于突出因果图中的文字叙述的涵义。尽可能定义变量本身为正值，不把诸如“衰减”“衰退”“降低”一类定义为变量。由于“衰退”的增长或“降低”的上升说法将令人费解，而且当检验因果链的极性与确定回路的极性时，将导致混乱。如果某因果链需加扩充，以便于更详细地反映反馈结构的机制，则直接将其扩充为一组因果链。反馈结构应形成回路。

2. 因果回路图的绘制

(1) 图中每一条链条必须代表变量之间存在的因果关系，而不是相关关系，如图 4.19

所示。

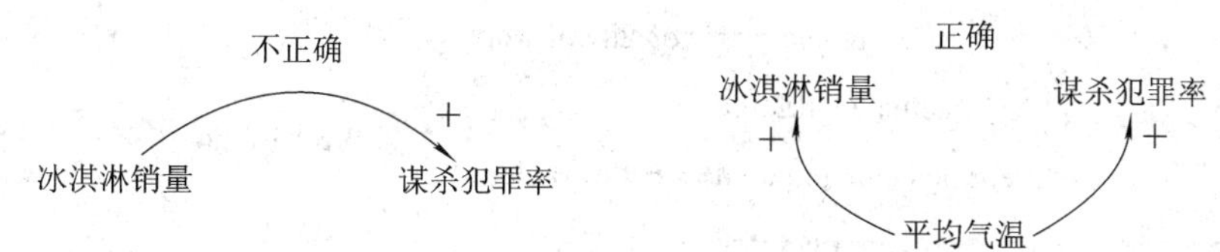

图 4.19 因果回路图绘制原则一

(2) 图中每个因果链都要标注极性。

(3) 对回路做出判断。

(4) 命名回路，当回路数比较少时，可以采用“+”和“-”进行标注；当回路数比较多时，用 R_1、R_2 或 B_1、B_2 标注，其中 R 代表“+”，B 代表“-”。

(5) 指出因果链中的重要延迟。

(6) 变量名应当是名词或者名词短语，如图 4.20 所示。

图 4.20 因果回路图绘制原则二

(7) 图形布局要美观、合理。

(8) 变量定义选择合适的概况程度。

(9) 界定好图的规模。

(10) 明确表示负回路的目标，如图 4.21 所示。

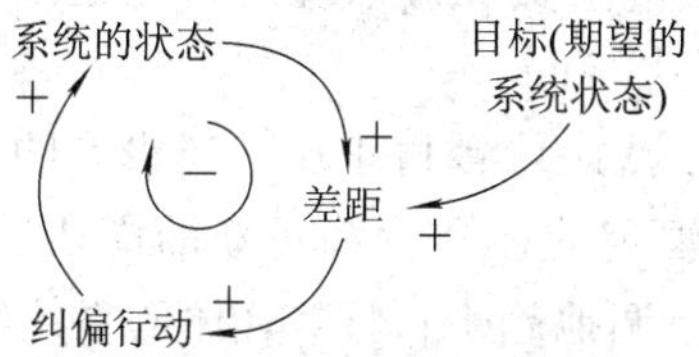

图 4.21 因果回路图绘制原则三

3. 因果回路图示例

项目管理(project. mdl)建模示例如图 4.22 所示。

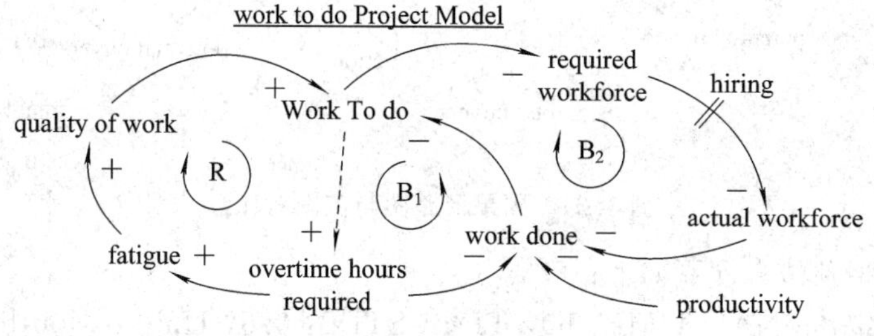

图 4.22 因果回路图示例

注意：因果回路图只是对问题进行直观展示，并不能构成一个完整的仿真模型，但是可以看到完整的 Causes Tree 和 Uses Tree，如图 4.23 所示。

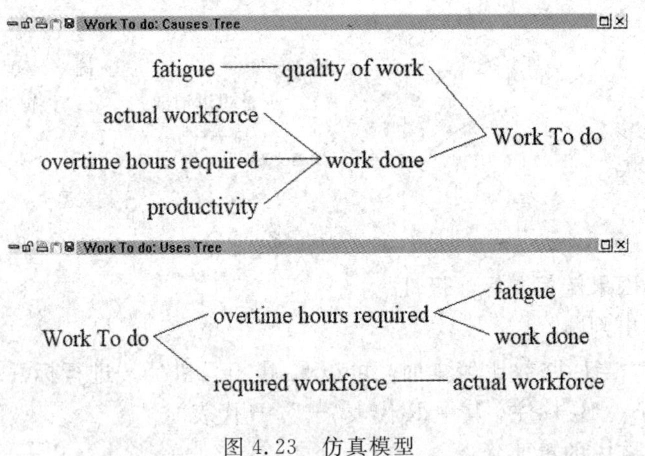

图 4.23　仿真模型

4.3.5　一阶与二阶系统的 Vensim 软件实现

1. 一阶系统的 Vensim 软件实现

所谓系统的阶数就是系统状态变量的维数，在系统动力学中也就是水平(变量)的个数。在社会经济系统中高阶(可能是数十至数百阶)系统到处可见。任一高阶系统都可以视为由一阶系统关联而成。一个复杂系统的行为往往是由某些主回路和某些主要的变量决定的，换言之，复杂系统中往往存在一些起主导作用的主回路和主要变量。

一阶反馈就是只含一个水平(变量)的反馈系统。其中，正反馈系统行为的共同特征就是指数式地趋于无穷，其一阶正反馈系统的行为是单调指数式地趋于无穷；负反馈系统行为的共同特征就是寻找目标，其一阶负反馈系统的行为是单调地趋于目标。一阶反馈系统也会呈现复杂的系统行为。

考察某商品的销售问题，假设：① 销售正比于还没有购买该商品的人数；② 每人只需一件这样的商品；③ 总人数是恒定的；④ 商品更新的周期远大于商品普及所需的时间。

一阶负反馈系统的行为是单调地趋于目标，具体的系统结构模型如图 4.24 所示。

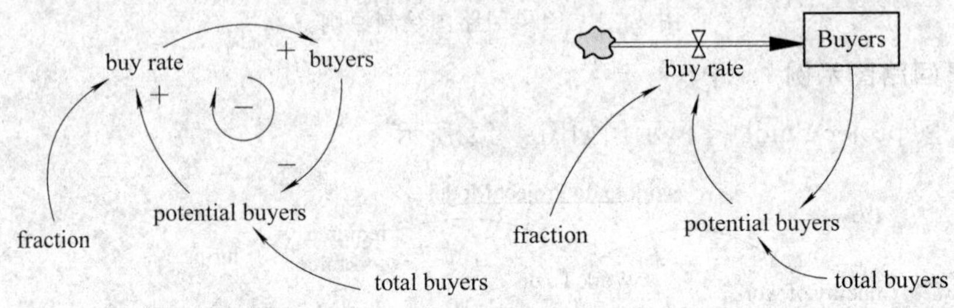

图 4.24　因果回路图与流图对比

量化分析模型及仿真计算如下：

模型参数设定：FINAL TIME：60，TIME STEP：0.5，Units：Month

对变量进行赋值：

fraction = 0.06，Units：dmnl/Month

total buyers = 100，Units：person

buy rate = fraction * potential buyers, Units: person/Month

Buyers = INTEG(buy rate,1), Units: person

potential buyers = total buyers - Buyers, Units: person

仿真计算结果如表 4.1 和图 4.2.5 所示。

表 4.1　简单销售系统的动力学仿真计算结果

h	Month		
	Buyers	buy rate	potential buyers
0	1	5.94	99
0.5	3.97	5.7618	96.03
1	6.8509	5.58895	93.1491
1.5	9.64537	5.42128	90.3546
……	……	……	……

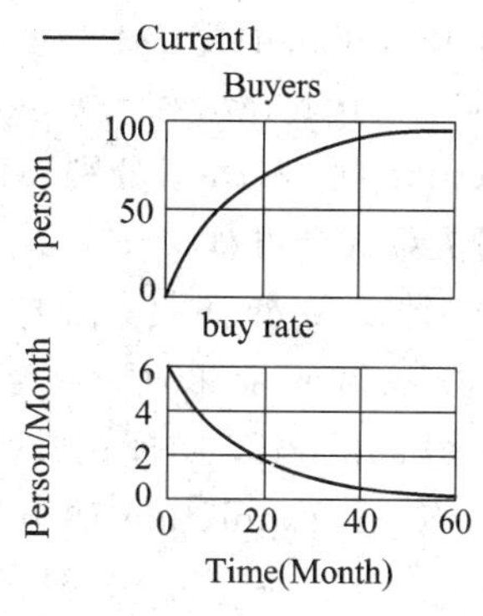

图 4.25　简单销售系统输出特征示意图

2. 二阶系统的 Vensim 软件实现

所谓二阶系统就是包含有两个水平(变量)的系统。二阶系统也可分为二阶负反馈系统和二阶正反馈系统。二阶负反馈系统的行为特征也是寻找目标，但逼近最终值的方式更为复杂，一般可分为两种，一种为欠阻尼形式，另一种为过阻尼形式，如图 4.26 所示。

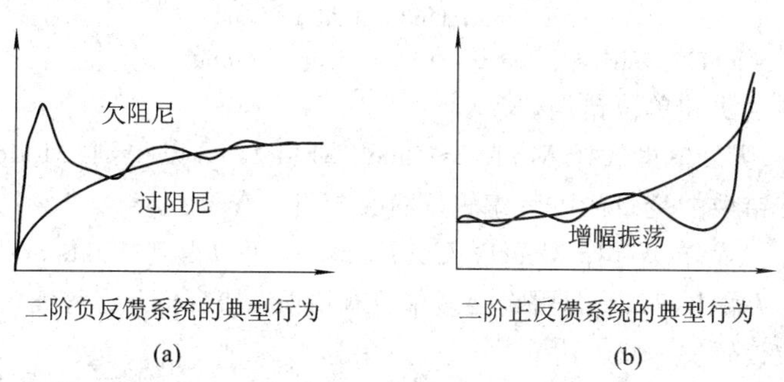

图 4.26　二阶系统

二阶正反馈系统的行为特征仍为趋于无穷，但有两种不同的模式：一种模式与一阶正反馈的场合相似，仍是单调地趋于无穷；另一种模式是振荡。如果二阶系统是非线性的，那么系统行为更为复杂。高阶系统具有相互连接的多重反馈环，其行为比二阶系统更为复杂。在结构上，高阶系统可以看作是由若干个典型的一阶结构或二阶结构相互关联而成的。由于有了关联以及系统中可能存在的非线性，高阶系统行为已经不仅仅是指数增长、线性增长、渐进增长、S 型增长、指数崩溃、线性衰减、渐近衰减、S 型衰减、增幅振荡、等幅振荡及减幅振荡等几种形式，而是它们的复杂组合。

二阶系统(以图 4.27 所示的兔子繁殖模型为例)创建步骤如下：

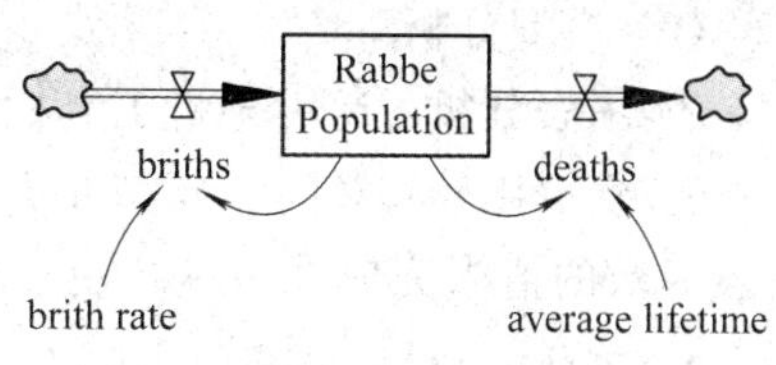

图 4.27　兔子繁殖模型

(1) 画流图。

创建一个新模型，对模型设置进行编辑：FINAL TIME：30，TIME STEP：0.125，Units for Time：Year，点击确定。选择 Level，创建水平变量 Population；选择 Rate，在 Population 左侧单击鼠标，拖动箭头到 Population 后再点击鼠标，创建速率变量 births，然后在 Population 单击鼠标，在 Population 右侧一点单击鼠标，创建速率变量 deaths；选择 Variable，创建 birth rate 和 average lifetime；选择 Arrow，连接 birth rate 到 births，以及 average lifetime 到 deaths；分别连接 Population 到左侧的 birth 和右侧的 deaths。

(2) 写关系式和方程。

① 单击 Equations 工具，需要写的关系式或未完成的关系式将会变黑。

② 单击速率变量 births，会出现公式编辑窗口，在 INTEG 框中写入 briths = Population * brith rate，同理完成速率变量 deaths = Population/average lifetime。

③ 水平变量 Population 的方程编程与速率变量略有不同，除了在 INTEG 框写入 Population = births - deaths 外，还要在 Initial Value 框中写入 Population 的初值。

④ 注意对变量单位的设置。

⑤ 设定变量的最小值、最大值和步长。

此模型中所有变量：

average lifetime = 8，Units：year；
birth rate = 0.125，Units：fraction/Year；
births = Population * birth rate，Units：rabbit/Year；
deaths = Population/average lifetime，Units：rabbit/Year；
Population = INTEG(births - deaths,1000)，Units：rabbit。

(3) 检查模型语法和单位错误。

① 语法检查：从菜单里选择 Model>Check Model，可以得到“Model is OK”的信息。如果模型有错，有错误的变量的方程编辑框将会打开。

② 单位检查：从菜单里选择 Model>Units Check，可以得到“Units are OK”的信息。如果有单位错误发生，从输出窗口看是哪个变量单位有错误，然后打开方程编辑器进行修改。

(4) 同义单位设置。

同义单位是指不同名称表示同一单位。输出单位时可能一个变量的单位用单数，另一个变量单位用复数，而 Vensim 的 Units check 会认定单、复数为不同的单位。因而，须告知系统统一部分单位为同义词。系统已默认一部分同义单位，如 Month 和 Months，Person、Persons 和 People 等。设置方法：从菜单中选择 Model>Settings…，然后点击 Units Eauiv，在编辑框写入想要设置的两个单位，中间用逗号隔开，如 rabbit 与 rabbits，点击 Add Editing，再点击确定。

(5) 模型仿真。

(6) 模型分析。

① 图表分析：运用分析工具栏的工具。

② 模拟比较。对同一模型在不同条件下的多次模拟可以进行对比，通常通过更改常量与表函数的值来完成。

3. 函数

Vensim 函数库是 Vensim 软件内部集成的函数功能，在 Vensim PLE 版本的函数库中

一共包含 25 个函数，这些函数可以直接体现模型变量间的关系。建模者可以在设置变量关系的过程中选择使用这些函数。Vensim 函数库中的 25 个函数主要可以分为以下几类：数学函数、逻辑函数、随机函数、测试函数和延迟函数。

（1）数学函数。数学函数是 Vensim 函数库中最简单的一类函数，如表 4.2 所示，包括 SIN、EXP、LN、SQRT、ABS、INTEGER、MODULO 七个函数，主要应用于变量间的基本数学关系。

表 4.2　Vensim 数学函数库

函数名称	函数形式	函数功能
SIN	SIN({x})	取正弦
EXP	EXP({x})	ex
LN	LN({x})	取对数
SQRT	SQRT({x})	取平方根
ABS	ABS({x})	取绝对值
INTEGER	INTEGER({x})	取整数
MODULO	MODULO({x})	取余数

（2）逻辑函数。Vensim 函数库中另一类重要的函数是逻辑函数。在建模过程中，有时变量间的关系需要经过一些比数学计算更复杂的处理，比如判断若干变量中的最大值或最小值，然后将结果赋予另一个变量。如果模型中某一环进行依赖于上一环的结果，这时就需要对不同种情况进行分别定义。Vensim_PLE 版本中的逻辑函数包括最大、最小值判断函数和条件函数。

（3）随机函数。随机函数是另一类很常用的函数类型。因为我们所建立的模型是模拟现实环境，而现实的环境中常常存在一些不能确定的情况，即存在随机性。所以除了模型中确定的变量关系外，还需要模拟一种不确定性的发生。Vensim 函数库中的随机函数就是针对这种用途设计的。

（4）测试函数。测试函数是 Vensim 中非常有特色且常用的函数类型。一般常用四种测试函数，即阶跃函数 STEP、斜坡函数 RAMP、单脉冲函数 PULSE、多脉冲函数 PULSE TRAIN，这四种函数都可以产生比较典型和有特色的数值变化规律，在建立问题模型过程中经常用到。

（5）延迟函数。延迟函数是 Vensim 函数库中非常重要的函数，使用范围很广。因为在建立模型的过程中，我们常常需要模拟物质或信息在模型中不同模块间的流动。而现实中，由于物质或信息传播渠道的客观限制，这种流动经常会产生一定的延迟。延迟函数正是为模拟这种延迟效果而设计。Vensim 中的延迟函数包括两类，即模拟物质延迟效果的 DELAY 函数和模拟信息延迟效果的 SMOOTH 函数。

① 物质延迟函数。

• 函数 DELAY1，形式：DELAY1(In，DELAY Time)。

函数功能：此函数根据设定的延迟时间，对输入量做延迟处理。其运行过程中，内部原理相当于下面的等式：

DELAY1 = LV/delay time, LV = INTEG(In - DELAY1,input * delay time)

这里 INTEG 函数的功能是对括号内的变量 In - DELAY1 做积分。

使用方法：选择 DELAY1 函数，单击鼠标，设定输入值 In 和延迟时间 Delay Time。

· 函数 DELAY1I，形式：DELAY1I(In, Delay Time, Initial Value)。

函数功能：此函数功能和 DELAY1 功能类似，不同之处在于其可以设定初值。

使用方法：与 DELAY1 操作方法相同，但需要设定初始值 Initial Value。

· 函数 DELAY3，形式：DELAY3(In, DELAY Time)。

函数功能：DELAY3 函数同样对物质做延迟处理。但和 DELAY1 不同，它是针对三阶延迟设计的，即在处理过程中，它根据延迟时间对物质做三次延迟处理，然后返回函数值。换句话说，它相当于做了三次 DELAY，但每一次延迟的时间只有原函数中设定延迟时间 Delay Time 的三分之一。

使用方法：和 DELAY1 使用方法相同。

· 函数 DELAY3I，形式：DELAY3I(In, Delay Time, Initial Value)。

函数功能：此函数功能和 DELAY3 功能类似，不同之处在于其可以设定初值。

使用方法：和 DELAY1I 使用方法相同。

· DELAY FIXED

函数形式：DELAY FIXED(In, Delay Time, Initial Value)。

函数功能：DELAY FIXED 函数对输入量做延迟处理，在处理过程中 Delay Time 是一个常量，即便将 Delay Time 设置为表达式，运行过程中延迟时间也不会随着表达式的改变而改变。

使用方法：和 DELAY1I 使用方法相同。

② 信息延迟函数。

· 函数 SMOOTH，形式：SMOOTH({in}, {stime})。

函数功能：此函数模拟信息延迟效果，对输入值作延迟处理，其内部原理相当于以下等式：

SMOOTH = INTEN((input－SMOOTH)/delay time, input)

使用方法：在函数菜单中选择 SMOOTH 函数，然后设定输入值和延迟时间。

· 函数 SMOOTHI，形式：SMOOTHI({in}, {stime}, {inival})。

函数功能：此函数和 SMOOTH 函数功能类似，但可以设定初值。其内部原理相当于以下等式：

SMOOTHI = INTEN((input－SMOOTH)/delay time, input)

使用方法：与 SMOOTH 使用方法相同，但需要设定初值{inival}。

· 函数 SMOOTH3I，形式：SMOOTH3I({in}, {stime}, {inival})。

函数功能：此函数实现的延迟功能和 DELAY3 相似，即对输入量做三阶延迟。

使用方法：与 SMOOTH 使用方法相同，只是这里的延迟时间是三阶延迟时间，因此运行过程中每一阶的延迟时间是它的三分之一。

③ 其他函数。

· 函数 XIDZ，形式：XIDZ({numerator}, {denominator}, {X})。

函数功能：返回 numerator/denominator 的值，如果分母 denominator 的数值为 0，则自动返回 X 值。

使用方法：选择 XIDZ 函数，依次点击{numerator}、{denomintor}、{X}并设置分子、

分母和 X。

举例：XIDZ(3,4,1)的返回值为 0.75，XIDZ(3,0,1)的返回值为 1.0。

· 函数 ZIDZ，形式：ZIDZ({numerator}，{denominator})。

函数功能：ZIDZ 函数和 XIDZ 函数的功能基本相同，只是其当分母 denominator 数值为 0 时，函数自动返回 0，这个函数等价于 XIDZ({numerator}，{denominator}，{0})。

使用方法：选择函数并设置{numerator}和{denominator}。

举例：ZIDZ(3,4)的返回值为 0.75，ZIDZ(3,0)的返回值为 0。

④ 表函数。

直接调用函数固然方便快捷，但却具有一定的局限性，当用户想根据个性创建一些特殊函数(往往是非线性函数)时，表函数更好用。表函数往往用于描述某变量对另一变量的影响，比如模型中要描述兔子拥挤程度对兔子死亡率的影响，在方程工具选中的模式下，变量类型 Type 标识中选择 Lookup，这样就可以赋予这个变量一个表函数了。

4. 价格模型

(1) 价格系统结构模型如图 4.28 所示。

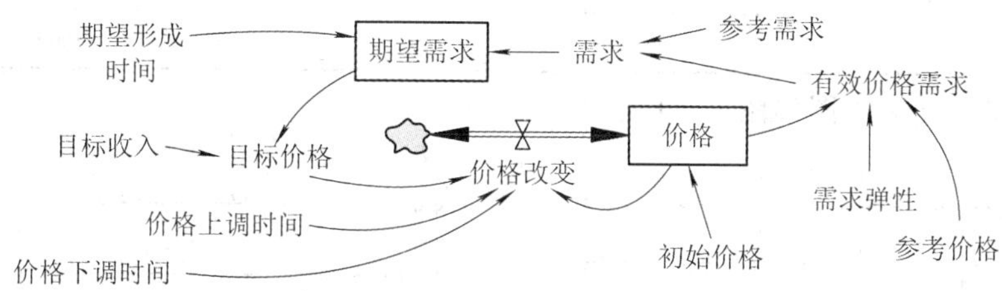

图 4.28　价格系统结构模型

(2) 量化分析模型及仿真计算。

价格模型的全部方程如下：

价格改变 = IF THEN ELSE(目标价格>价格，(目标价格－价格)/价格上调时间，(目标价格－价格)/价格下调时间)，Units：$ /Box/Month

需求 = 参考需求 * 有效价格需求，Units：Box/month

需求弹性 = 1，Units：Dmnl

有效价格需求 = EXP(－需求弹性 * LN(价格/参考价格))，Units：Dmnl

期望需求 = SMOOTH(需求，期望形成时间)，Units：Box/month

FINAL TIME = 100，初始价格 = 100，Units：$ /Box

INITIAL TIME = 0，Units：Month

价格 = INTEG(价格改变，初始价格)，Units：$ /Box

参考需求 = 100，Units：Box/month

参考价格 = 100，Units：$ /Box

SAVEPER = TIME STEP，Units：Month

目标价格 = 目标收入/期望需求，Units：$ /Box

目标收入 = 10000＋STEP(5000,10)，Units：$ /Month

TIME STEP = 1，Units：Month

价格上调时间 = 10，Units：Month

价格下调时间 = 10，Units：Month

期望形成时间 = 2，Units：Month

仿真计算结果如表 4.3 所示。

表 4.3　价格系统的系统动力学仿真计算结果

	期望需求	需求	目标价格	价格	价格改变
0	100	100	100	100	0
1	100	100	100	100	0
2	100	100	100	100	0
……	……	……	……	……	……
10	100	100	150	100	5
11	100	95.2381	150	105	4.5
12	97.619	91.3242	153.659	109.5	4.41585
13	94.4716	87.7841	158.778	113.916	4.4862
……	……	……	……	……	……

系统输出特征示意图如图 4.29 所示。

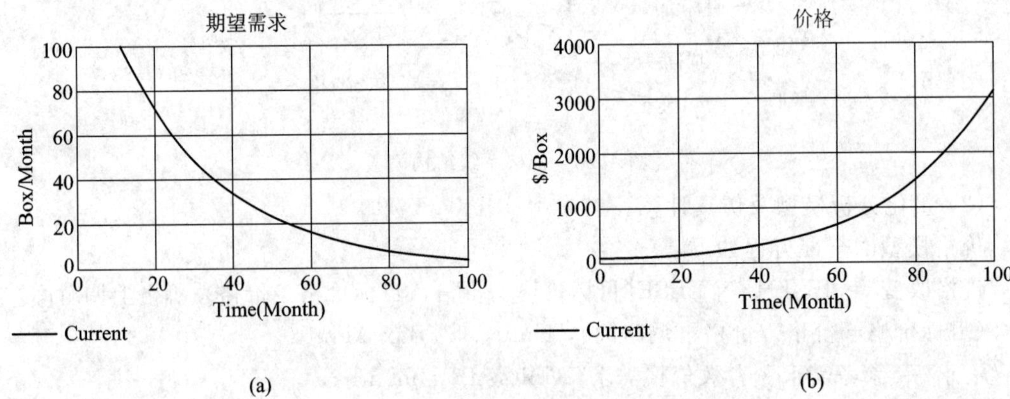

图 4.29　系统输出特征示意图

4.4　Vensim 软件案例应用

1. 案例背景

由于上海地区的汽车市场只是全国市场的一部分，其供应系统除了上海本地汽车生产企业之外，还有全国各地的汽车企业。自从加入 WTO，汽车产业逐步开放，使我国的汽车市场成为了国际市场的一部分，而价格也与国际市场接轨，总体上已经形成生产过剩的卖方市场。因此上海地区的汽车市场主要是需求问题。本案例建立上海地区私家车变化的系统动力学模型，从需求方面来研究上海市的私家车发展。

2. 系统边界的确定

系统动力学分析的系统行为是基于系统内部要素相互作用而产生的，并假设系统外部环境的变化对系统行为不会产生本质的影响，也不受系统内部要素的控制。因此系统边界应规定哪一部分要划入模型，哪一部分不应划入模型，在边界内部凡涉及与研究的动态问题有重要关系的概念模型与变量均应考虑进模型；相反，在边界外部的那些概念与变量应排除在模型之外。

系统边界的确定根据系统理论，一个完整的城市居民私家车消费系统不仅包括汽车的流通、交换和消费等环节，而且还包括城市人口、经济、社会环境和消费政策、公交等其他系统，它是一个复杂的社会经济大系统，如图 4.30 所示。

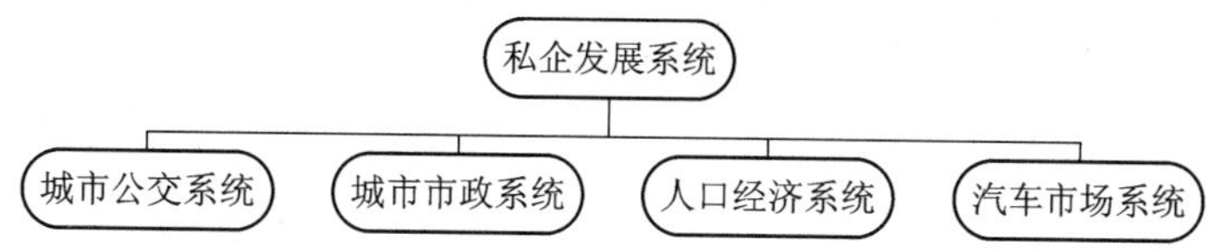

图 4.30　城市居民私家车消费系统

根据系统建模的目的，本案例研究系统的界限大体包括以下内容：

- 私家车的需求量
- 私家车的报废量
- 私家车的市场保有量
- 私家车的价格
- 私家车的使用费用
- 私家车的上牌费用
- 上海市总户数
- 上海市人口数量
- 居民人均可支配收入
- 公交汽车、出租车数量
- 停车车位
- 道路面积
- 牌照限额
- 政策因素

3. 因果回路图的绘制

城市居民私家车消费系统的因果回路图如图 4.31 所示。

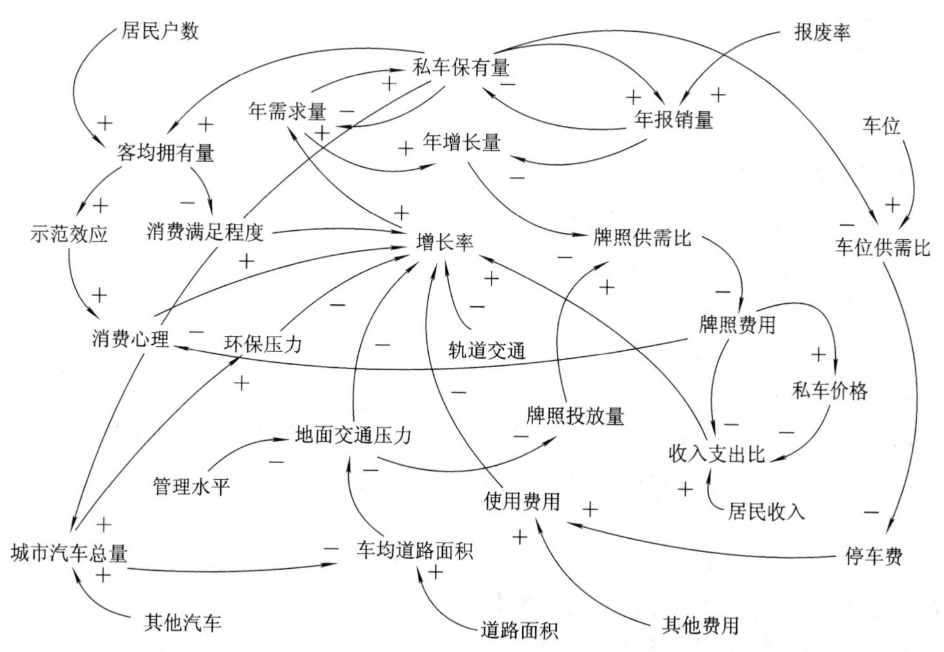

图 4.31　城市居民私家车消费系统的因果回路图

4. 存量流量图的绘制

城市居民私家车消费系统的存量流量图如图 4.32 所示。

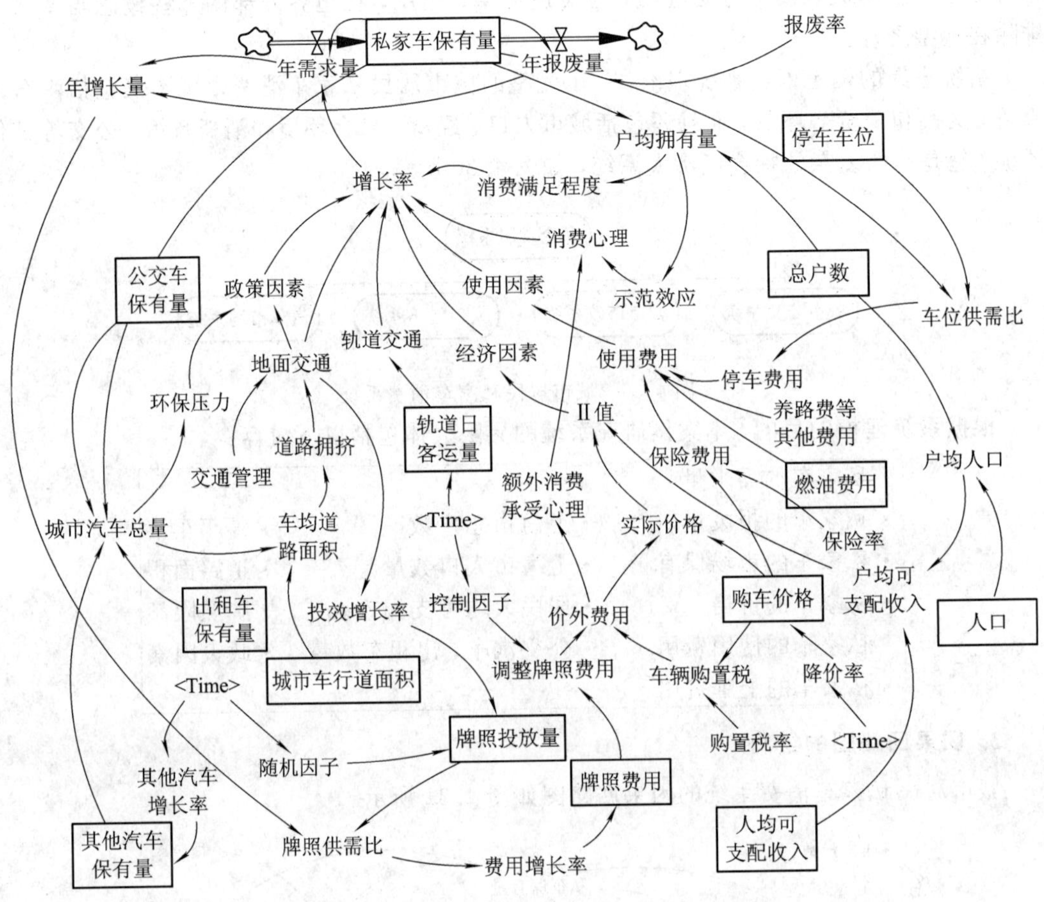

图 4.32　城市居民私家车消费系统的存量流量图

5. 系统动力学方程建立

(1) L 私家车保有量 = INTEG(年需求量－年报废量，私家车保有量初始值)

(2) N 私家车保有量初始值 = 81084

(3) R 年报废量 = 私家车保有量 * 报废率

(4) C 报废率 = 0.067

(5) R 年需求量 = 私家车保有量 * 增长率

(6) A 增长率 = 经济因素^0.4 * 地面交通^0.15 * 政策因素^0.15 * 消费心理^0.1 * 使用因素^0.1 * 轨道交通^0.1 * 消费满足程度

(7) A 经济因素 = WITH LOOKUP(II 值,([(0,0)－(10,1)],(0.1,1),(0.7,0.99),(1,0.97),(1.2,0.9),(1.35,0.68),(2,0.6),(2.7,0.55),(4.5,0.5),(10,0.4)))

(8) A II 值 = 实际价格/户均可支配收入

(9) A 实际价格 = 购车价格＋价外费用

(10) L 购车价格 = INTEG(－降价率 * 购车价格,购车价格初始值)

(11) N 购车价格初始值 = 200000

(12) A 降价率 = WITH LOOKUP(Time,([(2000,0)-(2020,1)],(2001,0),(2004,0.05),(2006,0.1),(2010,0.05),(2015,0),(2020,0)))

(13) A 价外费用 = 车辆购置税+调整牌照费用

(14) A 车辆购置税 = 购车价格 * 购置税率

(15) C 购置税率 = 0.1

(16) A 调整牌照费用 = 牌照费用 * 控制因子

(17) A 控制因子 = 1

(18) L 牌照费用 = INTEG(费用增长率-牌照费用, 牌照费用初始值)

(19) N 牌照费用初始值 = 14444

(20) A 费用增长率 =WITH LOOKUP(牌照供需比,([(0,0)-(1,1)],(0.15,0.95),(0.,0.9),(0.26,0.73),(0.32,0.46),(0.42,0.2),
(0.5,0.11),(0.6,0.06),(1,0)))

(21) A 牌照供需比 = 牌照投放比/年增长量

(22) L 牌照投放量 = INTEG(随机因子 * 投放增长率 * 牌照投放量,牌照投放量初始值)

(23) N 牌照投放量初始值 = 15900

(24) A 投放增长率 = 交通因素-0.4

(25) A 随机因子 = WITH LOOKUP(Time, ([(2000,0)-(2020,2)],(2011,1.5),(2001,1.25),(2003,1.15),(2010,1),(2020,1)))

(26) A 年增长量 = 年需求量-年报废量

(27) A 户均可支配收入 = 人均可支配收入 * 户均人口

(28) L 人均可支配收入 = INTEG(人均可支配收入增长率 * 人均可支配收入,人均可支配收入初始值)

(29) C 人均可支配收入增长率 = 0.074

(30) N 人均可支配收入初始值 = 12883

(31) A 户均人口 = 人口/总户数

(32) A 地面交通 = 道路拥挤^0.6 * 交通管理^0.4

(33) C 交通管理 = 0.85

(34) A 道路拥挤 = WITH LOOKUP(车均道路面积, ([(0,0)-(400,1)],(60,0.05),(80,0.1),(110,0.2),(140,0.37),(160,0.5),(170,0.64),
(195,0.82),(220,0.95)))

(35) A 车均道路面积 = 城市车行道面积/城市汽车总量

(36) L 城市车行道面积 = INTEG(城市车行道面积增长率 * 城市车行道面积增长率,城市车行道面积初始值)

(37) C 城市车行道面积增长率 = 0.1

(38) N 城市车行道面积初始值 = 4.601e+0007

(39) A 城市汽车总量 = 出租车保有量+公交车保有量+私家车保有量+其他汽车保有量

(40) L 出租车保有量 = INTEG(出租车增长率 * 出租车保有量,出租车保有量初始值)

(41) C 出租车增长率 = 0.0075

(42) N 出租车保有量初始值 = 42943

(43) L 公交车保有量 = INTEG(公交车增长率 * 公交车保有量,公交车保有量初始值)

(44) C 公交车增长率 = 0.015

(45) N 公交车保有量初始值 = 18083

(46) L 其他汽车保有量 = INTEG(其他汽车保有量增长率 * 其他汽车保有量,其他汽车保有量初始值)

(47) A 其他汽车增长率 = WITH LOOKUP(Time,([(2000,0)-(2020,0.2)],(2001,0.17),(2002,0.15),(2005,0.07),(2007,0.045),(2010,0.025),(2014,0.01),(2020,0.005)))

(48) N 其他汽车保有量初始值 = 469016

(49) A 轨道交通 = WITH LOOKUP (轨道日客运量,([(0,0.6)-(2001,1)],(70,0.6),(280,0.67),(470,0.75),(660,0.85),(880,0.93),(1160,0.97),(1370.3,0.99),(1600,1)))

(50) L 轨道日客运量 = INTEG(轨道日客运量增长率 * 轨道日客运量,轨道日客运量初始值)

(51) A 轨道日客运量增长率 = IF THEN ELSE(Time<=2010,0.215,0.1)

(52) N 轨道日客运量初始值 = 538.99

(53) A 政策因素 = 地面交通^0.6 * (1-环保压力)^0.4

(54) A 环保压力 = WITH LOOKUP(城市汽车总量,([(0,0)-(8e+006,1)],(0,0),(400000,0.025),(740000,0.096),(1e+006,0.25),(1.44343e+006,0.52),(1.85933e+006,0.69),(2.39755e+006,0.82),(2.93578e+006,0.89),(3.5e+006,0.93)))

(55) A 消费心理 = 额外消费承受心理^0.6 * 示范效用^0.4

(56) A 示范效用 = WITH LOOKUP(户均拥有量,([(0,0)-(0.5,1)],(0,0),(0.0351682, 0.298246),(0.126911,0.530702),(0.252294,0.649123),(0.35,0.95)))

(57) A 户均拥有量 = 私家车保有量/总户数

(58) A 额外消费承受心理 =WITH LOOKUP(价外费用,([(10000,0)-(200000,1)],(10000,1),(25000,0.85),(38000,0.57),(50000,0.25),(65000,0.125),(90000,0.06),(150000,0.005)))

(59) A 使用因素 =WITH LOOKUP(使用费用,([(0,0)-(80000,1)],(22500,1),(24500,0.97),(27000,0.91),(3000,0.78),(34000,0.56),(36000,0.38),(41500,0.21),(55000,0.1),(70000,0.05)))

(60) A 使用费用 = 保险费用+燃油费用+停车费用+养路费等其他费用

(61) A 保险费用 = 保险率 * 购车价格

(62) C 保险率 = 0.04

(63) L 燃油费用 = INTEG(燃油费用增长率 * 燃油费用,燃油费用初始值)

(64) C 燃油费用增长率 = 0.05

(65) N 燃油费用初始值 = 4000

(66) A 停车费用 = 5000+200/车位供需比

(67) A 车位供需比 = 停车车位/私家车保有量

(68) L 停车车位 = INTEG(停车车位增长率 * 停车车位,停车车位初始值)

(69) A 停车车位增长率 = 0.1

(70) N 停车车位初始值 = 104914

(71) C 养路费等其他费用 = 6000

(72) A 消费满足程度 = WITH LOOKUP(户均拥有量,([(0,0)−(0.4,1)],(0.015,1),(0.05, 0.8),(0.085,0.705),(0.15,0.45),(0.25,0.2),(0.35,0.18)))

(73) L 人口 = INTEG(人口增长率 * 人口,人口初始值)

(74) C 人口增长率 = 0.0053

(75) N 人口初始值 = 1.32714e+007

(76) L 总户数 = INTEG(总户数增长率 * 总户数,总户数初始值)

(77) C 总户数增长率 = 0.008

(78) N 总户数初始值 = 4.7892e+006

(79) Initial time = 2001 仿真起始时间

(80) Final time = 2020 仿真结束时间

(81) Saveper = Time step 数据记录步长

(82) Time step = 1 仿真步长

上述方程中，L 表示水平变量方程；R 表示速率变量方程；C 表示常量方程；A 表示辅助变量方程；N 表示初始方程。

6. SD 模型假设

(1) 私家车的需求增长主要由政治因素、地理交通因素、轨道交通因素、经济因素、使用因素和消费心理决定，又受户均拥有量决定的消费满足程度限制。这几个影响因素均是0到1之间的实数，可利用表函数得到。

(2) 模型主要考虑的私家车是中、高档车。由于上海市“私牌竞拍”政策导致上牌费用高涨，而使城市居民倾向于消费中、高档车。假定2001年购车价格为20万元。购车价格随着汽车市场的开放而降低，至2015年维持在10万元左右。

(3) 居民家庭年收入(以居民可支配收入与户均人口乘积计)稳步增长，根据历年数据，模型中假定居民可支配收入年增长速度为7.4%。

(4) 根据历年统计年鉴数据，假定上海市人口增长率为0.53%，居民数增长速度为0.8%。

(5) 城市车行道面积假设以10%的年增长速度增长；经营性停车车位数量以10%的年递增速度发展。

(6) 轨道日客运量2010年前后以21.5%、10%的年递增速度增长。

(7) 根据上海市“优化地面交通，控制出租车车辆，有序发展小汽车”的政治策略，结合历年统计数据，假设公交车以1.5%的年增长量递增，出租车以0.75%的年增长速度发展。

(8) 报废率根据国家发布的汽车报废政策，假定为常量6.7%。

(9) 牌照费由牌照供需比决定，牌照投放量由交通因素决定。

(10) 在预测轿车是否进入家庭的研究中，一般以人均 GDP、R 值和Ⅱ值作为判断依据，而其中的Ⅱ值标准决定了轿车进入家庭的实际进程。本模型采用Ⅱ型标准。

7. 模型的仿真模拟

通过最后的仿真实验，可以得到变量之间的变化趋势(由于随机因子的存在，每次仿真的图形会有所差别)，如图 4.33 所示。

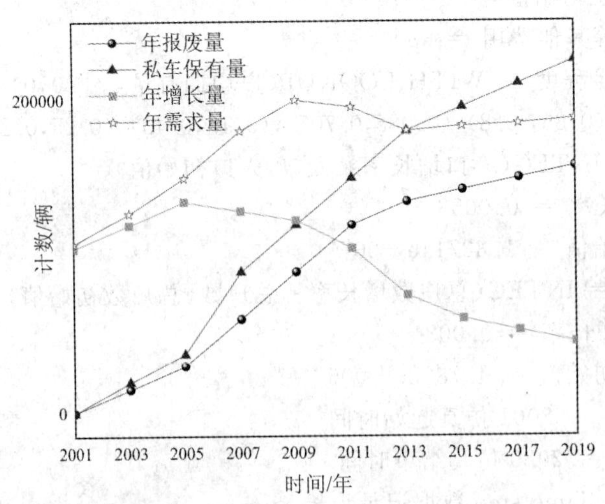

图 4.33　仿真结果

课后习题

1. 系统动力学的核心原理是什么？其反馈回路是怎样形成的？试举例说明。

2. 举例说明系统动力学结构的建模原理。

3. 系统动力学为什么要引入专用函数？试说明各主要 DYNAMO 函数的作用及适用条件。

4. 假设每月招工人数 MHM 和实际需要人数 RM 成正比，招工人员的速率方程是：MHM×KL＝P＊RM·K。

试回答以下问题：

(1) K 和 KL 的含义是什么？RM 是什么变量？

(3) MHM、P、RM 的量纲是什么？

(4) P 的实际意义是什么？

5. 已知如下 DYNAMO 方程：

$$MT \cdot K = MT \cdot J + DT \times (MH \cdot JK - MCT \cdot JK)$$

$$TT \cdot K = STT \times TEC \cdot K$$

$$ME \cdot K = ME \cdot J + DT \times (MCT \cdot JK - ML \cdot JK)$$

其中：MT 表示培训中的人员(人)，MH 表示招聘人员速率(人/月)，MCT 表示人员培训调整速率(人/月)，TT 表示培训时间，STT 表示标准培训时间，TEC 表示培训有效度，ME 表示熟练人员(人)，ML 表示人员脱离速率(人/月)。

试画出对应的系统动力流程图。

6. 教学型高校的在校本科生和教师人数(S 和 T)是按照一定比例而相互增长的。已知某高校现有本科生 10000 名，且每年以 SR 的幅度增加，每一名教师可引起本科生人数增加的速率是 1 人/年。学校现有教师 1500 名，每个本科生可引起教师增加的速率(TR)是 0.05 人/年。试用系统动力学模型分析该校未来几年的发展规模，要求：

(1) 画出因果关系图和流(程)图。

(2) 请用 Vensim 软件对上述高校系统进行建模仿真。

(3) 试问该问题能否用其他模型方法来分析？如何分析？

参考文献

[1] (英)爱德华·赫伯特. 论真理. 周玄毅，译. 武汉：武汉大学出版社，2006.

[2] 王其藩. 系统动力学. 北京：清华大学出版社，1988 .

[3] 袁旭梅. 系统工程学导论. 北京：械工业出版社，2001.

[4] 陈虎，韩玉启，王斌. 基于系统动力学的库存管理研究. 管理工程学报，2005，19(3)：132-140.

[5] 桂寿平，朱强，吕英俊，等. 基于系统动力学模型的库存控制机理研究. 物流技术，2003，(06)：17-19.

[6] 刘志妍，李乃梁，韩可琦. 基于系统动力学的企业库存管理研究. 中国水运，2007，7(11)：240-242

[7] 王鹏飞，刘胜. 基于系统动力学模型的核心制造企业库存控制系统仿真研究. 现代管理技术，2010，37(9)：39-44.

[8] 于洋，杜文. 基于系统动力学的供应链库存管理研究. 商业研究，2008，(375)：78-80.

[9] 于洪洋，周艳山，滕春贤. 基于系统动力学的供应链库存仿真研究. 物流科技，2009，(1)：111-113.

[10] 钟永光，贾晓菁，李旭，等. 系统动力学. 北京：科学出版社，2009 .

[11] 贾仁安，丁荣华. 系统动力：反馈动态性复杂分析. 北京：高等教育出版社，2002 .

[12] 苏懋康. 系统动力学原理及应用. 上海：上海交通大学出版社，1988.

[13] 王其藩. 系统动力学. 上海：上海财经大学出版社，2009 .

[14] 王众托. 系统工程. 2 版. 北京：北京大学出版社，2015.

[15] 钟永光，贾晓菁，钱颖. 系统动力学. 2 版. 北京：科学出版社，2020.

[16] 陶在朴. 系统动力学入门. 上海：复旦大学出版社，2020.

[17] 周德群. 系统工程概论. 北京：科学出版社，2005.

[18] 孙东川. 系统工程引论. 北京：清华大学出版社，2004.

[19] 高志亮，李忠良. 系统工程方法论. 西安：西北工业大学出版社，2004.

[20] 万振，李昌兵. 基于系统动力学的闭环供应链中的牛鞭效应. 计算机集成制造系统，2012，18(5)：1093-1098.

[21] 汪应洛. 系统工程. 5 版. 北京：机械工业出版社，2016 .

第5章　灰色系统

现实生活中存在多种多样的现象，在一定条件下，某一类现象必然发生。例如，在一个标准大气压下，水在100℃会沸腾。而另一类现象不确定是否发生。例如，在相同的情况下抛同一枚硬币；某地某天的天气；某人的身高体重；医院某时刻新生婴儿的性别等。

这些不确定现象可分为三类：

第一类不确定现象就像掷硬币一样，在大量重复实验和观察中显示出固有的规律性，这被称为统计规律性。这种现象在个体实验中的结果是不确定的，因其在大量重复实验中出现统计规律，故被称为随机现象。概率论和数理统计是研究和揭示随机现象统计规律的数学学科。

第二类不确定现象研究的是“认知不确定性”问题。例如，“年轻人”是一个模糊概念，具有“内涵明确，外延不明确”的特点，属于模糊数学的处理范畴。

第三类不确定现象研究的是概率统计、模糊数学所不能解决的“小样本、信息不确定、外延和内涵均不明确”的问题，特点是“少数据建模”，具体由灰色理论处理。本章我们主要介绍灰色系统相关理论。

5.1　灰色系统关联分析

灰色系统关联分析的基本思想是根据序列曲线几何形状的相似程度来判断其关联程度。曲线越接近，序列之间的关联度就越大，反之就越小。相比之下，灰色系统关联分析适用于所有范围内的样本量，样本有无规律都同样适用，而且计算量小，方便快捷，且不会出现量化结果与定性分析结果不符的情况。

例如，统计某地1997—2002年的农业总产值 $\boldsymbol{X}_0$、种植业总产值 $\boldsymbol{X}_1$、畜牧业总产值 $\boldsymbol{X}_2$ 和林业总产值 $\boldsymbol{X}_3$，具体数据见下：

$$\boldsymbol{X}_0=(18, 20, 22, 35, 41, 46)$$

$$\boldsymbol{X}_1=(8, 11, 12, 17, 24, 29)$$

$$\boldsymbol{X}_2=(3, 2, 7, 11, 6)$$

$$\boldsymbol{X}_3=(5, 7, 7, 11, 5, 10))$$

由图5.1可知，与农业总产值最相似的曲线是种植业的总产值，而畜牧业总产值和林果业的总产值的走势与农业总产值有很大不同。因此，该地区的农业以种植业为主，林业和畜牧业发展不够发达。

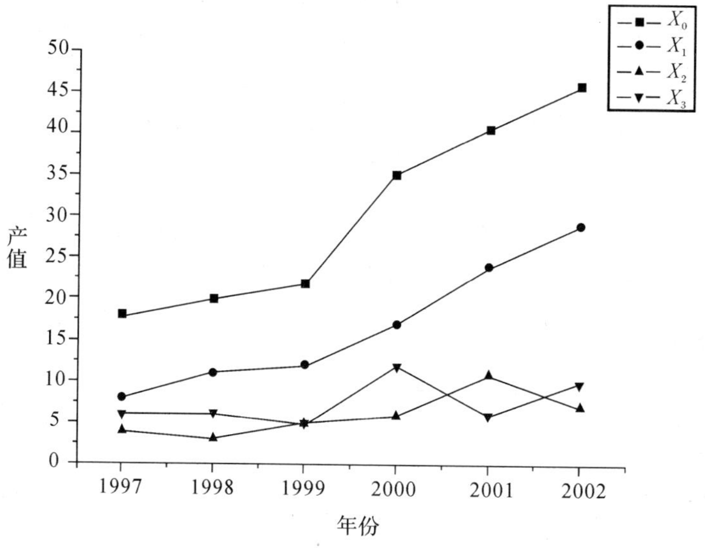

图 5.1　产值散点图

5.1.1　灰色关联因素和关联算子集

为了进行定量分析和研究，首先选择系统行为特征及其映射量，然后进一步明确影响系统行为的有效因素，最后对映射量和各有效因素进行处理，通过算子将它们转化为数量级大致相似的无量纲数据，并将负相关因素转化为正相关因素。

定义 1　设 $\boldsymbol{X}_i=(x_i(1),x_i(2),\cdots,x_i(n))$ 为因素 $\boldsymbol{X}_i$ 的行为序列，D_1 为序列算子，且有

$$\boldsymbol{X}_i D_1=(x_i(1)d_1,\ x_i(2)d_i,\ \cdots,\ x_i(n)d_1)$$

其中：

$$x_i(k)d_i=\frac{x_i(k)}{x_i(1)},\ x_i(1)\neq 0,k=1,2,\cdots,n$$

则称 D_1 为初值化算子。$\boldsymbol{X}_i D_1$ 为 $\boldsymbol{X}_i$ 在初值化算子 D_1 的像，简称初值像。

定义 2　设 $\boldsymbol{X}_i=(x_i(1),x_i(2),\cdots,x_i(n))$ 为因素 X_i 的行为序列，D_2 为序列算子，且有

$$\boldsymbol{X}_i D_2=(x_i(1)d_2,\ x_i(2)d_2,\ \cdots,\ x_i(n)d_2)$$

其中：

$$x_i(k)d_2=\frac{x_i(k)}{\overline{x_i}},\ \overline{x_i}=\frac{1}{n}\sum_{k=1}^{n}x_i(k),\quad k=1,2,\cdots,n$$

则称 D_2 为均值化算子。$\boldsymbol{X}_i D_2$ 为 $\boldsymbol{X}_i$ 在均值化算子 D_2 的像，简称均值像。

定义 3　设 $\boldsymbol{X}_i=(x_i(1),\ x_i(2),\ \cdots,\ x_i(n))$ 为因素 X_i 的行为序列，D_3 为序列算子，且有

$$\boldsymbol{X}_i D_3=(x_i(1)d_3,x_i(2)d_3,\ \cdots,\ x_i(n)d_3)$$

其中：

$$x_i(k)d_3=\frac{x_i(k)-\min\limits_k x_i(k)}{\max\limits_k x_i(k)-\min\limits_k x_i(k)},\quad k=1,2,\cdots,n$$

则称 D_3 为区间化算子。$\boldsymbol{X}_i D_3$ 为 $\boldsymbol{X}_i$ 在区间化算子 D_3 的像，简称区间值像。

定义 4　设 $\boldsymbol{X}_i=(x_i(1),x_i(2),\ \cdots,\ x_i(n))$，$x_i(k)\in[0,1]$为因素 $\boldsymbol{X}_i$ 的行为序列，D_4 为序列算子，且有

$$\boldsymbol{X}_i D_4=(x_i(1)d_4,x_i(2)d_4,\ \cdots,\ x_i(n)d_4)$$

其中：

$$x_i(k)d_4=1-x_i(k),\ k=1,\ 2,\ \cdots,\ n$$

则称 D_4 为逆化算子。$\boldsymbol{X}_iD_4$ 为 $\boldsymbol{X}_i$ 在逆化算子 D_4 的像，简称逆化像。

定义 5 设 $\boldsymbol{X}_i=(x_i(1), x_i(2), \cdots, x_i(n))$，$x_i(k)\in[0,1]$为因素 $\boldsymbol{X}_i$ 的行为序列，D_5 为序列算子，且有

$$\boldsymbol{X}_iD_5=(x_i(1)d_5, x_i(2)d_5, \cdots, x_i(n)d_5)$$

其中：

$$x_i(k)d_5=\frac{1}{x_i(k)}, x_i(k)\neq 0, k=1,2, \cdots, n$$

则称 D_5 为逆化算子。$\boldsymbol{X}_iD_5$ 为 $\boldsymbol{X}_i$ 在逆化算子 D_5 的像，简称倒数化像。

定义 6 称 $D=\{D_i|i=1, 2, 3, 4, 5\}$为灰色关联算子集。

定义 7 设 X 为系统因素集合，D 为灰色关联算子集，称(X,D)为灰色关联因子空间。

5.1.2 灰色关联公理与灰色关联度

1. 灰色关联公理

定义 8 （灰色关联公理）

设 $\boldsymbol{X}_0=(x_0(1), x_0(2), \cdots, x_0(n))$ 为系统特征序列，且 $\boldsymbol{X}_i=(x_i(1), x_i(2), \cdots, x_i(n))$，其中 $\boldsymbol{X}_1=(x_1(1), x_1(2), \cdots, x_1(n))$，$\boldsymbol{X}_i=(x_i(1), x_i(2), \cdots, x_i(n))$，$\boldsymbol{X}_m=(x_m(1), x_m(2), \cdots, x_m(n))$ 为相关因素序列，给定实数 $r(x_0(k), x_i(k))$，若实数 $r(\boldsymbol{X}_0, \boldsymbol{X}_i)=\frac{1}{n}\sum_{k=1}^{n}r(x_0(k), x_i(k))$，则满足

(1) 规范性：

$$0<r(\boldsymbol{X}_0, \boldsymbol{X}_i)\leqslant 1, r(\boldsymbol{X}_0, \boldsymbol{X}_i)=1\Leftarrow \boldsymbol{X}_0=\boldsymbol{X}_i$$

(2) 整体性：对于 $\boldsymbol{X}_i, \boldsymbol{X}_j\in\boldsymbol{X}=\{\boldsymbol{X}_s|s=0,1, \cdots, m; m\geqslant 2\}$，有

$$r(\boldsymbol{X}_i, \boldsymbol{X}_j)\neq r(\boldsymbol{X}_j, \boldsymbol{X}_i), i\neq j$$

(3) 偶对对称性：对于 $\boldsymbol{X}_i, \boldsymbol{X}_j\in\boldsymbol{X}$，有

$$r(\boldsymbol{X}_i, \boldsymbol{X}_j)=r(\boldsymbol{X}_j, \boldsymbol{X}_i)\Leftrightarrow \boldsymbol{X}=\{\boldsymbol{X}_i, \boldsymbol{X}_j\}$$

(4) 接近性：$|x_0(k)-x_i(k)|$ 越小，$r(x_0(k), x_i(k))$ 越大，则称 $r(X_0, X_i)=\frac{1}{n}\sum_{k=1}^{n}r(x_0(k), x_i(k))$ 为 $\boldsymbol{X}_i, \boldsymbol{X}_j\in X$ 的灰色关联度。其中 $r(x_0(k), x_i(k))$ 为 $\boldsymbol{X}_i$、$\boldsymbol{X}_j$ 在 k 点的关联系数。

2. 灰色关联度

定义 9 设系统行为序列为

$$\boldsymbol{X}_0=(x_0(1), x_0(2), \cdots, x_0(n))$$
$$\boldsymbol{X}_1=(x_1(1), x_1(2), \cdots, x_1(n))$$
$$\boldsymbol{X}_i=(x_i(1), x_i(2), \cdots, x_i(n))$$
$$\boldsymbol{X}_m=(x_m(1), x_m(2), \cdots, x_m(n))$$

对于 $\xi\in(0,1)$令

$$r(x_0(k), x_i(k))=\frac{\min\limits_i\min\limits_k|x_0(k)-x_i(k)|+\xi\cdot\max\limits_i\max\limits_k|x_0(k)-x_i(k)|}{|x_0(k)-x_i(k)|+\xi\cdot\min\limits_i\max\limits_k|x_0(k)-x_i(k)|} \tag{5.1}$$

记 $r(x_0(k), x_i(k))$为 $x_{0i}(k)$，有

$$r(\boldsymbol{X}_0, \boldsymbol{X}_i)=\frac{1}{n}\sum_{k=1}^{n}r(x_0(k), x_i(k))=\frac{1}{n}\sum_{k=1}^{n}r_{0i}(k)$$

则 $r(\boldsymbol{X}_0, \boldsymbol{X}_i)=\frac{1}{n}\sum_{k=1}^{n} r(x_0(k), x_i(k))$满足灰色关联公理，其中 ξ 称为分辨系数。$r(\boldsymbol{X}_0, \boldsymbol{X}_i)$称为 $\boldsymbol{X}_0$，$\boldsymbol{X}_i$ 的灰色关联度，记为 r_{0i}。

1）广义灰色关联度

定义 10 设 $\boldsymbol{X}_0=(X_0(1), X_0(2), \cdots, X_0(n))$，$\boldsymbol{X}_i=(X_i(1), X_i(2), \cdots, X_i(n))$为系统行为序列，$\boldsymbol{X}_0^0=(x_0^0(1), x_0^0(2), \cdots, x_0^0(n))$和 $\boldsymbol{X}_i^0=(x_i^0(1), x_i^0(2), \cdots, x_i^0(n))$分别为 $\boldsymbol{X}_0$ 与 $\boldsymbol{X}_i$ 的始点化像，即

$$\boldsymbol{X}_0^0(k)=x_0(k)-x_0(1), \quad \boldsymbol{X}_i^0(k)=x_i(k)-x_i(1)$$

则

$$|s_0|=\left|\sum_{k=2}^{n-1} x_0^0(k)+\frac{1}{2}x_0^0(n)\right|, \quad |s_i|=\left|\sum_{k=2}^{n-1} x_i^0(k)+\frac{1}{2}x_i^0(n)\right|$$

$$|s_i-s_0|=\left|\sum_{k=2}^{n-1}(x_i^0(k)-x_0^0(k))+\frac{1}{2}(x_i^0(n)x_0^0(n))\right| \tag{5.2}$$

定义 11 设序列 $\boldsymbol{X}_0$ 与 $\boldsymbol{X}_i$ 长度相同，则称

$$\varepsilon_{0i}=\frac{1+|s_0|+|s_i|}{1+|s_0|+|s_i|+|s_i-s_0|} \tag{5.3}$$

为 $\boldsymbol{X}_0$ 与 $\boldsymbol{X}_i$ 的灰色绝对关联度，简称绝对关联度。

定理 1 灰色绝对关联度 ε_{0i}的性质如下：

(1) $0<\varepsilon_{0i}\leqslant 1$；

(2) ε_{0i}只与 $\boldsymbol{X}_0$ 和 $\boldsymbol{X}_i$ 几何形状有关；

(3) 任何两个序列都不是绝对无关的，即 ε_{0i}恒不为零；

(4) $\boldsymbol{X}_0$ 与 $\boldsymbol{X}_i$ 几何形状相似程度越大，ε_{0i}越大；

(5) 当 $\boldsymbol{X}_0$ 或 $\boldsymbol{X}_i$ 的数据改变时，ε_{0i}将随之变化；

(6) $\boldsymbol{X}_0$ 与 $\boldsymbol{X}_i$ 长度变化，ε_{0i}也变化；

(7) $\varepsilon_{00}=\varepsilon_{ii}=1$；

(8) $\varepsilon_{0i}=\varepsilon_{i0}$。

2）灰色相对关联度

定义 12 设序列 $\boldsymbol{X}_0$ 与 $\boldsymbol{X}_i$ 长度相同，且初值皆不等于零，$\boldsymbol{X}_0{}'$与 $\boldsymbol{X}_i{}'$分别为 $\boldsymbol{X}_0$ 与 $\boldsymbol{X}_i$ 的初值像，则称 $\boldsymbol{X}_0{}'$与 $\boldsymbol{X}_i{}'$的灰色绝对关联度为 $\boldsymbol{X}_0$ 与 $\boldsymbol{X}_i$ 的灰色相对关联度，简称为相对关联度，记为 R_{0i}。

相对关联度展现了序列 $\boldsymbol{X}_0$ 与 $\boldsymbol{X}_i$ 相对于始点的变化速率之间的关系，$\boldsymbol{X}_0$ 与 $\boldsymbol{X}_i$ 的变化速率越接近，R_{0i}越大，反之越小。

定理 2 设序列 $\boldsymbol{X}_0$ 与 $\boldsymbol{X}_i$ 长度相同，且初值皆不等于零，若 $\boldsymbol{X}_0=c\boldsymbol{X}_i$，其中 $c>0$ 为常数，则 $R_{0i}=1$。

定理 3 灰色相对关联度则 R_{0i}的性质如下：

(1) $0<R_{0i}<1$；

(2) R_{0i}只与序列 $\boldsymbol{X}_0$ 与 $\boldsymbol{X}_i$ 的相对于始点的变化率有关；

(3) 序列间变化率皆存在关联，即 R_{0i}恒非零；

(4) $\boldsymbol{X}_0$ 与 $\boldsymbol{X}_i$ 变化速率差距越小，R_{0i}越大；

(5) 当 $\boldsymbol{X}_0$ 或 $\boldsymbol{X}_i$ 的数据改变，R_{0i}将随之变化；

(6) $\boldsymbol{X}_0$ 与 $\boldsymbol{X}_i$ 长度变化，R_{0i}也变化；

(7) $R_{00}=R_{ii}=1$；

(8) $R_{0i}=R_{i0}$。

3) 灰色综合关联度

定义 13　设序列 $\boldsymbol{X}_0$ 与 $\boldsymbol{X}_i$ 长度相同，且初值皆不等于零，ε_{i0}和 R_{i0}分别为 $\boldsymbol{X}_0$ 与 $\boldsymbol{X}_i$ 的灰色绝对关联度和相对关联度，$\theta\in[0,1]$，则称

$$\rho_{0i}=\theta\varepsilon_{0i}+(1-\theta)R_{0i}$$

为 $\boldsymbol{X}_0$ 与 $\boldsymbol{X}_i$ 的灰色综合关联度。

通常情况下，灰色综合关联度的计算步骤如下：

(1) 确定评价指标体系，并收集相关数据。

设 m 个数据序列形成如下矩阵：

$$(\boldsymbol{X}_0,\boldsymbol{X}_1,\cdots,\boldsymbol{X}_m)=\begin{pmatrix} x_0(1)x_1(1),\cdots,x_m(1)\\ x_0(2)x_1(2),\cdots,x_m(2)\\ \vdots \quad \vdots \quad \quad \vdots\\ x_0(n)x_1(n),\cdots,x_m(n)\end{pmatrix} \tag{5.4}$$

其中，n 为指标的个数。

$$\boldsymbol{X}_i=(x_i(1),\ x_i(2),\ \cdots,x_i(n))^{\mathrm{T}},\ i=1,2,\cdots,m \tag{5.5}$$

(2) 确定参考数据列 $\boldsymbol{X}_0$。

参考数据列是一个理想的比较标准，通常选取各指标最值，或者根据评估目的选择其他参考值，并记作

$$\boldsymbol{X}_0=(x_0(1),x_0(2),\cdots,x_0(m)) \tag{5.6}$$

(3) 用关联算子将指标数据序列进行无量纲化，形成以下矩阵：

$$(\boldsymbol{X}'_0,\boldsymbol{X}'_1,\cdots,\boldsymbol{X}'_m)=\begin{pmatrix} x'_0(1)x'_1(1),\cdots,x'_m(1)\\ x'_0(2)x'_1(2),\cdots,x'_m(2)\\ \vdots \quad \vdots \quad \quad \vdots\\ x'_0(n)x'_1(n),\cdots,x'_m(n)\end{pmatrix} \tag{5.7}$$

常用的无量纲化方法有均值化像法、初值化像法等。

$$x'_i(k)=\frac{x_i(k)}{\dfrac{1}{n}\sum_{k=1}^{n}x_i(k)},x'_i(k)=\frac{x_i(k)}{x_i(1)},i=0,1,\cdots,m;\ k=1,2,,\cdots,n \tag{5.8}$$

(4) 逐个计算各个评价对象的指标序列和参考序列对应元素之间的绝对差值，即

$$\Delta_i(k)=|x_0'(k)-x_i'(k)|,k=1,2,\cdots,n;\ i=1,2,\cdots,m \tag{5.9}$$

(5) 确定两极最小差和最大差：

$$m=\min_{i=1}^{m}\min_{k=1}^{n}|x'_0(k)-x'_i(k)|\text{与}M=\max_{i=1}^{m}\max_{k=1}^{n}|x_0'(k)-x'_i(k)| \tag{5.10}$$

(6) 计算关联系数。分别计算每个比较序列与参考序列对应元素的关联系数：

$$r(x'_0(k),x'_i(k))=\frac{m+\xi\cdot M}{\Delta_i(k)+\xi\cdot M},k=1,2,\cdots,n \tag{5.11}$$

式中：分辨系数 ξ 在(0,1)内取值，ξ 取值越小，关联系数间的差异越大，辨别能力越强。通常 $\xi=0.5$。

(7) 计算关联度：

$$r(\boldsymbol{X}_0,\boldsymbol{X}_i)=\frac{1}{n}\sum_{k=1}^{n}r_{0i}(k) \tag{5.12}$$

(8) 依据各观察对象的关联序，得出综合评价结果。

【例5.1】 设序列 $\begin{matrix}X_1=(3.5,\ 4.7,\ 5.9,\ 8.2,\ 9.7)\\X_2=(2.1,\ 5.6,\ 7.4,\ 8.3,\ 10.2)\end{matrix}$，求其绝对关联度、相对关联度和综合关联度($\theta=0.5$)。

解 (1) 求绝对关联度。

① 求始点零化像：

$$\begin{aligned}X_0^0&=(X_0(1)-X_0(1),\ X_0(2)-X_0(1),\ X_0(3)-X_0(1),X_0(4)-X_0(1),\ X_0(5)-X_0(1))\\&=(0,\ 1.2,\ 2.4,\ 4.7,\ 6.2)\end{aligned}$$

$$\begin{aligned}X_1^0&=(X_1(1)-X_1(1),X_1(2)-X_1(1),\ X_1(3)-X_1(1),\ X_1(4)-X_1(1),\ X_1(5)-X_1(1))\\&=(0,\ 4.5,\ 5.3,\ 6.2,\ 8.1)\end{aligned}$$

② 求 $|s_0|$、$|s_1|$、$|s_1-s_0|$：

$$|s_0|=\left|\sum_{k=2}^{4}X_0^0(k)+\frac{1}{2}X_0^0(5)\right|=11.4$$

$$|s_1|=\left|\sum_{k=2}^{4}X_1^0(k)+\frac{1}{2}X_1^0(5)\right|=20.05$$

$$|s_1-s_0|=\left|\sum_{k=2}^{4}(X_1^0(k)-X_0^0(k))+\frac{1}{2}(X_0^0(5)-X_0^0(5))\right|=7.65$$

③ 计算灰色绝对关联度：

$$\varepsilon_{01}=\frac{1+|s_0|+|s_1|}{1+|s_0|+|s_1|+|s_1-s_0|}=0.8092$$

(2) 求相对关联度。

① 序列初值化：

$$\begin{aligned}X_0'&=\left(\frac{X_0(1)}{X_0(1)},\frac{X_0(2)}{X_0(1)},\frac{X_0(3)}{X_0(1)},\frac{X_0(4)}{X_0(1)},\frac{X_0(5)}{X_0(1)}\right)\\&=(1,\ 1.343,\ 1.686,\ 2.343,\ 2.771)\end{aligned}$$

$$\begin{aligned}X_1'&=\left(\frac{X_1(1)}{X_1(1)},\frac{X_1(2)}{X_1(1)},\frac{X_1(3)}{X_1(1)},\frac{X_1(4)}{X_1(1)},\frac{X_1(5)}{X_1(1)}\right)\\&=(1,\ 2.667,\ 3.524,\ 3.952,\ 4.857)\end{aligned}$$

② 求始点零化像：

$$\begin{aligned}X_0^{0'}&=(X_0'(1)-X_0'(1),\ X_0'(2)-X_0'(1),\ X_0'(3)-X_0'(1),\ X_0'(4)-X_0'(1),\ X_0'(5)-X_0'(1))\\&=(0,0.343,0.686,1.343,1.771)\end{aligned}$$

$$\begin{aligned}X_1^{0'}&=(X_1'(1)-X_1'(1),\ X_1'(2)-X_1'(1),\ X_1'(3)-X_1'(1),\ X_1'(4)-X_1'(1),\ X_1'(5)-X_1'(1))\\&=(0,\ 1.667,\ 2.524,\ 2.952,\ 3.857)\end{aligned}$$

③ 求 $|s_0|$、$|s_1|$、$|s_1-s_0|$：

$$|s_0'|=\left|\sum_{k=2}^{4}X_0^{0'}(k)+\frac{1}{2}X_0^{0'}(5)\right|=3.2575$$

$$|s_1'| = \left| \sum_{k=2}^{4} X_1^{0\prime}(k) + \frac{1}{2} X_1^{0\prime}(5) \right| = 9.0715$$

$$|s_1' - s_0'| = \left| \sum_{k=2}^{4} (X_1^{0\prime}(k) - X_0^{0\prime}(k)) + \frac{1}{2}(X_0^{0\prime}(5) - X_0^{0\prime}(5)) \right| = 5.814$$

④ 计算灰色相对关联度：

$$R_{01} = \frac{1 + |s_0'| + |s_1'|}{1 + |s_0'| + |s_1'| + |s_1' - s_0'|} = 0.6963$$

(3) 计算综合关联度。

$$\rho_{01} = \theta \varepsilon_{01} + (1-\theta) R_{01} = 0.75275$$

【例 5.2】 农村家庭碳排放影响因素分析的研究对于加快农村经济发展、落实农村减排政策具有重要意义。据分析，二氧化碳排放量受自然、社会、经济、技术等多方面的影响，主要与居民生活水平、人口数量、经济水平和产业结构规划四个因素有关。某乡村家庭碳排放量及相关因素数据如表 5.1 所示，试分析其灰色关联度。

表 5.1 某乡村家庭碳排放量及相关因素数据

变量	2015 年	2016 年	2017 年	2018 年
X_0(碳排放量)	10 155	12 588	23 408	35 388
X_1(人口数量)	3799	3605	5460	6982
X_2(产业结构)	1752	2160	2213	4753
X_3(经济水平)	24186	45590	57685	85540
X_4(生活水平)	1164	2788	3134	4478

解 (1) 求绝对关联度。令

$$\begin{aligned} X_i^0 &= (x_i(1) - x_i(1),\ x_i(2) - x_i(1),\ x_i(3) - x_i(1),\ x_i(4) - x_i(1)) \\ &= (x_i^0(1),\ x_i^0(2),\ x_i^0(3),\ x_i^0(4)),\ i = 0,1,2,3,4 \end{aligned}$$

即始点零化像，则

$$X_0^0 = (0,\ 2433,\ 13325,\ 25233)$$
$$X_1^0 = (0,\ -194,\ 1661,\ 3183)$$
$$X_2^0 = (0,\ 408,\ 461,\ 3001)$$
$$X_3^0 = (0,\ 21\,404,\ 33499,\ 61354)$$
$$X_4^0 = (0,\ 1624,\ 2030,\ 61354)$$

由

$$|s_i| = \left| \sum_{k=2}^{3} x_i^0(k) + \frac{1}{2} x_i^0(n) \right|, \quad i = 0,\ 1,\ 2,\ 3,\ 4$$

得

$$|s_0| = 28374.5,\ |s_1| = 3058.5,\ |s_2| = 2369.5,\ |s_3| = 85580,\ |s_4| = 5311$$

由

$$|s_i - s_0| = \left| \sum_{k=2}^{3} (x_i^0(k) - x_0^0(k)) + \frac{1}{2}(x_i^0(n) - x_0^0(n)) \right|, \quad i = 1,\ 2,\ 3,\ 4$$

得

$$|s_1 - s_0| = 25316,\ |s_2 - s_0| = 26005,\ |s_3 - s_0| = 57205,\ |s_4 - s_0| = 23063.5$$

由

$$\varepsilon_{0i} = \frac{1 + |s_0| + |s_i|}{1 + |s_0| + |s_i| + |s_i - s_0|},\quad i = 1, 2, 3, 4$$

得

$$\varepsilon_{01} = 0.554,\ \varepsilon_{02} = 0.542,\ \varepsilon_{03} = 0.666,\ \varepsilon_{04} = 0.594$$

(2) 求相对关联度。首先，求出初值像：

$$\begin{aligned} X_i' &= (x_i'(1), x_i'(2), x_i'(3), x_i'(4)) \\ &= \left(\frac{x_i(1)}{x_i(1)}, \frac{x_i(2)}{x_i(1)}, \frac{x_i(3)}{x_i(1)}, \frac{x_i(4)}{x_i(1)}\right),\quad i = 0, 1, 2, 3, 4 \end{aligned}$$

得

$$\begin{aligned} X_0' &= (1, 1.2396, 2.3051, 3.4848) \\ X_1' &= (1, 0.9489, 1.4372, 1.8379) \\ X_2' &= (1, 1.2329, 1.2631, 2.7129) \\ X_3' &= (1, 1.8550, 2.3851, 3.5368) \\ X_4' &= (1, 2.3952, 2.6924, 3.8471) \end{aligned}$$

各 X_i' 的始点零化像为

$$\begin{aligned} X_i^{0'} &= (x_i'(1) - x_i'(1), x_i'(2) - x_i'(1), x_i'(3) - x_i'(1), x_i'(4) - x_i'(1)) \\ &= (x_i^{0'}(1), x_i^{0'}(2), x_i^{0'}(3), x_i^{0'}(4)),\quad i = 0, 1, 2, 3, 4 \end{aligned}$$

从而有

$$\begin{aligned} X_0^{0'} &= (0, 0.2396, 1.3051, 2.4848) \\ X_1^{0'} &= (0, -0.0511, 0.4372, 0.8379) \\ X_2^{0'} &= (0, 0.2396, 0.2631, 1.7129) \\ X_3^{0'} &= (0, 0.8850, 1.3851, 2.5368) \\ X_4^{0'} &= (0, 1.3952, 1.6924, 2.8471) \end{aligned}$$

由

$$|s_i'| = \left|\sum_{k=2}^{3} x_i^{0'}(k) + \frac{1}{2} x_i^{0'}(4)\right|,\quad i = 0, 1, 2, 3, 4$$

得

$$|s_0'| = 2.7871,\ |s_1'| = 0.80505,\ |s_2'| = 1.35245,\ |s_3'| = 3.5385,\ |s_4'| = 4.51115$$

由

$$|s_i' - s_0'| = \left|\sum_{k=2}^{3} (x_i^{0}(k) - x_0^{0'}(k)) + \frac{1}{2}(x_i^{0'}(4) - x_0^{0'}(4))\right|,\quad i = 0, 1, 2, 3, 4$$

得

$$\begin{aligned} |s_1' - s_0'| = 1.98205,\ |s_2' - s_0'| = 0.43465, \\ |s_3' - s_0'| = 0.7514,\ |s_4' - s_0'| = 1.72405 \end{aligned}$$

由

$$r_{0i} = \frac{1 + |s_0'| + |s_i'|}{1 + |s_0'| + |s_i'| + |s_i' - s_0'|},\quad i = 1, 2, 3, 4$$

得

$$r_{01}=0.6985,\ r_{02}=0.7818,\ r_{03}=0.9070,\ r_{04}=0.8280$$

(3) 求综合关联度。

由综合关联度 $\rho_{0i}=\theta\varepsilon_{0i}+(1-\theta)R_{0i}$，得

$$\rho_{01}=0.6263,\ \rho_{02}=0.6619,\ \rho_{03}=0.7865,\ \rho_{04}=0.711$$

取 $\theta=0.5$。

(4) 结果分析。由 $\rho_{03}>\rho_{04}>\rho_{02}>\rho_{01}$ 得知相对 X_0 来说，X_3 为最重要因素，X_1 最差。换言之，对农村家庭碳排放量影响最大的因素为经济水平，生活水平仅次于经济水平，人口数量对碳排放量影响最小。

5.1.3 灰色关联分析的应用举例

运用灰色关联可分析研究农村旅游经济发展影响因素。

(1) 评价指标包括：农村旅游总产值(亿元)、农村旅游游客总数(亿人次)、农家乐总数(万家)、农村旅游从业总人数(万人)、旅行社总数(万家)。

(2) 农村旅游经济发展影响因素原始数据见表 5.2。

表 5.2 农村旅游经济发展影响因素原始数据

变量	2012 年	2013 年	2014 年	2015 年	2016 年	2017 年
X_0	2401.25	2803.54	3219.61	4405.66	5711.35	7408.29
X_1	7.25	10.08	11.93	22.14	24.52	28.27
X_2	145.23	150.31	178.88	193.25	200.02	221.44
X_3	655.25	688.17	742.62	790.11	845.65	902.53
X_4	2.49	2.61	2.67	2.71	2.76	2.81

(3) 对数据分别进行无量纲化和差值序列处理：

$$\begin{pmatrix} 1 & 1.1675 & 1.3408 & 1.8347 & 2.3785 & 3.0852 \\ 1 & 1.3903 & 1.6455 & 3.0538 & 3.3821 & 3.8993 \\ 1 & 1.0350 & 1.2317 & 1.3306 & 1.3773 & 1.5248 \\ 1 & 1.0502 & 1.1333 & 1.2058 & 1.2906 & 1.3774 \\ 1 & 1.0482 & 1.0723 & 1.0884 & 1.1084 & 1.1285 \end{pmatrix}$$

$$\begin{pmatrix} 0 & 0.2228 & 0.3047 & 1.2191 & 1.0036 & 0.8141 \\ 0 & 0.1326 & 0.4138 & 1.7232 & 2.0048 & 2.3746 \\ 0 & 0.1173 & 0.0984 & 0.1248 & 0.0867 & 0.1474 \\ 0 & 0.1193 & 0.0611 & 0.1175 & 0.1821 & 0.2489 \end{pmatrix}$$

(4) 根据公式计算差值序列中的最小值和最大值：

$$m=\min_{i=1}^{n}\min_{k=1}^{m}\mid x_0'(k)-x_i'(k)\mid=0$$

$$M=\max_{i=1}^{n}\max_{k=1}^{m}\mid x_0'(k)-x_i'(k)\mid=2.3746$$

(5) 各影响因素序列变量相对于旅游经济发展变量的年度关联度如下：

$$\begin{pmatrix} 1 & 0.8420 & 0.7958 & 0.4934 & 0.5419 & 0.5932 \\ 1 & 0.9000 & 0.7416 & 0.4079 & 0.3719 & 0.3333 \\ 1 & 0.9101 & 0.9235 & 0.9049 & 0.9320 & 0.8896 \\ 1 & 0.9087 & 0.9511 & 0.9100 & 0.8670 & 0.8267 \end{pmatrix}$$

(6) 分别计算每个人各指标关联系数的均值(关联度)：

$$r_{01} = 0.653$$

同理：

$$r_{02} = 0.551,\quad r_{03} = 0.912,\quad r_{04} = 0.892$$

根据灰色关联分析结果可知，对我国农村旅游经济影响最大的因素是农村旅游从业人口总数，其灰色关联度为 0.912；其次是旅行社总数，其灰色关联度为 0.892；再次是农村旅游游客总数，影响最弱的是农家乐总数。

5.2 灰色系统预测

灰色系统预测是通过对原始数据进行处理，并建立灰色模型、发现、掌握系统发展规律，对系统未来状态做出科学的定量预测方法。

定义 14　设原始数据序列为

$$a_{ij}^{(1)}=\min(x_{ij}),\ a_{ij}^{(2)}=\max(x_{ij}),\ b_{ij}2=2\sigma_{ij}^{2} \tag{5.13}$$

相应的预测模型模拟序列为

$$\hat{x}_0=(\hat{x}_0(1),\ \hat{x}_0(2),\cdots,\hat{x}_0(n)) \tag{5.14}$$

残差序列为

$$\varepsilon^0=(\varepsilon^0(1),\varepsilon^0(2),\cdots,\varepsilon^0(n))=(x_0(1)-\hat{x}_0(1),x_0(2)-\hat{x}_0(2),\cdots,x_0(n)-\hat{x}_0(n)) \tag{5.15}$$

相对误差序列为

$$\Delta=\left(\left|\frac{\varepsilon^0(1)}{x_0(1)}\right|,\left|\frac{\varepsilon^0(2)}{x_0(2)}\right|,\cdots,\left|\frac{\varepsilon^0(n)}{x_0(n)}\right|\right)=\{\Delta_k\}_1^n \tag{5.16}$$

则有

(1) 对于 $k\leqslant n$，称 $\Delta_k=\left(\left|\frac{\varepsilon_0(k)}{\varepsilon_0(k)}\right|\right)$ 为 k 点的模拟相对误差，称 $\overline{\Delta}=\frac{1}{n}\sum_{k=1}^{n}\Delta_k$ 为平均相对误差；

(2) 称 $1-\overline{\Delta}$ 为平均相对精度，$1-\Delta_k$ 为 k 点的模拟精度；

(3) 给定 α，当 $\overline{\Delta}<\alpha$ 且 $\Delta_n<\alpha$ 成立时，称模型为残差合格模型。

定义 15　设 $\boldsymbol{X}^0$ 为原始序列，$\hat{\boldsymbol{X}}^0$ 为相应的模拟序列，ε 为 $\boldsymbol{X}^0$ 与 $\hat{\boldsymbol{X}}^0$ 的绝对关联度，若对于给定的 $\varepsilon_0>0$，有 $\varepsilon>\varepsilon_0$，则称模型为关联度合格模型。

定义 16　设 $\boldsymbol{X}^0$ 为原始序列，$\hat{\boldsymbol{X}}^0$ 为相应的模拟序列，ε^0 为 $\boldsymbol{X}^0$ 与 $\hat{\boldsymbol{X}}^0$ 的残差序列，则

$$\bar{x}=\frac{1}{n}\sum_{k=1}^{n}x^0(k),S_1^2=\frac{1}{n}\sum_{k=1}^{n}(x^0(k)-\bar{x})^2 \tag{5.17}$$

分别为 $\boldsymbol{X}^0$ 的均值、方差；

$$\bar{\varepsilon}=\frac{1}{n}\sum_{k=1}^{n}\varepsilon^{0}(k),S_{2}^{2}=\frac{1}{n}\sum_{k=1}^{n}(\varepsilon^{0}(k)-\bar{\varepsilon})^{2} \tag{5.18}$$

分别为残差的均值、方差。

(1) $C=\frac{s_2}{s_1}$称为均方差比值，对于给定的 $C_0>0$，$C<C_0$ 时，模型称为均方差比合格模型。

(2) $p=p(|\varepsilon^0(k)-\bar{\varepsilon}|<0.6745S_1)$称为小误差概率。给定 $p_0>0$，当 $p<p_0$ 时，称为小误差概率合格模型。

表 5.3 为精度检验等级参照表。

表 5.3 精度检验等级参照表

精度(等级)	相对误差 α	关联度 ε_0	均方差比值 C_0	小误差概率 p_0
一级	0.01	0.90	0.35	0.95
二级	0.05	0.80	0.50	0.80
三级	0.10	0.70	0.65	0.70
四级	0.20	0.60	0.80	0.60

研究一个系统，首先需要建立系统的数学模型，然后研究系统的整体功能、协调功能以及因素之间的关联关系、因果关系进行具体的量化研究。这种研究必须以定性分析为指导，定量和定性分析紧密结合的方法开展研究。系统模型的建立通常包括五个步骤：思想发展、因素分析、量化、动态和优化，分别对应于语言模型、网络模型、定量模型、动态模型和优化模型。

值得注意的是，在建模过程中，后续阶段获得的结果应不断回馈，经过循环往复，使得整个模型逐渐完善。

5.3 灰色系统模型

5.3.1 GM(1,1)模型

G 表示 Gray(灰色)，M 表示 Model(模型)，GM(1,1)表示 1 阶的、1 个变量的模型。

定义 17 设 $\boldsymbol{X}_0=(x_0(1),x_0(2),\cdots,x_0(n))$，$\boldsymbol{X}_1=(x_1(1),x_1(2),\cdots,x_1(n))$，则称 $x_0(k)+az_1(k)=b$ 为 GM(1,1)模型的原始形式。

定义 18 设 $\boldsymbol{X}_0=(x_0(1),x_0(2),\cdots,x_0(n))$，$\boldsymbol{X}_i=(x_i(1),x_i(2),\cdots,x_i(n))$，$\boldsymbol{Z}_1=(z_1(1),z_1(2),\cdots,z_1(n))$。其中，$z_1(k)=\frac{1}{2}(x_1(k),x_1(k-1))$，$k=1,2,\cdots,n$，则称 $x_0(k)+az_1(k)=b$ 为 GM(1,1)模型的基本形式。

定义 19 设 X_0 为非负序列：

$$\boldsymbol{X}_0=(x_0(1),x_0(2),\cdots,x_0(n))$$

$\boldsymbol{X}_1$ 为 $\boldsymbol{X}_0$ 的 1－AGO 序列：

$$\boldsymbol{X}_i=(x_i(1),x_i(2),\cdots,x_i(n))$$

其中：
$$x_1(k)=\sum_{i=1}^{k}x_0(i);\ k=1,2,\cdots,n$$

$\boldsymbol{Z}_1$ 为 $\boldsymbol{X}_1$ 的紧邻均值生成序列：

$$\boldsymbol{Z}_1=(z_1(1),\ z_1(2),\cdots,z_1(n))$$

其中：
$$z_1(k)=\frac{1}{2}(x_i(k)+x_1(k-1));k=1,2,\cdots,n$$

若 $\hat{\boldsymbol{a}}=[a,b]^{\mathrm{T}}$ 为参数列，且有

$$\boldsymbol{Y}=\begin{bmatrix}x_0(2)\\x_0(3)\\\vdots\\x_0(n)\end{bmatrix},\ \boldsymbol{B}=\begin{bmatrix}-z_0(2) & 1\\-z_0(3) & 1\\\vdots & \\-z_0(n) & 1\end{bmatrix}$$

则 GM(1,1)模型 $x_0(k)+az_1(k)=b$ 的最小二乘估计参数列满足

$$\hat{\boldsymbol{a}}=[a,b]^{\mathrm{T}}=(\boldsymbol{B}^{\mathrm{T}}\boldsymbol{B})^{-1}\boldsymbol{B}^{\mathrm{T}}\boldsymbol{Y}$$

定义 20　设 $\boldsymbol{X}_0$ 为非负序列，$\boldsymbol{X}_1$ 为 $\boldsymbol{X}_0$ 的 1－AGO 序列，$\boldsymbol{Z}_1$ 为 $\boldsymbol{X}_1$ 的紧邻均值生成序列，则称 $\frac{\mathrm{d}x_1}{\mathrm{d}t}+ax_1=b$ 为 GM(1,1)模型 $x_0(k)+az_1(k)=b$ 的白化方程，也叫影子方程。

定理 4　设 $\boldsymbol{B},\boldsymbol{Y},\hat{\boldsymbol{a}}$，其中 $\hat{\boldsymbol{a}}=[a,b]^{\mathrm{T}}=(\boldsymbol{B}^{\mathrm{T}}\boldsymbol{B})^{-1}\boldsymbol{B}^{\mathrm{T}}\boldsymbol{Y}$，则

(1) 白化方程：

$$\frac{\mathrm{d}x_1}{\mathrm{d}t}+ax_1=b \tag{5.19}$$

其解(也称时间响应函数)为

$$x_1(t)=\left(x_1(1)-\frac{b}{a}\right)\mathrm{e}^{-at}+\frac{b}{a} \tag{5.20}$$

(2) GM(1,1)模型：

$$x_0(k)+az_1(k)=b \tag{5.21}$$

其时间响应函数序列为

$$\hat{x}_1(k+1)=\left(x_0(1)-\frac{b}{a}\right)\mathrm{e}^{-ak}+\frac{b}{a},\ k=1,2,\cdots,n \tag{5.22}$$

(3) 还原值：

$$\begin{aligned}\hat{x}_0(k+1)&=\alpha^1\cdot\hat{x}_1(k+1)=\hat{x}_1(k+1)-\hat{x}_1(k)\\&=(1-\mathrm{e}^a)(x_0(1)+\frac{b}{a})\mathrm{e}^{-ak},\ k=1,2,\cdots,n\end{aligned} \tag{5.23}$$

定义 21　称 GM(1,1)模型中的参数 $-a$ 为发展系数，b 为灰色作用量。$-a$ 反映了 $\hat{x}_1$ 与 $\hat{x}_0$ 的发展态势。

定理 5　GM(1,1)模型 $x_0(k)+az_1(k)=b$ 可转化为

$$x_0(k)=\beta-\alpha z_1(k-1)$$

其中：

$$\beta=\frac{b}{1+0.5a},\ \alpha=\frac{a}{1+0.5a}$$

【例 5.3】 某地区年平均降雨量如表 5.4 所示，规定 $x^0(i)\leqslant\delta=320$ 时为旱灾，请预测下一次旱灾发生的时间。

表 5.4 某地区年平均降雨量

年	1	2	3	4	5	6	7	8	9
降雨量	390.6	412	320	559.2	380.8	542.4	553	310	561
年	10	11	12	13	14	15	16	17	
降雨量	300	632	540	406.2	313.8	576	587.6	318.5	

解 写出初始数列：

$X^{(0)}=(390.6,412,320,559.2380.8,542.4,553,310,561,300,632,540,406.2,313.8,576,587.6,318.5)$

由于满足 $x^{(0)}(i)\leqslant 320$ 的 $x^0(i)$ 即为异常值，容易得到下列灾变数列为

$$x_\delta^0=(320,310,300,313.8,318.5)$$

对应的时刻数列为 $t=(3,8,10,14,17)$，然后再将数列 t 做一次累加 $t^{(1)}=(3,11,21,35,52)$。由此可建立 GM(1,1)模型，得到

$$\hat{\boldsymbol{a}}=[a,b]^{\mathrm{T}}=(-0.2536,6.2585)$$

$$\hat{t}^{(1)}(k+1)=27.6774\mathrm{e}^{0.2536k}-24.6774$$

再根据上述式子预测第 6 个及第 7 个数据为

$$t^{(0)}(6)=22.034,\ t^{(0)}(7)=28.3946$$

22.034 与 17 相差 5.034，这表明下一次旱灾将发生在 5 年以后。

5.3.2 残差 GM(1,1)模型

若模型精度不达标，则可以以残差序列为基础建立 GM(1,1)模型，并进一步修改原始模型以提高精度。

定义 22 设 $\boldsymbol{X}_0$ 为原始序列，$\boldsymbol{X}_1$ 为 $\boldsymbol{X}_0$ 的 1－GAO 序列，GM(1,1)模型的时间响应式为

$$\hat{x}_1(k+1)=\left(x_0(1)-\frac{b}{a}\right)\mathrm{e}^{-ak}+\frac{b}{a},\ k=1,2,\cdots,n \tag{5.24}$$

则称

$$\mathrm{d}\hat{x}_1(k+1)=-a\left(x_0(1)-\frac{b}{a}\right)\mathrm{e}^{-ak},\ k=1,2,\cdots,n \tag{5.25}$$

为导数还原值。

命题 1 设

$$\mathrm{d}\hat{x}_1(k+1)=-a\left(x_0(1)-\frac{b}{a}\right)\mathrm{e}^{-ak},\ k=1,2,\cdots,n \tag{5.26}$$

为导数还原值

$$\hat{x}_0(k+1)=\hat{x}_1(k+1)-\hat{x}_1(k)=(1-\mathrm{e}^a)\left(x_0(1)-\frac{b}{a}\right)\mathrm{e}^{-ak},\ k=1,2,\cdots,n \tag{5.27}$$

为累减还原值，则

$$d\hat{x}_1(k+1)\neq\hat{x}_0(k+1),\ k=1,2,\cdots,n \tag{5.28}$$

从这个命题中我们知道，GM(1,1)模型既不是微分方程，也不是差分方程。但当$|a|$充分小时，$1-e^a\approx -a$，有 $d\hat{x}_1(k+1)\approx\hat{x}_0(k+1)$。意味着微分的结果近似于差分，所以GM(1,1)模型可以被视为微分方程或差分方程。

为了减少往返运算造成的误差，往往用 $\boldsymbol{X}_1$ 的残差修正 $\boldsymbol{X}_1$ 的模拟值$\hat{x}_1(k+1)$。

定义 23 设 $\boldsymbol{\varepsilon}^0=(\varepsilon^0(1),\varepsilon^0(2),\cdots,\varepsilon^0(n))$，其中 $\varepsilon^0(k)=x_1(k)-\hat{x}(k)$为 $\boldsymbol{X}_1$ 的残差序列。若存在 k'_0，满足

(1) $\forall k\geqslant k_0\varepsilon^0(k)$的符号一致；

(2) $n-k_0\geqslant 4$，

则称$(|\varepsilon^0(k_0)|,|\varepsilon^0(k_0+1)|,\cdots,|\varepsilon^0(n)|)$为可建模残差尾段，仍记为

$$\boldsymbol{\varepsilon}^0=(\varepsilon^0(k_0),\varepsilon^0(k_0+1),\cdots,\varepsilon^0(n))$$

命题 2 设 $\boldsymbol{\varepsilon}^0=(\varepsilon^0(k_0),\varepsilon^0(k_0+1),\cdots,\varepsilon^0(n))$为可建模残差尾段，其1—GAO序列为$\boldsymbol{\varepsilon}^1=(\varepsilon^1(k_0),\varepsilon^1(k_0+1),\cdots,\varepsilon^1(n))$的GM(1,1)的时间响应式为

$$\hat{\varepsilon}^1(k+1)=\left(\varepsilon^0(k_0)-\frac{b}{a}\right)e^{-a(k-k_0)}+\frac{b}{a},\ k\geqslant k_0 \tag{5.29}$$

则残差尾段 ε^0 的模拟序列为

$$\hat{\boldsymbol{\varepsilon}}^0=(\hat{\varepsilon}^0(k_0),\hat{\varepsilon}^0(k_0+1),\cdots,\hat{\varepsilon}^0(n)) \tag{5.30}$$

其中：

$$\hat{\boldsymbol{\varepsilon}}^0(k+1)=-a_\varepsilon\varepsilon^0(k_0)-\frac{b_\varepsilon}{a_\varepsilon}e^{-a(k-k_0)},\ k\geqslant k_0 \tag{5.31}$$

定义 24 若$\hat{x}_0(k)=\hat{x}_1(k)-\hat{x}_1(k-1)$，$k=1,2,\cdots,n$，则相应的残差修正时间响应式为

$$\hat{x}_0(k+1)=\begin{cases}(1-e^a)\left(x_0(1)-\dfrac{b}{a}\right)e^{-ak},\ k<k_0\\(1-e^a)\left(x_0(1)-\dfrac{b}{a}\right)e^{-ak}\pm a_\varepsilon\left(\varepsilon^0(k_0)-\dfrac{b}{a}\right)e^{-a(k-k_0)},\ k\geqslant k_0\end{cases} \tag{5.32}$$

该式称为累减还原式的残差修正模型。

定义 25 若$\hat{x}_0(k+1)=(-a)\left(x_0(1)-\dfrac{b}{a}\right)e^{-ak}$，则相应的残差修正时间响应式为

$$\hat{x}_0(k+1)=\begin{cases}(-a)\left(x_0(1)-\dfrac{b}{a}\right)e^{-ak},\ k<k_0\\(-a)\left(x_0(1)-\dfrac{b}{a}\right)e^{-ak}\pm a_\varepsilon\left(\varepsilon^0(k_0)-\dfrac{b}{a}\right)e^{-a(k-k_0)},k\geqslant k_0\end{cases} \tag{5.33}$$

称为导数还原式的残差修正模型。

【例 5.4】 湖北省××县油菜发病率研究。

通过 $\hat{X}_0=(6,20,40,25,40,45,35,21,14,18,15.5,17,15)$构建GM(1,1)模型，时间响应式如下：

$$\hat{x}_1(k+1)=-567.999e^{-0.06486k}+573.999$$

累减还原，得

$$\hat{x}_0=\begin{pmatrix}35.6704,33.4303,31.3308,29.3682,27.5192,25.7900\\24.1719,22.6534,21.2307,19.8974,18.6478,17.4768\end{pmatrix}$$

检验其精度，列出误差检验，如表 5.5 所示。

表 5.5　误差检验表

序号	原始数据 $x_0(k)$	模拟数据 $\hat{x}_0(k)$	残差 $\varepsilon(k)=x_0(k)-\hat{x}_0(k)$	相对误差 $\Delta_k=\lvert\varepsilon(k)\rvert/x_0(k)$
1	20	35.6704	−15.6704	78.3540%
2	40	33.4303	6.5697	16.4242%
3	25	31.3308	−6.3308	25.3232%
4	40	29.3682	10.6318	26.5795%
5	45	27.5192	17.4808	38.8642%
6	35	25.7901	9.2099	26.3140%
7	21	24.1719	−3.1719	15.1043%
8	14	22.6534	−8.6534	61.8100%
9	18	21.2307	−3.2307	17.9483%
10	15.5	19.8974	−43974	28.3703%
11	17	18.6478	−1.6478	9.6926%
12	15	17.4768	−2.4786	16.5120%

计算残差平方和 $\boldsymbol{S}=\boldsymbol{\varepsilon\varepsilon}^{\mathrm{T}}=57.18$ 的平均相对误差：

$$\Delta=\frac{1}{12}\sum_{k=2}^{13}\Delta_k=30.11\%$$

相对精度小于 70%，需运用残差模型修正。取 $k_0=9$ 的残差尾段：

$$\begin{aligned}\boldsymbol{\varepsilon}^0&=(\varepsilon^0(9),\varepsilon^0(10),\varepsilon^0(11),\varepsilon^0(12),\varepsilon^0(13))\\&=(-8.6534,\ -3.2307,\ -43974,\ -1.6478,\ -2.4786)\end{aligned}$$

取绝对值：

$$|\boldsymbol{\varepsilon}|^0=(8.6534,\ 3.2307,\ 4.3974,\ 1.6478,\ 2.4786)$$

构建 GM(1,1)模型，得 ε^0 的 1－AGO 序列 ε^1 的时间响应式：

$$\hat{\varepsilon}^1(k+1)=-24\mathrm{e}^{-0.168\,55(k-9)}+32.7$$

计算导数还原值：

$$\hat{\varepsilon}^0(k+1)=(-0.168\,85)(-24)\mathrm{e}^{-0.168\,55(k-9)}=4.0452\mathrm{e}^{-0.168\,55(k-9)}$$

由 $\hat{x}_0(k+1)=\hat{x}_1(k+1)-\hat{x}_1(k)=(1-\mathrm{e}^a)\left(x_0(1)-\dfrac{b}{a}\right)\mathrm{e}^{-ak}=38.0614\mathrm{e}^{-0.064\,86k}$

累减还原式残差修正模型：

$$\hat{x}_0(k+1)=\begin{cases}38.0614\mathrm{e}^{-0.064\,86k},k<9\\38.0614\mathrm{e}^{-0.064\,86k}-4.0452\mathrm{e}^{-0.168\,55(k-9)},k\geqslant 9\end{cases}$$

$\hat{x}_0(k+1)$与原始残差序列的符合一致。经过修正，精度显著提高。

平均相对误差为

$$\Delta = \frac{1}{4}\sum_{k=10}^{13}\Delta_k = 4.595\%$$

针对不确定因素的复杂系统，GM(1,1)模型预测效果较好，且所需样本数据较小，目前在工、农、商业等经济领域，以及环境、社会和军事等领域中都有广泛的应用。但灰色预测仍存在如下缺点：对波动变化明显的序列而言，灰色预测的误差相对比较大；对数据的依赖性较大，且 GM(1,1)模型未考虑各个因素之间的相互关系。

课后习题

1. 灰色系统理论的研究对象是什么？

2. 灰色关联分析的基本思想是什么？

3. 若原始数据异常混乱，很难用模型来模拟，无法通过精度测试且无法给出准确预测值的序列。此时考虑什么样的预测？

4. 中国 2001 年至 2005 年的 GDP 以及第一产业、第二产业和第三产业的数据(单位：1000 亿元)如下：

GDP 为 $\boldsymbol{X}_1=(x_1(1),x_1(2),x_1(3),x_1(4),x_1(5))=(229.4,232.5,247.6,268.4,295.4)$；

第一产业产值为 $\boldsymbol{X}_2=(x_2(1),x_2(2),x_2(3),x_2(4),x_2(5))=(15.5,16.2,17.1,21.0,23.1)$；

第二产业产值为 $\boldsymbol{X}_3=(x_3(1),x_3(2),x_3(3),x_3(4),x_3(5))=(49.5,53.9,62.4,73.9,87.0)$；

第三产业产值为 $\boldsymbol{X}_4=(x_4(1),x_4(2),x_4(3),x_4(4),x_4(5))=(54.8,62.4,68.5,75.2,88.2)$，

请依据以上数据，计算灰色关联度。

设序列 $\boldsymbol{X}_0=(x_0(1),x_1(2),x_0(3),x_1(4),x_0(5))=(10,9,15,14,14,16)$，$\boldsymbol{X}_1=(x_1(1),x_1(3),x_1(7))=(46,70,98)$。试求其绝对关联度 ε_{01} 以及 $\boldsymbol{X}_0$ 与 $\boldsymbol{X}_1$ 的相对关联度。

5. 某省笔记本电脑的出售量数据序列为

$$\begin{aligned}\boldsymbol{X}^{(0)}&=(x^{(0)}(1),x^{(0)}(2),x^{(0)}(3),x^{(0)}(4),x^{(0)}(5),x^{(0)}(6))\\&=(5.0810,\ 4.6110,\ 5.1177,\ 9.3775,\ 11.0574,\ 11.3524)\end{aligned}$$

请依据以上数据，预测其发展带。

6. 某山区黑枸杞的出售量数据序列为

$$\begin{aligned}\boldsymbol{X}^{(0)}&=(x^{(0)}(1),x^{(0)}(2),x^{(0)}(3),x^{(0)}(4),x^{(0)}(5),x^{(0)}(6))\\&=(4.9445,\ 5.5828,\ 5.3441,\ 5.2669,\ 4.5640,\ 3.6524)\end{aligned}$$

请依据以上数据，预测其比例带。

参考文献

[1] 陈理荣. 数学建模导论[M]. 北京：北京邮电大学出版社，1999.

[2] 刘思峰，郭天榜，党耀国，等. 灰色系统理论及其应用[M]. 北京：科学出版社，2000.

[3] 邓聚龙. 灰色理论[M]. 武汉：华中科技大学出版社，2002.

[4] 蔡雪峰. 建筑工程施工组织管理[M]. 北京：高等教育出版社，2000.

[5] 刘铁锁. 用灰色关联分析对老师的工作状况进行综合评价. 价值工程，2011，30(22)：227-228.

[6] 刘洁灵，向婧. 基于灰色关联分析的农村旅游经济发展影响因素研究. 西南师范大学学报(自然科学版)，2021，46(01)：85-89.

[7] 杜宏云，王正新，党耀国. 时序系数 GM(1,1)模型及其应用. 统计与决策，2007，(12)：136-137.

[8] 刘莉娜，曲建升，曾静静，等. 灰色关联分析在中国农村家庭碳排放影响因素分析中的应用. 生态环境学报，2013，22(03)：498-505.

[9] 刘思峰，曾波，刘解放，等. GM(1,1)模型的几种基本形式及其适用范围研究. 系统工程与电子技术，2014，36(03)：501-508.

[10] 吉培荣，黄巍松，胡翔勇. 灰色预测模型特性的研究. 系统工程理论与实践，2001，(09)：105-108.

[11] 苏永波. 基于灰色系统理论的物业服务满意度影响因素分析：以安阳市为例. 系统科学学报，2021(04)：131-136.

[12] 徐国祥. 统计预测和决策. 上海：上海财经大学出版社，2006.

[13] 傅立. 灰色系统理论及其应用. 北京：科学技术文献出版社，1992

[14] 邢布飞，陈少玲，王彤彤，等. 北京市垃圾产生量的预测：基于三种预测模型的比较. 中国集体经济，2015，(01)：78-81

[15] 曾波，孟伟. 灰色预测系统建模对象拓展研究. 北京：科学出版社，2014

[16] 孙文生，杨汭华. 经济预测方法. 北京：中国农业大学出版社，2005

[17] 段辉明，吴雨，龙杰. 数据信息对灰色 GM(1,1)模型的影响. 统计与决策，2021，37(05)：54-59.

第 6 章　模糊分析方法

在我们的日常生活中，有许多事情或多或少是模糊不清或令人困惑的。“模糊”概念是最为微妙和难以捉摸的，但它也是最常见和最重要的，现代数学中已经对其有了明确的定义。所谓的“模糊性”，是指表征事物的分辨界限不确定，即对象在类属、性态方面的定义是不精确的、不明晰的。

模糊理论的概念强调用模糊逻辑来描述现实生活中的事物，以弥补经典逻辑(二进制逻辑)无法描述边界不明确事物的缺点。人类的自然语言表达非常模糊，很难用“对或错”和“好或坏”二分法来完全描述真实世界。故模糊理论将模糊概念以模糊集合的定义，将事件属于该集合程度的归属函数加以模糊定量化得到归属度，来处理各种问题。

随着其应用范围的扩大，研究对象变得越来越复杂，而复杂的事情很难精确，这是一个突出的矛盾。也就是说，复杂性越高，精确度越低，复杂性意味着有许多因素使得我们不可能认真地审视它们，而只能抓住主要部分而忽略次要部分，因此有必要采用“模糊描述”。

6.1　模糊概述

精确数学的研究是基于经典集合论，对象与给定经典集之间的关系有两种，即属于或不属于。19 世纪，根据英国数学家布尔(Bool)的研究成果，布尔代数经过基于二进制的逻辑抽象得到。传统数学是基于普通集合论，即二元逻辑，它摒弃了事物的模糊性，抽象了人脑中的思维过程。但是，仍然出现了一些无法解决的逻辑悖论，如“秃头悖论”“巴伯悖论”“克里特岛人说谎悖论”等。

1965 年，加州大学伯克利分校的 L·A·扎德教授发表了他的第一篇关于模糊理论的论文，首次从集合论的角度用模糊集的概念来表达模糊事件，通过模拟人类思维模式，描述日常生活中的事物，以弥补用精确数学难以描述模糊事件的不足。

1978 年，L·A·扎德提出可能性理论，是具有里程碑意义的事件。

1988 年，日本 Mycom 公司研发出速度为每秒 6000 万次的推理芯片，成为一时之最。量子哲学家麦克·布莱克使用连续逻辑为集合成员赋值，成为历史上构建模糊集合隶属函数的第一人。

1965 年以来，模糊集理论经历了 50 多年的历程，现在已经发展成为一门高级学科。参与这一学科研究的专家来自世界各地，研究人员日益增多，新的模糊产品不断涌现，模糊技术得以运用。所以，毫不夸张地说，已经形成了全球“模糊热”。目前，模糊数学正沿着理论研究和应用研究高速发展。

尽管中国在 20 世纪 70 年代才开始研究模糊理论，但已经取得了显著的进步。我国学者对模糊数学最感兴趣，其研究水平已经处于世界领先地位，例如，刘应明和王国军的模糊拓扑研究、王培壮和王光远的模糊集合论应用研究、吴从心的模糊线性拓扑空间研究，以及张广泉的模糊测度研究等。

6.1.1 模糊理论基本概念

1. 模糊数学

模糊数学是研究和处理模糊现象的数学，是用数学方法分析和处理模糊事物的学科。所谓模糊性是指对象是否属于这个概念难以确定，客观事物之间的差异呈现出“亦彼亦此”的特征。在模糊数学中，隶属度建立在模糊集的基础上，隶属函数是描述模糊性的关键。

2. 模糊集合

模糊集合表示界限不明晰的特定集合，并使用特征函数来表示元素和集合之间的归属程度。一般特征函数也称为属性函数，其值介于(0,1)区间。在自然和社会现象中，绝对性和两极分化的突变并不存在，两极分化之间的差异通常表现为“中间过渡形式”，即“亦彼亦此”的性质。因此，有必要定义集合和集合之间的基本运算和关系，以便模糊集合能够在未来应用于各个领域。

3. 模糊关系

在人们的现实生活和工作中，模糊是不可避免的。现实世界中现有元素之间的关系不是简单的“是与否”或“有与无”关系，而是不同程度的关系。例如，很难以绝对“相似”和“不相似”的方式表达一个家庭的孩子和他们父母的外表之间的相似性，只能评论他们“相似”的程度。

6.1.2 模糊理论的应用

模糊理论自诞生以来就被广泛应用于数学和其他领域。目前，已经形成了系统完整、特色鲜明的“模糊拓扑”。相关论文中的“模糊随机数学”“模糊分析”“模糊逻辑理论”和“模糊代数理论”虽然很少出现，但数量却十分丰富。这些理论的形成和发展极大地完善了模糊数学的内容。

模糊逻辑是模糊理论的一个重要研究方向，它最大的成功之处是在控制论中的应用。然而，目前模糊逻辑的理论研究还不够深入，也没有形成自己独特的理论体系。其研究思路基本上是沿着二进制逻辑系统进行的，因此不可避免地会受到一些学者的质疑。模糊技术的应用几乎渗透至所有领域，例如，电力、电子、核物理、石油、化学工业、机械、医疗、卫生、林业、农业、地质、地理、地震、建筑、水文、气象、环境保护、管理、法律、教育、心理学、体育、军事和历史等领域。

6.2 模糊集合知识

1. 模糊集合

设 U 是论域，所谓 U 上的“模糊集” A，是指对任意 $x \in U$，x 常以某个程度 $u(u \in [0,1])$

属于 A，而非 $x\in A$ 或 $x\notin A$。即对 $A\subset U$，若 A 的边界也不清楚，则称 A 为 U 上的模糊集合。

2. 论域

将对象限制在一定范围内，对象全体构成论域，记 X、Y、U 等。

集合(子集合)：若对 $\forall x\in A\rightarrow x\in U$，则称 A 是 U 的子集，记为 $A\subset U$。

3. 特征函数

映射 $\begin{cases} X\rightarrow\{0,1\} \\ x\rightarrow\mu_A(X)\end{cases}$ 确定的函数 $\mu_A(X)$ 为 X 上集合 A 的特征函数：

$$\mu_A(X)=\begin{cases}1, & x\in A \\ 0, & x\notin A\end{cases} \tag{6.1}$$

设 U 是论域，μ: $U\rightarrow[0,1]$，称 μ 是 U 上的隶属函数，记 U 上的隶属函数全体为 $\mathrm{SH}(U)$，又记 U 上的模糊集的全体为 $F(U)$，令 $\mathrm{SH}(U)$ 与 $F(U)$ 一一对应。于是，对任意 $u\in\mathrm{SH}(U)$，有唯一 U 上的模糊集 $A\in F(U)$ 与之对应。记此 μ 为 μ_A，称 μ_A 为 $\underset{\sim}{A}$ 的隶属函数，对任意 $x\in U$，称 $\mu_A(x)$ 为 x 对 $\underset{\sim}{A}$ 的隶属度。

所谓给定了论域 U 上的一个模糊子集 $\underset{\sim}{A}$，是指对于任何 $x\in X$，都给定了一个数 $\mu_A(x)\in[0,1]$，称 x 对 $\underset{\sim}{A}$ 的隶属度，μ_A：$U\rightarrow[0,1]$ 称为 $\underset{\sim}{A}$ 的隶属函数，记为 $\underset{\sim}{A}=\int_u(\mu_A(x)/x)$，当 U 为有限集 $\{x_1, \cdots, x_n\}$ 时，$\underset{\sim}{A}$ 也可记为

$$\underset{\sim}{A}=\frac{\mu_A(x_1)}{x_1}+\cdots+\frac{\mu_A(x_n)}{x_n} \tag{6.2}$$

如果 $\mu_A(x)$ 的最大值等于 1，则称 $\underset{\sim}{A}$ 为正则模糊数集。

4. 隶属函数的确定

1）专家评定法

专家评定法即德尔菲方法，是在定量和定性分析的基础上，通过专家评价给出得分，记作 $\mu_A(x)$。

2）模糊统计方法

(1) 给定论域 U。

(2) 进行调查统计，次数为 n，结果是与 A 相联系的 U 的普通子集 A_1，…，A_n。

(3) 对任意给定的 $x\in U$，计算出 x_0 对 A 的隶属频率：

$$x_0\text{ 对 }\underset{\sim}{A}\text{ 的隶属频率}=\frac{\text{包含 }x_0\text{ 的 }A_i\text{ 的个数}}{\text{调查实验总次数 }n},\ i=1,2,\cdots,n \tag{6.3}$$

实验表明：

$$\mu_{\underset{\sim}{A}}(x_0)=\lim_{n\rightarrow\infty}\frac{\text{包含 }x_0\text{ 的 }A_i\text{ 的个数}}{n} \tag{6.4}$$

(4) 对所有的 $x\in U$，求 x 对 $\underset{\sim}{A}$ 的隶属度，画出隶属度曲线，由此求出 $\underset{\sim}{A}$ 的隶属函数。

3）分解定理

设 $\underset{\sim}{A}$ 为论域 U 的模糊子集，A_λ 是 $\underset{\sim}{A}$ 的 λ 截集，$\lambda\in[0,1]$，则以下分解式成立：

$$\underset{\sim}{A}=\bigcup_{\lambda\in[0,1]}\lambda A_\lambda \tag{6.5}$$

其中，λA_λ 为数 λ 与 A_λ 的乘积，其隶属函数规定为

$$\mu_{\lambda A_\lambda}(x)=\begin{cases}\lambda, & x\in A_\lambda\\ 0, & x\notin A_\lambda\end{cases} \tag{6.6}$$

注：由于 A_λ 是普通集合，因此分解定理表明一个模糊集合可以分解为普通集合来解释。

设 λ 取遍 $[0,1]$ 中的各值，$\mu_{\lambda A_\lambda}(x)$ 按模糊子集求并运算法则，即取对应各点的 $\lambda\in[0,1]$ 隶属函数的最大值，表现为 $\mu_A(x)$ 的曲线，如图 6.1 所示。

图 6.1 $\mu_A(x)$ 的曲线

4）扩张原理

设给定映射 f：$X\to Y$，则 f 可进行扩张，使 X 中的模糊子集 A 经过 f 映射后，变为 Y 中的模糊子集 $f(\underset{\sim}{A})$，其隶属函数为

$$\mu_{f(\underset{\sim}{A})}(y)=\sup_{y=f(x)}\mu_{\underset{\sim}{A}}(x) \tag{6.7}$$

注：(1) 当 f 是一对一的单值映射时，X 中元素 x 关于 A 的隶属度与 Y 中元素 $y=f(x)$ 关于 $f(\underset{\sim}{A})$ 的隶属度相同。

(2) 模糊限制下的条件极值问题：

设 $\underset{\sim}{A}$ 为论域 X 的模糊集，f:$A\to R'$，即 f 是 $\underset{\sim}{A}$ 上的实值映射，求 f 在 $\underset{\sim}{A}$ 上的最大值。

对于 $\lambda\in[0,1]$，f 在 $\underset{\sim}{A}$ 的水平截集 A_λ 上的最大值点的集合记为 M_λ，记 $A=\bigcup\lambda M_\lambda$，称 $\underset{\sim}{A}$ 为 f 在 $\underset{\sim}{A}$ 上的模糊优越集，记 $f_A=f(\underset{\sim f}{A})$，其中 $f(\underset{\sim f}{A})$ 按扩张原理给出，称 f_A 为 f 在 $\underset{\sim}{A}$ 上的模糊优越值，即 f 在 $\underset{\sim}{A}$ 上的最大值，它就是 R' 中的一个模糊数集。

5）凸模糊集与模糊数

(1) 凸模糊集。

设 A 是以实数域 R' 为论域的模糊子集，隶属函数为 $\mu_{\underset{\sim}{A}}(x)$，若对 $\forall\, a<x<b$，都有 $\mu_{\underset{\sim}{A}}(x)\geqslant\min(\mu_{\underset{\sim}{A}}(a),\mu_{\underset{\sim}{A}}(b))$，则称 $\underset{\sim}{A}$ 为一个凸模糊集，如图 6.2 所示。

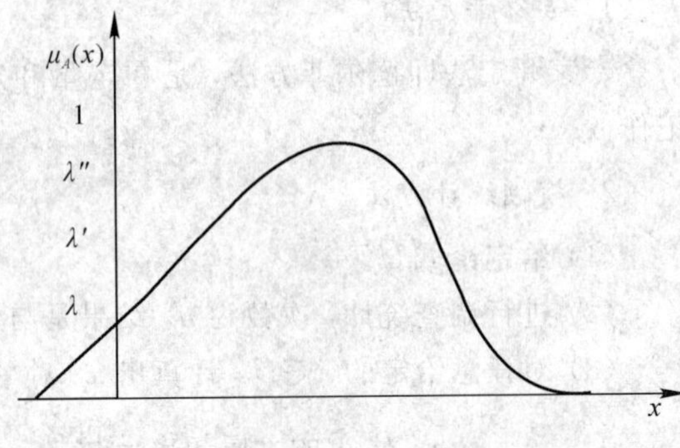

图 6.2 凸模糊集

性质：

① 凸模糊集的 λ 截集必为区间，反之，λ 截集均为区间的模糊集必是凸模糊集。

② 设 A、B 是凸模糊集，则 $A\cap B$ 也是凸模糊集。

(2) 模糊数。

设 $\underset{\sim}{I}$ 是实数域 R' 上的正则模糊集子集，且对任意 $\lambda\in[0,1]$，I_λ 均为一闭区间，则称 $\underset{\sim}{I}$ 是一个模糊集数。

注：① 具有连续隶属函数的正则凸模糊集子集是模糊数，反之，模糊数必为正则凸模

糊子集。

② 任意闭区间$[a,b]$都是模糊数，称这种特殊的模糊数为区间数。全体区间数记为$I_{R'}=\{[a,b]|a\leqslant b,a,b\in R'\}$。在$I_{R'}$中规定两个区间数的算术运算，记运算符为$*\in\{+,-,\times,\div\}$，则$[a,b]*[c,d]=\{x*y|x\in[a,b],y\in[c,d]\}$当$0\in[c,d]$时$[a,b]\div[c,d]$无意义。

③ 一般情况下，分配律不成立，只满足所谓次分配律，即区间数$I,J,K,I(J+K)\subset IJ+IK$。

设$\underset{\sim}{I}$，$\underset{\sim}{J}$是两个模糊数，运算符为$*\in\{+,-,\times,\div\}$，则$\underset{\sim}{I}*\underset{\sim}{J}$仍是一个模糊数，其隶属函数定义为

$$\mu_{\underset{\sim}{I}*\underset{\sim}{J}}(x)=\bigvee_{\lambda\in[0,1]}(\lambda\wedge\mu_{I_\lambda*J_\lambda}(x)) \tag{6.8}$$

易证：对任意$\lambda\in[0,1]$，都有$(\underset{\sim}{I}*\underset{\sim}{J})=I_\lambda*J_\lambda$，这说明$\underset{\sim}{I}*\underset{\sim}{J}$的任意截集都是区间数或空集，即$\underset{\sim}{I}*\underset{\sim}{J}$的确是模糊数。

由扩张原理可证：若I、J是两个模糊数，则有

$$\mu_{IJ}(x)=\bigvee_{z=xy}(\mu_I(x)\wedge\mu_J(x)) \tag{6.9}$$

6.3 模糊综合评判

模糊综合评判法是对被评价对象的隶属状态进行评价，应用模糊关系和多个指标对变化间隔进行划分，并对等级划分程度进行分析，以此来增加描述的客观性，便于更加了解评价事物，因此，模糊综合评价方法不同于传统的多指标评价方法和打分法。

1. 模糊综合评判数学模型

设U为评价因素集，V为危险性等级集，两者间模糊关系用矩阵$\boldsymbol{R}$来表示：

$$\boldsymbol{R}=\begin{bmatrix} r_{11} & r_{12} & \cdots & r_{1n} \\ r_{21} & r_{22} & \cdots & r_{2n} \\ \vdots & \vdots & & \vdots \\ r_{m1} & r_{m2} & \cdots & r_{mn} \end{bmatrix}$$

式中，$r_{ij}=\eta(u_i,v_j)$，$0\leqslant r_{ij}\leqslant 1$，表示就因素$u_i$而言被评为$v_j$的隶属度；矩阵中第$i$行$\boldsymbol{R}_i=(r_{i1},r_{i2},\cdots,r_{in})$为$u_i$的单因素评判矩阵，也是$V$上的模糊子集。

2. 隶属度

建立隶属函数时主观性不可避免，但仍要符合一定的客观规律，不能缺失科学性。

(1) 具体问题具体分析，认真学习专家进行的研究及得出的结论，从实践中总结经验吸取教训。即使人工技能在此过程中被允许，最终分析研究还是要基于客观实际。

(2) 特殊情况下较为有效的方法为模糊统计检验。

(3) 还可用概率统计方法。

(4) 在一定条件下，可根据实际推理得出隶属函数。

(5) 运用模糊运算，通过“并、交、余”确定隶属函数。

(6) 实际应用中人们对事物不可能完全了解，即认识存在一定的局限性，因此建立的

隶属函数也存在不确定性，需要进行针对性的修改来使其完善。

(7) 当元素隶属度集发生变化时，隶属函数的实用性反映出整体的正确性，而不是只关注单个元素的隶属数值。

建立隶属函数是解决问题的第一步，具体方法有模糊统计法、三分法和模糊分布法等。

3. 权重的确定

如发生地质灾害时，需对其危险性进行评估，涉及的因素、造成影响的大小及对整个评估的重要程度(权重)也不尽相同，可以采用层次分析法、专家直接经验法、数理统计法或边坡敏感度法等进行衡量。但在地质环境中，通常存在复杂性和模糊性，可能无法精确量化权重，当出现分析不足的情况时，将依赖模型确定的权重，但是这样会降低权重的合理性。在专家直接利用经验进行分析判断时，结果虽主观但仍具有一定的可靠性。层次分析法是根据不同专家的经验得出结论，并以此建立数学模型来确定权重，特点是具有较强的合理性和可行性。

4. 一级模糊综合评价

(1) 建立评判对象因素集 $U=\{u_1, u_2, \cdots, u_n\}$。

(2) 建立评判集 $V=\{v_1, v_2, \cdots, v_n\}$。

(3) 建立单因素评判，即从 U 到 $F(V)$ 的模糊映射。

$$f: U \to F(V), \forall u_i \in U, u_i \to f(u_i)=\frac{r_{i1}}{v_1}+\frac{r_{i2}}{v_2}+\cdots+\frac{r_{im}}{v_m} \tag{6.10}$$

构建模糊矩阵：

$$\boldsymbol{R}=\begin{bmatrix} r_{11} & \cdots & r_{1m} \\ \vdots & \ddots & \vdots \\ r_{n1} & \cdots & r_{nm} \end{bmatrix} \tag{6.11}$$

其中：$\boldsymbol{R}$ 为单因素评判矩阵。$(U, V, \boldsymbol{R})$ 构成了综合评判模型。

(4) 综合评判。对 U 中各个因素赋予不同权重，表现为 U 上的一个模糊子集 $A=\{a_1, a_2, \cdots, a_n\}$，且 $\sum_{i-1}^{m} a_j \neq 1$。

在求出 $\boldsymbol{R}$ 与 A 之后，综合评判模型为 $\boldsymbol{B}=A \cdot \boldsymbol{R}$，记 $\boldsymbol{B}=(b_1, b_2, \cdots, b_m)$，是 V 上的一个模糊子集。其中，$b_j=\bigvee_{i=1}^{n}(a_i \wedge r_{ij})$，$j=1,2, \cdots, m$。若 $\sum_{i-1}^{m} b_j \neq 1$，则需进行归一化处理。

由上述步骤可知，建立单因素评价矩阵 $\boldsymbol{R}$ 和确定权重分布 A 是两个关键任务，由于没有统一的标准可以遵循，通常以统计实验或专家评分的方法来确定 $\boldsymbol{R}$ 和 A。

5. 两级模糊综合评判

在对地质灾害评判的过程中，需要寻找客观规律并以此为基础进行模糊综合评判。两级模糊综合评判是指自下而上根据各个评价因素评估所对应的分目标，得到评估结果后，再以分目标作为评价因素评估总目标来获得最终评估结果。

在基于模糊 KANO 的绿色产品顾客需求提取方法中，从产品使用的角度而言，通常情况下的常规型顾客包括消费者、零售商、采购方等，其中消费者明显占据主体地位，而以消费者为主导的常规型顾客需求特点如下：

(1) 多样性。不同群体、不同年龄段的消费者对于产品的具体需求会呈现一定差异。同时，由于个体差异，在需求的具体表现上也有多样化的特点，如口头表述的自然语言、符号表述等形式。

(2) 模糊性。常规型顾客中绝大多数顾客由于缺乏相关的专业知识，对于产品的原理结构与具体属性了解不够，因而他们对于自身需求往往以其感性认知为第一印象，对需求无法进行细致定量的描述，因而具有模糊性。比如，在大学生选购电脑这一问题上，许多男生对于电脑的需求描述是“我想要一台能玩 PUBG 的电脑”，而此需求所跨越的电脑硬件的阈值范围很大，是典型的模糊信息。如果将其改为“我想要一台能够在 1080 分辨率下中高特效至少 60 帧游玩 PUBG 的电脑”，定量信息的描述会极大减少需求的模糊程度，为设计人员带来更多的有效信息。

(3) 矛盾性。常规型顾客提出的需求之间难免会出现矛盾，这便会形成设计冲突，影响产品设计进程。如现在越来越多的人希望智能手机的屏幕占比大，同时又希望手机屏幕具有抗摔性。

(4) 个性化。在产品满足其基本功能的条件下，每一位顾客会根据自己的偏好选择不同产品，如绿色产品本身的诞生便与满足顾客的个性化需求有关，需求的个性化催生了企业产品的定制化生产，对设计人员要求更高。

对于绿色产品这样具有环境友好性的特殊产品，在客户需求的分析上也拥有其特殊性，图 6.3 为绿色产品客户需求提取的层次框图。

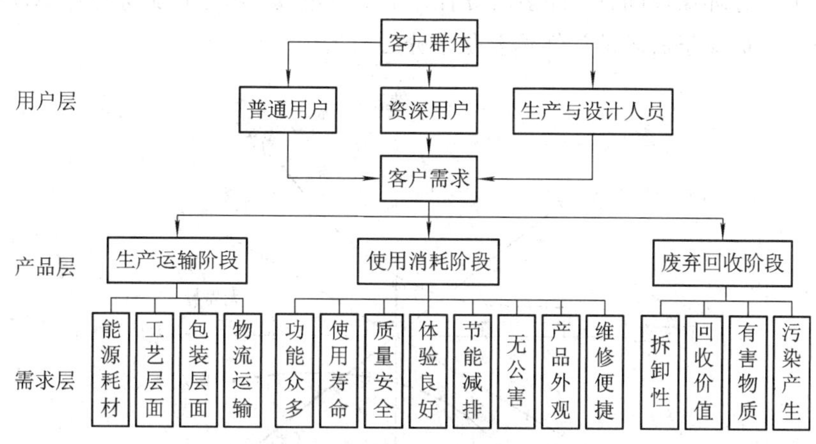

图 6.3　绿色产品客户需求提取的层次框图

通常的用户分析是从产品使用的角度分析顾客，尽管从数量上来看常规型顾客占据产品体验环节的主体，但从产品设计的角度考虑，产品设计人员也应该成为重要且不容忽视的顾客群体，并且设计师与常规型顾客之间存在明显的认知偏差。尽管设计师人数较少，但是作为产品设计的主导人，设计师对产品的各项属性以及与其相关联的工程参数有着全面深刻的认识与理解。

认知偏差具体表现为相较于常规型顾客以感性认知为判断需求，设计师会以更为专业的视角，在需求判断上以理性思考为主；常规型顾客在考虑需求时，会受到从众心理等影响，判断标准模糊不可靠。设计师则更多以定量化的描述实现需求的精确化，设计师也会考虑功能设计的可行性以及一些不经常被考虑到的需求，更容易实现创新。因此，哪怕是对于同一种产品需求，设计师与用户之间的评价也是截然不同的，这在一定程度上会造成冲突。比如在“价格”这一需求上，消费者会倾向于更低的价格；而对设计师而言，自然是希望付出与所得成正比，因此会倾向于更高的价格。

对于绿色产品这样的专业性更强、设计门槛更高的产品，设计师的需求应该在设计过程中占据更为重要的地位。如将“使用寿命与可靠性”需求做到极致的诺基亚，却在短短几年就被市场淘汰。无视消费者，这本身就与设计的初衷相违背。因此产品设计不仅仅是协调产品自身的冲突，更是设计师与用户之间认知偏差的协调，是企业与用户之间的互利共赢。通过定量分析的方法合理整合设计师与用户之间的需求，将使顾客需求分析更为科学合理。

KANO模型诞生于20世纪80年代，该模型可从整体的满意度方面分析顾客对产品的具体需求。KANO模型以二维角度，根据某项需求得以实现或相反情况下顾客的满意程度，将顾客需求属性划分为五种具体形式。

由图6.4可知，不论是对于设计师还是普通用户，满足消费者对产品使用性能的基本需求是必要的。满足期望型以及兴奋型需求是企业实现创新、形成市场竞争力的重点，而用户与设计师的认知偏差主要集中在这两类需求上。对于绿色产品而言，满足其环境需求是创新设计的重点，而同样也会面对认知偏差的问题。如对于纯电动汽车，许多消费者其实对选择燃油机还是电动机都保持无所谓的态度，而电动汽车由于存在充电时间长、续航里程短以及不十分环保等问题，许多消费者并不认可电动汽车。因此，通过KANO模型识别用户与设计人员对于需求的认知偏差是十分必要的。

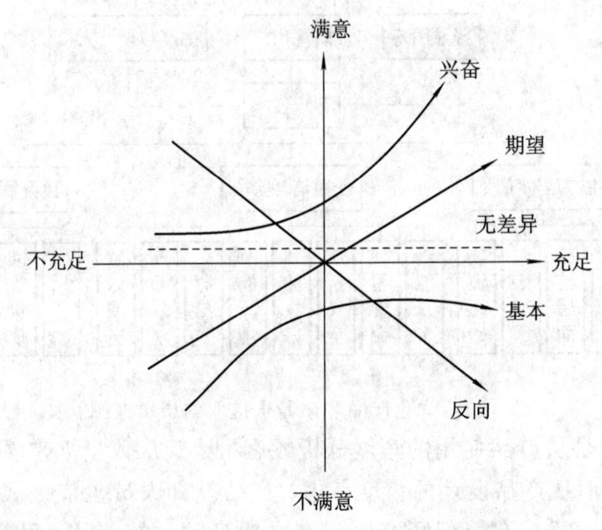

图6.4 KANO模型五种需求属性划分

为调查用户以及需求，问卷设计的科学性至关重要。传统KANO模型调整问卷在内容上仅仅允许被调查者勾选单一的喜好选项，无法表示出人思维活动的不确定性与信息的模糊性，加上问卷所搜集的信息本身具有离散性，这种传统方法下“一锤定音”式的问卷会使错误分类的风险增大，导致决策失误。对此，改进型KANO模型调查问卷允许被调查者有多个选项来表述自己的判断结果，如图6.5所示。

传统KANO问卷形式

满意 不可或缺 无感 能忍受 不满意

满意 — ● — — —

不满足 — — — ● —

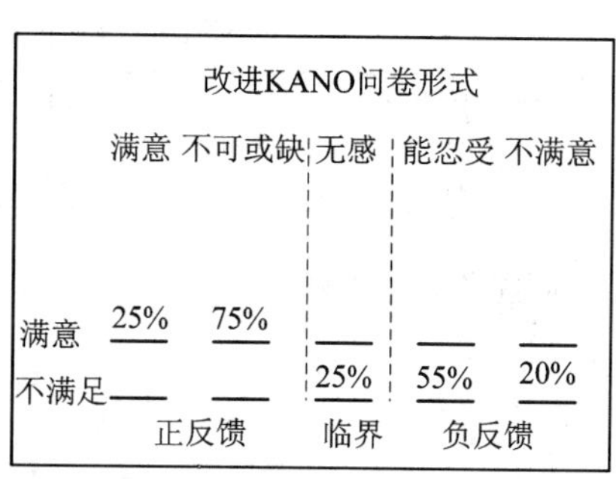

图 6.5　KANO 问卷形式

上图中需求“满足”的有限论域为 $X=\{$满意 x_1，不可或缺 x_2，无感 x_3，能忍受 x_4，不满意 $x_5\}$；需求“不满足”时的有限论域为 $Y=\{$满意 y_1，不可或缺 y_2，无感 y_3，能忍受 y_4，不满意 $y_5\}$。很明显，KANO 调查出的模糊信息之间存在一定的模糊关系，即 $X\sim\xrightarrow{\boldsymbol{R}}Y$，$\boldsymbol{R}$ 作为 X 与 Y 之间的模糊关系矩阵，存在有限论域上模糊关系的一般定义，$X=\{x_1, x_2, x_3, \cdots, x_n\}$，$Y=\{y_1, y_2, y_3, \cdots, y_m\}$，则模糊矩阵 $\boldsymbol{R}$ 为 $n\times m$ 矩阵，且 $\boldsymbol{R}\subseteq X\times Y$。表 6.1 为 KANO 结果分析表。

表 6.1　KANO 结果分析表

属性		不满足				
		满意	不可或缺	无感	能忍受	不满意
满足	满意	Q	A	A	A	O
	不可或缺	R	I	I	I	M
	无感	R	I	I	I	M
	能忍受	R	I	I	I	M
	不满意	R	R	R	R	Q
A：兴奋性需求	O：期望型需求	M：基本需求	I：无差异需求	R：反向需求	Q：疑问，不予考虑	

假设某项需求 V_n，某位用户对 V_n 满足和不满足的反馈分别为

$$\boldsymbol{X}_{vn}=[0.25, 0.75, 0, 0, 0], \boldsymbol{Y}_{vn}=[0, 0, 0.25, 0.55, 0.2]$$

则可以通过矩阵乘法 $(\boldsymbol{X}_{vn})^{\mathrm{T}}\otimes\boldsymbol{Y}_{vn}$ 计算得出“满足”与“不满足”之间的模糊关系矩阵 $\boldsymbol{R}$：

$$\boldsymbol{R}=\begin{pmatrix} 0 & 0 & 0.0625 & 0.1375 & 0.05 \\ 0 & 0 & 0.1875 & 0.4125 & 0.15 \\ 0 & 0 & 0 & 0 & 0 \\ 0 & 0 & 0 & 0 & 0 \\ 0 & 0 & 0 & 0 & 0 \end{pmatrix}$$

对此可以分析得到需求 V_n 在该用户心目中的分类，如表 6.2 所示。

表 6.2 需求 V_n 用户心理分类表

需求类别	A	O	M	I	R
该顾客分值	0.2	0.05	0.15	0.6	0

因此，此类需求在该顾客心目中是无差异需求，如果分值出现相同的情况，则排序的优先级应该为 $M>O>A>I$。

6.4 模式识别

"模式"一词来源于英文 Pattern，原意是模型、模式和样本，但在不同的情形下有不同的含义。在这种情况下，我们指的是一组具有特定结构的信息集合。

模式识别是对给定事物和与之相同或相似的事物的识别。它也可以理解为模式的分类，即将样本分成几个类别，并判断给定事物属于哪个类别，这与我们之前介绍的判别分析非常相似。

模式识别方法大致可分为两种类型，即基于最大隶属原则的直接方法和基于邻近原则的间接方法。具体如下：

(1) 若已识别 n 个类型的在全体对象 U 上的隶属函数，则可按隶属原则进行归类。对于正态型模糊变量 x，其隶属度为

$$A(x)=\mathrm{e}^{\left[-\left(\frac{x-a}{b}\right)^2\right]} \tag{6.12}$$

其中：a 为均值，$b^2=2\sigma^2$，σ^2 为相应的方差。按泰勒级数展开，取近似值得

$$A(x)=\begin{cases}1-\left(\dfrac{x-a}{b}\right)^2, & x-a<b \\ 0, & x-a\geqslant b\end{cases} \tag{6.13}$$

若有 n 种类型 m 个指标的情形，则第 i 种类型在第 j 种指标上的隶属函数为

$$A(x)=\begin{cases}0, & x\leqslant a_{ij}^{(1)}-b_{ij} \\ 1-\left(\dfrac{x-a}{b}\right)^2, & a_{ij}^{(1)}-b_{ij}<x<a_{ij}^{(1)} \\ 1, & a_{ij}^{(1)}<x<a_{ij}^{(2)} \\ 1-\left(\dfrac{x-a}{b}\right)^2, & a_{ij}^{(2)}<x<a_{ij}^{(2)}+b_{ij} \\ 0, & a_{ij}^{(2)}-b_{ij}<x\end{cases} \tag{6.14}$$

其中：$a_{ij}^{(1)}$ 和 $a_{ij}^{(2)}$ 分别是第 i 类元素第 j 种指标的最小值和最大值 $b_{ij}^2=2\sigma_{ij}^2$，而 σ_{ij}^2 是第 i 类元素第 j 种指标的方差。

(2) 若有 n 种类型($A_1,A_2,\cdots,A_n$)，每类都有 m 个指标，且均为正态型模糊变量，相应的参数分别为

$$a_{ij}^{(1)},\ a_{ij}^{(2)},\ b_{ij}\ (i=1,2,\cdots,n;\ j=1,2,\cdots,m)$$

其中：$a_{ij}^{(1)}=\min(x_{ij})$，$a_{ij}^{(2)}=\max(x_{ij})$，$b_{ij}^2=2\sigma_{ij}^2$，而 σ_{ij}^2 是 x_{ij} 的方差。待判别对象 B 的 m 个指标分别具有参数 a_j, b_j($j=1,2,\cdots,m$)，且为正态型模糊变量，则 B 与各个类型的贴近度为

$$(A_{ij},B)=\begin{cases}0, & x\leqslant a_{ij}^{(1)}-b_{ij}\\ 1-\dfrac{1}{2}\left(\dfrac{a_j-a_{ij}^{(1)}}{b_j+b_{ij}}\right)^2, & a_{ij}^{(1)}-b_{ij}<x<a_{ij}^{(1)}\\ 1, & a_{ij}^{(1)}<x<a_{ij}^{(2)}\\ 1-\dfrac{1}{2}\left(\dfrac{a_j-a_{ij}^{(2)}}{b_j+b_{ij}}\right)^2, & a_{ij}^{(2)}<x<a_{ij}^{(2)}+b_{ij}\\ 0, & a_{ij}^{(2)}-b_{ij}<x\end{cases} \tag{6.15}$$

记 $S_i=\min\limits_{i<j<m}(A_{ij},B)$，又有 $S_{i0}=\max\limits_{i<j<m}(S_i)$，按贴近原则可认为 B 与 A_{i0} 最贴近。

6.5 模糊聚类分析

聚类分析是根据某些标准将一组没有分类标记的样本划分成几个子集(类)，这样相似的样本可以尽可能地被分为一类，而不同的样本可以尽可能地被分为不同类。由于在聚类样本集的过程中没有关于该类的先验知识，所以聚类分析属于无监督分类的范畴。

传统的聚类分析严格地将每个待识别的对象划分成特定的类别。但是，实际情况中，当一组对象是根据它们的相似性组成一组的时候，它的边界往往不清楚，并且具有“似是而非”的性质。模糊聚类分析的分析工具恰恰擅长处理此类问题。

模糊聚类分析已经成为聚类分析的主流，它可以得到样本属于各个类别的不确定性程度，表达样本类属的中介性，建立起样本对于类别的不确定性的描述，能更客观地反映现实世界。

6.5.1 数据预处理

在模糊聚类分析中，被分类的对象称为样本。考虑到样本分类的合理性，首先应该考虑样本的各种特征指标(观察数据)。若有 n 个分类对象，则样本集为

$$\boldsymbol{X}=\{\boldsymbol{x}_1,\boldsymbol{x}_2,\cdots,\boldsymbol{x}_n\} \tag{6.16}$$

每一个 x_i 有 m 个特性指标，即 $\boldsymbol{x}_i$ 为特性指标向量：

$$\boldsymbol{x}_i=\{x_{i1},x_{i2},\cdots,x_{im}\} \tag{6.17}$$

其中：x_{ij} 表示第 i 个样本的第 j 个特性指标。于是，n 个样本的特性指标矩阵为

$$\begin{bmatrix}x_{11} & \cdots & x_{1m}\\ \vdots & \ddots & \vdots\\ x_{n1} & \cdots & x_{nm}\end{bmatrix} \tag{6.18}$$

通常，我们也将样本集记为特性指标矩阵的形式，即 $\boldsymbol{X}=(x_{ij})_{m\times n}$。

如果 m 个特性指标的维数和数量级不同，可能会在计算过程中通过强调某些数量级特别大的特性指标的作用，减少甚至排除一些数量级非常小的特性指标的作用，从而导致每个特性指标的分类缺乏统一的尺度。因此，为了消除特性指标的单位差异和数量级的影响，当特性指标的维度和数量级不同时，通常会提前对各种指标值进行标准化处理，以便每个指标值统一在一个共同的数值特性范围内。我们称之为数据预处理。

以下给出两种常见的数据标准化方法。

(1) 均值方差标准化。

设给定的样本集为 $\boldsymbol{X}=(x_{ij})_{m\times n}$，标准化之后的样本集为 $\boldsymbol{X}=(x'_{ij})_{m\times n}$，则有

$$x'_{ij}=\frac{x_{ij}-\bar{x}_j}{\sigma_j},\ i=1,2,\cdots,n;\ j=1,2,\cdots,m \tag{6.19}$$

式中：

$$\bar{x}_j=\frac{1}{n}\sum_{i=1}^{n}x_{ij},\ \sigma_j=\sqrt{\frac{1}{n}\sum_{i=1}^{n}(x_{ij}-\bar{x}_j)},\ j=1,2,\cdots,m \tag{6.20}$$

(2) 极大极小标准化。

设给定的样本集为 $\boldsymbol{X}=(x_{ij})_{n\times m}$，标准化之后的样本集为 $\boldsymbol{X}=(x'_{ij})_{n\times m}$，则有

$$x'_{ij}=\frac{x_{ij}-x_{j\min}}{x_{j\max}-x_{j\min}},\ i=1,2,\cdots,n;\ j=1,2,\cdots,m \tag{6.21}$$

式中：

$$x_{j\min}=\min_{1\leqslant i\leqslant n}\{x_{ij}\},x_{j\max}=\max_{1\leqslant i\leqslant n}\{x_{ij}\},\ j=1,2,\cdots,m \tag{6.22}$$

以上，数据标准化后，每个指标值均处于[0,1]。

6.5.2 基于模糊等价关系的聚类方法

1. 模糊等价矩阵聚类方法

(1) 选择适当的相似性统计数据。

(2) 构造样本集上的模糊相似矩阵。

(3) 将模糊相似矩阵转换为模糊等价矩阵。

(4) 聚类并画出聚类的谱系图。

具体步骤如下：

建立模糊相似矩阵。设待分类的样本集为 $\boldsymbol{X}=\{\boldsymbol{x}_1,\boldsymbol{x}_2,\cdots,\boldsymbol{x}_n\}$ 或 $\boldsymbol{X}=(\boldsymbol{x}_{ij})_{m\times n}$。如果能够计算出衡量样本$\boldsymbol{x}_i$与$\boldsymbol{x}_j$之间相似程度的相似性统计量 r_{ij}，使得

$$0\leqslant r_{ij}\leqslant 1,\ i,j=1,2,\cdots,n \tag{6.23}$$

其中，$r_{ij}=0$ 表示样本$\boldsymbol{x}_i$与$\boldsymbol{x}_j$之间毫不相似，$r_{ij}=1$ 表示样本$\boldsymbol{x}_i$与$\boldsymbol{x}_j$之间完全相似或者等同，r_{ii}表示样本$\boldsymbol{x}_i$自己与自己的相似程度，恒取为 1，即 $r_{ii}=1$，$i=1,2,\cdots,n$。那么，描述样本之间的模糊相似关系、建立在样本集 $\boldsymbol{X}$ 上的模糊相似矩阵为

$$\boldsymbol{R}=\begin{bmatrix} r_{11} & \cdots & r_{1n} \\ \vdots & \ddots & \vdots \\ r_{m1} & \cdots & r_{mn} \end{bmatrix} \tag{6.24}$$

常用的计算样本的相似性统计量的方法有如下几种：

(1) 相关系数法：

$$r_{ij}=\frac{\sum_{k=1}^{m}|x_{ik}-\bar{x}_i|\cdot|x_{jk}-\bar{x}_j|}{\sqrt{\sum_{k=1}^{m}(x_{ik}-\bar{x}_i)^2}\cdot\sqrt{\sum_{k=1}^{m}(x_{jk}-\bar{x}_j)^2}} \tag{6.25}$$

其中：

$$\bar{x}_i = \frac{1}{m}\sum_{k=1}^{m} x_{ik}, \quad \bar{x}_j = \frac{1}{m}\sum_{k=1}^{m} x_{jk} \tag{6.26}$$

（2）夹角余弦法：

$$r_{ij} = \frac{\sum_{k=1}^{m} x_{ik} \cdot x_{jk}}{\sum_{k=1}^{m} \sqrt{x_{ik}^{\ 2}} \cdot \sqrt{x_{jk}^{\ 2}}} \tag{6.27}$$

（3）数量积法：

$$r_{ij} = \begin{cases} 1, & i = j \\ \frac{1}{M}\sum_{k=1}^{m} x_{ik} \cdot x_{jk}, & i \neq j \end{cases} \tag{6.28}$$

其中：M 为一适当选取的正数，满足

$$M \geqslant \max\{ \sum_{k=1}^{m} x_{ik} \cdot x_{jk}) \tag{6.29}$$

（4）最大最小法：

$$r_{ij} = \frac{\sum_{k=1}^{m} \min(x_{ik} \cdot x_{jk})}{\max(x_{ik} \cdot x_{jk})} \tag{6.30}$$

（5）算术平均最小法：

$$r_{ij} = \frac{\sum_{k=1}^{m} \min(x_{ik} \cdot x_{jk})}{\frac{1}{2}\sum_{k=1}^{m} (x_{ik} \cdot x_{jk})} \tag{6.31}$$

（6）几何平均最小法：

$$r_{ij} = \frac{\sum_{k=1}^{m} \min(x_{ik} \cdot x_{jk})}{\sum_{k=1}^{m} (x_{ik} \cdot x_{jk})} \tag{6.32}$$

（7）指数相似系数法：

$$r_{ij} = \frac{1}{m}\sum_{k=1}^{m} \mathrm{e}^{-\frac{4}{3}\frac{(x_{ik}-x_{jk})}{s_k^2}} \tag{6.33}$$

其中：S_k 是第 k 个特征的标准差。

（8）绝对值指数法：

$$r_{ij} = \mathrm{e}^{-\sum_{k=1}^{m} |x_{ik}-x_{jk}|} \tag{6.34}$$

（9）绝对值减数法：

$$r_{ij} = \begin{cases} 1, & i = j \\ 1 - c\sum_{k=1}^{m} | x_{ik} \cdot x_{jk} |, & i \neq j \end{cases} \tag{6.35}$$

其中：c 是一个适当选取的数，使得 $0 \leqslant r_{ij} \leqslant 1$。

(10) 绝对值倒数法

$$r_{ij}=\begin{cases}1, & i=j\\ \dfrac{M}{\sum\limits_{k=1}^{m}|x_{ik}\cdot x_{jk}|}, & i\neq j\end{cases} \tag{6.36}$$

其中：M 为适当选取的正数，使得 $0\leqslant r_{ij}\leqslant 1$。

2. 改造模糊相似矩阵为模糊等价矩阵

通过计算相似性统计得到的模糊矩阵通常只满足自反性和对称性，即相似性矩阵。要想进行模糊聚类，必须转换成模糊等价矩阵。运用平方法求出 $\boldsymbol{R}$ 的传递闭包 $t(\boldsymbol{R})$，即模糊等价矩阵。

3. 聚类

依据模糊等价矩阵 $t(\boldsymbol{R})$，然后运用相应水平下的截矩阵便可得到该水平下的聚类结果。聚类谱系图包含各个水平的聚类结果。

【例 6.1】 环境单元的分类，每个单元包括四个元素：空气、水、土壤和作物。环境单元的污染状况由四种元素中污染物含量的超标来描述。有五个环境单位，它们的污染数据如下：

Ⅰ＝(5,5,3,2)，Ⅱ＝(2,3,4,5)，Ⅲ＝(5,5,2,3)，Ⅳ＝(1,5,3,1)，Ⅴ＝(2,4,5,1)，设：$\boldsymbol{U}$＝{Ⅰ,Ⅱ,Ⅲ,Ⅳ,Ⅴ}，试对 $\boldsymbol{U}$ 进行分类。

解 样本集的特性指标矩阵为

$$\begin{pmatrix}5 & 5 & 3 & 2\\ 2 & 3 & 4 & 5\\ 5 & 5 & 2 & 3\\ 1 & 5 & 3 & 1\\ 2 & 4 & 5 & 1\end{pmatrix}$$

由于数据的维度和数量级没有差异，因此没有必要对数据进行标准化并直接进入构建模糊相似矩阵的步骤。根据绝对值相减法建立模糊相似关系，取 $c=0.1$ 得到模糊相似矩阵：

$$\boldsymbol{R}^1=\begin{pmatrix}1 & 0.1 & 0.8 & 0.5 & 0.3\\ 0.1 & 1 & 0.1 & 0.2 & 0.4\\ 0.8 & 0.1 & 1 & 0.3 & 0.1\\ 0.5 & 0.2 & 0.3 & 1 & 0.6\\ 0.3 & 0.4 & 0.1 & 0.6 & 1\end{pmatrix}$$

$$\boldsymbol{R}^2=\begin{pmatrix}1 & 0.3 & 0.8 & 0.5 & 0.5\\ 0.3 & 1 & 0.3 & 0.4 & 0.4\\ 0.8 & 0.3 & 1 & 0.5 & 0.5\\ 0.5 & 0.4 & 0.5 & 1 & 0.6\\ 0.5 & 0.4 & 0.5 & 0.6 & 1\end{pmatrix}$$

$$
\boldsymbol{R}^8=\begin{pmatrix}1 & 0.4 & 0.8 & 0.5 & 0.5\\ 0.4 & 1 & 0.4 & 0.4 & 0.4\\ 0.8 & 0.4 & 1 & 0.5 & 0.5\\ 0.5 & 0.4 & 0.5 & 1 & 0.6\\ 0.5 & 0.4 & 0.5 & 0.6 & 1\end{pmatrix}=\boldsymbol{R}^4
$$

于是，传递闭包 $\boldsymbol{t}(\boldsymbol{R})=\boldsymbol{R}^4$ 就是所求的模糊等价矩阵。根据得到的模糊等价矩 $\boldsymbol{t}(\boldsymbol{R})=\boldsymbol{R}^4$，利用不同水平下的截矩阵得到各个水平下的聚类结果如下：

当 $0.0\leqslant\lambda\leqslant0.4$ 时，分为一类：{Ⅰ，Ⅱ，Ⅲ，Ⅳ，Ⅴ}；

当 $0.4<\lambda\leqslant0.5$ 时，分为两类：{Ⅰ，Ⅲ}，{Ⅳ，Ⅴ，Ⅱ}；

当 $0.5<\lambda\leqslant0.6$ 时，分为三类：{Ⅰ，Ⅲ}，{Ⅳ，Ⅴ}，{Ⅱ}；

当 $0.6<\lambda\leqslant0.8$ 时，分为四类：{Ⅰ，Ⅲ}，{Ⅱ}，{Ⅳ}，{Ⅴ}；

当 $0.8<\lambda\leqslant1.0$ 时，分为五类：{Ⅰ}，{Ⅱ}，{Ⅲ}，{Ⅳ}，{Ⅴ}。

最后，将所有不同水平下的聚类结果形成聚类的谱系图，如图 6.6 所示。

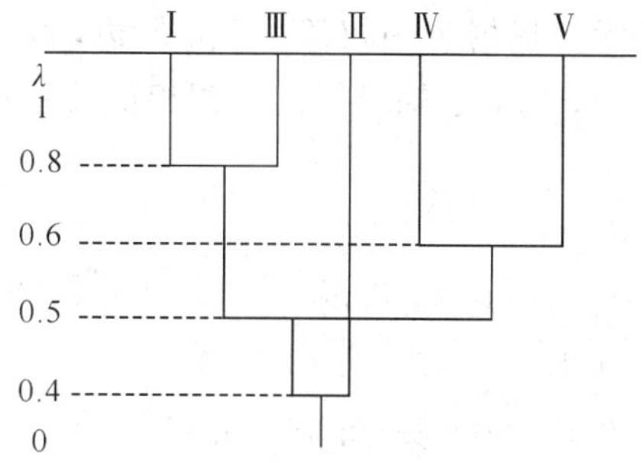

图 6.6　不同水平下聚类结果的谱系图

6.5.3　模糊最大支撑树聚类方法

模糊最大支撑树聚类方法是另一个典型的基于模糊等价关系的聚类方法。它首先构造一个完全赋权图 $K_{|X|}$。$K_{|X|}$ 中的顶点为待分类的样本点，边权为相应的两个样本之间的相似性统计量值；然后通过寻找完全赋权图 $K_{|X|}$ 的最大支撑树来进行聚类。

模糊最大支撑树的聚类方法如下：

(1) 选择适当的相似性统计量。

(2) 构造样本集上的模糊相似矩阵。

(3) 根据模糊相似关系矩阵，构造一个完全加权图。

(4) 寻找完全赋权图的最大支撑树。

(5) 进行最大支撑树聚类分析。

具体步骤如下：

(1) 建立模糊相似矩阵。

设待分类的样本集为 $\boldsymbol{X}=\{\boldsymbol{x}_1,\boldsymbol{x}_2,\cdots,\boldsymbol{x}_n\}$ 或 $\boldsymbol{X}=(x_{ij})_{n\times m}$，并已经标准化。如果能够计算出衡量样本 $\boldsymbol{x}_i$ 与 $\boldsymbol{x}_j$ 之间相似程度的相似性统计量 r_{ij}，使得

$$0\leqslant r_{ij}\leqslant1,i,j=1,2,\cdots,n$$

其中，$r_{ij}=0$ 表示样本 $\boldsymbol{x}_i$ 与 $\boldsymbol{x}_j$ 之间毫不相似，$r_{ij}=1$ 表示样本 $\boldsymbol{x}_i$ 与 $\boldsymbol{x}_j$ 之间完全相似或者等

同，$r_{ii}=1$ 表示样本 $\boldsymbol{x}_i$ 自己与自己的相似程度，恒取值为 1，即 $r_{ii}=1, i=1,2,\cdots,n$。那么，建立在样本集 $\boldsymbol{X}$ 上的模糊相似矩阵为

$$\boldsymbol{R}=\begin{pmatrix} r_{11} & \cdots & r_{1n} \\ \vdots & \ddots & \vdots \\ r_{n1} & \cdots & r_{nn} \end{pmatrix}$$

建立模糊相似矩阵的方法与模糊等价矩阵聚类法完全相同。

(2) 构造完全赋权图。

构造一个完全赋权图 $K_{|X|}$，$K_{|X|}$ 中顶点集为 $\boldsymbol{X}=\{\boldsymbol{x}_1, \boldsymbol{x}_2, \cdots, \boldsymbol{x}_n\}$，每条边 $\boldsymbol{x}_i$ 与 $\boldsymbol{x}_j$ 的权值为 $\boldsymbol{x}_i$ 与 $\boldsymbol{x}_i$ 之间的相关系数(模糊相似关系矩阵中的元素) r_{ij}。

(3) 寻找 $K_{|X|}$ 的最大支撑树。

用 Kruskal 算法或者 Prim 算法，求完全赋权图 $K_{|X|}$ 的最大支撑树(生成树)$\boldsymbol{T}$。

Kruskal 算法和 Prim 算法可参见相关的图论著作。

(4) 聚类。

适当选取阈值 λ，砍去最大支撑树 $\boldsymbol{T}$ 中权值小于 λ 的边，相互连通的顶点(样本点)归为同一类。例如，设 $\boldsymbol{X}=\{1,2,\cdots,6\}$，已知求得的模糊相似关系矩阵为

$$\boldsymbol{R}=\begin{pmatrix} 1 & & & & & \\ 0.54 & 1 & & & & \\ 0.38 & 0.38 & 1 & & & \\ 0.45 & 0.45 & 0.38 & 1 & & \\ 0.64 & 0.53 & 0.38 & 0.45 & 1 & \\ 0.60 & 0.38 & 0.54 & 0.55 & 0.59 & 1 \end{pmatrix}$$

利用图论中的 Prim 算法，可求得矩阵：

$$\boldsymbol{T}=\begin{pmatrix} 1 & 1 & 6 & 1 & 6 \\ 5 & 6 & 4 & 2 & 3 \\ 0.64 & 0.60 & 0.55 & 0.54 & 0.54 \end{pmatrix}$$

其中，矩阵 $\boldsymbol{T}$ 中的第一行和第二行表示构成最大支持树 $\boldsymbol{T}$ 的边的端点标签，第三行表示相应的边权重，如图 6.7 所示。

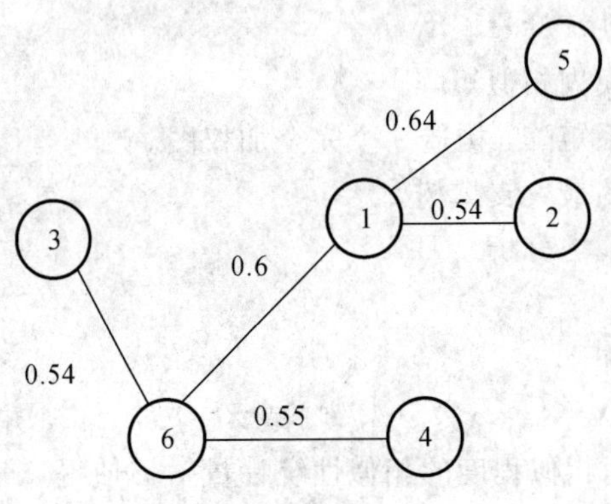

图 6.7　最大支撑树 $\boldsymbol{T}$

根据最大支撑树 $\boldsymbol{T}$，可以获得以下不同级别的聚类结果：

当 $0.00 \leqslant \lambda \leqslant 0.54$ 时，$\boldsymbol{X}$ 分为一类：{1,2,3,4,5,6}；

当 $0.54 \leqslant \lambda \leqslant 0.55$ 时，$\boldsymbol{X}$ 分为三类：{1,4,5,6},{2},{3}；

当 $0.55 \leqslant \lambda \leqslant 0.60$ 时，$\boldsymbol{X}$ 分为四类：{1,5,6},{2}{3},{4}；

当 $0.60 \leqslant \lambda \leqslant 0.64$ 时，$\boldsymbol{X}$ 分为五类：{1,5},{2}{3},{4},{6}；

当 $0.64 \leqslant \lambda \leqslant 1.00$ 时，$\boldsymbol{X}$ 分为六类：{1},{2},{3},{4},{5},{6}。

最后，所有不同级别的聚类结果被分组到谱系图中，如图 6.8 所示。

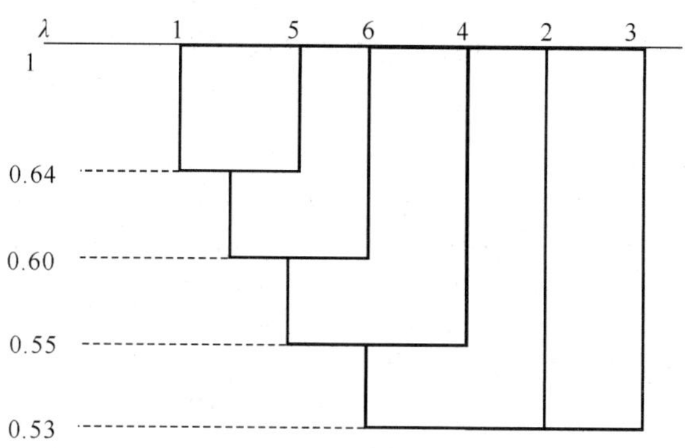

图 6.8　不同水平下聚类结果的谱系图

6.5.4　最佳阈值的确定

基于模糊等价关系的模糊聚类算法，本质上是动态聚类方法。如何选择阈值 λ，使得在 λ 水平下样本集的聚类结果更为合理，称之为最佳阈值的确定问题。最佳阈值通常根据问题的背景和经验知识来确定，也可以运用 F 统计量来选择理论最佳阈值。

如果样本集 $\boldsymbol{X}=\{\boldsymbol{x}_1,\boldsymbol{x}_2,\cdots,\boldsymbol{x}_n\}$，第 k 个样本的特性指标向量为 $\boldsymbol{x}_k=\{\boldsymbol{x}_{k1},\boldsymbol{x}_{k2},\cdots,\boldsymbol{x}_{km}\}$，$k=1,\cdots,n_i$，$n_i$ 为第 i 个类的样本数，第 i 个类的样本为 $\boldsymbol{X}=\{x_1^i,x_2^i,\cdots,x_{mi}^i\}$，$x_{ki}^i$ 的特指标向量为 $\boldsymbol{x}_k^i=\{x_{k1}^i,x_{k2}^i,\cdots,x_{km}^i\}$，$k=1,\cdots,n_i$，则第 i 个类的聚类中心向量为 $\boldsymbol{V}_i^i=\{x_{k1}^i,x_{k2}^i,\cdots,x_{km}^i\}$，$v_i^i=\dfrac{1}{n}\sum\limits_{k=1}^{n_i}x_{ki}^i,i=1,\cdots,m$。

样本集的中心向量为

$$\bar{\boldsymbol{x}}=\{\overline{x_1},\overline{x_2},\cdots,\overline{x_m}\},\quad \bar{x}_j=\frac{1}{n}\sum_{k=1}^{n}x_j,\ j=1,\cdots,m \tag{6.37}$$

设 $C\lambda$ 为对应 λ 值的聚类数，构造 F 统计量：

$$F_\lambda=\frac{\dfrac{1}{C_\lambda-1}\sum\limits_{i=1}^{C_\lambda}n_i\parallel v_i-\bar{x}\parallel^2}{\dfrac{1}{n-C_\lambda}\sum\limits_{i=1}^{C_\lambda}\sum\limits_{j=1}^{n_i}\parallel v_j^i-v_i\parallel^2} \tag{6.38}$$

其中：分子代表类间距离，分母代表类内距离。F_λ 的大小代表分类的合理程度，越大则越合理，F 统计量最大时对应的阈值 λ^* 为最佳阈值。

课后习题

1. 某地煤矿采用四种采矿方法，将其作为聚类对象，工作面单位产量(单位：百万吨/(月×平面))、采矿效率(单位：吨/工作)、设备投资(单位：百万元)和采矿成本(单位：元/吨)作为聚类指标；分为好、较好、差三类，观测值 x_{ij} 如矩阵 $\boldsymbol{A}$ 所示。试根据聚类指标对采矿方法进行分类。

$$\boldsymbol{A}=(x_{ij})=\begin{pmatrix} 4.34 & 16.37 & 2046 & 10.20 \\ 1.76 & 10.83 & 1096 & 18.67 \\ 1.08 & 6.32 & 532 & 13.72 \\ 1.44 & 4.81 & 250 & 9.43 \end{pmatrix}$$

2. 有三个经济区，三个聚类指标分别是第一产业收入、第二产业收入和第三产业收入。第 i 个经济区关于第 j 个指标的样本值 x_{ij} $(i, j=1, 2, 3)$，如矩阵 $\boldsymbol{A}$ 所示：

$$\boldsymbol{A}=(x_{ij})=\begin{pmatrix} x_{11} & x_{12} & x_{13} \\ x_{21} & x_{22} & x_{23} \\ x_{31} & x_{32} & x_{33} \end{pmatrix}=\begin{pmatrix} 80 & 20 & 100 \\ 40 & 30 & 30 \\ 10 & 90 & 60 \end{pmatrix}$$

(1) 尝试构建相应的白化权函数，并根据高收入阶层、中等收入阶层和低收入阶层进行灰色变权综合聚类。

(2) 考虑某环保部门对该地区 5 个环境区域 $\boldsymbol{X}=\{\boldsymbol{x}_1, \boldsymbol{x}_2, \boldsymbol{x}_3, \boldsymbol{x}_4, \boldsymbol{x}_5\}$ 按污染情况进行分类。假设每个区域都包含空气、水、土壤和作物四种元素，环境区域的污染状况是通过污染物超过这四种元素的程度来衡量的。将这五个环境区域的污染数据设置如下：

$\boldsymbol{x}_1=(5,5,3,2)$，$\boldsymbol{x}_2=(2,3,4,5)$，$\boldsymbol{x}_3=(5,5,2,3)$，$\boldsymbol{x}_4=(1,5,3,1)$，$\boldsymbol{x}_5=(2,4,5,1)$

试对 $\boldsymbol{X}$ 进行分类。

3. 如果手动调节炉温，有以下经验法则：如果炉温低，则施加的电压高，否则电压不是很高。现在炉温很低，如何调整施加的电压？

4. 一个平原粮食产区的三种改制方案：

A (三季三季)、B (两季三季)、C (两年三季)。主要评价指标是：每亩粮食产量、农产品质量、每亩劳动力、每亩净收入、对生态平衡的影响程度，权重依次为 0.2、0.1、0.15、0.3、0.25，评价等级如表 6.3 所示。

表 6.3　评价等级

分数	每亩粮食产量/kg	农产品质量/级	每亩劳动力/工日	每亩净收入/元	对生态平衡的影响程度/级
5	550～600	1	20 以下	130 以上	1
4	500～550	2	20～30	110～130	2
3	450～500	3	30～40	90～110	3
2	400～450	4	40～50	70～90	4
1	350～400	5	50～60	50～70	5
0	350 以下	6	60 以上	50 以下	6

5. 某厂主营一种产品，它的质量由 9 个指标确定，用 $u_1, u_2, \cdots, u_9$ 表示，产品的级别分为一级、二级、等外、废品。由于因素较多，宜采用二级模型。

将因素集 $U=\{u_1, u_2, \cdots, u_9\}$ 分为 3 组：

$U_1=\{u_1, u_2, u_3\}$，$U_2=\{u_4, u_5, u_6\}$，$U_3=\{u_7, u_8, u_9\}$

设评判集 $V=\{v_1, v_2, v_3, v_4\}$，其中：v_1 表示 一级；v_2 表示二级；v_3 表示等外；v_4 表示废品。

如表 6.4 所示，论域为"茶叶"，有五种标准。待品鉴茶叶为 B，反映茶叶质量的六个指标为：条索、色泽、净度、汤色、香气、滋味。试确定 B 属于哪种茶。

表 6.4　茶叶质量评价指标

	v_1	v_2	v_3	v_4	v_5	B
条索	0.5	0.3	0.2	0	0	0.4
色泽	0.4	0.2	0.2	0.1	0.1	0.2
净度	0.3	0.2	0.2	0.2	0.1	0.1
汤色	0.6	0.1	0.1	0.1	0.1	0.4
香气	0.5	0.2	0.1	0.1	0.1	0.5
滋味	0.4	0.2	0.2	0.1	0.1	0.3

参考文献

[1] 杨纶标，高英仪. 模糊数学原理及应用. 4 版 [M]. 广州：华南理工大学出版社，2006.

[2] 李登峰. 模糊多目标多人决策与对策 [M]. 北京：国防工业出版社，2005.

[3] 周涛，程钧谟，乔忠. 物流企业绩效评价体系及模糊综合评判 [J]. 物流技术，2002(09)：26-28.

[4] 陈国群，陈振宇. 模糊聚类分析在环境单元分类中的应用. 信阳农业高等专科学校学报，2003，(02)：94-95.

[5] 王跃进，孟宪颐. 绿色产品多级模糊评价方法的研究. 中国机械工程，2000，(09)：65-68+6.

[6] 刘辉，李仁传. 基于 ANP 和模糊聚类的军人家属风险研究. 运筹与管理，2021，30(03)：7-14.

[7] 杨晓峰. 基于模糊聚类的客户分类评价方法. 电子技术与软件工程，2021，(03)：159-160.

[8] 安莹，付博晶. 基于聚类分析的急诊住院老年患者护理需求特点及对策探讨. 中国实用护理杂志，2019，(03)：219-224.

[9] 戎荣，赵燕容，魏裕丰，等. 聚类分析在地下水水质分类评价中的应用. 中国煤炭地质，2021，33(02)：45-52.

[10] 许真，何江涛，马文洁，等. 地下水污染指标分类综合评价方法研究. 安全与环境学报，2016，16(01)：342-347.

[11] 乔肖翠，李雪，刘琰. 2 种方法在典型岩溶区地下水质量评价中的对比：以地苏地下河为例. 环境工程技术学报，2021，11(02)：291-297.

[12] 刘琰，郑丙辉，付青，等. 水污染指数法在河流水质评价中的应用研究. 中国环境监测，2013，29(03)：49-55.

第7章　系统评价理论

7.1　系统评价概述

系统评价是通过设定系统目标，采用系统分析的方法，从技术、经济等方面对系统设计的方案进行标准评估、检查和择优，从而产生最优或较为满意的系统方案。本章着重于阐述系统评价原理、系统评价准则和系统综合评价法。

系统评价方法较多，比较有代表性的方法是以经济分析为目的的费用-效果分析法、以定量与定性剖析相结合为特点的关联矩阵法、层次分析法和模糊综合评价法，其中关联矩阵法突出原理性特征，层次分析法和模糊综合评价法突出实用性特征。上述所提的诸多方法是系统评价的关键工具，也是本章介绍的重点内容。

7.1.1　系统评价的定义

一般所说的评价，就是根据预定目标对已有对象的属性进行评测，把它变成主观效用的行为，即确定价值的过程。系统评价则是在特定条件下，依据评价目标，对系统或者评价对象进行价值确认和评估。也就是说，系统评价就是从诸多方面来定义系统的价值。而“价值”通常指的是评价主体依照功用观点对作用对象可否达到某种需求的认识，这一般与评价主体以及作用对象的处境息息相关。

系统评价是评价主体对系统(客体)做出价值判断的过程，是人们依据确定的目的来评估事物(系统)的有关属性，并将这些属性转化为主观效用，从而综合成系统的主观效用(价值)的过程。系统评价的基本思想就是根据明确的系统目标、结构和系统属性，用有效的标准评估出系统的性质和状态。系统评价以熟悉对象和明确目标为基础，前者指明确地掌握评价对象的优缺点，认真地评估各项系统各个目标、功能要求的实现程度以及方案实现的条件和可能性；后者指明确系统的评价指标，并通过指标来反映项目和系统要求，一般常用的指标包含政策指标、技术指标、经济指标、社会指标、进度指标等。

系统评价一般包括以下6个基本要素(5W1H)：

(1) 评价对象(What)：熟悉评价对象是评价系统的基础，是指能够接受评价的事物、行为或系统，如待开发的产品、待建设项目等。

(2) 评价主体(Who)：评价的组织者与专家群体，评价效果的好坏与评价主体密切相关，他们对评价理论和评价方法掌握的程度、评价工作所花费的时间与精力的多少决定了评价效果。

(3) 评价目的(Why)：系统评价要解决的问题和发挥的价值。如对同一系统，评价的目的可以是评估方案可行性、系统安全性等。

(4) 评价时期(When)：系统评价在系统开发全过程中所处的阶段。如产品设计过程中的策划评审、方案评审、实施图纸评审、产品验收评审等，不同的阶段评审的侧重点不同。

(5) 评价地点(Where)：包括评价范围(评价对象所涉及的及其占用的空间)和评价的立场(评价主题观察问题的角度和高度)。

(6) 评价方法(How)：对一个系统进行评价所采取的方法，如层次分析法、灰色关联法等。不同方法的选取会影响系统评价的准确度和可信度，一般要求根据实际问题的特征和属性，将定性方法与定量方法结合起来进行系统评价。

7.1.2　系统评价的类型

系统评价依据不同的分类方式可以分为不同类型。

1. 按时间分类

(1) 期初评价：在研发新产品制作方案之初所进行的评价。这里的评价是为快速协调沟通，综合设计开发、加工生产、供给销售等部门的看法与建议，并在满足系统总体要求的基础上，探寻与目标方案密切相关的诸多根系问题。例如新产品的能效、结构可否满足用户的需求或适应本企业的规模发展趋势，新产品研发方案在技术上是否符合创新性要求、经济上可否取得可观的经济效益，另外还需要考虑新方案的开发费用和时间等。通过期初评价，可以择优选择研发方案以满足实际需求。可行性研究的关键内容，本质上就在于对系统问题的期初评价。

(2) 期中评价：新产品在研发流程中所进行的评价。如果研发流程有严格的时间规定，则期中评价通常会频繁进行。期中评价的作用及意义，主要是检验新产品设计流程是否按照预期计划实施，同时针对评价中暴露的设计等突出问题，采取可行有效的解决措施。

(3) 期末评价：新产品研发试制完成后，为检验系统是否达到了预期目标进行的评价。其核心是，从诸多方面系统地评价新产品各项技术经济指标是否符合预先设定的标准。同时，依照评价结果可进一步为实际生产做好技术及信息上的双重准备，并及时采取预防性的措施，保证能够及时处理其他未知问题。

(4) 跟踪评价：为探究新产品应用于实际社会生活中的效用以及对其他方面(如生态环境)造成的影响，在进行实际生产后一定时间范围内，每隔一段时间开展一次跟踪评价，以达到不断提升产品质量的要求，同时也可为类似新产品研发提供可靠的实际应用参考。

2. 按项目分类

(1) 目标评价：确定系统目标后，进行目标评价，明确目标可否满足实际要求。

(2) 方案评价：在方案初步形成之后，依据客观标准和主观标准对决策方案进行评价和择优。

(3) 设计评价：对某个设计的评价，突出其优点并改正其不足之处。

(4) 计划评价：对某项计划做出评价，从而明确其可行性或计划进行可否满足实际要求。

(5) 规划评价：如城市规划、绿地规划，评价能否达到预期目标的要求。

3. 按内容分类

(1) 技术评价：从系统功能的角度，对项目的科技创新性、适用性、可靠性、危险性等的评价。

(2) 经济评价：主要是分析经济活动是否能按照既定的目标执行，从而有针对性地提出意见和建议，促使决策者改善经营管理，提高经济效益。

(3) 社会评价：对项目完成后给予社会的利益、影响等诸多方面的评价。

(4) 综合评价：这是一种针对被评价对象(系统)的客观、正确和符合常理的价值判定与择优的评价活动。

7.1.3 系统评价的重要性与复杂性

在系统设计、开发和实施过程中，必定涉及系统决策这一环节。所谓系统决策，是指利用系统评价技术从诸多备用方案中挑选出较为优秀的方案。然而，针对既复杂又庞大的系统而言，确定究竟哪个方案最优是一个相当具有难度的问题，而且“最优”这个词本身的含义也相当模糊，“最优”的标准也是随时间变化的。可见，系统评价含有复杂和重要这两个特质。

1. 系统评价的重要性

系统评价是系统分析中不可或缺的环节，也是系统决策的依据。没有正确的系统评价，那么正确的决策便成了无稽之谈。系统评价涉及系统诸多方面，其重要性不言而喻，具体体现在以下方面：

(1) 系统评价是系统分析和系统决策活动的结合点，是全面认识系统的关键。

(2) 系统评价是决策者合理决策合理的基础。决策者以系统目标为依据，从社会、经济、生态等不同方面对方案进行评估，由此得出最优方案继而实施。

(3) 系统评价是决策者和方案执行者两两关系维稳的关键。决策者利用评价活动帮助执行人员加深对方案的知悉，有助于执行人员有效开展工作并达成目标。

(4) 系统评价有助于发现和解决问题。在系统评价过程中，如若能不断察觉到问题并解决，将有助于系统的改进和优化。

2. 系统评价的复杂性

系统评价不仅含有重要的特质，同时也含有复杂的特性，系统评价的复杂特质主要如下所示：

(1) 系统评价的多目标性。如系统为单目标，它的评价实际操作将是简单易行的。然而实际系统中的问题都含有诸多复杂的因素，系统评价的目标数量较为繁多，而且诸多方案一般均各有所长、各有千秋：在某些指标上，方案甲好于乙；而在另一些指标上，方案乙好于甲，此种情况下进行评价较为困难。随着指标以及方案的增加，面临的问题就显得更为复杂。

(2) 系统的评价指标体系中，同时含有定量与定性两种指标。对于前者，通过对比标准，易于形成其优劣的顺序；但对于后者通常依据人的主观判断和经验进行评价，含有模糊的语言表达。如点评一辆汽车的便捷性、适宜性等这些指标。以往的评价一般关注单一的定量指标，而忽略定性的、无法量化的却对系统是颇为重要的指标。

(3) 评价对象依据某些指标的满足程度也是人为规定的，故人的价值观在评价中表现出较为关键的作用。由于在不同情况下，每个人的观点、立场、标准不尽相同，故要求有一个相同的量度来将每人的价值观统一起来，这是评价工作的某项关键任务之一。

7.1.4　系统评价的原则

根据系统评价的关键和复杂特质，为了进一步优化系统评价，必须遵守以下原则。

1. 评价的客观性

评价的目的是进行决策，故评价的结果优劣直接关系到决策的科学与否。评价必须从客观角度来表达实际境遇，为此需注意以下方面：

(1) 确保评价资料的全方面覆盖性和准确合理性。

(2) 防止评价人员含有偏见观点。

(3) 评价人员的构建要能突出代表、覆盖面广泛。

(4) 保证评价人员拥有踊跃自由发言和发表观点的权利。

(5) 保证专家人数在评价人员中占有适宜的比例。

2. 方案的可比性

在确保满足系统的基础功能的前提条件下，替代方案必须含有可比性特征和一致性特征。在点评时，尽量避免以线盖面、“一白遮百丑”的主观意识。个别功能的凸显，仅可表现其相关方面，不能掩盖其他方面的得分。关于可比性的另一方面解释是指，关于某个标准，要求我们必须能将方案进行比较。未能比较的方案也就不能进行评价，但在现实情况下，有诸多问题未能采取比较，或者采取比较的途径颇为复杂，我们必须在这一问题上要有一定的认识。

3. 指标的系统性

评价指标本身构建成了一个系统，包含系统的全面性特征。因评价指标必须与系统目标相呼应，故应包含系统目标所涉及的诸多方面。由于系统目标是含有诸多元素、诸多层级、诸多时间序列的，因此评价指标通常也满足上述特点。同时这些指标是一个有序统一的整体。因此制订评价指标时需明确关注其系统性，即便对定性问题也应含有恰当的评价指标或者规范化的表述，故保证评价表现出足够强的客观性。

需要注意的是，评价指标必须与所在地区和国家的方针、政策、法令的要求相统一，不允许存在相悖和疏漏之处。在实际应用中关于评价的原则问题，应根据具体问题的差异有所侧重。

7.1.5　系统评价的步骤

依据系统工程中关于评价的定义，即在评价系统中刻画某种方案对原先目标的完成程度。评价主体(决策者)根据既定的系统目标，通过诸多系统评价方法的应用，从技术、经济、社会、生态等方面对系统设计方案进行评审和选择，以确定最优或次优或满意的系统方案。

系统评价过程中主要回答两个问题：系统存在什么属性？系统的价值如何？

为了回答以上两个问题，首先要了解系统评价的步骤，如图 7.1 所示。

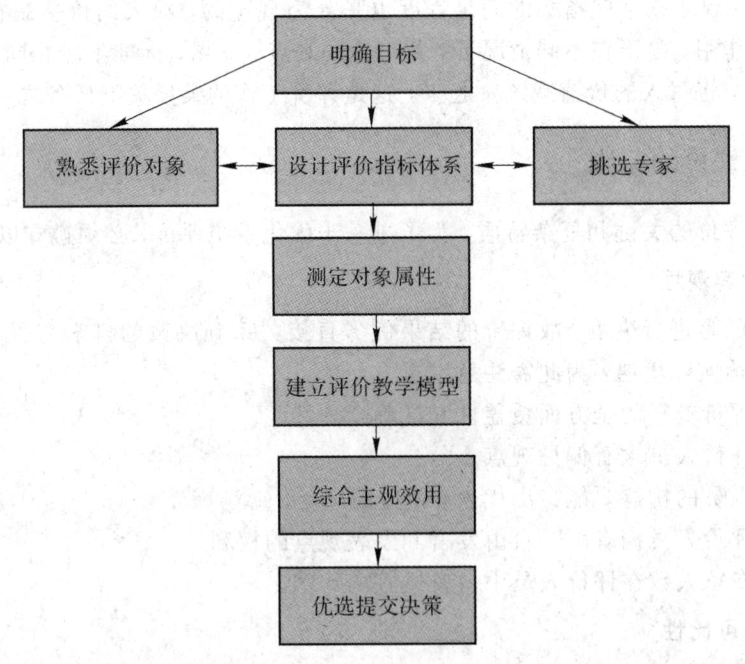

图 7.1　系统评价的步骤

1. 明确目标

明确评价的目的，到底是为了从繁多的方案中选择一个好方案，还是为了更好地控制和管理一个给定的系统。

2. 熟悉评价对象

深入了解被评价对象及其所处的系统环境，获取与被评价对象密切相关的情报信息，收集整理被评价对象的资料，明确系统构建要素及其两两之间的关联关系，剖析系统的行为、功能、特点等有关属性，并刻画这些属性的重要程度。

3. 挑选专家

挑选专家时，在保证专家一定数量的基础上，也要注意专家的构成与素质，择优选取那些熟悉系统对象的内行专家，不能仅看专家的名望。应根据被评价对象所涉及的领域，分配一定数量的各领域专家，并对专家进行最终挑选。

4. 设计评价指标体系

在深入了解评价对象及评价目标的基础上，构建评价指标体系。这一过程是一个由浅及深、螺旋式推进的过程，即随着目标明确程度和对象熟悉程度的深入，不断拓展，制订草拟的评价指标体系，最后通过咨询专家得到确定的指标体系。

5. 测定对象属性

评价对象存在多种属性，不同属性的测定方法不同，但系统评价所涉及的每个属性都需测定。一般来讲有三种评测方法，即直接测定、间接测定和分级定量方法。

6. 建立评价数学模型

评价数学模型的功能，是将系统各属性的功能综合成被评价系统总体的功能。建模者要依据专家对评价指标体系的建议和看法，选择和构建合适的数学表示方法，要明确不同数学表示方法的物理含义，切勿任意选择和创造表示方法。

7. 综合主观效用

评价均采用多方案、多过程的比较，故针对不同的方案、过程利用计算机仿真形成方案、过程的总效用。另外，任一方案、过程均存在不确定因素，以及专家在对关键属性的认识上存在差异，故要对方案、流程进行灵敏度分析，继而反映不同方案、流程在特定情形下的主观效用值。

8. 选优提交决策

评价指标体系和评价模型未能反映出系统的所有方面，且由于系统环境变化、决策者的所处境遇和心理波动等因素，即使是最优方案也会在实际应用中面临困难。因此，有必要综合分析评价对象结果，提交的报告除了提供最优方案之外，还应给定有效实施所需的条件，以便提供正确的决策依据。

7.2　系统评价的指标体系

7.2.1　系统评价指标体系概述

1. 组成

指标体系是由诸多单项指标构建的有机整体，它突出所化解问题的所有目标要求。指标体系自身应科学、合理以及被有关部门或人员接受。指标体系可以分成以下六类：

(1) 经济性指标：成本、利润、税金、投资额、流动资金占用量、发展规模、发展速度、经济结构、投入/产出比、费用/效益比。

(2) 技术性指标：产品技术性能(体积、重量、计算速度、容量、寿命、可靠性、安全性、连通性、阻塞概率、信道数)。

(3) 政策性指标：国家的方针、战略、律例。

(4) 社会性指标：就业与失业、社会福利、医疗保险、生态环境、污染。

(5) 资源性指标：能源(水、电、煤、气、石油)、土地、设备、人力、原材料。

(6) 时间性指标：工程进度、生产周期、工期要求、试制周期。

2. 指导思想

在构建评价指标体系的过程中，首先要有明晰的指导思想，明确决策者的评价目标和要求。

评价的目的是控制管理系统，使系统处于最优运行轨迹，使领导有效地对系统进行管理，可采用控制论思想。如过程评价、组织评价、市场秩序评价，这些评价工作的目的是改进工作，可以从系统的投入、产出、内部结构和内部状态、环境反映等方面来建立评价指标体系。

评价的目的是选优，可采用系统论思想，即对系统进行整体的剖析、综合思考，从目标分解或社会价值观角度来构造评价指标体系。一般有两种指标体系构成方法：一是直接分解法，如“五好”学生的评价指标体系由德、智、体、美、劳五方面组成；二是价值观分解法，包括政治、经济、技术、社会、环境等五大类指标。

3. 需要解决的问题

建立指标体系应解决下列三个问题：

(1) 大类指标和分类指标数量。涉及的指标数量越增加，指标包含的规模越为广泛，方案两两间的差异表现就越为突出，继而方案的判断和评价更为准确。但判别大类指标和分指标的关键程度的操作难度逐步增多，故破坏影响方案根本特性的概率会逐步飙升。如果大类指标和分类指标的量逐步增加，那么严密剖析决策所需要的时间、费用逐步增加，继而方案评价的效果表现得更符合原有目标的要求。化解这个矛盾体的关键，就需要决策者对方案精度、费用、时间进行全面剖析。在现实操作中，系统工程工作者一般将注意力置于符合评价精度需求的基本条件下，指标体系在较大程度上满足实施简单、行之有效的要求。

(2) 评价指标间的互相独立。各类指标两两之间应保持属性的彼此独立。例如，企业用度和投资用度，折旧用度和成本，对界限应明晰地加以分割和划定。对于诸多凸显因果联系的指标，需根据相应理论选择指标。在建立模型时，归纳指标突出衍生的问题，采用某些算法来剥离相关关系。

(3) 评价指标体系的建立。评价指标体系的建立要求尽可能地做到科学、合理、实用，通常使用专家咨询法，即德尔菲方法(Delphi Methods)。该方法经过广泛征求专家意见，反复交换信息，统计处理和归纳综合，使所建立的评价指标体系更能充分反映上述要求。

4. 建立指标体系的步骤

一般来说，建立评价体系可以通过以下步骤进行：

(1) 草拟评价指标体系。系统评价工作者依据评价目标及要求，对评价对象进行深入探究，可选择实际地点勘探、上门咨询等相关方法，在足够知悉评价目标、要求以及足够知悉被评价对象的基本要求下，通过采用头脑风暴法，初步构建评价指标体系的初稿。

(2) 设计咨询书。这是评价指标体系构建过程中的重要环节。咨询书是由邀请信和咨询表构成的。邀请信要清晰地阐明评价工作的重要性，同时还要体现对专家的尊重、敬仰以及明确提出会予以报酬的许诺；咨询表的设计要简洁大方，其中对咨询内容，如条目的内涵、条目的增删方法、回信的时间以及重要等级表示方法等标以明确的信息，从而使得专家能容易地明确咨询的要求；由于指标体系较为复杂，一般情况下应分大类指标、各分类指标来设计咨询表。在撰写咨询书时要选择适宜的词语，使专家感到参加咨询工作是一件非常重要且应该做的事。

(3) 第一轮 Delphi 咨询。将咨询书邮寄(或发送 E-mail)给专家，并做好收到回信后的相关准备工作；在收到专家的反馈意见后，要对咨询结果进行统计处理。

(4) 第二轮 Delphi 咨询。由于专家针对问题的理解存在一定的差异，一般需进行几轮 Delphi 咨询，在实行下一轮咨询前，需将前一轮咨询结果通知专家，专家根据上一轮的讨论结果进行下一轮判定评估。

(5) 结束。当咨询结论的方差指标符合给定的标准时，咨询流程即可结束。

7.2.2 评价指标的处理方法

1. 评价指标数量化方法

在对具体的目标进行评价时，需通过具体的数值来进行表达，评价指标数量化的方法

主要分为以下四种：

(1) 排队打分法。如果评价指标的因素已经采用一定的数量来进行表达，那么就可以选择排队打分法。设存在 m 种方案，故可使用 m 级记分制，最佳表现的方案记为 m 分，表现最差的方案记为 1 分，中间的诸多方案采用等步长(步长为 1 分)进行计分，或者采用不等步长进行记分；或者把某个指标的诸多方案的数据按规律排布，接下来依据数据的分布趋势，分割出组数小于 10 个的诸多小组，设计其中最大的方案给定分值为 10 分，其次 9 分，其余依方案的规模给分。

(2) 体操计分法。体操计分法是通过 6 位裁判员相互不存在影响地对参与者采用 10 分制进行评分，得到 6 个评分值，然后去除最高分和最低分，将剩余的 4 个分数取均值，就形成了表演者的最终得分。在系统评价工作中，对于一些定性评价的项目，一般利用体操计分法来量化评价，形成该指标的最终分值。例如对建设项目便捷性指标的评分也使用这种方法。

(3) 专家评分法。这是一种应用专家经验的直觉评分法。例如在对诸多设备的操作性给出评价时，可邀请不同的专家对这些设备进行实际操作，通过专家亲手使用这些设备来感受其操作性的差异。各个专家根据自身主观直觉和经验，依照相应的定分规则，如优、良、中、差，对这批设备给定相应的分数，再由评价小组将对应文字转化为相应的数字，如 4、3、2、1，最后将每一设备的分值求和，继而将每台设备的分值总和除以专家的人数，由此产生了各台设备的分值。

(4) 两两比较法。两两比较法是一种经验评分方法。专家对不同方案进行两两比较而打分，然后相加求和，最后进行标准化、归一化处理。专家定分时可依据实际情况，采用仿真模拟三层次判定法、五层次判定法或多比率定值法等方法。

2. 评价指标综合的关键方法

评价指标综合的方法有很多，本小节简要介绍较为常用的四种方法。

1) 加权平均法

加权平均法是对评价指标进行抽象归纳的基本方法，包括加法规则和乘法规则。

(1) 加法规则。方案 i 的总效用值 Φ_i 可采用如下公式计算：

$$\Phi_i = \sum^{n}\omega_j a_{ij}, \ i = 1,\cdots,m \tag{7.1}$$

其中，ω_j 为权系数，满足如下关系式：

$$0 \leqslant \omega_j \leqslant 1, \sum_{j=1}^{n}\omega_j = 1 \tag{7.2}$$

(2) 乘法规则。方案 i 的归纳评价值可采用如下公式计算：

$$\phi_i = \prod_{j=1}^{n} a_{ij}, \ i = 1,\cdots,m \tag{7.3}$$

其中，a_{ij} 为方案 i 的第 j 项指标的得分，ω_j 为第 j 项指标的权重。对式(7.3) 的两边求对数，得

$$\lg\phi_i = \sum_{j=1}^{n}\omega_j \lg a_{ij}, \ i = 1,\cdots,m \tag{7.4}$$

由式(7.4)可见，乘法规则是对数形式的加法规则。

加法规则中，各个指标的分值可线性地互相补偿。若其中一项指标的分值较低，而其

他指标的分值较高，则总的评价分值不会受影响；若其中任一项指标的分值有明显变化，则使得总的评价分值受到明显影响。

乘法规则则要求各个指标均表现出最高的水平，才能使总的评价分值呈现最高的水平。此规则的特点是，不希望方案中的某一指标表现出最差的分数；若有一项指标的分值为零，则无论其余指标的分值多么高，总的评价分值都将为零，继而淘汰此方案。

2）功效系数法

设系统具有 n 项评价指标 $f_1(x)$，$f_2(x)$，…，$f_n(x)$，其中 k_1 项越大越好，k_2 项越小越好，其余 $n-k_1-k_2$ 项要求适中。

现在分别为这些指标赋以一定的功效系数 d_i，$0\leqslant d_i\leqslant 1$，其中 $d_i=0$ 表示最不满意，$d_i=1$ 表示最满意；一般地，$d_i=\Phi_i(x)$，对于不同的要求，函数 $\Phi_i(x)$ 有着不同的形式。如图 7.2 所示，当 f_i 越大越好时选用图 7.2(a)，越小越好时选用图 7.2(b)，适中时选用图 7.2(c)。把 $f_i(x)$ 转化为 d_i 后，得到一个总的功效系数：

$$D=\sqrt[n]{d_1\times d_2\times\cdots\times d_n} \tag{7.5}$$

作为单一评价指标，希望 D 越大越好 $(0\leqslant D\leqslant 1)$。

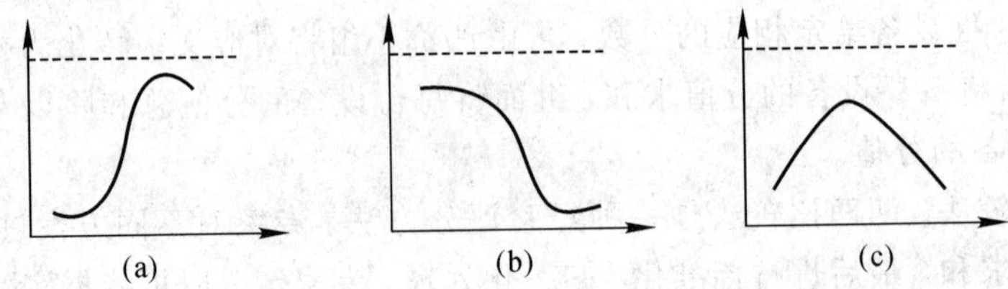

图 7.2　不同 $\Phi_i(x)$ 的形式

3）主次兼顾法

设系统具有 n 项指标 $f_1(x)$，$f_2(x)$，…，$f_n(x)$，$x\in R$，如果其中某一项非常关键，设为 $f_i(x)$，且希望它选取极小值，那么我们可让剩余指标在某一给定的范围内波动，来求 $f_i(x)$ 的极小值，即将问题变为单项指标的数学规划：

$$\begin{gathered}\min f_1(x),\ x\in R' \\ R'=\{x\mid f'_i\leqslant f_i(x)\leqslant f'_i,\ i=2,3,\cdots,n,\ x\in\mathbf{R}\}\end{gathered} \tag{7.6}$$

4）罗马尼亚选择法

罗马尼亚选择法是把各个指标的实际分值变为以 100 分为上限的分值，该过程称为标准化。标准化时分别从多个指标计算，得出方案的得分，表现最为优秀的方案得 100 分，表现最为差劲的方案得 1 分，适中的方案按下式计算得分数：

$$X=\frac{99\times(C-B)}{A-B}+1 \tag{7.7}$$

其中，A 为表现最优秀的方案的变量值；B 为表现最差的方案的变量值；C 为适中方案的变量值。

7.2.3　指标权重计算

解析综合评价中，权重的数值表现了评价指标的关键与否，权重分配数值高，说明评价指标更为关键。在实际境遇中存在两种表现形式：一是通过绝对数(即频数)来表达，另一种是通过相对数(即频率)来表达。计算指标权重的方法一般有主观赋权法、客观赋权法、组合集成赋权法三大类。

1. 主观赋权法

主观赋权法是指依据决策者的获取知识水平或喜好，继而依必要性逐个对指标两两对比、给定数值和推测出权重数值的方法。

1) 德尔菲(Delphi)法

德尔菲(Delphi)法又称为专家法，它区别于其他方法的地方在于综合专家的知识和经验，推测诸多指标的权重数值，并在不断的反馈和修改中得到比较满意的结果。基本步骤如下：

(1) 挑选专家。这是具有里程碑式的一步，其选取结果对结果的正确性有直接影响。咨询领域中的知名专家，人数应在 10～30 人的约束范围内，其前提要求是符合所邀人士的时间工作安排并计划适宜的酬谢。

(2) 把未进行权定数值分配的 p 个指标和同类信息，以及一致的权定数值分配规则知悉至诸位专家，公正且公开地得出逐个指标的权重数值。

(3) 整理最终结果，并计算得到各指标权重数值的平均值以及标准差。

(4) 把计算得出的结论及后来补充的信息反馈给专家，由专家依据上述信息进一步分配权重数值。

(5) 循环运行第(3)和第(4)步，直至得出的指标权重数值均满足给定的要求标准，将这些数值进行加和运算，得到的均值即指标的权重。

2) 层次分析法(*AHP* 法)

层次分析法是 20 世纪 70 年代由著名运筹学家 T. L. Saaty 提出的一种方法。在进行多属性决策时，决策者对多个评价指标进行两两对比，形成判断矩阵：

$$\boldsymbol{U}=(u_{ij})_{n\times n} \tag{7.8}$$

其中：u_{ij} 为评价指标 s_i 与 s_j 比较得出的数值。这些数值若为 1～9 范围内的奇数，则在比较过程中，两个数值的关键性分为同等重要、较重要、很重要、非常重要、绝对重要；若数值为位于 1～9 范围内的偶数，则逐个凸显出两两指标对比所得的关键程度，位于上述表述中相邻奇数所表示的关键程度之内。

$$W_j=\left(\prod_{i=1}^{n}u_{ij}\right)^{\frac{1}{n}},\ j=1,2,\cdots,n \tag{7.9}$$

2. 客观赋权法

客观赋权法是基于方案各评价指标的客观数据间的相互差异，推算各个指标权重比值的方法。目前，关于客观赋权法的主要研究成果有：主成分分析法、突出整体差异的“拉开档次法”、表现某一差异的“均方差法”“熵值法”以及“极差法”“离差法”。

(1) 主成分分析法：将各项评价指标综合得到 z 个关键成分，再以这 z 个关键成分作为权重数值，构成一个综合指标来分析事物。

特点：用 z 个具有线性特征却没有关联的关键成分，来表示原来的 n 个评价指标。当这 n 个评价指标两两关联程度过于强烈时，通过这种方法可去除诸多指标的重复特征，而且能依据指标反映的信息，计算主观给重权重数值。

(2)“拉开档次法”：将 n 个被评价对象看成是由 m 个评价指标构成的 m 维评价空间中的 n 个点。寻找 n 个被评价对象的评判数值，就等同于把这 n 个点向一维空间投影。选取指标权系数，使多个被评价对象两两之间的区别程度逐渐升高，即根据 m 维评价空间构成一个理想的一维空间，继而各点在这一维空间上的投影点表现得比较零散。定义极大型评价指标 x_1，x_2，…，x_m 的线性函数 $y=w_1x_1+w_2x_2+\cdots+w_mx_m=\boldsymbol{w}^{\mathrm{T}}\boldsymbol{x}$，形成被评价对象的综合评价函数，式中 $\boldsymbol{W}=(w_1,w_2,\cdots,w_m)^{\mathrm{T}}$ 是 m 维未定义的正向量，用于给定权系数向量的规则，是以非常高的程度表现出多个被评价对象间存在的区别，即运算得指标向量 x 的线性函数 $\boldsymbol{w}^{\mathrm{T}}\boldsymbol{x}$。

该方法的特点如下：

① 综合评价过程可视化；

② 评价结果与系统或指标的采样顺序无关；

③ 评价结果不受主观影响；

④ 评价结果客观、可比；

⑤ 权重不具有“可继承性”；

⑥ 权重不再反映评价指标的相对关键性。

(3)“均方差法”：也称为“标准差系数法”，是由孟生旺提出的。操作流程是：将各个评价指标的标准差系数向量，首先利用归一化整理运算，形成的数值即为信息量权数。某个指标的标准差数值表现若更为明显，那么在相同指标内，逐个方案所选的区别程度更多一些，在综合评价中所带来的影响作用更强，其权重数值也表现得更为突出；反之，某个指标的标准差数值表现得越差，在综合评价中带来的影响作用越弱，其权重数值也表现得越弱。

(4) 熵值法：若信息熵数值低，则指标的变异程度表现得更为突出，所含的信息量增加，在综合评价中所产生的影响随之增加，权重数值将会升高。步骤如下：

① 对规范化的决策矩阵 $\boldsymbol{R}=(r_{ij})_{m\times n}$，令

$$p_{ij}=\frac{r_{ij}}{\sum\limits_{i=1}^{m}r_{ij}},\ i=1,2,\cdots,m,\ j=1,2,\cdots,n \tag{7.10}$$

② 属性的熵值为

$$h=-(\ln n)^{-1}\sum_{i=1}^{m}p_{ij}\ln p_{ij},\ j=1,2,\cdots,n \tag{7.11}$$

③ 计算各属性的变异程度系数：

$$c_j=1-h_j,\ j=1,2,\cdots,n \tag{7.12}$$

④ 计算各属性的加权系数：

$$w_j=\frac{c_j}{\sum\limits_{j=1}^{n}c_j},\ j=1,2,\cdots,n \tag{7.13}$$

⑤ 引入总离差指标：

$$V_j(w)=\sum_{i=1}^{m}\sum_{k=1}^{m}|r_{ij}-r_{kj}|w_j,\ j=1,2,\cdots,n \tag{7.14}$$

并假定各指标权数满足单位化约束条件：

$$\sum_{j=1}^{n}w_j^2=1 \tag{7.15}$$

以此构造如下非线性规划模型：

$$\left\{\max F=\sum_{j=1}^{m}\sum_{i=1}^{m}\sum_{k=1}^{m}\left|r_{ij}-r_{ij}\right|w_j,\sum_{j=1}^{n}w_j^2=1\right\} \tag{7.16}$$

将其归一化的结果作为各指标的权重系数。解构该完善后的模型，表示最优解：

$$\boldsymbol{W}=(w_1,w_2,\cdots,w_n)$$

(5) 极差法：以各评价指标为随机变量，各方案 X_i 在指标 Y_j 下未经量纲化的特征值为该随机变量的数值表现。多个随机变量(各指标)的均值为

$$E(Y_j)=\frac{1}{m}\sum_{i=1}^{m}r_{ij},\quad j=1,2,\cdots,n \tag{7.17}$$

指标的均方差为

$$\sigma(Y_j)=\sqrt{\sum_{i=1}^{m}\left|r_{ij}-E(Y_j)\right|},\quad j=1,2,\cdots,n \tag{7.18}$$

权系数为

$$W_j=\frac{\sigma(Y_j)}{\sum_{j=1}^{n}\sigma(Y_j)},\quad j=1,2,\cdots,n \tag{7.19}$$

主观赋权法可突出表现决策者的学识程度、直观判断和主体愿望，但也会由于决策者实际操作经历的匮乏和非客观的偏倚喜好，导致决策行为产生主体操纵性；客观赋权法虽然考虑了全方位的数理理论，却忽视了决策者的主体需求。故这两种方法均存在优缺点。近年来，研究工作者们尝试利用主、客观赋权法来构建各评价指标的权重数值，通过集成的思想计算分配得到最终权重，不仅能客观表现不同指标的关键性，又能反映出决策者的主体愿望。

7.3　系统评价方法

综合评价是一种对被评价对象的理性、公平和符合规范的价值判定，以及操作择优的活动。系统综合评价的本质是将评价对象在各单一指标上的价值判定的数值，采用全方位解析的方法。综合评价必须以系统的全方位为起点，从诸多方面对评价对象的长短板进行权重分配的过程。评价方法主要包含四个要素：评价主体、评价目标、评价指标体系、评价对象，如表 7.1 所示。

表 7.1　企业管理中的各种选择涉及的综合评价

评价主体	评价目标	评价指标体系	评价对象
上级机关	厂长(总经理)选择	工作能力、政治思想、知识化、专业化、年轻化	候选人 A、B、C、D
计划主管	生产计划方案选择	技术可行性、工艺可行性、工期要求、成本要求、人力要求	方案 A、B、C、D
资本运营策划	投资项目选择	投资回收期、投资净收益、投资效果系数	证券 A、B、C、D
战略规划主管	联盟伙伴选择	伙伴单位互补性、资金技术实力、合作信誉	备选单位 A、B、C、D

综合评价具有如下特性(共七个性质)：① 普遍性；② 重要性；③ 客观公正性；④ 被评价对象的可比性和一致性；⑤ 评价的系统性和全面性；⑥ 政策法规性；⑦ 复杂性。

根据综合评价方法的四个要素，我们可以得到综合评价的步骤，如图 7.3 所示。

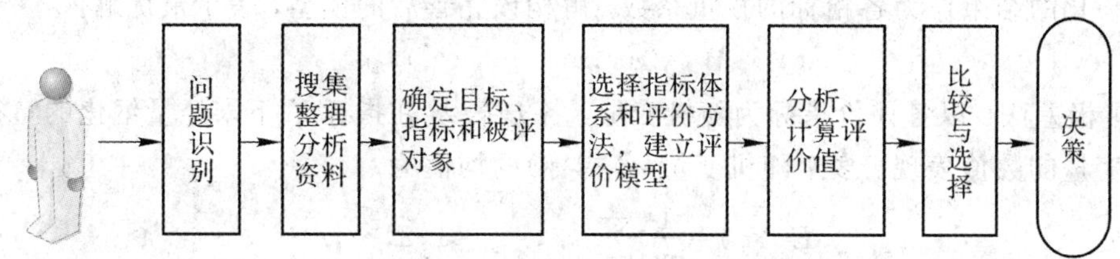

图 7.3　综合评价的步骤

常见的综合评价的方法有：关联矩阵法、PATTERN 法、层次分析法、模糊综合评判法、成分分析法、灰色评价法、可能-满意度法、协商综合评价法、动态综合评价法、群体综合评价法、立体综合评价法、基于模式识别的评价法等。下面对综合评价方法中较为常见的两种方法进行介绍。

7.3.1　关联矩阵法

关联矩阵法是实际中常见的系统综合评价法，它的核心是利用矩阵形式来突出各替代方案的相应评价指标及其重要度与方案关于具体指标的价值判定量之间的关系，通过将多目标问题转化为两指标间的重要度对比，从而简化评价过程。

下面举例说明。设 A_1，A_2，…，A_m是某评价对象的 m 个替代方案；X_1，X_2，…，X_n是评价替代方案的 n 个评价指标；W_1，W_2，…，W_n是 n 个评价指标的权重；V_{i1}，V_{i2}，…，V_{in}是第 i 个替代方案 A_i的关于 X_j指标($j=1\sim n$)的价值评定量。

与上述定义对应的关联矩阵表由表 7.2 进行说明。

表 7.2　关联矩阵表

V_{ij} A	X_1	X_2	…	X_j	…	X_n	V_i
	W_1	W_2	…	W_j	…	W_n	(加权和)
A_1	V_{11}	V_{12}	…	V_{1j}	…	V_{1n}	$V_1=\sum_{j=1}^{n}W_jV_{1j}$
A_2	V_{21}	V_{22}	…	V_{2j}	…	V_{2n}	$V_2=\sum_{j=1}^{n}W_jV_{2j}$
⋮	⋮	⋮	⋮	⋮	⋮	⋮	⋮
A_m	V_{m1}	V_{m2}	…	V_{mj}	…	V_{mn}	$V_m=\sum_{j=1}^{n}W_jV_{mj}$

通常情况下系统包含多个指标，而且这些指标并不是独立存在的，而且指标的维度和单位往往不统一，造成系统评价困难。据此，H. 切斯纳(H. Chesner)提出的综合方法是，根据具体评价系统，确定系统评价指标体系及其相应的权重，然后对评价系统的各个替代方案计算其综合评价值，即求出各评价指标评价值的加权和。

关联矩阵评价方法的关键，在于确定各评价指标的相对重要度(即权重 W_j)以及根据

评价主体给定的评价指标的评价尺度，确定方案关于评价指标的价值评定量(V_{ij})。下面结合例子来介绍两种确定权重及价值评定量的方法。

1. 逐对比较法

逐对比较法是确定评价指标权重的简便方法之一。其基本的做法是：对各替代方案的评价指标进行逐对比较，给相对重要的指标打分，据此可得到各评价项目的权重 W_j。再根据评价主体给定的评价尺度，对各替代方案在不同评价指标下一一进行评价，得到相应的评价值，进而求加权和得到综合评价值。下面以某紧俏产品的生产方案选择为例加以说明。

【例 7.1】 假定某市为减少交通事故制定的三种措施：A_1—设置防事故栅栏；A_2—设置人行道；A_3—设置信号。

通过权威部门及人士讨论决定，评价指标有五项：① 死亡者的减少；② 负伤者的减少；③ 经济损失的减少；④ 外观；⑤ 实施费用。

根据专业人士的预测和估计，实施这三种方案后关于五个评价指标的结果如表 7.3 所示。

表 7.3　方案实施结果

项目方案	死亡者的减少/人	负伤者的减少/人	经济损失的减少/百万元	外观	实施费用/百万元
防事故栅栏	5	10	10	差	20
人行道	6	15	15	很好	100
信号	3	8	5	一般	5

评价过程如下：

(1) 用逐对比较法求出各评价指标的权重，结果如表 7.4 所示。死亡者的减少与负伤者的减少相比，前者重要，得 1 分，后者得 0 分，依此类推。最后根据各评价项目的累计得分计算权重，如表 7.4 最后一列所示。(表中显示“外观”权重为 0，问题及原因何在？应如何解决？)

表 7.4　逐对比较法

评价项目	比较次数										累计得分	权重
	1	2	3	4	5	6	7	8	9	10		
死亡者的减少/人	1	1	1	1							4	0.4
负伤者的减少/人	0				1	1	1				3	0.3
经济损失的减少/百万元		0			0			0	1		1	0.1
外观				0			0		0	0	0	0.0
实施费用/百万元			0			0		1		1	2	0.2
合计	1	1	1	1	1	1	1	1		1	10	1.0

(2) 评价主体(一般为专家群体)，确定评价尺度如表 7.5 所示，以使方案在不同指标下的实施结果能统一度量，便于求加权和。

表 7.5 评 价 尺 度

尺度方案	5	4	3	2	1
死亡者的减少/人	8 人以上	6～7 人	4～5 人	2～3 人	1 人以下
负伤者的减少/人	30 人以上	20～29 人	15～19 人	10～14 人	9 人以下
经济损失的减少/百万元	30 以上	20～29	15～19	10～14	0～9
外观	很好	好	一般	差	很差
实施费用/百万元	0～20	21～40	41～60	61～80	81 以上

根据评价尺度表，对各替代方案的综合评定如下：

替代方案 A_1：$V_1=0.4\times3+0.3\times2+0.1\times2+0.2\times5=3.0$

替代方案 A_2：$V_2=0.4\times4+0.3\times3+0.1\times3+0.2\times1=3.0$

替代方案 A_3：$V_3=0.4\times2+0.3\times1+0.1\times1+0.2\times5=2.2$

以上计算结果可用关联矩阵表示，见表 7.6。

表 7.6 关联矩阵(逐对比较法)

		死亡者的减少/人	负伤者的减少/人	经济损失的减少/百万元	外观	实施费用/百万元	V_i
权重		0.4	0.3	0.1	0.0	0.2	
方案	防事故栅栏	3	2	2	2	5	3.0
	人行道	4	3	3	5	1	3.0
	信号	2	1	1	3	5	2.2

由表 7.6 可知，因 $V_1=V_2>V_3$，故 $A_1=A_2>A_3$。

在只需对方案进行初步评估的情况下，也可用逐对比较法来确定不同方案对具体评价指标的价值评定量)V_{ij}。

2. 古林法

当对各评价项目间的重要性做出定量估计时，A・古林(A. I. Klee)法比逐对比较法更贴近实际情况。它是确定指标权重和方案价值评定量的基本方法之一。现仍以上述评价问题为例来介绍此方法。

1) 确定评价项目的权重

(1) 确定评价指标的重要度 R_j。如表 7.7 所示，按评价项目自上而下的次序，两两比较其重要性，并用数值表示其重要程度，然后填入表 7.7 的 R_j 一列中。由表 7.7 可知，死亡者减少的重要性是负伤者减少的 3 倍；同样，负伤者减少的重要性是经济损失减少的 3 倍；经济损失减少的重要性是外观的 2 倍；又因实施费用的重要性是外观的 2 倍，故反之，外观的重要性是实施费用的 0.5 倍。最后，由于实施费用已经没有别的项目与之比较，因此没有 R 值。

表 7.7　关联矩阵(逐对比较法)

序号(j)	评价项目	R_j		K_j	
1	死亡者的减少/人	3		9.0	0.621
2	负伤者的减少/人	3		3.0	0.207
3	经济损失的减少/百万元	2		1.0	0.069
4	外观	0.5		0.5	0.034
5	实施费用/百万元	—		1	0.069
合　计		8.5		14.5	1.000

(2) R_j的基准化处理。设基准化处理的结果为 K_j，以最后一个评价指标作为基准，令其 K 值为 1，自下而上计算其他评价项目的 K 值。如表 7.7 所示，K_j列中最后一个 K 值为 1，用 1 乘上一行的 R 值，得 1×0.5=0.5，即为上一行的 K 值(表中箭线表示)，然后再用 0.5 乘上一行的 R 值，得 0.5×2=1.0 等，直至求出所有的 K 值。

(3) K_j的归一化处理。将 K_j列的数值相加，分别除以各行的 K 值，所得结果即分别为各评价项目的权重 W_j，显然有 $\sum_{i=1}^{n} W_i = 1$(即归一化)。由表 7.7 可知，$\sum_{j=1}^{n} K_j = 14.5$，则 $W_1 = K_1 / \sum_{j=1}^{n} K_j = 9.0/14.5 = 0.621$，余可类推。

2) 方案评价

算出各评价项目的权重后，可按同样计算方法对各替代方案逐项进行评价。这里，方案 A_i在指标 X_j下的重要度 R_{ij}不需再予估计，可以按照表 7.3 中各替代方案的预计结果按比例计算出来。如死亡者的减少(X_1)的 R 值，因 A_1的死亡者减少人数为 5，A_2的死亡者减少人数为 6，故在表 7.8 中，R_{11}=5/6=0.833，R_{21}=6/3=2.000，等等。然后按计算 K_j和 W_j的同样方法计算出 K_{ij}。如在表 7.8 中，各方案在第一个评价指标下经归一化处理的评价值为

$$V_{11} = \frac{K_{11}}{\sum_{i=1}^{n} K_{i1}} = \frac{1.67}{4.67} = 0.358$$

$$V_{21} = \frac{K_{21}}{\sum_{i=1}^{n} K_{i1}} = \frac{2.0}{4.67} = 0.428$$

$$V_{31} = \frac{K_{31}}{\sum_{i=1}^{n} K_{i1}} = \frac{1}{4.67} = 0.214$$

对于表 7.8 有两点需要说明：

(1) 在计算外观时，参照表 7.5，很好为 5 分，一般为 3 分，差为 2 分，所以

$$R_{14} = \frac{2}{5} = 0.400, \quad R_{24} = \frac{5}{3} = 1.667$$

(2) 在计算实施费用时，希望投资费用越小越好，故其比例取倒数，即

$$R_{15} = \frac{100}{20} = 5.000, \quad R_{25} = \frac{5}{100} = 0.050$$

表 7.8 古林法求 V_{ij}

序号(j)	评价项目	替代方案	R_j		K_{ij}	V_{ij}
1	死亡者减少	A_1	0.833		1.667	0.358
		A_2	2.000		2.000	0.428
		A_3	—		1.000	0.214
2	负伤者减少	A_1	0.667		1.251	0.303
		A_2	1.875		1.875	0.454
		A_3	—		1.000	0.243
3	经济损失减少	A_1	0.667		2.000	0.333
		A_2	3.000		3.000	0.500
		A_3	—		1.000	0.167
4	外观	A_1	0.400		0.667	0.200
		A_2	1.667		1.667	0.500
		A_3	—		1.000	0.300
5	实施费用	A_1	5.000		0.250	0.192
		A_2	0.050		0.050	0.038
		A_3	—		1.000	0.770

综合表 7.7 和表 7.8 的结果，即可计算三个替代方案的综合评定结果，见表 7.9。由表 7.9 可知，替代方案 A_2 所对应的综合评价值 V_2 为最大，$V_1(A_1)$ 次之，$V_3(A_3)$ 最小。

表 7.9 关联矩阵(古林法)

	死亡者的减少	负伤者的减少	经济损失的减少	外观	实施费用	V_i
w_j	0.621	0.207	0.069	0.034	0.069	
A_1	0.358	0.303	0.333	0.200	0.192	0.328
A_2	0.428	0.454	0.500	0.500	0.038	0.414
A_3	0.214	0.243	0.167	0.300	0.770	0.258

7.3.2 PATTERN 法

PATTERN (Planning Assistance Through Technical Evaluation of Relevance Numbers)法适用于替代方案多、因素复杂交叉、不易选择的复杂问题的评价和决策。

使用 PATTERN 法的关键是构建相关树(Relevance Tree)。相关树是指用树形结构反映各种因素之间的关系。构建相关树一般要考虑以下问题：

· 目标和子目标是什么；

· 为实现这些目标可以采取哪些措施(资源、技术、方案等)。

通过评价相关树中各层次、项目的重要性及各项目在整体系统中所处地位来定量地评价整个系统。

使用 PATTERN 法进行综合评价的步骤如下：

(1) 描述现有系统，确定系统的基本结构；

(2) 构建相关树；

(3) 设定评价基准及其权重，并评价相关树中各项目的相对重要程度与项目 j 在评价基准 i 上的重要程度，反映 i 层中项目 j 的评价结果；

(4) 针对总目标，将与本项目有关联的上层权值和本项目的权值连乘得出项目在整个系统中的重要度(关系数)。

PATTERN 法的矩阵如表 7.10 所示。

表 7.10　PATTERN 法的矩阵

评价基准	评价系数	目的数水平层次项目(i)						
		a	b	c	…	j	…	n
α	w_α	S_a^α	S_b^α	S_c^α	…	S_j^α	…	…
β	w_β	S_a^β	S_b^β	S_c^β	…	S_j^β	…	…
γ	w_γ	S_a^γ	S_b^γ	S_c^γ	…	S_j^r	…	…
⋮	⋮	⋮	⋮	⋮	⋮	⋮	⋮	…
χ	w_χ	S_a^χ	S_b^χ	S_c^χ	…	S_j^χ	…	…
⋮	⋮	⋮	⋮	⋮	⋮	⋮	⋮	⋮
ν	w_ν	S_a^ν	S_b^ν	S_c^ν	…	S_j^ν	…	…
相关系数		r_i^a	r_i^b	r_i^c	…	…	…	…

表 7.10 中的数值可以通过全体人员投票求均值得到，并求其标准差，若标准差过大可以考虑重新投票。

下面以火灾时的安全避难问题为例，说明 PATTERN 法的具体步骤。

根据最初的研究结果，制定了该系统的相关树，见图 7.4。从相关树中可以看出系统一级项目有：把握火灾情况Ⅰ、传递火灾信息Ⅱ和安全避难Ⅲ，安全避难系统下又设有二级系统。假设一级的评价基准是生命安全、财产安全、生产秩序稳定，其评价结果见表 7.11。二级项目的评价基准有：生命安全、财产安全、生产秩序稳定、设备费用、现场构造的复杂程度，其评价结果见表 7.12。

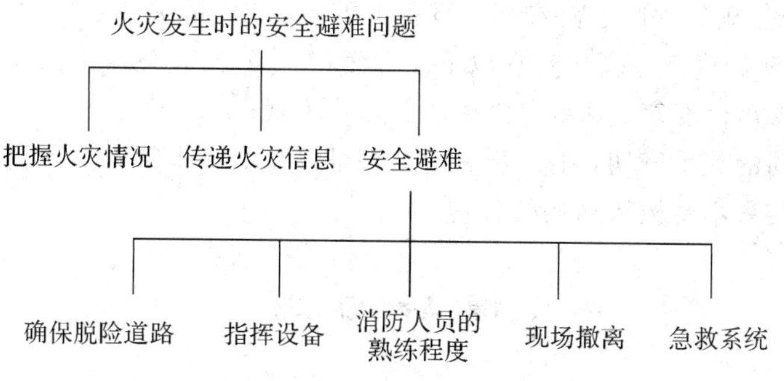

图 7.4　火灾避难系统的关联树

表 7.11　火灾一级系统的评价结果

	权重	Ⅰ	Ⅱ	Ⅲ
生命安全	0.7	0.3	0.3	0.4
财产安全	0.1	0.4	0.4	0.2
生产秩序稳定	0.2	0.3	0.2	0.5
$\boldsymbol{W}\cdot\boldsymbol{S}_J$ (J=Ⅰ,Ⅱ,Ⅲ)	1	0.31	0.29	0.4

例如：$\boldsymbol{W}=(0.7,\ 0.1,\ 0.2)$，$\boldsymbol{S}_{\mathrm{I}}=(0.3,\ 0.4,\ 0.3)$，$\boldsymbol{W}\cdot\boldsymbol{S}_{\mathrm{I}}=0.7\times0.3+0.1\times0.4+0.2\times0.3=0.31$。

表 7.12　火灾系统的综合评价结果

基　准	权重	项　目						
		Ⅰ	Ⅱ	Ⅲ				
		1	2	3	4	5	6	7
生命安全	0.50	0.10	0.10	0.20	0.20	0.20	0.10	0.10
财产安全	0.05	0.25	0.20	0.20	0.20	0.05	0.05	0.05
生产秩序稳定	0.05	0.20	0.20	0.10	0.20	0.05	0.20	0.05
设备费用	0.20	0.10	0.10	0.20	0.20	0.05	0.20	0.05
现场构造的复杂程度	0.20	0.15	0.15	0.20	0.20	0.15	0.10	0.10
$\boldsymbol{W}\cdot\boldsymbol{S}_J$ (J=Ⅰ，Ⅱ，Ⅲ)	1.00	0.123	0.120	0.195	0.20	0.145	0.123	0.085
相关系数		0.038	0.035	0.078	0.08	0.058	0.049	0.034

关于相关系数的计算，例如，如表 7.11 所示，系统一级项目的权重向量为(0.31，0.29，0.40)。如表 7.12 所示，二级项目的权重为(0.123，0.120，0.195，0.200，0.145，0.123，0.085)。最后得到相关系数向量为(0.038，0.120，0.195，0.200，0.145，0.123，0.058)，其中对应等级的相乘，即 $0.31\times0.123\approx0.038$，$0.29\times0.120\approx0.035$，$0.4\times0.195=0.078$，其他计算方法类似。

最后得出结论：确保脱险道路和指挥设备很重要，它们的关系数分别为 0.078 和 0.08。

PATTERN 法的优点主要体现在以下几方面：

(1) 评价结果可信度高，基本考虑了所有影响因素；

(2) 步骤之间的关系密切，上一步骤的结果可以在下一步骤中得到利用；

(3) 评价的结果不受树形结构的影响。

课后习题

1. 什么是系统评价？

2. 举例说明系统评价问题中的六要素及其意义。

3．简述评价指标体系的重要意义。

4．简述系统评价的原则、步骤。

5．系统评价理论分为哪几类？各理论适用于哪种情景？

6．简述关联矩阵法的逻辑步骤。

7．常见的系统评价方法有哪些？简述不同系统评价方法的应用情境。

8．简述建立评价指标体系的原则、方法，并谈一谈每种方法的特点。

9．介绍确定评价指标权重的常用方法，并谈一谈不同方法的适用范围。

10．归纳常用的系统综合评价方法有哪些，并说明不同方法的特点。

11．国庆节，小张一家人打算去旅游。现有三个地点供选择：张家界、青海湖、长白山，请用层次分析法来帮他选出适宜的旅游地点。

12．已知对三个农业生产方案进行评价的指标及其权重如表 7.13 所示。

表 7.13　对三个农业生产方案进行评价的指标及其权重

评级指标	亩产量 X_1/kg	每百斤产量费用 X_2/元	每亩用工 X_3/工日	每亩纯收入 X_4/元	土壤肥力增减级数 X_5
权重	0.25	0.25	0.1	0.2	0.2

各指标的评价尺度如表 7.14 表示。

表 7.14　各指标的评价尺度

评价值	X_1	X_2	X_3	X_4	X_5
5	2200 以上	3 以下	20 以下	140 以上	6
4	1900～2200	3～4	20～30	120～140	5
3	1600～1900	4～5	30～40	100～120	4
2	1300～1600	5～6	40～50	80～100	3
1	1000～1300	6～7	50～60	60～80	2
0	1000 以下	7 以下	60 以上	60 以下	1

预计三个方案所能达到的指标值如表 7.15 所示。

表 7.15　预计三个方案所能达到的指标值

	X_1	X_2	X_3	X_4	X_5
A_1	1400	4.1	22	115	4
A_2	1800	4.8	35	125	4
A_3	2150	6.5	52	90	2

试用关联矩阵法进行方案评价。

参考文献

[1] 周德群. 系统工程概论. 北京：科学出版社，2005.

[2] 王众托. 系统工程. 北京：北京大学出版社，2010.

[3] 王沈尘. 采用可能度和满意度的多目标决策方法. 系统工程理论与实践，1982.

[4] 童玉芬，刘广俊. 基于可能-满意度方法的城市人口承载力研究：以北京为例 [J]. 吉林大学社会科学学报，2011.

[5] 吕永波. 系统工程. 北京：清华大学出版社，2006.

[6] 薛惠锋，苏锦旗，吴慧欣. 系统工程技术. 北京：国防工业出版社，2007.

[7] 袁旭梅，刘新建，万杰. 系统工程学导论. 北京：机械工业出版社，2007.

[8] 黄贯虹，方刚. 系统工程方法与应用. 广州：暨南大学出版社，2005.

[9] 方永绥，徐永超. 系统工程基础：概念、目的和方法. 上海：上海科学技术出版社，1980.

[10] 杨玲. 绩效管理新武器：病例分型管理. 中国医院院长，2006，(11)：54－57.

[11] 赫伯特·西蒙. 管理行为. 4 版. 北京：机械工业出版社，2007.

[12] 郭齐胜，郅志刚，杨瑞平，等. 装备效能评价概论. 北京：国防工业出版社，2005.

[13] 陈宏民. 系统工程导论. 北京：高等教育出版社，2006.

[14] 杜栋，庞庆华. 现代综合评价方法与案例精选. 北京：清华大学出版社，2005.

[15] 黄维忠. 指标权重的二阶段赋权法及其应用. 上海海运学院学报，2003(2)：168－170＋174.

[16] 现代汉语词典. 北京：商务印书馆，1983.

[17] 曹小平，孟宪君，周红，等. 保障性论证. 北京：海潮出版社，2005.

[18] 郑怀洲，陆凯. 军事装备管理学. 北京：军事科学出版社，2001.

[19] 程启月. 作战指挥决策运筹分析. 军事科学出版社，2004.

[20] 陈维政，吴继红，任佩瑜. 企业社会绩效评价的利益相关者模式. 中国工业经济，2002(7)：57－63.

[21] 吴惠芳. 基层连队建设评价方法研究. 北京：国防大学出版社，2005.

[22] 黄雪清. 浅谈新形势下企业信息的筛选. 情报探索，1994(01)：37－38.

[23] 杨纶标，高英仪. 模糊数学原理及应用. 4 版. 广州：华南理工大学出版社，2006.

第 8 章　层次分析法

在优化分析和评价中，由于许多评价问题存在属性多样性和结构复杂性，仅使用定量方法或简单地进行成本和效益分析具有一定难度，也难以使得评价项目具有单一层次结构。因此，有必要建立多元、多层次的评价体系，并采用定性与定量有机结合的方法或通过定性信息定量化的途径，将复杂的评价问题简单化。

在此背景下，美国匹兹堡大学运筹学教授萨迪(Thomas L. Saaty)在 20 世纪 70 年代初提出了著名的层次分析法(Analytic Hierarchy Process，AHP)。层次分析法(AHP)本质上是一种决策思维方式，其基本思想是把复杂的问题分解成若干层次和若干要素，在各要素间简单地进行比较、判断和计算，以获得不同要素和不同备选方案的权重。

运用 AHP 进行评价或决策时，一般步骤如下：

(1) 针对构成决策问题的各个要素，建立多层次的结构模型；

(2) 以上一层次的元素作为评价标准，将同一层次的元素成对比较来确定相对重要程度，建立判断矩阵；

(3) 确定各个元素的相对重要程度；

(4) 根据相对重要程度对方案建立优先级，帮助决策者做出决策。

8.1　层次分析法概述

8.1.1　多级递阶结构

目标层、准则层和方案层共同构成了多级递阶结构。

目标层：要解决的问题，决策的目的。

准则层：针对目标评价各方案时需要考虑的各个子目标(因素或准则)，可以逐层细分。

方案层：解决问题的方案。

如图 8.1 所示为多级递层次结构中上一级要素和下一级要素之间的关联。按上下级要

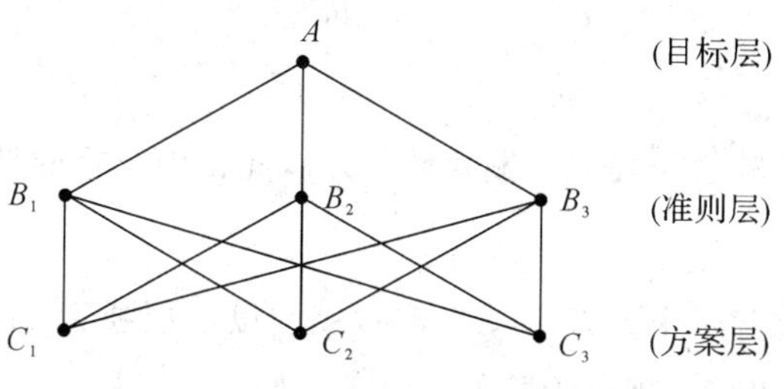

图 8.1　递阶层次结构

素之间的相关程度，可将层次结构分为三种：① 上下级要素间形成的一对多完全相关结构；② 上下级要素间形成的一对一完全独立性结构；③ 二者结合形成的混合结构。

【例 8.1】 某城市 CBD(中央商务区，Central Business District)的一个购物中心，由于客流量较大，时常出现堵车甚至发生交通事故。市政府决定针对这一问题采取相应措施，在进行专家咨询后提出以下三种备选方案：

C_1：在购物中心附近修建天桥，便于行人横跨马路；

C_2：在附近建立地下人行通道；

C_3：迁移购物中心。

试用决策分析方法进行评价和选择。

首先，该问题的总目标为改善城市 CBD 的交通环境，在当地条件的限制下，确定以下五个分目标作为评价标准：

B_1：通车能力；

B_2：行人和当地居民的便利性；

B_3：成本把控能力；

B_4：安全性；

B_5：市容美观。

其层次结构如图 8.2 所示。

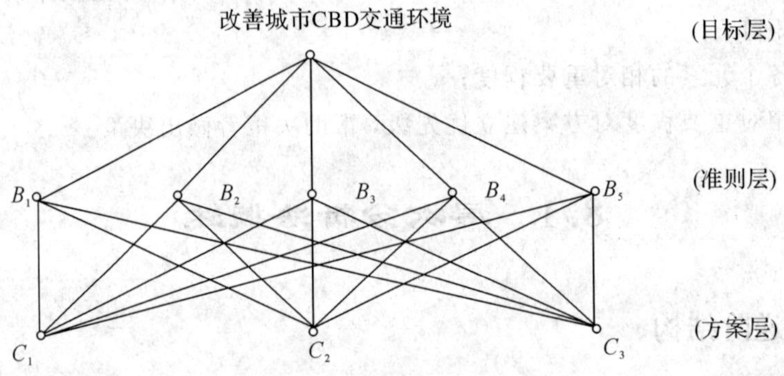

图 8.2 改善城市 CBD 交通环境的层次结构

在解决问题的过程中，最关键的一步就是递阶层次结构的建立，必须确保结构反映问题。决策者在做判断时带有较强的主观性，从而影响结构的建立，所以要深入了解问题的实质、相关要素及其逻辑关系等。

8.1.2 判断矩阵

AHP 中最基本的步骤就是建立判断矩阵，并以此作为权重的计算依据。

1. 判断矩阵

要素 H 的下一层包含 n 个要素 $A_1, A_2, \cdots, A_n$。以上层要素 H 作为判断准则，对下一层的 n 个要素进行两两比较来确定矩阵的元素值，如表 8.1 所示。

从准则 H 的角度考虑，要素 A_i 对 A_j 的相对重要程度用 a_{ij} 表示。假设在准则 H 下，

要素 $A_1, A_2, \cdots, A_n$ 的权重分别为 $w_1, w_2, \cdots, w_n$，即 $\boldsymbol{W}=\{w_1, w_2, \cdots, w_n\}^{\mathrm{T}}$，则 $a_{ij}=\dfrac{w_i}{w_j}$。矩阵

$$\boldsymbol{A}=\begin{bmatrix} a_{11} & a_{12} & \cdots & a_{1n} \\ a_{21} & a_{22} & \cdots & a_{2n} \\ \vdots & \vdots & & \vdots \\ a_{n1} & a_{n2} & \cdots & a_{nn} \end{bmatrix} \tag{8.1}$$

称为判断矩阵。

表 8.1 判断矩阵

H	A_1	A_2	$\cdots$	A_j	$\cdots$	A_n
A_1	a_{11}	a_{12}	$\cdots$	a_{1j}	$\cdots$	a_{1n}
A_2	a_{21}	a_{22}	$\cdots$	a_{2j}	$\cdots$	a_{2n}
$\vdots$	$\vdots$	$\vdots$	$\cdots$	$\cdots$		
A_i	a_{i1}	a_{i2}	$\cdots$	a_{ij}	$\cdots$	a_{in}
$\vdots$	$\vdots$	$\vdots$	$\cdots$	$\cdots$		
A_n	a_{n1}	a_{n2}	$\cdots$	a_{nj}	$\cdots$	a_{nn}

2. 判断尺度

判断尺度即用数值表示相对重要的程度，如表 8.2 所示。

表 8.2 判断尺度的取值

判断尺度	定 义
1	对 C 而言，P_i 和 P_j 同样重要
3	对 C 而言，P_i 比 P_j 稍微重要
5	对 C 而言，P_i 比 P_j 重要
7	对 C 而言，P_i 比 P_j 重要得多
9	对 C 而言，P_i 比 P_j 绝对重要
2，4，6，8	介于上述两个相邻判断尺度之间

由表 8.2 可知，若 A_i 比 A_j 重要，则 $a_{ij}=\omega_i/\omega_j=5$；反之，若 A_j 比 A_i 重要，则$a_{ji}=1/a_{ij}=1/5$。

8.1.3 权重及特征值 $\lambda_{\max}$的计算

在使用层次分析法进行系统评价和决策时，还需要确定要素对于上层准则的相对重要度。该问题可以归结为

已知

$$\boldsymbol{A}=(a_{ij})_{m\times n}=[w_i/w_j]_{m\times n}=\begin{bmatrix} w_1/w_1 & w_1/w_2 & \cdots & w_1/w_n \\ w_2/w_1 & w_2/w_2 & \cdots & w_2/w_n \\ \vdots & \vdots & & \vdots \\ w_n/w_1 & w_n/w_2 & \cdots & w_n/w_n \end{bmatrix}$$

求 $\boldsymbol{W}=\{w_1,w_2,\cdots,w_n\}^{\mathrm{T}}$。

由

$$\begin{bmatrix} w_1/w_1 & w_1/w_2 & \cdots & w_1/w_n \\ w_2/w_1 & w_2/w_2 & \cdots & w_2/w_n \\ \vdots & \vdots & & \vdots \\ w_n/w_1 & w_n/w_2 & \cdots & w_n/w_n \end{bmatrix}\begin{bmatrix} w_1 \\ w_2 \\ \vdots \\ w_n \end{bmatrix}=n\begin{bmatrix} w_1 \\ w_2 \\ \vdots \\ w_n \end{bmatrix}$$

知：$\boldsymbol{W}$ 是判断矩阵 $\boldsymbol{A}$ 的特征值为 n 的特征向量。

由判断矩阵的构造原则可知，矩阵 $\boldsymbol{A}$ 中元素 a_{nj} 需满足 $a_{ii}=1$，$a_{ij}=1/a_{ji}$，$a_{ij}=a_{ik}/a_{jk}$，此时，判断矩阵 $\boldsymbol{A}$ 为一个 $n\times n$ 的正互反矩阵，此时可计算出矩阵 $\boldsymbol{A}$ 唯一的非零特征值 $\lambda_{\max}$，且 $\lambda_{\max}=n$。其所对应的特征向量 $\boldsymbol{W}$，经过规范化处理，即各要素 A_i 对上次准则 H 的相对重要度(权重)。

对于判断矩阵的最大特征根和特征向量，一般可以采用线性代数的方法进行求解，但随着判断矩阵阶数的增加，求解精确的最大特征值也逐渐困难，因此可以采用一些近似算法，如幂法(Power Method)、方根法(Geometric Mean Method)、和积法(Asymptotic Normalization Coefficient)等，具体计算过程如下：

1. 幂法

(1) 任取 n 维归一化初始正向量 $\boldsymbol{w}^{(0)}=(w_1^{(0)},w_2^{(0)},\cdots,w_n^{(0)})^{\mathrm{T}}$；

(2) 计算 $\tilde{w}^{(k+1)}=\boldsymbol{A}\boldsymbol{w}^{(k)}$，$k=0,1,2,\cdots$；

(3) 归一化 $\tilde{w}^{(k+1)}$，即

$$\tilde{w}^{(k+1)}=\frac{\tilde{w}^{(k+1)}}{\sum_{i=1}^{n}\tilde{w}^{(k+1)}}$$

(4) 对于预先给定的精度 ε，当 $|w_i^{(k+1)}-w_i^{(k)}|<\varepsilon, i=1,2,\cdots,n$ 时，$\boldsymbol{w}^{(k+1)}$ 即为所求的特征向量，继续下一步骤，否则返回步骤(2)；

(5) 计算最大特征值：

$$\lambda_{\max}=\frac{1}{n}\sum_{i=1}^{n}\frac{\tilde{\boldsymbol{w}}_i^{(k+1)}}{w_i^{(k)}}$$

2. 方根法

(1) 计算判断矩阵每一行元素的乘积，并求其 $1/n$ 次幂：

$$\bar{w}_i=\sqrt[n]{\prod_{j=1}^{n}a_{ij}},\quad i=1,2,\cdots,n$$

(2) 将向量 $\bar{\boldsymbol{w}}=(\bar{w}_1,\bar{w}_2,\cdots\bar{w}_n)^{\mathrm{T}}$ 进行归一化处理，即

$$w_i = \frac{\overline{w}}{\sum_{k=1}^{n} \overline{w}_k}, \quad i = 1, 2, \cdots, n$$

（3）最大特征根 $\lambda_{\max}$ 为

$$\lambda_{\max} = \frac{1}{n} \sum_{i=1}^{n} \frac{(\boldsymbol{Aw})_i}{w_i}$$

其中，$(\boldsymbol{Aw})_i$ 为向量 $\boldsymbol{Aw}$ 的第 $\lambda_{\max}$ 个分量。

3. 和积法

（1）按列对判断矩阵进行归一化处理：

$$\overline{a}_{ij} = \frac{a_{ij}}{\sum_{k=1}^{n} a_{kj}}, \quad i, j = 1, 2, \cdots, n$$

（2）列归一化后的判断矩阵按行相加：

$$\overline{w}_i = \sum_{j=1}^{n} \overline{a}_{ij}, \quad i = 1, 2, \cdots, n$$

（3）将相加后的向量除以 n 即得权重向量：

$$w_i = \frac{\overline{w}_i}{n}$$

（4）计算最大特征根：

$$\lambda_{\max} = \frac{1}{n} \sum_{i=1}^{n} \frac{(\boldsymbol{Aw})_i}{w_i}$$

其中，$(\boldsymbol{Aw})_i$ 为向量 $\boldsymbol{Aw}$ 的第 i 个分量。

8.1.4　一致性检验

我们已经知道，在构造判断矩阵的过程中，a_{ij} 代表要素 i 和要素 j 的重要性之比，当引入另一个元素 k 时，a_{ij} 应等于 $a_{ik} \cdot a_{kj}$（要素 i 和要素 j 的重要性之比等于要素 i 和要素 k 的重要性之比乘上要素 k 和要素 j 的重要性之比）。但在实际操作中，由于判断对象的复杂性和人们的偏好差异，判断矩阵的“一致性”要求往往难以满足。

矩阵 $\boldsymbol{A}$ 判断完全一致时，应有 $\lambda_{\max}=n$，若稍有不一致，则该等式不成立，此时可以用 $\lambda_{\max}>n$ 或 $\lambda_{\max}-n$ 来判断矩阵对一致性的偏离程度。

一致性指数（Consistence Index，C. I）被用来衡量相容性，可表示为

$$\text{C. I}=\frac{\lambda_{\max}-n}{n-1} \tag{8.2}$$

通常情况下，若 C. I$\leqslant$0. 10，则判断矩阵 $\boldsymbol{A}'$ 具有一致性，据此计算的值可以接受，否则需再次成对比较进行判断。

判断矩阵的维数 n 越大，判断矩阵的一致性将越差，故当判断矩阵的维度较高时，可降低对一致性的要求。因此，引入修正值 R. I，并采用更为合理的一致性比率（Consistence Ratio，C. R）作为衡量判断矩阵一致性的指标，可代替 C. I 进行一致性的检验，见表 8. 3。

$$\text{CR}=\frac{\text{C. I}}{\text{R. I}} \tag{8.3}$$

表 8.3　相容性指标的修正值

维数	1	2	3	4	5	6	7	8	9
R.I	0.00	0.00	0.58	0.96	1.12	1.24	1.32	1.41	1.45

8.1.5　综合重要度的计算

在计算了各层次要素对其上一级要素的相对重要度后，即可计算出各层要素对于系统总体的综合重要度(也叫作系统总体权重)。具体计算步骤如下：

设一个三层模型(对于层次更多的模型，其计算方法相同)，有目标层 A、准则层 C、方案层 P。准则层 C 对目标层 A 的相对权重为

$$\bar{w}_l^{(1)}=\{w_1^{(1)},w_2^{(1)},\cdots,w_k^{(1)}\}^{\mathrm{T}},\quad l=1,2,\cdots,n$$

方案层 n 个方案对准则层的各准则的相对权重为

$$\bar{w}_l^{(2)}=\{w_1^{(2)},w_2^{(2)},\cdots,w_k^{(2)}\}^{\mathrm{T}},\quad l=1,2,\cdots,n$$

对于目标而言，n 个方案的相对权重通过 $\bar{w}_l^{(1)}$ 与 $\bar{w}_l^{(2)}$ ($l=1,2,\cdots,n$)共同得到，计算过程见表 8.4。

表 8.4　综合重要度的计算

P 层	C 层	
	因素及权重	组合权重
	$C_1\ C_2\cdots C_k$ $w_1^{(1)}\ w_2^{(1)}\cdots w_k^{(1)}$	$\boldsymbol{V}^{(2)}$
P_1	$w_{11}^{(2)}\ w_{12}^{(2)}\cdots w_{1k}^{(2)}$	$v_1^{(2)}=\sum_{j=1}^{k}\bar{w}_j^{(1)}\bar{w}_{1j}^{(2)}$
P_2	$w_{21}^{(2)}\ w_{22}^{(2)}\cdots w_{2k}^{(2)}$	$v_2^{(2)}=\sum_{j=1}^{k}\bar{w}_j^{(1)}w_{2j}^{(2)}$
⋮	⋮	⋮
P_n	$w_{n1}^{(2)}\ w_{n2}^{(2)}\cdots w_{nk}^{(2)}$	$v_n^{(2)}=\sum_{j=1}^{k}w_j^{(1)}w_{nj}^{(2)}$

P 层各方案的相对权重由 $\boldsymbol{V}^{(2)}=(v_1^{(2)},v_2^{(2)},\cdots,v_n^{(2)})^{\mathrm{T}}$ 表示，此时对最低层进行讨论：① 若最低层是方案层，则根据 v_i 选择满意方案；② 若最低层是因素层，则根据 v_i 进行资源分配(如人力、物力、财力等)。

8.1.6　举例

现有三种生鲜农产品流通结构，包括：A_1——农产品产地、产地批发市场、销地批发市场、消费者；A_2——农产品产地、产地批发市场、销地批发市场、农贸市场、消费者；A_3——农业合作社、第三方物流企业、超市、消费者。现运用 AHP 对流通模式进行评价，建立三层层次结构：最高层即总目标，本例为选取最佳流通模式；第二层是准则层，包含自然属性、经济价值、基础设施及政府政策四类指标；第三层是方案层，主要包括三种模式。

根据三种方案在不同指标上的表现建立层次结构，将问题分析归结为设备相对于总目标的优先次序，如图 8.3 所示。

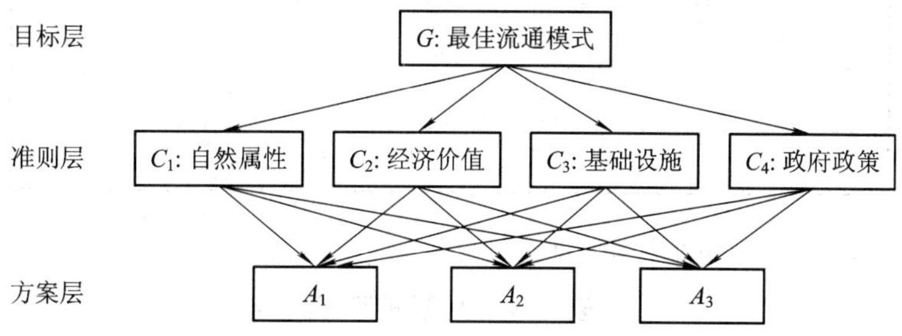

图 8.3　生鲜农产品流通模式递阶层次结构

(1) 建立递阶层次结构。

(2) 建立判断矩阵，主要依据是要素间的成对比较。

① 判断矩阵 G(相对于总目标各指标间的重要性比较)见表 8.5。

表 8.5　判断矩阵 G

G	C_1	C_2	C_3	C_4
C_1	1	7	4	2
C_2	1/7	1	1/7	1/4
C_3	1/4	7	1	1/2
C_4	1/2	4	2	1

② 判断矩阵 C_1(自然属性比较)见表 8.6。

表 8.6　判断矩阵 C_1

C_1	A_1	A_2	A_3
A_1	1	1/4	1/9
A_2	4	1	1/5
A_3		5	1

③ 判断矩阵 C_2(经济价值比较)见表 8.7。

表 8.7　判断矩阵 C_2

C_2	A_1	A_2	A_3
A_1	1	4	9
A_2	1/4	1	6
A_3	1/9	1/6	1

④ 判断矩阵 C_3(基础设施比较)见表 8.8。

表 8.8　判断矩阵 C_3

C_3	A_1	A_2	A_3
A_1	1	3	8
A_2	1/3	1	6
A_3	1/8	1/6	1

⑤ 判断矩阵 C_4(政府政策比较)见表 8.9。

表 8.9　判断矩阵 C_4

C_4	A_1	A_2	A_3
A_1	1	2	7
A_2	1/2	1	8
A_3	1/7	1/8	1

(3) 计算相对重要度及判断矩阵的最大特征值。

$$\boldsymbol{A}=\begin{bmatrix}1 & 7 & 4 & 2\\ 1/7 & 1 & 1/7 & 1/4\\ 1/4 & 7 & 1 & 1/2\\ 1/2 & 4 & 2 & 1\end{bmatrix}$$

列归一化并求和:

$$\begin{bmatrix}0.528 & 0.368 & 0.560 & 0.533\\ 0.075 & 0.053 & 0.020 & 0.067\\ 0.132 & 0.368 & 0.140 & 0.133\\ 0.264 & 0.211 & 0.280 & 0.267\end{bmatrix}\rightarrow\begin{bmatrix}1.990\\ 0.215\\ 0.774\\ 1.021\end{bmatrix}$$

归一化的特征向量:

$$\boldsymbol{W}^{(0)}=\begin{bmatrix}0.498\\ 0.054\\ 0.193\\ 0.255\end{bmatrix}$$

由 $\boldsymbol{Aw}=\lambda\boldsymbol{w}$ 可得

$$\boldsymbol{AW}^{(0)}=\begin{bmatrix}1 & 7 & 4 & 2\\ 1/7 & 1 & 1/7 & 1/4\\ 1/4 & 7 & 1 & 1/2\\ 1/2 & 4 & 2 & 1\end{bmatrix}\begin{bmatrix}0.498\\ 0.054\\ 0.193\\ 0.255\end{bmatrix}=\begin{bmatrix}2.158\\ 0.216\\ 0.821\\ 1.106\end{bmatrix}$$

判断矩阵 $\boldsymbol{A}$ 的最大特征值为

$$\lambda_{\max}^{(0)}=\frac{1}{4}\left(\frac{2.158}{0.498}+\frac{0.216}{0.054}+\frac{0.821}{0.193}+\frac{1.106}{0.255}\right)=4.235$$

同理可计算判断矩阵:

$$\boldsymbol{B}=\begin{bmatrix}1 & 1/4 & 9\\4 & 1 & 1/5\\9 & 5 & 1\end{bmatrix};\quad \boldsymbol{C}=\begin{bmatrix}1 & 4 & 9\\1/4 & 1 & 6\\1/9 & 1/6 & 1\end{bmatrix}$$

$$\boldsymbol{D}=\begin{bmatrix}1 & 3 & 8\\1/3 & 1 & 6\\1/8 & 1/6 & 1\end{bmatrix};\quad \boldsymbol{E}=\begin{bmatrix}1 & 2 & 7\\1/2 & 1 & 8\\1/7 & 1/8 & 1\end{bmatrix}$$

对应的最大特征值和特征向量依次为

$$\lambda_{\max}^{(1)}=3.072,\boldsymbol{W}^{(1)}=\begin{bmatrix}0.065\\0.199\\0.735\end{bmatrix};\quad \lambda_{\max}^{(2)}=3.110,\boldsymbol{W}^{(2)}=\begin{bmatrix}0.690\\0.251\\0.059\end{bmatrix}$$

$$\lambda_{\max}^{(3)}=3.074,\boldsymbol{W}^{(3)}=\begin{bmatrix}0.646\\0.290\\0.064\end{bmatrix};\quad \lambda_{\max}^{(4)}=3.077,\boldsymbol{W}^{(4)}=\begin{bmatrix}0.562\\0.375\\0.063\end{bmatrix}$$

(4) 根据公式 $\mathrm{CI}=\dfrac{\lambda_{\max}-n}{n-1}$，$\mathrm{CR}=\dfrac{\mathrm{CI}}{\mathrm{RI}}$，进行一致性检验，可得

① 对于判断矩阵 $\boldsymbol{A}$，$\lambda_{\max}=4.235$，$\mathrm{CI}=\dfrac{4.235-4}{4-1}=0.078$；$\mathrm{CR}=\dfrac{\mathrm{CI}}{\mathrm{RI}}=0.087<0.1$，表示 $\boldsymbol{A}$ 的不一致程度在容许范围内，此时可用 $\boldsymbol{A}$ 的特征向量代替权向量。

② 同理，对于判断矩阵 $\boldsymbol{B}$、$\boldsymbol{C}$、$\boldsymbol{D}$、$\boldsymbol{E}$ 均通过了一致性检验。

(5) 利用层次结构图(见图 8.4)绘制从目标层到方案层的计算结果。

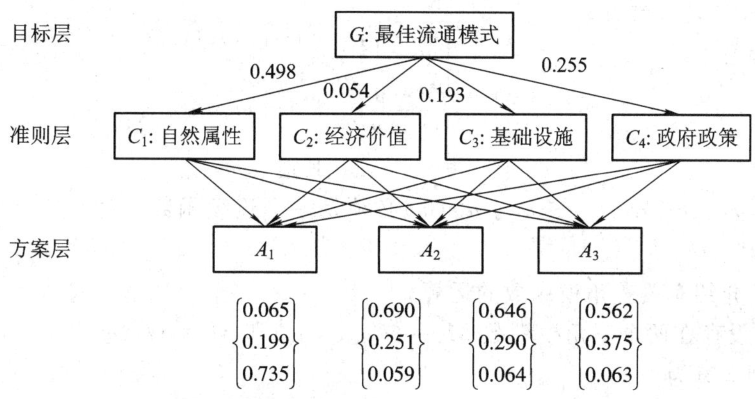

图 8.4 生鲜农产品流通模式递阶层次结构

(6) 计算综合重要度，见表 8.10。

表 8.10 算例中综合重要度的计算

	C_1	C_2	C_3	C_4	层次 **A** 总排序 V
	0.498	0.054	0.193	0.255	
A_1	0.065	0.690	0.646	0.562	0.338
A_2	0.199	0.251	0.290	0.375	0.264
A_3	0.735	0.059	0.064	0.063	0.398

最终排序为 $A_3>A_1>A_2$，其中 A_3 方案结果最优，即农业合作社、第三方物流企业、超市、消费者构成的供应链作为最优生鲜流通模式。

8.2 模糊 AHP

模糊层次分析法(Fuzzy Analytic Hierarchy Process，FAHP)是集层次分析法、模糊数学、权衡比较于一体，在决策科学中占有重要位置的一种系统评价方法。相比于 AHP，FAHP 方法的优点在于将判断矩阵模糊化，简化了人们对目标相对重要性的判断，并能够借助模糊判断矩阵实现决策由定性向定量的有效转化。

本节首先介绍三角模糊数的相关理论，进而对 FAHP 方法的具体步骤进行详细说明，并通过案例分析实现对 FAHP 方法的掌握。

8.2.1 三角模糊数

定义 1 设 x 为论域 X 中的元素，对于任意的 $x\in X$，其映射可以表示为 $x\to\mu_A(x)\in[0,1]$，则由满足条件的 x 组成的模糊集合 A 可以表示为 $A=\{(x|\mu_A(x))\},\forall x\notin X$。其中，$\mu_A(x)$ 称为 A 的隶属函数，$\mu_A(x)$ 的定义域中每一个 x 值是 A 的隶属度。

模糊数学从诞生至今虽然其思想已经应用在很多学科当中，但由于它是一门相对较新的学科，很多理论基础还有待不断完善，其中确定隶属函数的方法就是到目前为止还没有定论的问题。本节将选取一种比较经典的三角模糊数方法来确定隶属度函数。

定义 2 如果 M 是一个三角模糊数，则它的隶属度函数被定义为

$$\mu_M(x)=\begin{cases}\dfrac{x-1}{m-1}, & x\in[l,m]\\ \dfrac{x-u}{m-u}, & x\in[m,u]\\ 0, & \text{其他}\end{cases} \tag{8.4}$$

其中，$l\leqslant m\leqslant u$，$\{x\in\mathbf{R}\,|\,l\leqslant x\leqslant u\}$。$\mu_M(x)$ 必须是一个连续函数，而且其定义域组成的是一个凸模糊集。

下面简单介绍有关三角模糊数的运算。

定义 3 设存在两个三角模糊数 $M_1=(l_1,m_1,u_1)$ 和 $M_2=(l_2,m_2,u_2)$，则这两个三角模糊数的四则运算为

$$\begin{aligned}M_1+M_2&=(l_1+l_2,m_1+m_2,u_1+u_2)\\ M_1\times M_2&=(l_1\times l_2,m_1\times m_2,u_1\times u_2)\\ \lambda M_1&=(l_1\times\lambda,m_1\times\lambda,u_1\times\lambda)\\ \frac{1}{M_1}&=\left(\frac{1}{u_1},\frac{1}{m_1},\frac{1}{l_1}\right)\end{aligned} \tag{8.5}$$

其中，$l\leqslant m\leqslant u$，$\lambda\in\mathbf{R}$。

定义 4 设存在判断矩阵 $\mathbf{M}=(M_{ij})_{n\times n}$，若有两个三角模糊数 $M_{ij}=(l_{ij},m_{ij},u_{ij})$ 和 $M_{ji}=(l_{ji},m_{ji},u_{ji})$ 满足：

(1) $l_{ii}=m_{ii}=u_{ii}=0.5$

(2) $l_{ij}+\mu_{ji}=m_{ij}+m_{ji}=\mu_{ij}+l_{ji}=1$，$i\neq j$，$\forall i,j$

则称 $\boldsymbol{M}$ 为三角模糊数互补判断矩阵。

8.2.2 模糊层次分析法概述

FAHP 法的步骤与 AHP 法相似，具体步骤如下：

（1）建立递阶层次结构。

建立递阶层次结构模型的目的是，构造基于系统本质特征的评价指标体系，其主要结构包括目标层、准则层和指标层。其中，目标层是问题的最终目标；准则层是指影响目标实现的准则；指标层是指促使目标实现的方案。

（2）构造三角模糊数互补判断矩阵。

判断矩阵的作用是在上一层元素的约束下对同层次元素之间的相对重要性进行比较。判断矩阵由模糊德尔菲法求得，设三角模糊互补判断矩阵为

$$\boldsymbol{A} = (a_{ij})_{n\times n} \tag{8.6}$$

其中，$a_{ij}=(l_{ij},m_{ij},u_{ij})$，$a_{ji}=(l_{ji},m_{ji},u_{ji})$，且满足 $l_{ij}+u_{ji}=u_{ij}+m_{ji}=u_{ij}+l_{ji}$。

a_{ij} 表示第 i 个因素与第 j 个因素的重要程度之比。如果有 n 个专家进行打分，则综合判断矩阵的每个元素可由下式求得

$$\tilde{a}_{ij} = \frac{1}{n}\otimes(a_{ij}^{(1)},a_{ij}^{(2)},\cdots,a_{ij}^{(n)}) \tag{8.7}$$

其中，$\tilde{a}_{ij}$ 表示表示判断矩阵第 i 行第 j 个元素，$\tilde{a}_{ij}^{(k)}$ 表示第 k 个专家给出的 a_{ij} 第 i 个因素与第 j 个因素的重要程度的判断。由于所得判断矩阵具有互补性质，因此 $\tilde{a}_{ij}+\tilde{a}_{ji}=1$。

（3）单层次因素模糊权重计算。

单层次因素权重对获取所有因素相对于目标层的权重至关重要。单层次因素是指同一层次相应元素对于上一层次的相对重要性排序。设相对于上层某因素的因素个数为 n，可根据以下公式求得第 i 个因素相对于上一层的三角模糊数权重向量：

$$\boldsymbol{\omega}_i = \frac{\sum_{j=1}^{n}a_{ij}}{\sum_{i=1}^{n}\sum_{j=1}^{n}a_{ij}} = \frac{\left(\sum_{j=1}^{n}l_{ij},\sum_{j=1}^{n}m_{ij},\sum_{j=1}^{n}u_{ij}\right)}{\left(\sum_{i=1}^{n}\sum_{j=1}^{n}l_{ij},\sum_{i=1}^{n}\sum_{j=1}^{n}m_{ij},\sum_{i=1}^{n}\sum_{j=1}^{n}u_{ij}\right)} \tag{8.8}$$

（4）建立可能度矩阵。

由于获得的三角模糊权重不是所需的指标因素权重完全信息，因此可以采用一种可能度的方法进行处理，即把三角模糊数 $\tilde{\omega}_i$ 进行两两比较。设 $\tilde{a}=(a_l,a_m,a_n)$，$\tilde{b}=(b_l,b_m,b_n)$，则 $\tilde{a}\geqslant\tilde{b}$ 的可能度为

$$v(M_1\geqslant M_2)=\sup_{x\geqslant y}\{\min[u_M(x),u_M(y)]\}$$

$$v(M_1\geqslant M_2)=u(d)=\begin{cases}1, & m_1\geqslant m_2\\ \dfrac{l_2-u_1}{(m_1-u_1)-(m_2-l_2)}, & m_1\leqslant m_2,\ u_1\geqslant l_2\\ 0, & \text{其他}\end{cases} \tag{8.9}$$

$$V(M\geqslant M_1,M_2,\cdots,M_k)=\min V(M\geqslant M_i),\quad i=1,2,\cdots,k$$

用上述方法即可去模糊化，得到每个指标的权重。接下来再将各指标标准化，就可以得到其最终权重。

（5）层次总排序。

层次总排序是指每一个判断矩阵中各因素对目标层的相对权重，即计算最下层对目标层的组合权向量。设 A 层(上一层)包含 m 个元素，层次总排序权重分别为 $a_1, a_2, \cdots, a_m$，又设 B 层(下一层)包含 n 个元素，它们关于 A 层某一因素 A_j 的层次单排序权重分别为 $b_{1j}, b_{2j}, \cdots, b_{nj}$，(当 B_j 与 A_j 无关联时，$b_{ij}=0$)，则 B 层各因素关于总目标的权重按下式计算：

$$b_{ij} = \sum_{j=1}^{m} b_{ij} a_j, \quad i = 1, 2, \cdots, n \tag{8.10}$$

8.2.3 举例

已知影响共享单车运营的主要指标包括：服务 C_1、质量 C_2、成本 C_3，现需根据重要性对三个指标排序，以为运营方提高收益提供相应策略。以下为三名专家对指标的模糊评价矩阵。

指标	C_1：服务	C_2：质量	C_3：成本
C_1：服务	(1, 1, 1)	(1/2, 1/3, 1) (1/3, 1/1, 1) (1/1, 1/2, 1)	(1/3, 1/2, 1) (1/3, 1/3, 1) (1/2, 1/2, 1)
C_2：质量	(1, 3, 2) (1, 1, 3) (1, 2, 1)	(1, 1, 1)	(1/4, 1/3, 1/2) (1/5, 1/4, 1/3) (1/3, 1/2, 1)
C_3：成本	(1, 2, 3) (1, 2, 3) (1, 2, 2)	(2, 3, 4) (3, 4, 5) (1, 2, 3)	(1, 1, 1)

(1) 规范化处理矩阵如下：

指标	C_1：服务	C_2：质量	C_3：成本
C_1：服务	(1, 1, 1)	(1.83, 1.83, 1)	(1.17, 0.5, 1)
C_2：质量	(1, 2, 2)	(1, 1, 1)	(0.78, 1.08, 1.83)
C_3：成本	(1, 2, 2.67)	(2, 3, 4)	(1, 1, 1)

(2) 计算初始权重。

$$\sum_{i=1}^{3}\sum_{j=1}^{3} a_{ij} = (1,1,1) + (1.83,1.83,1) + \cdots + (1,1,1) = (10.78,13.41,15.5)$$

C_1： $\sum_{j=1}^{3} a_{1j} = (1,1,1) + (1.83,1.83,1) + (1.17,0.5,1) = (4,3.33,3)$

同理：

$$C_2:\qquad \sum_{j=1}^{3} a_{2j} = (2.78,4.08,4.83);$$

$$C_3:\qquad \sum_{j=1}^{3} a_{3j} = (4,6,7.67)$$

$$\boldsymbol{D}_{C1} = \frac{\sum_{j=1}^{3} a_{1j}}{\sum_{i=1}^{3}\sum_{j=1}^{3} a_{ij}} = (0.2581,0.2483,0.2783)$$

同理：

$$\boldsymbol{D}_{C2} = (0.1794,0.3043,0.4481)$$

$$\boldsymbol{D}_{C3} = (0.2581,0.4474,0.7115)$$

(3) 对 $\boldsymbol{D}_{C1}$、$\boldsymbol{D}_{C2}$、$\boldsymbol{D}_{C3}$ 去模糊化，得到 C_1、C_2、C_3 的最终权重 $d(C_1)$，$d(C_2)$，$d(C_3)$。

$$V(\boldsymbol{D}_{C1} \geqslant \boldsymbol{D}_{C2}) = \frac{l_2 - u_1}{(m_1 - u_1) - (m_2 - l_2)} = \frac{0.1794 - 0.2783}{(0.2483 - 0.2783) - (0.3043 - 0.1794)} = 0.6385$$

$$V(\boldsymbol{D}_{C1} \geqslant \boldsymbol{D}_{C3}) = \frac{l_3 - u_1}{(m_1 - u_1) - (m_3 - l_3)} = \frac{0.2581 - 0.2873}{(0.2483 - 0.2783) - (0.4474 - 0.2581)} = 0.0921$$

同理：

$$V(\boldsymbol{D}_{C2} \geqslant \boldsymbol{D}_{C1}) = 1;\ V(\boldsymbol{D}_{C2} \geqslant \boldsymbol{D}_{C3}) = 0.5704$$

$$V(\boldsymbol{D}_{C3} \geqslant \boldsymbol{D}_{C1}) = 1;\ V(\boldsymbol{D}_{C3} \geqslant \boldsymbol{D}_{C2}) = 1$$

$$d(C_1) = \min V(\boldsymbol{D}_{C1} \geqslant \boldsymbol{D}_{C2}, \boldsymbol{D}_{C3}) = \min(0.6385,0.0921) = 0.0921$$

$$d(C_2) = \min V(\boldsymbol{D}_{C2} \geqslant \boldsymbol{D}_{C1}, \boldsymbol{D}_{C3}) = \min(1,0.5704) = 0.5704$$

$$d(C_3) = \min V(\boldsymbol{D}_{C3} \geqslant \boldsymbol{D}_{C1}, \boldsymbol{D}_{C2}) = \min(1,1) = 1$$

(4) 将 $d(C_1)$、$d(C_2)$、$d(C_3)$ 标准化，得到各指标最终权重。

$$(w_{C1}, w_{C2}, w_{C3}) = (0.0554,0.3516,0.6015)$$

故，最终指标重要性排序为成本 C_3＞质量 C_2＞服务 C_1。

课后习题

1. 试说明层析分析法的具体步骤，并对一致性检验的必要性进行解释。

2. 在某投资项目中，备选地点有北京、南京、武汉、上海、广州等五个城市，试设想一个具体的投资计划并用 AHP 进行决策分析。

3. 某服装经营商现有 20 万元空闲资金可用于投资。关于投资去向，他设想了以下三个方案：一是购买国家发行的债券；二是购买股票；三是扩大服装经营业务。关于三个投资方案的初步分析如下：

(1) 若购买债券，其吸引点是风险极小，且资金今后挪作别用时周转容易，但远小于另外两项投资收益。

(2) 若购买股票，收益可能会很大，资金也便于周转，但风险较大。

(3) 若扩大服装经营业务，风险将小于股票投资，收益居中，但资金周转相对较难。

经考虑后确定投资的三个准则为：风险程度、资金利润率和资金周转难易程度。试用AHP进行分析和决策。

4. 试就大学生毕业后选择职业问题建立适宜的评价模型，并进行评价选择。

5. 以某高校四位毕业生为例，根据图 8.5 所示的指标体系，采用模糊层次分析法，对其综合素质水平进行打分并做出优劣排序。

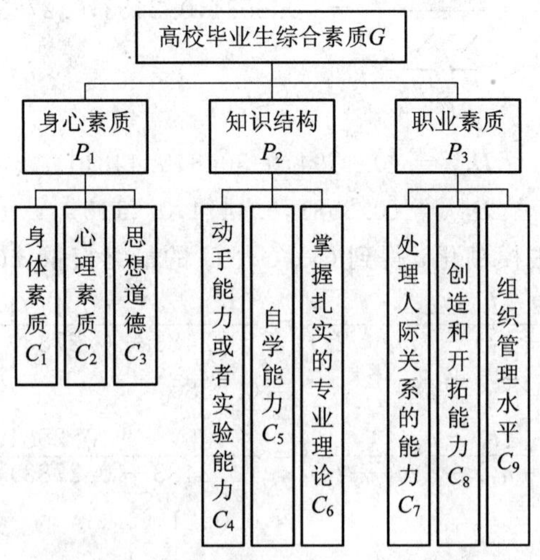

图 8.5 高校毕业生指标体系

参考文献

[1] 邓红霞. 教学质量监控系统的研究与实现. 太原理工大学硕士论文，2006.

[2] 司守奎，孙兆亮，孙玺菁. 数学建模算法与应用. 北京：国防工业出版社，2011.

[3] 许树柏. 层析分析法原理. 天津：天津大学出版社，1988.

[4] 冯文权. 经济预测与决策技术. 4 版. 武汉：武汉大学出版社，2002.

[5] 陈廷. 决策分析法. 北京：科学出版社，1987.

[6] 王振龙. 时间序列分析. 北京：中国统计出版社，2000.

[7] 齐演峰. 多准则决策引论. 北京：兵器工业出版社，1989.

[8] 李怀祖. 决策理论导引. 北京：机械工业出版社，1992.

[9] 张晓凤. 基于模糊层次分析法的广东省生物医药产业发展水平测评. 华南理工大学硕士论文，2014.

第 9 章　数据包络分析方法

9.1　数据包络分析概述

数据包络分析(Data Envelopment Analysis, DEA)是美国著名的运筹优化专家查恩斯(A. Charnes)等人在 1978 年根据“相对效率评估”概念开发的一种全新的系统分析理论。该理论使用凸优化分析以及线性规划的数学模型作为主要分析工具，将工程效率的原始概念模型拓展到基于多指标输入、多指标输出的系统相对效率评价模型中，为决策单元之间的相对有效性提供了一种可行的系统效率评估方法和有效的性能评估工具。

C^2R 模型是由查恩斯等提出的第一个 DEA 模型，从公理化的模式出发，用于刻画生产的规模与技术有效性。该模型的产生不仅加深了人们对生产理论的认识，也为评价多目标问题及模型提供了有效的途径。在此基础上，相继派生出了一系列新的 DEA 模型，如 FG 模型、BC^2 模型、ST 模型等，它们共同构成了经济学规模收益评价体系。

自 DEA 方法的诞生之日起，它就以其独特的优势受到众多学者的追捧，现已广泛地应用于各个领域。可以说，DEA 方法已成为一种极其重要的分析工具，该方法在系统科学的历史上占有十分重要的地位。

9.1.1　决策单元

决策单元是指可以将一定的输入转化为相应的产出的运营实体。在一定的范围内，生产过程可以被视为一个单位，它将尽可能地投入生产原材料，同时产生最终成品。虽然这些生产活动的操作看似都不一样，但是它们的共同点都是让生产的效益最大化。每个决策单元都有多个类型的输入和多个类型的输出。输入表示该决策单元对“资源”的消耗，输出则是决策单元在消耗了“资源”之后表明“成效”的一些指标。从输入到输出的过程可以使用某些决策方法或函数表达式来实现。

这些决策单元的共同特点是，它们都将输入通过一定的技术手段转化成了输出，而且转化以后实现了一定的效益，该效益一般指的是经济效益。通过参考集的选取，可以将众多生产过程分成若干个决策单元，在对输入和输出评价后实现最终决策目标。

通常，我们往往倾向于处理相同的决策单元。相同的决策单元是指目的与任务以及外部环境与输入和输出的有关指标完全相同的决策单元集合。各个决策单元(DMU)的输入(Input)和输出(Output)数据可以由图 9.1 给出。

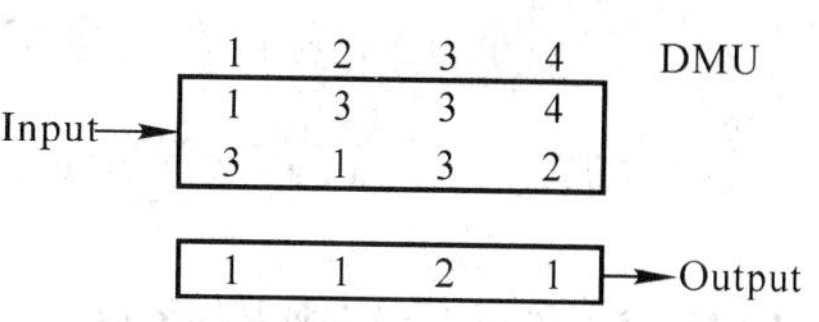

图 9.1　某决策单元的输入和输出示意图

9.1.2 生产可能集

在一项经济（生产）活动的某个决策单元中，假设有 m 项投入量 $\boldsymbol{x}=(\boldsymbol{x}_1,\boldsymbol{x}_2,\cdots,\boldsymbol{x}_m)^{\mathrm{T}}$；$s$ 项产出量 $\boldsymbol{y}=(\boldsymbol{y}_1,\boldsymbol{y}_2,\cdots,\boldsymbol{y}_2)^{\mathrm{T}}$。这个决策单元的整个生产活动用$(\boldsymbol{x}_j,\boldsymbol{y}_j)$，$j=1,2,\cdots,n$ 来表示。设 n 个决策单元对应的输入和输出量分别表示为：$\boldsymbol{x}_j=(x_{1j},x_{2j},\cdots,x_{mj})$，$j=1,2,\cdots,n$，$\boldsymbol{y}_j=(y_{1j},y_{2j},\cdots,y_j)$，$j=1,2,\cdots,n$。

定义 1 称集合 $T_{\mathrm{C^2R}}=\{(\boldsymbol{x}_j,\boldsymbol{y}_j)\mid \text{Input } \boldsymbol{x},\ \text{Output } \boldsymbol{y}\}$为所有可能的生产活动构成的生产可能集，即参考集。其中，$\boldsymbol{x}_j\in E^m$，$\boldsymbol{x}_j\geqslant 0$；$\boldsymbol{y}_j\in E^s$，$\boldsymbol{y}_i\geqslant 0$。

假设某生产活动的输入和输出分别为 $\boldsymbol{x}\in E^m$，输出为 $\boldsymbol{y}\in E^s$。

在运用 DEA 方法时，生产可能集 $T_{\mathrm{C^2R}}$一般应满足下面 5 条公理。

公理 1(平凡性)

通过观察得到$(\boldsymbol{x}_j,\boldsymbol{y}_j)$，其中 $\boldsymbol{x}_j$ 表示投入，$\boldsymbol{y}_j$ 表示产出，进而有以下解释：

$$(\boldsymbol{x}_j,\boldsymbol{y}_j)\in T_{\mathrm{C^2R}},\ j=1,2,\cdots,n$$

该公理表明，关于投入产出的基本活动，实则表示为生产可能集中的一种投入与产出的关系。

公理 2(凸性) 如果$(\boldsymbol{x},\boldsymbol{y})\in T_{\mathrm{C^2R}}$，$(\hat{\boldsymbol{x}},\hat{\boldsymbol{y}})\in T_{\mathrm{C^2R}}$，$j=1,2,\cdots,n$，且存在 $\lambda_j\geqslant 0$，满足 $\lambda_j\in[0,1]$，则

$$\lambda_j(\boldsymbol{x},\boldsymbol{y})+(1-\lambda_j)(\hat{\boldsymbol{x}},\hat{\boldsymbol{y}})\in T_{\mathrm{C^2R}}$$

公理 2 表明 $T_{\mathrm{C^2R}}$为凸集，由

$$\lambda_j(\boldsymbol{x},\boldsymbol{y})+(1-\lambda_j)(\hat{\boldsymbol{x}},\hat{\boldsymbol{y}})=(\lambda_j\boldsymbol{x}+(1-\lambda_j)\hat{\boldsymbol{x}}_j\lambda_j\boldsymbol{y}+(1-\lambda_j)\hat{\boldsymbol{y}})\in T_{\mathrm{C^2R}}$$

可知，如果投入为 $\boldsymbol{x}$ 可以产出 $\boldsymbol{y}$，投入为 $\hat{\boldsymbol{x}}$ 可以产出 $\hat{\boldsymbol{y}}$，那么分别以 λ_j 和$(1-\lambda_j)$倍的 $\boldsymbol{x}$ 和 $\hat{\boldsymbol{x}}$ 进行投入，可以产生 λ_j 和$(1-\lambda_j)$倍的 $\boldsymbol{y}$ 和 $\hat{\boldsymbol{y}}$。

公理 3(无效性) 设$(\boldsymbol{x},\boldsymbol{y})\in T_{\mathrm{C^2R}}$，若 $\hat{\boldsymbol{x}}\geqslant\boldsymbol{x}$，则$(\hat{\boldsymbol{x}},\boldsymbol{y})\in T_{\mathrm{C^2R}}$，若 $\hat{\boldsymbol{y}}\leqslant\boldsymbol{y}$，则$(\hat{\boldsymbol{x}},\hat{\boldsymbol{y}})\in T_{\mathrm{C^2R}}$。这说明在原有生产活动的基础上增加投入或减少产出对完善生产总是可能的。

公理 4(锥性) 如果$(\boldsymbol{x},\boldsymbol{y})\in T_{\mathrm{C^2R}}$，对任意的 $k\geqslant 0$，总有 $k(\boldsymbol{x},\boldsymbol{y})\in T_{\mathrm{C^2R}}$。

“锥性”公理也称作可加性公理。由 $k(\boldsymbol{x},\boldsymbol{y})=(k\boldsymbol{x},k\boldsymbol{y})\in T_{\mathrm{C^2R}}$可知，投入和产出的同倍增长($k>1$)和同倍缩小($0\leqslant k<1$)是可能的。由 $T_{\mathrm{C^2R}}$为凸集和锥集，可知 $T_{\mathrm{C^2R}}$为凸锥。即对任意 $k\geqslant 0$，$g\geqslant 0$，都有

$$k(\boldsymbol{x},\boldsymbol{y})+g(\boldsymbol{x},\boldsymbol{y})\in T_{\mathrm{C^2R}}$$

该公理表明，若以投入量的 k 倍输入，那么输出也可能是原来产出量的 k 倍。

公理 5(最小性) 若存在集合 $T_{\mathrm{C^2R}}$满足以上所有集合的交集，则

$$T_{\mathrm{C^2R}}=\left\{(\boldsymbol{x},\boldsymbol{y})\mid \sum_{i=1}^{n}\lambda_j\boldsymbol{x}_j\leqslant\boldsymbol{x},\ \sum_{i=1}^{n}\lambda_j\boldsymbol{y}_j\geqslant y,\ \lambda_j\geqslant 0,\ j=1,2,\cdots,n\right\}$$

9.1.3 生产函数与规模收益

除了生产可能集外，还有以下相关定义。

定义 2 我们将 $L(y)=\{\boldsymbol{x}\mid(\boldsymbol{x},\boldsymbol{y})\in T_{\mathrm{C^2R}}\}$这一函数表达式作为关于 $\boldsymbol{y}$ 的输入集合；称

$P(x)=\{\boldsymbol{x}\mid(\boldsymbol{x},\boldsymbol{y})\in T_{C^2R}\}$是关于 $\boldsymbol{x}$ 的输出集合，其中 T_{C^2R}为生产可能集。

对于某一确定的 $\boldsymbol{y}_0$，如果 $\boldsymbol{x}_0\in L(\boldsymbol{y}_0)$在“$\geqslant$”的意义下是 $L(\boldsymbol{y}_0)$中最小的，我们无法实现既要减少输入又要保持输出一直在稳定的水平。那么，关于 $\boldsymbol{y}_0$ 的数值已经是最高的输出。

定义 3　我们现在假定有$(\boldsymbol{x},\boldsymbol{y})\in T_{C^2R}$，假设$(\boldsymbol{x},\hat{\boldsymbol{y}})\in T_{C^2R}$，$(\boldsymbol{x},\ \boldsymbol{y})$就可以称作经济或者环境等的生产效益。

定义 4　对这样一个集合的所有经济活动或者其他效益生产活动$(\boldsymbol{x},\boldsymbol{y})$而言，$\boldsymbol{y}=f(\boldsymbol{x})$就是 R^{n+s}所在空间超曲面的生产函数。

通过定义 3 和定义 4，我们可以容易得到，生产函数是任何一组输入与最大输出之间的线性或者非线性的关系。由于生产集合 T_{C^2R}无效，因此 $\boldsymbol{y}$ 为 $\boldsymbol{x}$ 的单调递增函数。

我们将同一时期的输出和输入相对变化的比值称为规模效益，用函数表达式表示为

$$k=\frac{\boldsymbol{y}+\Delta\boldsymbol{y}}{\boldsymbol{y}}\bigg/\frac{\boldsymbol{x}+\Delta\boldsymbol{x}}{\boldsymbol{x}}$$

$k>1$，说明规模收益递增，这时可以考虑增大投入；

$k<1$，说明规模收益递减，这时可以考虑减小投入；

$k=1$，说明规模收益不变，称为规模有效。

9.1.4　输入与输出的可处理性

在一般常见的生产过程中，会出现“可自由处理”的情况，发生该情况的条件是任何输入量的增加都不会引起输出量的减少。这时的输入可能集 L 一般如图 9.2 所示，图中 L 的边界为所谓的输入等量面，即面上任何一个输入点对应的最大输出量都是一样的。

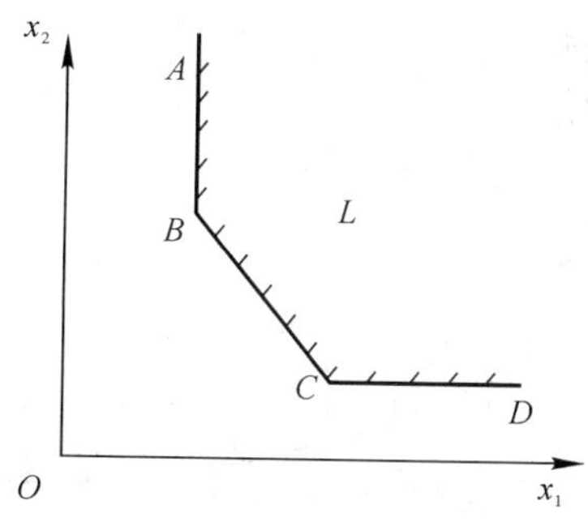

图 9.2　输入可自由处理的输入可能集

实际上，输入与输出的关系并非都如图 10.2 所示。例如，对个别的生产过程来说，输入增加，但输出并不总是增加，甚至有时还会减少。例如，在道路上增加运输车辆的数量(输入)，货运量 (输出) 会增加(单位时间)，但是，如果数量过多便不能保证道路通畅，车辆只好缓慢行驶，甚至造成堵塞，由此导致“输出量”没有增加反而下降了。又例如，在农田中增加小麦的种植数量，以此来提高该农田的小麦产量，但是如果小麦的种植密度过大则反而会降低小麦的产量，这一现象我们称为饱和现象。

【例 9.1】　现有 7 个工厂，这 7 个工厂的生产任务均相同，每个工厂分别有两种投入(输入)和一种产出(输出)，7 个工厂的输入与输出情况如表 9.1 所示，请使用合理的方法评价 7 个工厂生产情况的好坏。

表 9.1　7 个工厂输入与输出情况

DMU_j	1	2	3	4	5	6	7
投入 1	19	1	1	2	10	5	8
投入 2	10	1	6	15	17	1	1
产出	120	8	24	40	120	20	24

在这里，我们将这里的每个工厂看作一个 DMU，以此共有 7 个 DMU，DMU_1，DMU_2，…，DMU_7。为了方便对各个 DMU 之间进行比较和数值计算，我们先对表格数据进行预处理，将 7 个工厂的输出均调整为 120，相应的输入也按照相同比例进行调整，调整后的结果如表 9.2 所示。

表 9.2　对 7 个工厂输入与输出的处理情况

DMU_j	1	2	3	4	5	6	7
投入 1	19	15	5	6	10	30	40
投入 2	10	15	30	45	17	6	5
产出	120	120	120	120	120	120	120

现以 7 个工厂的投入 1、投入 2 为横纵坐标，在输入-输出空间标出 7 个点，再将它们投影到平面上，如图 9.3 所示。

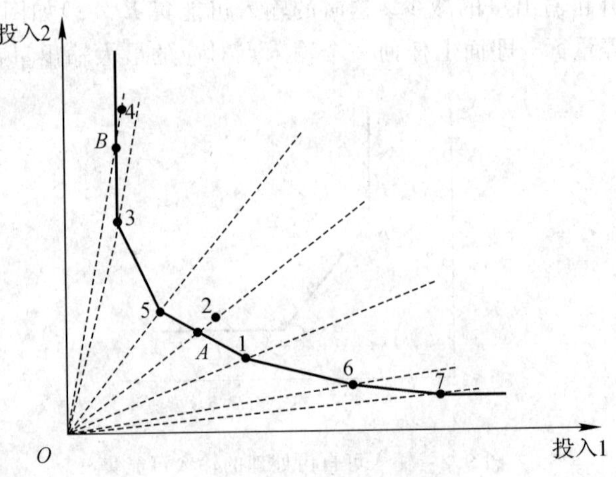

图 9.3　点的投影平面图

首先，将点 DMU_j ($j=3,5,1,6,7$) 连接起来，再加上 DMU_3 与 DMU_7 的延长线就得到了由 DMU 构成的分段性“最小凸包”，且所有的 DMU 都位于这个最小凸包的右上方。其次，将 7 个点与原点 O 连接起来，原点 O 和 DMU_2 的连线与凸包的交点 A 在 DMU_1 与 DMU_5 的线段上。经过简单的计算，可以认为 DMU_A 是由 0.438 倍的 DMU_1 与 0.562 倍的 DMU_5 组合而成的，并且对 DMU_A，其投入 1 和投入 2 均为 13.937，产出为 120。反过来，根据 DMU_2 的实际投入，其产出应为

$$120\times\frac{15}{13.937}\approx 129.15$$

DMU_2 的实际输出只有 120，说明DMU_2 的生产过程并非有效。并且，如果DMU_2（在与原点连线的意义下）距“最小凸包”越远，则该 DMU 的有效性越差。因此，我们不妨用比值 $OA/O2$ 来评价DMU_2 的有效性。这里的DMU_2 的有效性为

$$\frac{OA}{O2}=\frac{13.937}{15}\approx 0.929<1$$

同理，DMU_4 也不是有效的，因为至少存在一点 B，是 O 和DMU_4 之间的连线与“最小凸包”的交点，它的投入 1 为 5，投入 2 为 36，投入量均小于DMU_4 的投入量，但它同样能得到 120 的输出量，这里DMU_4 的有效性为

$$\frac{OB}{O4}=0.833$$

我们得出如下结论：

(1) 分段性的“最小凸包”是在实际生产观测中逐步形成的，是有限多个输入可能集的最理想的边界，如果有足够多的实际观测值，那么不仅可以得到如图 9.3 所示的折线图，也会使得曲线边界更为光滑。基于此，原本位于边界上的 5 个点也有可能不全在曲线上，就不再是有效的了。因此，判断某个 DMU 是否有效，是相对于所给出的有限多个实际观测值而言的，在某种特定意义下这种有效性为相对有效性。

(2) 要具体判断各个 DMU 的相对有效性，就必须先构造度量方法，且该方法应当具有特定的经济含义。可以通过 DMU 与“最小凸包”的“相对距离”(即两个点与原点之间的距离的比值)来判断 DMU 是否是有效的。

(3) 实际生活中，输入和输出往往为多输入和多输出过程，分析问题时，务必将例题中所提到的简单情形加以推广，以简单模型为基础，对复杂问题进一步求解。

9.2　数据包络分析的类型

C^2R 模型是 DEA 方法的第一个基本模型，也是学习 DEA 方法必须首先掌握的基础知识。通过对 C^2R 模型的构造与有效性定义、有效性判断等，对 C^2R 模型进行了具体的分析和解释。为了进一步扩充 DEA 方法理论的适用性，1985 年，查恩斯等基于对 C^2R 模型结果的考虑，又提出了一种生产可能集不考虑满足“锥性定理”的 C^2GS^2 模型。以下将针对这两个模型进行具体的分析和讨论。

9.2.1　C^2R 模型

由于 C^2R 模型是一个分式规划，因此使用查恩斯给出的 C^2 变换，可以将分式规划化为一个与其等价的线性规划问题。由线性规划的对偶理论，可得 C^2R 模型的对偶模型。该对偶模型的提出具有十分重要的意义。为了使读者更好地了解 DEA 方法，以下将 C^2R 模型的核心内容进行系统的归纳和概括。

假设被评价的同类部分共有 t 个，这些同类称为决策单元 DMU，每个 DMU 均有投入变量共 m 个($i=1,2,\cdots,m$)和产出变量共 n 个($r=1,2,\cdots,n$)。具体的参数和含义如表 9.3 所示。

x_{ij}、y_{rj} 的值是已知的，可以根据历史资料得到，v_i、u_r 为变量，对应于一组权系数：

$$\boldsymbol{v}=(v_i,\cdots,v_m),\ \boldsymbol{u}=(u_i,\cdots,u_n)$$

表 9.3　关于 C^2R 模型的参数及其代表的含义

参　数	含　义
x_{ij}	第 j 个 DMU 对第 i 种 Input 的投入量，$x_{ij}>0$
y_{rj}	第 j 个 DMU 对第 r 种 Output 的产出量，$y_{rj}>0$
v_i	第 i 种 Input 的一种度量(或称“权”)
u_r	第 r 种 Output 的一种度量(或称“权”)

定义 5　称 $h_j=\dfrac{\boldsymbol{u}^{\mathrm{T}}\boldsymbol{y}_j}{\boldsymbol{v}^{\mathrm{T}}\boldsymbol{x}_j}=\dfrac{\sum\limits_{r=1}^{n}u_r y_{rj}}{\sum\limits_{i=1}^{m}v_i x_{ij}}(j=1,2,\cdots,n)$ 为 DMU_j 的评估效率的一个指标。

得到以下两个结论：

(1) 使 $h_j\leqslant 1$，$\boldsymbol{u}$ 和 $\boldsymbol{v}$ 总有某一部分值可以满足这一个条件；

(2) 一般情况下，h_{j0} 越大，使用DMU_{j0}能够以比其原来数量要相对小的输入得到比原来数量更大的输出。对DMU_{j0}作出决策评估，就需要建立 C^2R 模型：

$$\begin{cases}\max=\dfrac{\sum\limits_{j=1}^{n}u_r\boldsymbol{y}_j}{\sum\limits_{i=1}^{m}v_i\boldsymbol{x}_j}=V_P\\ \text{s. t.}\dfrac{\boldsymbol{x}_i\boldsymbol{y}_j}{\sum\limits_{i=1}^{m}v_i x_{ij}}\leqslant 1,\quad j=1,2,\cdots n\\ u_k\geqslant 0,\quad k=1,\cdots,s\\ v_i\geqslant 0,\quad i=1,\cdots,m\end{cases}\tag{9.1}$$

通过已知的公式，可知：结论(1)为分式规划模型，假如

$$\begin{cases}\boldsymbol{t}=\dfrac{1}{\boldsymbol{v}^{\mathrm{T}}\boldsymbol{x}_0}\\ \boldsymbol{\omega}=\boldsymbol{t}\boldsymbol{v}\\ \boldsymbol{\mu}=\boldsymbol{t}\boldsymbol{u}\end{cases}\tag{9.2}$$

于是式(9.1)可变为

$$(P)=\begin{cases}\max\boldsymbol{\mu}^{\mathrm{T}}\boldsymbol{y}_0=\overline{V}_P\\ \text{s. t.}\,\boldsymbol{\omega}^{\mathrm{T}}\boldsymbol{x}_j-\boldsymbol{\mu}^{\mathrm{T}}\boldsymbol{y}_j\geqslant 0,\ j=1,2,\cdots,n\\ \boldsymbol{\omega}^{\mathrm{T}}\boldsymbol{x}_0=1\\ \boldsymbol{\omega}\geqslant 0,\boldsymbol{\mu}\geqslant 0\end{cases}\tag{9.3}$$

为了给出$(\overline{P})$与(P)解的相互关系，我们提出如下定理。

定理 1　规划模型$(\overline{P})$与模型(P)在以下情况下等价：

(1) 若 $\boldsymbol{v}^*$、$\boldsymbol{\mu}^*$ 为模型$(\overline{P})$的解，那么

$$\boldsymbol{\omega}^*=\boldsymbol{t}^*\boldsymbol{v}^*,\ \boldsymbol{\mu}^*=\boldsymbol{t}^*\boldsymbol{u}^*\tag{9.4}$$

为模型(P)的解，并且模型 $\overline{P}$ 与模型(P)的最优值相等，其中

$$t^* = \frac{1}{\boldsymbol{v}^{*\mathrm{T}}\boldsymbol{x}_0} \tag{9.5}$$

(2) 若 $\boldsymbol{\omega}^*$、$\boldsymbol{\mu}^*$ 为模型(P)的解，则 $\boldsymbol{\omega}^*$、$\boldsymbol{\mu}^*$ 也是模型($\overline{P}$)的解，并且模型($\overline{P}$)与模型(P)的最优值相等。

证明　设模型($\overline{P}$)的解为 $\boldsymbol{v}^*$、$\boldsymbol{\mu}^*$，模型(P)的可行解为 $\boldsymbol{\omega} \geqslant 0$，$\boldsymbol{\mu} \geqslant 0$。由于 $\boldsymbol{\omega}$ 与 $\boldsymbol{v}$、$\boldsymbol{\mu}$ 与 $\boldsymbol{u}$ 两者之间仅相差一个正常数因子，且模型($\overline{P}$)为分式规划，故 $\boldsymbol{\omega} \geqslant 0$，$\boldsymbol{\mu} \geqslant 0$ 也是模型($\overline{P}$)的可行解，并且有

$$\boldsymbol{\mu}^{*\mathrm{T}}\boldsymbol{y}_0 = t^*\boldsymbol{\mu}^{*\mathrm{T}}\boldsymbol{y}_0 = \frac{\boldsymbol{\mu}^{*\mathrm{T}}\boldsymbol{y}_0}{\boldsymbol{v}^{*\mathrm{T}}\boldsymbol{x}_0} \geqslant \frac{\boldsymbol{\mu}^{\mathrm{T}}\boldsymbol{y}_0}{\boldsymbol{\omega}^{\mathrm{T}}\boldsymbol{x}_0} = \boldsymbol{\mu}^{\mathrm{T}}\boldsymbol{y}_0 \tag{9.6}$$

另外，由于$\dfrac{\boldsymbol{\mu}^{*\mathrm{T}}\boldsymbol{y}_j}{\boldsymbol{v}^{*\mathrm{T}}\boldsymbol{x}_j} \leqslant 1$，故

$$\begin{aligned} \boldsymbol{\omega}^* &= t^*\boldsymbol{v}^* = \frac{\boldsymbol{v}^*}{\boldsymbol{v}^{*\mathrm{T}}\boldsymbol{x}_0} \\ \boldsymbol{\mu}^* &= t^*\boldsymbol{u}^* = \frac{\boldsymbol{u}^*}{\boldsymbol{v}^{*\mathrm{T}}\boldsymbol{x}_0} \end{aligned} \tag{9.7}$$

是模型(P)的可行解，故 $\boldsymbol{\omega}^*$、$\boldsymbol{\mu}^*$ 为模型(P)的最优解，即

$$V_{\overline{P}} = \frac{\boldsymbol{u}^*\boldsymbol{y}_0}{\boldsymbol{v}^{*\mathrm{T}}\boldsymbol{x}_0} = \boldsymbol{u}^{*\mathrm{T}}\boldsymbol{y}_0 = V_P$$

(3) 设 $\boldsymbol{\omega}^*$、$\boldsymbol{\mu}^*$ 为模型(P)的解，有

$$\begin{gathered} \boldsymbol{\omega}^* \geqslant 0 \\ \boldsymbol{\mu}^* \geqslant 0,\ \boldsymbol{\omega}^{*\mathrm{T}}\boldsymbol{x}_j - \boldsymbol{\mu}^{*\mathrm{T}}\boldsymbol{y}_j \geqslant 0 \end{gathered}$$

故 $\boldsymbol{\omega}^*$、$\boldsymbol{\mu}^*$ 为模型($\overline{P}$)的可行解。

另外，对模型($\overline{P}$)的任意可行解，因 $\boldsymbol{\omega}^{*\mathrm{T}}\boldsymbol{x}_0 = 1$，故有

$$\frac{\boldsymbol{u}^*\boldsymbol{y}_0}{\boldsymbol{\omega}^{*\mathrm{T}}\boldsymbol{x}_0} = \boldsymbol{u}^*\boldsymbol{y}_0 \geqslant \frac{\boldsymbol{u}^{\mathrm{T}}\boldsymbol{y}_0}{\boldsymbol{u}^{\mathrm{T}}\boldsymbol{x}_0} \tag{9.8}$$

表明 $\boldsymbol{\omega}^*$、$\boldsymbol{\mu}^*$ 为模型($\overline{P}$)的解，并且

$$V_{\overline{\mathrm{P}}} = \frac{\boldsymbol{u}^{*\mathrm{T}}\boldsymbol{y}_0}{\boldsymbol{\omega}^{*\mathrm{T}}\boldsymbol{x}_0} = \boldsymbol{u}^{*\mathrm{T}}\boldsymbol{y}_0 = V_P$$

证毕。

由于模型(P)可以表示为

$$\begin{cases} \max(\boldsymbol{\omega}^{\mathrm{T}},\ \boldsymbol{\mu}^{\mathrm{T}})\begin{pmatrix} 0 \\ \boldsymbol{y}_0 \end{pmatrix} = V_P \\ \text{s. t. } \boldsymbol{\omega}^{\mathrm{T}}\boldsymbol{x}_1 - \boldsymbol{\mu}^{\mathrm{T}}\boldsymbol{y}_1 \geqslant 0 \\ \boldsymbol{\omega}^{\mathrm{T}}\boldsymbol{x}_2 - \boldsymbol{\mu}^{\mathrm{T}}\boldsymbol{y}_2 \geqslant 0 \\ \qquad \vdots \\ \boldsymbol{\omega}^{\mathrm{T}}\boldsymbol{x}_n - \boldsymbol{\mu}^{\mathrm{T}}\boldsymbol{y}_n \geqslant 0 \\ \boldsymbol{\omega}^{\mathrm{T}}\boldsymbol{x}_n = 1 \\ \boldsymbol{\omega} \geqslant 0,\ \boldsymbol{\mu} \geqslant 0 \end{cases} \tag{9.9}$$

因此由线性规划的“对偶理论”知，模型(P)的对偶规划模型为

$$
(D')=\begin{cases}\max(\lambda_1',\cdots,\lambda_n',\theta)\begin{bmatrix}0\\ \vdots\\ 0\\ 1\end{bmatrix}=V_P\\ \text{s. t. }\sum_{j=1}^{n}\lambda_j'\boldsymbol{x}_j+\theta\boldsymbol{x}_0\geqslant 0\\ -\sum_{j=1}^{n}\lambda_j'\boldsymbol{x}_j\geqslant \boldsymbol{y}_0\\ \lambda_j'\leqslant 0,\ \theta\text{为任意值}\end{cases}\tag{9.10}
$$

引入新的变量 s^+，$s^-\geqslant 0$，并令 $-\lambda'_j=\lambda_j$，可将模型(D')表示成如下的形式：

$$
(D)=\begin{cases}\min(\lambda_1',\cdots,\lambda_n',\theta)\begin{bmatrix}0\\ \vdots\\ 0\\ 1\end{bmatrix}=V_P\\ \text{s. t. }\sum_{j=1}^{n}\lambda_j'\boldsymbol{x}_j+s^-=\theta\boldsymbol{x}_0\\ \sum_{j=1}^{n}\lambda_j'\boldsymbol{y}_j-s^+=\boldsymbol{y}_0\\ \lambda_j'\geqslant 0,\ j=1,\cdots,n\\ s^+\geqslant 0,\ s^-\geqslant 0\end{cases}\tag{9.11}
$$

并直接称模型(D)为模型(P)的对偶规划。

定理 2 规划模型(P)和模型(D)均存在解，并且最优值为

$$V_D=V_P\leqslant 1$$

由规划模型(P)我们得出如下定义。

定义 6 若存在线性规划模型(P)的解 $\omega^*\geqslant 0,\mu^*\geqslant 0$，并且

$$V_P=\boldsymbol{\mu}^{*\mathrm{T}}\boldsymbol{y}_0=1\tag{9.12}$$

则称DMU_{j0}为弱 DEA 有效($\mathrm{C^2R}$)的。

定义 7 若线性规划模型(P)的解 $\boldsymbol{\omega}^*\geqslant 0$，$\boldsymbol{\mu}^*\geqslant 0$，并且

$$V_P=\boldsymbol{\mu}^{*\mathrm{T}}\boldsymbol{y}_0=1\tag{9.13}$$

则称DMU_{j0}为 DEA 有效($\mathrm{C^2R}$)的。

通过以上定义 6、定义 7 得出：若DMU_{j0}为 DEA 有效，则DMU_{j0}也为弱 DEA 有效。

通过线性规划“对偶理论”的应用，我们还可以由规划模型(D)判断DMU_{j0}的有效性，结论的得出主要就是根据如下定理进行。

定理 3 使DMU_{j0}为弱 DEA 有效，发生这种情况的充分必要条件是规划模型(D)的最优值 $V_D=1$。

定理 4 使DMU_{j0}为 DEA 有效，发生这种情况的充分必要条件是规划模型(D)的最优值 $V_D=1$，并且模型中每一个最优解 λ^*、s^*、S^{*+}、θ^*，都有 $s^{*-}=0$，$S^{*+}=0$。

【例 9.2】 现有以下三个 DMU 的输入及输出的数值，如表 9.4 所示。

表 9.4　DMU 的输入及输出

DMU	1	2	3
Input	2	4	5
Output	2	1	3.5

请用 DEA 方法的 C^2R 模型分析各 DMU 的 DEA 有效性。

实际上，对于决策单元 DMU_1，其所属的规划模型(P)为

$$(P)=\begin{cases}\max 2\boldsymbol{\mu}_1=V_P \\ \text{s.t. } 2\boldsymbol{\omega}_1-2\boldsymbol{\mu}_1\geqslant 0 \\ 4\boldsymbol{\omega}_1-\boldsymbol{\mu}_1\geqslant 0 \\ 5\boldsymbol{\omega}_1-3.5\boldsymbol{\mu}_1\geqslant 0 \\ 2\boldsymbol{\omega}_1=1 \\ \boldsymbol{\omega}_1\geqslant 0,\ \boldsymbol{\mu}_1\geqslant 0\end{cases}$$

通过该模型可以解得最优解为

$$V_P=1,\ \boldsymbol{\omega}_1^*=\frac{1}{2}>0,\ \boldsymbol{\mu}_1^*=\frac{1}{2}>0$$

因此可以得出结论，DMU_1 为 DEA 有效(C^2R)。

对 DMU_2，模型(P)的对偶规划问题(D)为

$$(D)=\begin{cases}\min\theta=V_D \\ \text{s.t. } 2\lambda_1+4\lambda_2+5\lambda_3\leqslant 4\theta \\ 2\lambda_1+\lambda_2+3.5\lambda_3\geqslant 1 \\ \lambda_1\geqslant 0,\ \lambda_2\geqslant 0,\ \lambda_3\geqslant 0\end{cases}$$

该模型(D)的最优解为

$$\boldsymbol{\lambda}^*=\left(\frac{1}{2},\ 0,\ 0\right)^{\mathrm{T}},\ \theta^*=\frac{1}{4}<1$$

因此可以得出结论，DMU_2 为非 DEA 有效(C^2R)。

相同地，决策单元 DMU_3 对应的对偶规划问题(D)为

$$(D)=\begin{cases}\min\theta=V_D \\ \text{s.t. } 2\lambda_1+4\lambda_2+5\lambda_3\leqslant 5\theta \\ 2\lambda_1+\lambda_2+3.5\lambda_3\geqslant 3.5 \\ \lambda_1\geqslant 0,\ \lambda_2\geqslant 0,\ \lambda_3\geqslant 0\end{cases}$$

该模型(D)的最优解为

$$\boldsymbol{\lambda}^*=\left(\frac{7}{4},\ 0,\ 0\right)^{\mathrm{T}},\ \theta^*=\frac{7}{10}<1$$

因此，DMU_3 为非 DEA 有效(C^2R)。

【例 9.3】 某公司准备利用公司年利润拟建一个新的仓储中心，以便于货物的存取和销售，现有 6 个备选点，如表 9.5 所示，其相应的资金投入和备选点区域非低收入居民百分比为输入性指标，资金回报得分和顾客的满意度得分为输出性指标。请根据这些指标，评价哪个备选点是最优的。

表 9.5 备选点的输入和输出

备选点	1	2	3	4	5	6
资金投入/(万元/每年)	95	88	109	105	75	54
非低收入居民百分比/%	66.7	98	88.9	98	72.5	80.6
资金回报得分	35	30.5	28.4	37.6	25.6	34.7
顾客满意度得分	84	73	99	75	88	95

解 对于第一个备选仓储点，产出综合值为 $35u_1+84u_2$，投入综合值为 $95v_1+66.7v_2$，其中 u_1、u_2、v_1、v_2 分别为产出与投入的权重系数。

易知，第一个备选仓储点的生产效率为

$$h_1=\frac{35u_1+84u_2}{95v_1+66.7v_2}$$

同样，剩余5个备选仓储点的生产效率为

$$h_2=\frac{30.5u_1+73u_2}{88v_1+98v_2},\ h_3=\frac{28.4u_1+99u_2}{109v_1+88.9v_2},\ h_4=\frac{37.6u_1+75u_2}{105v_1+98v_2}$$

$$h_5=\frac{25.6u_1+88u_2}{75v_1+72.5v_2},\ h_6=\frac{34.7u_1+95u_2}{54v_1+80.6v_2}$$

因此，建立第一个备选仓储点的生产效率最高优化模型为

$$\max h_1=\frac{35u_1+84u_2}{95v_1+66.7v_2}$$

$$h_1=\frac{35u_1+84u_2}{95v_1+66.7v_2}\leqslant 1,\ h_2=\frac{30.5u_1+73u_2}{88v_1+98v_2}\leqslant 1$$

$$h_3=\frac{28.4u_1+99u_2}{109v_1+88.9v_2}\leqslant 1,\ h_4=\frac{37.6u_1+75u_2}{105v_1+98v_2}\leqslant 1$$

$$h_5=\frac{25.6u_1+88u_2}{75v_1+72.5v_2}\leqslant 1,\ h_6=\frac{34.7u_1+95u_2}{54v_1+80.6v_2}\leqslant 1$$

设 $t=\dfrac{1}{95v_1+66.7v_2}$，$\alpha=tu_i$，$w_i=tv_i$，可得到线性规划如下：

$$\max h_1=35\alpha_1+84\alpha_2$$

$$\text{s.t.}\begin{cases}35\alpha_1+84\alpha_2\leqslant 95w_1+66.7w_2\\30.5\alpha_1+73\alpha_2\leqslant 88w_1+98w_2\\28.4\alpha_1+99\alpha_2\leqslant 109w_1+88.9w_2\\37.6\alpha_1+75\alpha_2\leqslant 105w_1+98w_2\\25.6\alpha_1+88\alpha_2\leqslant 75w_1+72.5w_2\\34.7\alpha_1+95\alpha_2\leqslant 54w_1+80.6w_2\end{cases}$$

同理，可得到所有备选仓储点的线性规划模型并进行求解，这里不再重复介绍。

9.2.2 C^2GS^2 模型

通常情况下，我们所研究的关于 DEA 的 C^2R 模型是基于如下的几点假设：若有 n 个 DMU_j，其中 $j=1, 2, \cdots, n$，生产可能集 T 满足凸性、锥性、无效性与最小性四条定理，其

中运用“锥性”定理，并根据给定的输入点和输出点，可以推导出其中最有效 DMU。其中存在的原因是，如果存在 $(x, y)\in T$，则对任意条件下 $k\geqslant 0$，均存在 $k(x, y)=(kx, ky)\in T$，将其体现于 T 的构成上，则有

$$T=\left\{(x,y)\,\middle|\, x\geqslant \sum_{j=1}^{n}\lambda_j y_j,\ y\leqslant \sum_{j=1}^{n}\lambda_j y_j,\ \lambda_j\geqslant 0,\ j=1,\cdots,n\right\} \tag{9.14}$$

可是事实上，并不是所有情况下的“锥性定理”都成立。因此，我们只能令 $k=1$，其对应条件下的生产可能集则可表示为

$$T=\left\{(x,y)\,\middle|\, x\geqslant \sum_{j=1}^{n}\lambda_j x_j,\ y\leqslant \sum_{j=1}^{n}\lambda_j y_j,\ \sum_{j=1}^{n}\lambda_j=1,\ \lambda_j\geqslant 0,\ j=1,\cdots,n\right\} \tag{9.15}$$

在三个决策单元的条件下由式(9.14)与式(9.15)构成的生产可能集如图 10.4 所示，其中图 9.4(a)为凸锥，图 9.4(b)为凸多面体。直观地说，对图 9.4(a)，在其有效生产前沿面上只有 DMU_1；而对于图 9.4(b)，其有效生产前沿面上有 DMU_1 与 DMU_2 两个决策单元。因此，我们不能用 C^2R 中以式(9.14)为基础的模型对以式(9.15)为基础的 DMU_2 进行 DEA 有效性的分析和判断。

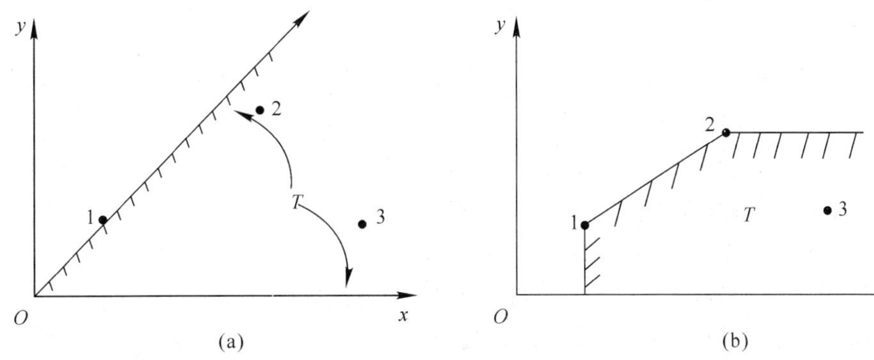

图 9.4　生产可能集

1985 年，查恩斯等专家和一系列学者基于对以上分析结果的考虑，提出了一种生产可能集不考虑满足“锥性定理”的模型，这一模型称为 C^2GS^2 模型。

假设有 n 个 DMU：(x_j, y_j)，$x_j\in R_m^+$，$y_j\in R_s^+$，其中 $j=1,2,\cdots,n$。我们列出如下模型(D)：

$$(D)=\begin{cases}\min\theta \\ \text{s. t. } \displaystyle\sum_{j=1}^{n}\lambda_j \boldsymbol{y}_j\leqslant \theta \boldsymbol{x}_0 \\ \displaystyle\sum_{j=1}^{n}\lambda_j \boldsymbol{y}_j\geqslant \boldsymbol{y}_0 \\ \displaystyle\sum_{j=1}^{n}\lambda_j=1 \\ \lambda_j\geqslant 0,\ j=1,2,\cdots,n\end{cases} \tag{9.16}$$

或

$$
(D)=\begin{cases} \min\theta \\ \text{s.t.} \ \sum_{j=1}^{n}\lambda_j \boldsymbol{y}_j + s^{+} = \theta \boldsymbol{x}_0 \\ \sum_{j=1}^{n}\lambda_j \boldsymbol{y}_j - s^{+} = \boldsymbol{y}_0 \\ \sum_{j=1}^{n}\lambda_j = 1 \\ \lambda_j \geqslant 0,\ j=1,2,\cdots,n \\ s^{+}\geqslant 0,\ s^{-}\geqslant 0 \end{cases} \tag{9.17}
$$

其中，$s^{+}\in R_m$，$s^{-}\in R_s$。根据对偶理论，规划问题(D)的对偶问题为

$$
(P)=\begin{cases} \max(\boldsymbol{\mu}^{\mathrm{T}}\boldsymbol{y}_0+\boldsymbol{\mu}_0)=V_P \\ \text{s.t.}\ \boldsymbol{\omega}^{\mathrm{T}}\boldsymbol{x}_j-\boldsymbol{\mu}^{\mathrm{T}}\boldsymbol{y}_j-\boldsymbol{\mu}_0\geqslant 0,\ j=1,\cdots,n \\ \boldsymbol{\omega}^{\mathrm{T}}\boldsymbol{x}_0=1 \\ \boldsymbol{\omega}\geqslant 0,\ \boldsymbol{\mu}\geqslant 0 \end{cases} \tag{9.18}
$$

其中，$\omega\in R_m$，$\mu\in R_s$。

定义 8 假如通过求解规划问题(P)式(9.18)，求得的最优解 ω^{*}、μ^{*}、μ_0^{*} 满足 $V_P^{*}=\mu^{*\mathrm{T}}\boldsymbol{y}_0+\boldsymbol{\mu}_0^{*}=1$，那么称$\mathrm{DMU}_{j0}$为弱 DEA 有效($\mathrm{C^2GS^2}$)。

定义 9 假如规划问题(P)式(9.18)，求得的最优解不仅有 $V_P^{*}=1$，且存在条件 $\omega^{*}>0$，$\mu^{*}>0$，那么称DMU_{j0}为 DEA 有效($\mathrm{C^2GS^2}$)。

通过以上定义，DEA 有效($\mathrm{C^2GS^2}$)必定是弱 DEA 有效($\mathrm{C^2GS^2}$)。

根据线性规划“对偶理论”，定义 8 与定义 9 也可叙述如下：

定义 10 假如规划问题(D)式(9.17)的任一最优解 λ^{*}、s^{*-}、s^{*+}、θ^{*} 均满足 $V_D^{*}=\theta^{*}=1$，那么称DMU_{j0}为弱 DBA 有效($\mathrm{C^2GS^2}$)。

定义 11 假如规划问题(D)式(9.17)，该式不但存在 $V_D^{*}=\theta^{*}=1$，而且 $s^{*-}=s^{*+}=0$，那么称DMU_{j0}为 DBA 有效($\mathrm{C^2GS^2}$)。

通过以上定义，我们容易得到规划问题(P)存在最优解，规划问题(D)同理，且通过求解可得最优值为 $V_P^{*}=V_D^{*}\leqslant 1$，并且在 n 个DMU_j $(1<j<n)$中，一定有 DEA 有效($\mathrm{C^2GS^2}$)的决策单元。那么，我们在规划问题(D)的基础之上，在 $\mathrm{C^2GS^2}$ 模型中对相对有效性的原理进行解释。

对生产可能集式(T)式(9.15)，输入可能集的定义表示如下：

$$
L(y)=\{x\,|\,(x,y)\in T\} \tag{9.19}
$$

$$
h(x,y)\min\{\theta\,|\,\theta x\in L(y),\ \theta\geqslant 0\} \tag{9.20}
$$

通过DMU_{j0}：(x_0,y_0)易知，通过规划问题的求解可以得到 $h(x_0,y_0)$。假如通过求解规划问题(D)，求解得最优值为 $h(x_0,y_0)=\theta^{*}=1$。通过分析易得，对产出 y_0 来说，投入量 x_0 已经不允许按同样的比例 θ 来减少，此时，DMU_{j0}为弱 DEA 有效($\mathrm{C^2GS^2}$)。而当存在条件 $\theta^{*}=1$，投入量 x_0 不但不允许按相同的比例进行减少，而且不能将投入分量减少，因此我们可以得到：$s^{*-}=0$，$s^{*+}=0$，此时，决策单元DMU_{j0}就是 DEA 有效($\mathrm{C^2GS^2}$)的。

通常，产出为 y，假如对应于 y 的投入 x 不允许再继续减少，此时的生产过程就称为

DEA 技术有效。

9.3　DEA 方法应用的一般步骤

在应用 DEA 方法进行评价时，为获得一个比较可靠的结果，就需要在以下几个步骤上反复进行计算和分析，适当情况下可以结合其他定量和定性方法。虽然应用 DEA 方法的领域不同，其应用 DEA 的目的也不尽相同，但大多数 DEA 方法的步骤可以概括为三方面来讨论。

9.3.1　明确评价目的

从传统意义上来讲，DEA 方法主要用来"评价"，因此，在评价之前，我们就会有一系列与评价有关的问题需要确定。例如，在这些决策单元中，有哪些组合起来评价更能发挥数据的有效性；可以使用哪种输入和输出的评价指标体系进行评价和决策；评价所运用的 DEA 模型有多种，我们应该如何进行选择等。实际上，这些问题都是为了同一个目的：通过所选择的 DEA 方法，让所提供的信息更加符合科学性和有效性。

以上我们所提到的"评价"是广义上的。在现实中，该"评价"指的是 DEA 方法包含的对系统评价功能进行有效分析的工作。其评价的目的有多种，其中可以评价，也可以是对其他系统进行的有效性分析，如预调系统、预警或控制系统等。

因此，为了使 DEA 方法所提供的信息更加准确，本阶段需要完成以下工作：

(1) 明确评价目标。围绕评价的目标对评价的对象进行分析，主要包括辨识主目标和子目标以及影响这些目标的要素，并建立一个层次结构。

(2) 确定各种因素的性质。因素可分为可变或不可变的、可控或不可控的以及主要和次要的。

(3) 考虑因素之间可能存在的定性和定量关系。

(4) 辨明决策单元之间的边界。

(5) 对结果进行定性的分析和预测。

通过分析可得，进行评价的关键问题是进行系统的拆分，并将必要的信息与 DEA 方法的基本概念通过某种方式有效地进行联系。换句话说，在进行系统分析的时候，要"翻译"或"变换"这些概念，使之成为我们所必需的信息。为了将原始信息变成对我们有用的信息，就要做到对 DEA 方法的背景、概念和实际意义有比较深入的了解和准确的判断，要求将评价决策的目的进行模型化。我们应当通过使用合适的 DEA 方法来对评价的目的进行描述，这是 DEA 成功应用的关键之处。

9.3.2　建模与计算

建立评价指标体系是建模和计算的首要工作。根据前一阶段的分析结果，确定出能全面反映评价目标的指标体系，并且把指标之间的一些定性关系反映到权重约束之中。同时，还可以考虑输入和输出指标体系的多样性，将每种情况下的分析结果进行比较研究，从而获得合理的管理信息。建立指标体系需要关注以下几点：

1. 输入向量与输出向量必须与目标方向相同

输入向量与输出向量必须服从并与我们分析的评价目的保持一致。那么，我们就要将评价目的从输入和输出两个不同的方面“翻译”成若干个评价指标，并且该评价目的能够通过这些输入变量和输出变量组成的生产过程，在“黑箱”理论的实践意义下进行描述(见图 9.5)。

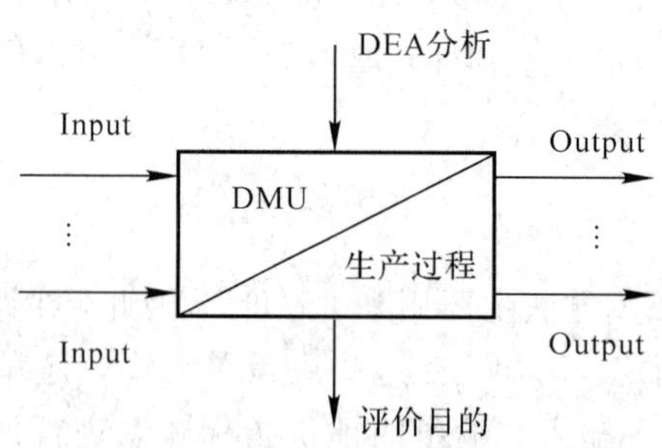

图 9.5　DEA 分析过程

接下来通过一个例子来解释我们建立评价指标的过程。本例中的评价目的指的是“关于公司的经营与管理类别的评价效率”。为了更好地将评价目的实现，以下列举了输入指标和输出指标。

(1) 输入指标：固定资产净值年平均余额(百万元)、流动资金年平均余额(百万元)、工业生产消费能源(千吨)、全部职工年平均人数(百人)、生产固定资产原值(百万元)、产品销售工厂成本(百万元)。

(2) 输出指标：产值占总产值百分比(%)、资金利税率(%)、人均利税额(百元)、现价总产值销售收入率(%)、成本利润率(%)、资金净产值率(%)、全员劳动生产率(千亿人)。

在本例中，我们在评价时常见的指标，如企业的产品质量指标、产量指标、安全指标等均未被纳入指标体系中，主要原因就是上述这些指标难以表现本例的评价目的。

2. 全面反映评价目的

通俗来讲，我们可以通过多个输入变量和多个输出变量更全面地描述评估目的。例如，如果将输出指示符添加到指示符系统，则原始非有效决策单元变为有效决策单元，或者从原始指示符系统中移除输出指示符。结果就是最初的有效决策单元变得无效，那么通过结果表明，这些变化的指标是这些决策单元生产过程中的“优势”。另外，我们还可以看出，它们对评估目标的影响更大。换句话说，缺乏这些指标并不能完全反映评估的目的。

3. 输入变量和输出变量之间的联系

由于决策单元的输入和输出在生产过程中通常不是孤立的，因此一些指标被确定为输入或输出变量，这将影响其他指标的识别。例如，某个指标与已被确定为输入(或输出)的这几个评价指标的中间有着极其高的关联。因此，就可以认为这个指标的信息已大量包含在这些指标中。所以，我们不一定要将其用作输入(或输出)指标。另外还有一种情况，假如指标与输入变量具有强相关性，并且与输出变量具有弱相关性，则指标可以被分类为输出变量，反之亦然。此外，输入(或输出)集内的指标应尽可能避免强线性关系。在实践中，可以通过咨询专家或进行统计分析的方法来帮助我们做到这一点。在初步确定输入和输出评价指标系统后，我们还可以进行探索性 DEA 分析。如果使用几组样本数据进行决策并分析结果，发现各个指标的权重总是很小，那就表明这些指标对决策单元的有效性几乎没有影响，因此可以考虑将评价指标删除。

4. 输入和输出评价指标系统的多样性

由于 DEA 方法的核心工作是“评估”，因此，很难说明指标系统的确定对于某个评估目的唯一性。特别是，我们通常希望每个决策单元在 DEA 分析中的有效性有显著差异，或者希望观察到哪些指标对决策单元的有效性产生重大影响。为了实现这一目标，我们可以在达到评估目的的前提下设计多个输入/输出索引系统，这是一种在评价时经常使用的方法。在对每个系统进行 DEA 分析后，我们再将分析结果放在一起进行比较分析。除此之外，在建立投入与产出的评价指标体系的过程中，相对性指数和绝对性指数的组合，评价指标数据的可用性，定性指标的“可测量性”以及指标的数量选取等问题将在实际工作中遇到，并将其逐一解决。

确定评价指标体系之后，就要进行决策单元的选择。关于选择决策单元的基本要求是确定参考集，从而确保所选择的所有决策单元都是同种类型。根据定义，DEA 方法是在同种类型的决策单元之间进行有效性评价的，因此我们将使用以下方式来确定参考集，进而选择有效决策单元：

(1) 物理背景判别。所有评价的决策单元都有相同的环境、收入、服务内容和产品等。

(2) 决策单元的活动时间长度。例如，有一个生产过程的时间间隔为 q，我们对其时间长度进行等额划分，由于所有等分的时间间隔中生产过程均为原来过程的一个时段，因此，假如将每个等分的时段均视为一个决策单元，那么我们可以认为一共得到 q 个相同类型的决策单元。图 9.6 为按照时间进行划分 q 等分的一个例子。通过这个例子，我们可以清晰地观察到，相同时间段的决策单元被等分并被归类，这样的一个类别就称作是一个“窗口”，把这一类叫作一个参考集。

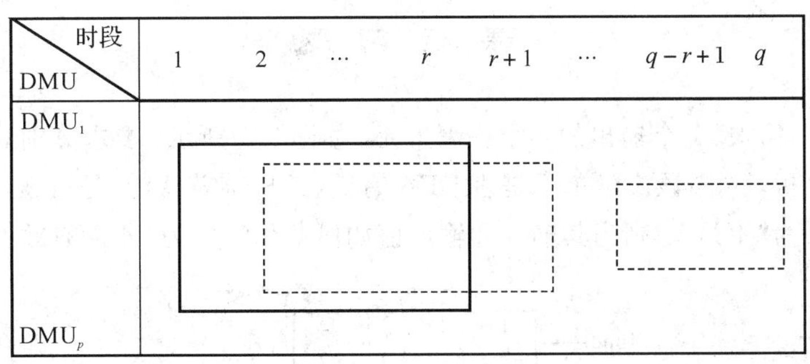

图 9.6　按照时间长度划分参考集

在参考集的划分时需要注意“窗口”的长度的选择。假如长度选择得过长，由于整个决策单元判别过程中的变化太大，使得整个决策单元之间的同类性受到影响；假如长度选择得过短，则又可能使决策单元之间的差异不会显现出来。根据以上的推测，在我们进行参考集的划分时，应向有关 DEA 建模方面的专家进行咨询，在专家的决策下进行判定。

我们往往觉得参考集中包含的决策单元的数量越多，这个决策单元就越能体现决策的信息，也越有效，但数量过多会使得评价效果适得其反，因为一味地要求数量过多会使决策单元的重要性质，也就是"同类型"受到破坏，难以保证这些决策单元都是同一种类型。因此，通常默认参考集的个数应当大于等于输入指标和输出指标的总数的 2 倍。举个例子，现有 7 个输入、8 个输出，那么在确定参考集时，决策单元个数应当大于等于 30 个即可。在定义好参考集之后，就开始收集和整理数据。在此，要保证整理的数据具有可获得性。最后，根据有效性分析的目的和实现问题的背景选择适当的 DEA 模型进行计算。

9.3.3 结果分析

通过明确评价目的，我们建立了 DEA 方法的基本模型，并进行了有效性计算。本阶段要完成以下工作：

(1) 对计算结果进行分析和对比，找出无效单元无效的原因，并提出进一步改进的途径和方法。

(2) 根据定性分析对结果进行预测，以此来考察评价结果的合理性。必要时可以应用 DEA 模型对几种方案分别进行评价，并将结果综合分析，也可与其他评价方法相结合进行综合的效率分析。

DEA 方法主要被用来研究决策单元的多输入多输出的相对有效绩效评价，因此使用这一方法也存在一定局限性。首先，DEA 衡量的生产函数边界确定，无法区分随机因素和测量误差的影响；其次，DEA 容易受到极值的影响，这就使得选择合理的投入与产出指标成为有效使用 DEA 的关键；最后，由于被评价单元均是从自己最有利的角度去求取权重，这就会产生因决策单元不同而使权重不同。

总之，在 DEA 方法的应用过程中，要根据具体情况灵活应用，深刻理解问题的本质，并深入思考模型与问题的匹配程度，切不可机械地模仿和使用。有时候还需要对以上步骤进行多次反复，从而得到可靠的效率评价结果。

课后习题

1. 现有 2 个输入、1 个输出的 4 个决策单元，如图 9.7 所示。要求分别对决策单元和输入、输出进行分析，判断该决策单元是否 DEA 有效(C^2R)，若认为"是"，则写出 DEA 相对有效方程；若认为"不是"，则当其输入和输出值如何变化时才为 DEA 有效？

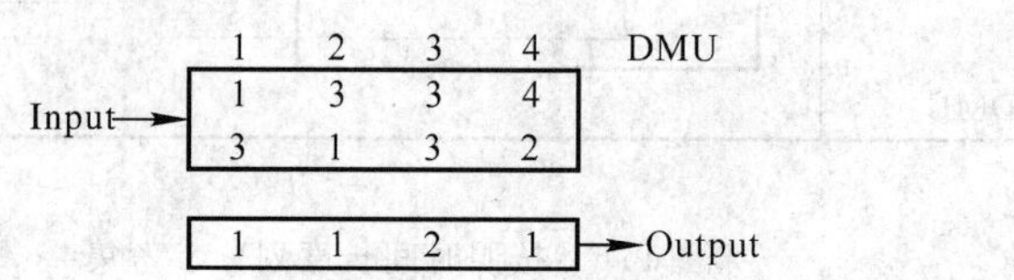

图 9.7 DEA 的输入和输出

2. 现有 12 个决策单元，每个决策单元有 3 个输入和 2 个输出，如表 9.6 所示。利用补偿性 DEA 分析模型，分别求最小效率和最大效率。

表 9.6　DMU 的 Input 和 Output 数值图

DMU	Input 和 Output					结　果		
	X_1	X_2	X_3	Y_1	Y_2			等级
1	350	39	9	67	751	[0.0454，0.0989]	0.0675	11
2	298	26	8	73	611	[0.0526，0.1199]	0.0804	7
3	422	31	7	75	584	[0.0483，0.1076]	0.0728	9
4	281	16	9	70	665	[0.0564，0.1468]	0.0937	4
5	301	16	6	75	445	[0.0499，0.1679]	0.0986	2
6	360	29	7	83	1070	[0.0393，0.1402]	0.0810	6
7	540	18		72	457	[0.0304，0.1262]	0.0700	10
8	276	33	5	74	590	[0.0549，0.1358]	0.0883	5
9	323	25	5	75	1074	[0.0800，0.2043]	0.1313	1
10	444	64	6	74	1072	[0.0363，0.1394]	0.0789	8
11	323	25	5	25	350	[0.0267，0.0666]	0.0432	12
12	444	64	6	104	1199	[0.0510，0.1560]	0.0944	3

参 考 文 献

[1] CHARNES A, COOPER W W, RHODES E. Measuring the efficiency of decision making units. European Journal of Operational Research, 1978, 2: 429 - 444.

[2] COOK W D, SEIFORD L M. Data envelopment analysis (DEA)- Thirty years on. European Journal of Operation Research, 2009, 192(1): 1 - 17.

[3] CHARNES A, COOPER W W. Programming with linear fractional functional. Naval Research Logistics Quarterly, 1962, 9: 181 - 185.

[4] 周德群. 系统工程概论. 北京：科学出版社，2005.

[5] 王众托. 系统工程. 北京：北京大学出版社，2010.

[6] 王沈尘. 采用可能度和满意度的多目标决策方法. 系统工程理论与实践，1982，2：14 - 23.

[7] 童玉芬，刘广俊. 基于可能-满意度方法的城市人口承载力研究：以北京为例. 吉林大学社会科学学报，2011，51(1)：152 - 157.

[8] 吕永波. 系统工程. 北京：清华大学出版社，2006.

[9] 薛惠锋，苏锦旗，吴慧欣. 系统工程技术. 北京：国防工业出版社，2007.

[10] 袁旭梅，刘新建，万杰. 系统工程学导论. 北京：机械工业出版社，2007.

[11] 黄贯虹，方刚. 系统工程方法与应用. 广州：暨南大学出版社，2005.

[12] 方永绥，徐永超. 系统工程基础——概念、目的和方法. 上海：上海科学技术出版社，1980.

第10章 主成分分析法

10.1 PCA概述

在处理信息时，当两个变量之间有一定相关关系时，可以解释为这两个变量反映同一问题的信息有一定的重叠。例如，高校科研评估项目数量、项目资金和支出之间存在高度相关性；对学生专业基础课程成绩与专业课分数的综合评估和奖学金的分配数量存在关联关系等。而数据信息中极其高的重复性和数据之间的关联性可能会给统计方法的应用带来许多障碍。为此，人们希望对这些变量加以“改造”，在不影响数据准确表达的基础上，简化分析。其中，最简单快速的手段就是减少变量个数，但这不可避免地会导致数据信息的大量损失，进而引发更多的问题。在此基础上，形成了一种较为有效的多元统计分析方法——主成分分析(Principal Component Analysis，PCA)。PCA不仅能大大减少重复变量的个数，同时也能使信息较完整地得到保留。这一方法在减小数据的维度、缩减研究数据的数量等方面起到了巨大的作用，也在人口统计学、数量地理学、分子动力学模拟、数学建模、数理分析等学科中都得到了有效的应用，具有极其深厚的研究背景和广阔的研究前景。

美国统计学家斯通(Stone)在1947年进行了一项十分著名的国民经济研究。他利用美国1929—1938年的国民经济数据，得到了17个反映国民收入和支出的变量，如消费指数、生产指数、公共支出指数、股息等。在进行PCA后，用3个新变量取代了原来的17个原始变量，精度高达97.4%。根据经济学的有关理论，斯通给这3个新变量命名为：总收入、总收入变化率以及经济发展或衰退的趋势。更有趣的是，这3个新变量都是可直接测量的。

主成分分析在最小信息损失的前提下，把那些原来已知的数据组合到一些主要成分，也就是综合指标中。为了表示方便，主要成分我们都使用PC(Principal Component)表示。通常，PC具有以下几个基本的属性：在数量的比较方面，PC的数量远小于已知数据的数量；在数据的反映情况方面，PC可以反映已知数据的绝大多数信息；在数据之间是否独立方面，PC之间应相互独立，通过PCA获得的新综合指标(PC)彼此无关，可以有效地解决变量分析、多重共线性和其他影响分析应用中的许多问题；在解释信息能力与否方面，PC有命名解释性。总之，PCA是一种研究如何将大量原始变量用几个新变量表示，并保证信息损失最小，同时对新变量能够有效命名和解释的多元统计分析方法。

10.2 PCA的基本原理

PCA也可以称为主分量分析，是由霍特林(Hotelling)于1933年首先提出的。该方法是通过对变量采取降维的一种有效方法。其基本原理是在保留原始变量信息尽可能多的情况下，将原来众多的具有一定相关性的变量 $X_1, X_2, \cdots, X_p$(共 p 个变量)，重新组合成一组数量极少且彼此之间互不关联的新变量 F_m 以取代原有的变量。通常情况下，我们把转化成的新变量称为主成分，而每个主成分都是原始变量的线性组合，但是彼此独立不相关。这使得主成分比原始变量具有某些更有优势且更能反映问题实质的性能。通过主成分分析，我们可以在研究复杂的经济问题时，更能抓住问题的主要矛盾。那么，我们应当怎么提取主成分，使其能够最大限度地反映原始变量 X_p 所代表的信息，并确保新指标之间保持相互独立不相关(即信息不重叠)成为我们需要研究的一个关键性问题。

10.2.1　PCA 的数学模型

通常按照线性代数的有关理论，就是将原始指标做线性组合，作为新的综合指标。但是这种线性组合如果不加以控制，就会产生很多个。我们主要按照如下过程选择：

设有表达式 $F_1 = a_{11}X_1 + a_{12}X_2 + \cdots a_{1p}X_p$。其中，$F_1$ 表示第一主成分，它们是由原始变量的第一个线性组合所形成的。因此，主成分 F_1 中包含的信息量可通过其方差来度量，主成分的 $\mathrm{Var}(F_1)$越大，表示 F_1 包含的信息越多，我们从中获取到的信息量越多。我们总是希望从第一主成分(即 F_1)中获取到的数据信息越多越好，在所有可能的线性组合之中，所选取的第一主成分 F_1 应当是 $X_1, X_2, \cdots, X_p$ 所有可能的线性组合中 $\mathrm{Var}(F_1)$最大的。

如果第一主成分指标 F_1 不足以代表所有 p 个原始变量指标的信息，为有效地反映原始变量信息，我们将考虑选取第二主成分指标 F_2。在选取第二主成分时，第一主成分 F_1 已有的信息就不需要再出现在 F_2 中，即 F_2 与 F_1 要保持独立和不相关。用线性代数的知识表示就是 F_1 和 F_2 的协方差 $\mathrm{Cov}(F_1, F_2)=0$，即在 $X_1, X_2, \cdots, X_p$ 中，F_2 是与 F_1 不相关的，而且除了 F_1，F_2 是在所有线性组合中方差最大的，故称 F_2 为第二主成分。

同理，我们构造出的 F_1，$F_2, \cdots, F_m$ 分别为原变量指标 $X_1, X_2, \cdots, X_p$ 的第一主成分、第二主成分乃至第 m 个主成分，这些 PC 不仅互不相关，而且它们的方差依次递减。其表达式如下：

$$
\begin{cases}
F_1 = a_{11}X_1 + a_{12}X_2 + \cdots + a_{1p}X_p \\
F_2 = a_{21}X_1 + a_{22}X_2 + \cdots + a_{2p}X_p \\
\qquad\qquad \vdots \\
F_m = a_{m1}X_1 + a_{m2}X_2 + \cdots + a_{mp}X_p
\end{cases}
$$

上述表达式满足以下条件：

(1) 每个主成分的系数平方和为 1，即

$$a_{1i}^2 + a_{2i}^2 + \cdots + a_{pi}^2 = 1$$

(2) 主成分之间相互独立，且无重叠信息，即两两主成分之间的协方差为 0：

$$\mathrm{cov}(F_i, F_j) = 0, \quad i \neq j,\ i, j = 1, 2, \cdots, p$$

(3) 主成分的方差依次递减，重要性依次递减，即

$$\mathrm{Var}(F_1) \geqslant \mathrm{Var}(F_2) \geqslant \cdots \geqslant \mathrm{Var}(F_p)$$

10.2.2　PCA 的几何解释

设有 N 个备选方案，每个备选方案有 2 个观测变量 X_1 和 X_2，存在 N 个样品散布在由

X_1、X_2 组成的直角坐标系中，如图 10.1 所示。

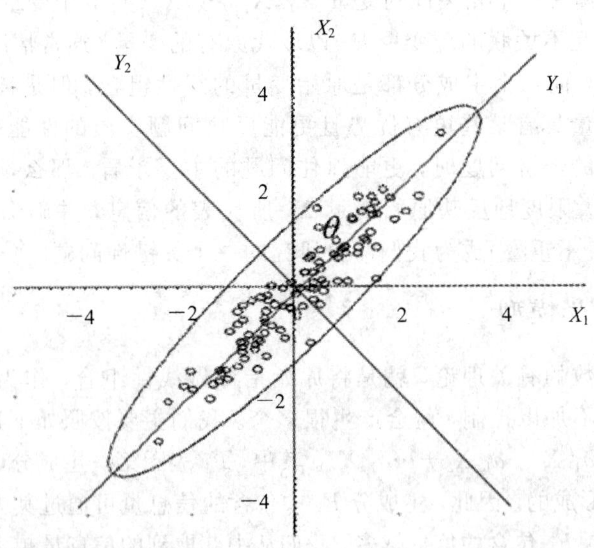

图 10.1　备选方案点相对位置

图中，N 个样本点无论沿着 X_1 轴方向还是 X_2 轴方向，离散程度都比较大，当只考虑 X_1 和 X_2 中任何一个样本点时，原始数据所传达的信息都会有较大损失。因此，考虑将坐标轴进行逆时针旋转，使原始样品数据可以由新变量 Y_1 和 Y_2 来刻画，具体转化公式为

$$Y_1 = X_1\cos\theta + X_2\sin\theta$$

$$Y_2 = -X_1\sin\theta + X_2\cos\theta$$

其矩阵形式为

$$\begin{pmatrix} Y_1 \\ Y_2 \end{pmatrix} = \begin{bmatrix} \cos\theta & \sin\theta \\ -\sin\theta & \cos\theta \end{bmatrix} \begin{pmatrix} X_1 \\ X_2 \end{pmatrix} = \boldsymbol{UX}$$

$\boldsymbol{U}$ 为旋转变换矩阵，且 $\boldsymbol{U}'\boldsymbol{U}=\boldsymbol{I}$，即是正交矩阵。

旋转之后可以发现，N 个样品在 Y_1 轴上的离散程度最大(方差最大)，变量 Y_1 代表了原始数据的绝大部分信息，在不考虑变量 Y_2 的情况下，二维降为一维，信息损失也相对较少，且可以认为 Y_1、Y_2 不相关。

通常情况下，问题的研究对象是具有多重数据类型的繁杂结构。数据的数量异常庞大，这就无疑会增加分析问题的难度和复杂性，而 PCA 在保留原始变量主要信息的前提下起到了降维和简化问题的作用，使得在研究复杂问题时更容易抓住主要矛盾，揭示事物内部变量之间的规律性，同时使问题得到简化，能够提高分析效率。

10.3　PCA 的计算步骤

在对 PCA 方法做出了详细的解释和阐明以后，具体计算步骤就此展开，通过具体计算，可以更加方便地理解 PCA 方法的深刻含义。

1. 构建协方差矩阵

$$\boldsymbol{\Sigma} = (s_{ij})\boldsymbol{p}'\boldsymbol{p} \tag{10.1}$$

其中：

$$s_{ij}=\frac{1}{n-1}\sum_{k=1}^{n}(x_{ki}-\overline{x}_i)(x_{kj}-\overline{x}_j),\ i,j=1,2,\cdots,p \tag{10.2}$$

2. 求 $\boldsymbol{\Sigma}$ 的特征值 λ_i 及相应的正交化单位特征向量 $\boldsymbol{\alpha}_i$

根据第一步得到的 $\boldsymbol{\Sigma}$ 中前 m 个较大的特征值 $\lambda_1\geqslant\lambda_2\geqslant\cdots\lambda_m>0$，即计算前 m 个 PC 所对应的方差，λ_i 对应的单位特征向量 $\boldsymbol{\alpha}_i$ 是主成分 F_i 关于已知函数方程中原变量的系数，则第 i 个主成分 F_i 为

$$F_i=\boldsymbol{\alpha}_i'X \tag{10.3}$$

其中，$\boldsymbol{\alpha}_i=\lambda_i\Big/\sum^{m}\lambda_i$。

3. 选择主成分

在求解得到特征值和特征向量之后，主成分的个数 m 由方差的累计贡献率 $G(m)$ 来确定，其计算的表达式如下：

$$G(m)=\sum_{i=1}^{m}\lambda_i\Big/\sum_{k=1}^{p}\lambda_k \tag{10.4}$$

当计算得到的累积贡献率的值大于 85%时，可以认为这些 PC 反映了已知数据的主要信息。

4. 计算主成分载荷

主成分载荷用于反映 PC（即 F_i）与已知数据 X_j 之间的关联度，已知原始变量的数据 $X_j(j=1,2,\cdots,p)$ 在 $F_i(i=1,2,\cdots,m)$ 上的荷载 $l_{ij}(i=1,2,\cdots,m;\ j=1,2,\cdots,p)$ 可以表示如下：

$$l=(Z_i,X_j)=\sqrt{\lambda_i}\alpha_{ij},\quad i=1,2,\cdots,m;\ j=1,2,\cdots,p \tag{10.5}$$

5. 计算主成分得分

$$F_i=a_{1i}X_1+a_{2i}X_2+\cdots+a_{Pi}X_P,\quad i=1,2,\cdots,m \tag{10.6}$$

6. 计算综合得分

$$F=\frac{\lambda_1}{\sum_{k=1}^{m}\lambda_k}F_1+\frac{\lambda_2}{\sum_{k=1}^{m}\lambda_k}F_2+\cdots+\frac{\lambda_p}{\sum_{k=1}^{m}\lambda_k}F_p \tag{10.7}$$

在实际应用中，由于指标间量纲的不同，需对原始数据进行处理以消除这些量纲对计算结果准确性的影响。主成分分析是基于协方差矩阵进行求解的，而协方差矩阵容易受到原始数据量纲和数量级的影响，不同的量纲和数量级数据会对协方差产生不同的影响，因此需要先对原始数据进行无量纲处理。常用的线性无量纲方法有标准化、均值化、极值化、线性比例法等，均可归纳为对原始数据进行平移和伸缩。

（1）伸缩法。伸缩法是将各项指标分别除以自身的某个特征值，以缩小各指标间的量纲和数量级差异，特殊值可以为最大值、最小值、均值等。其中 x_{ij} 原始数据，x_{ij}^* 表示 x_{ij} 经过无量纲后的结果，如表 10.1 所示。

表 10.1 伸缩法表

无量纲方法	表达式	特点
最大值法	$z_{ij}=\dfrac{x_{ij}}{M_j}$，其中 $M_j=\max(x_{1j},x_{2j},\cdots,x_{mj})$	$\|z_{ij}\|\leqslant 1$
最小值法	$z_{ij}=\dfrac{x_{ij}}{m_j}$，其中 $m_j=\min(x_{1j},x_{2j},\cdots,x_{mj})$	$\|z_{ij}\|\geqslant 1$
中点法	$z_{ij}=\dfrac{x_{ij}}{x_0}$，其中 $x_0=\dfrac{m_j+M_j}{2}$	同时考虑了极大值和极小值
均值法	$z_{ij}=\dfrac{x_{ij}}{\bar{x}_j}$，其中 $\bar{x}_j=\dfrac{1}{m}\sum_{i=1}^{m}x_{ij}$	$\dfrac{1}{m}\sum_{i=1}^{m}z_{ij}=1$
归一法	$z_{ij}=\dfrac{x_{ij}}{\sum_{i=1}^{m}x_{ij}}$	$\sum_{i=1}^{m}z_{ij}=1$

(2) 平移法。平移法是将各项指标分别减去自身某个特殊值，以缩小各指标间的量纲和数量级差异，特殊值同样可以是均值、最大值、最小值等，并分别被称为中心平移法、最大值平移法、最小值平移法等，详见表 10.2。

表 10.2 平移法

无量纲方法	表达式	特点
中心平移法	$z_{ij}=x_{ij}-\bar{x}_j$	$\dfrac{1}{m}\sum_{i=1}^{m}z_{ij}=0$
最大值平移法	$z_{ij}=x_{ij}-M_j$	$z_{ij}\leqslant 0$
最小值平移法	$z_{ij}=x_{ij}-m_j$	$z_{ij}\geqslant 0$

(3) 平移伸缩法。平移伸缩法是将各项指标先分别减去自身某一特殊值后再除以另外一个特殊值，以缩小各指标间的量纲和数量级差异，同样特殊值如上。表 10.3 给出了几种常见的平移伸缩法。

表 10.3 平移伸缩法

无量纲方法	表达式	特点
标准化	$z_{ij}=\dfrac{x_{ij}-\bar{x}_j}{s}$（$s$ 为样本标准差）	z_{ij} 的均值为 0，方差为 1
极值化	$z_{ij}=\dfrac{x_{ij}-m_j}{M_j-m_j}$	$0\leqslant z_{ij}\leqslant 1$

根据以上讨论，为了消除量纲对 PCA 计算结果的影响，就要使变量归一化，然后计算方差和协方差矩阵。因此，PCA 的实际常用计算步骤：① 计算相关系数矩阵；② 求出特征值 λ_i 和相应的正交化单位特征向量$\boldsymbol{\alpha}_i$；③ 选择 PC；④ 计算 PC 得分。

原始变量的相关系数矩阵对应的 λ_i 是 PC 方差的贡献，贡献率可以表示为 $\boldsymbol{\alpha}_i=\lambda_i\Big/\sum^{m}\lambda_i$，该值越大，表明相应 PC 反映综合信息的能力越强，可以根据 λ_i 的大小提取 PC。

所有 PC 的组合系数(原始变量在主成分上的载荷)$\boldsymbol{\alpha}_i$ 是对应于相应特征值 λ_i 的"单位特征向量"。

【例 10.1】 设向量 $\boldsymbol{X}=(X_1,X_2,X_3)$ 的协方差矩阵为 $\boldsymbol{\Sigma}=\begin{pmatrix}1 & -2 & 0\\ -2 & 5 & 0\\ 0 & 0 & 2\end{pmatrix}$，试求 $\boldsymbol{X}$ 的主成分及主成分对变量 X_i 的贡献率 $v_i(i=1,2,3)$。

解 (1) 根据 $|\boldsymbol{\lambda E}-\boldsymbol{\Sigma}|=0$ 求协方差矩阵的特征值。

$$\lambda_1=3+\sqrt{8},\quad \lambda_2=2,\quad \lambda_3=3-\sqrt{8}$$

(2) 求相应的单位特征向量。

$$\lambda_1:a_1=\begin{pmatrix}0.383\\ -0.924\\ 0.00\end{pmatrix},\quad \lambda_2:a_1=\begin{pmatrix}0\\ 0\\ 1\end{pmatrix},\quad \lambda_3:a_3=\begin{pmatrix}0.924\\ 0.383\\ 0.00\end{pmatrix}$$

(3) 写出相应的主成分。

$$Z_1=0.383X_1-0.924X_2$$
$$Z_3=X_3$$

(4) 求贡献率。

取 $m=1$ 时，Z_1 对 $\boldsymbol{X}$ 的贡献率可达：

$$\frac{3+\sqrt{8}}{\lambda_1+\lambda_2+\lambda_3}=\frac{3+\sqrt{8}}{8}=72.8\%$$

取 $m=2$ 时，Z_1、Z_2 对 $\boldsymbol{X}$ 的贡献率可达 97.85%，表 10.4 列出了 m 个主成分对变量 X_i 的贡献率。

表 10.4　m 个主成分的贡献率

i	$\rho(Z_1,X_i)$	$\rho(Z_2,X_i)$	$v_i^{(1)}(m=1)$	$v_i^{(2)}(m=2)$
1	0.925	0	0.856	0.856
2	−0.998	0	0.996	0.996
3	0.000	1	0.000	1.000

说明：

① 第一主成分 Z_1 并不总能够被用来作为排序评估指数。如 $Z_1=a_{11}X_1+a_{21}X_2+\cdots+a_{p1}X_p$ 中的系数有正有负，或近似为 0，说明 Z_1 与原始变量 X_1，…，X_p 中有一部分为正相关，而另一部分负相关或是不相关的，这时 Z_1 有可能是无序指数，Z_1 就不能用作为排序评估指数。

② 一般情况下，Z_2，Z_3，…，Z_p 不适合作排序评估指数，这是因为 $Z_k(k=2,3,\cdots,p)$ 一般与原始变量 X_1，X_2，…，X_p 中有一部分为正相关，而另一部分负相关或是不相关的。

③ 第一主成分评估应与传统的专家评估相结合。

10.4　PCA 在 SPSS 中的操作

【例 10.2】 如表 10.5 所示为某矿区评价范围内的 10 个地下水水质现状监测点。现要求根据 SPSS 软件对该表中的 8 个监测因子进行主成分分析，判断水质现状监测点的主要影响因子。

表 10.5　矿区地下水井监测数据表

序号	取样编号	Cl^-	总硬度	溶解性总固体	高锰酸盐指数	硝酸盐氮	亚硝酸盐氮	Mn	氟化物
1	水井 1	3.290	103.080	209.980	2.050	7.680	0.005	0.001	0.110
2	水井 2	6.610	101.220	206.530	2.960	5.410	0.152	0.002	0.180
3	水井 3	5.260	110.900	223.600	2.500	4.180	0.003	0.023	0.480
4	水井 4	6.470	150.410	279.800	2.200	7.040	0.003	0.001	0.290
5	水井 5	10.180	167.780	303.900	5.460	3.120	0.731	0.005	0.090
6	水井 6	4.370	433.190	659.540	3.190	1.580	0.003	0.008	0.520
7	水井 7	22.450	375.230	664.190	2.810	21.630	0.003	0.005	0.920
8	水井 8	3.470	96.200	175.890	3.410	3.780	0.003	0.003	0.110
9	水井 9	16.100	190.290	339.220	2.500	18.980	0.003	0.005	0.060
10	水井 10	18.380	222.900	379.110	3.190	5.160	0.040	0.003	0.100

SPSS 软件中的具体操作步骤如下：

(1) 将数据录入 SPSS 软件中。

(2) 对 8 个监测因子进行标准化处理。

① 选择“分析”|“描述统计”|“描述”；

② 弹出“描述统计”对话框，将变量移入变量组，勾选“将标准化得分另存为变量”并点击确定；

③ 返回 SPSS“数据视图”，此时可以观察到新增了标准化后数据字段，如图 10.2 所示。

	ZCl−	Z总硬度	Z溶解性总固体	Z高锰酸盐指数	Z硝酸盐氮	Z亚硝酸盐氮	ZMn	Z氟化物
1	-.92442	-.77940	-.74928	-1.01342	-.02578	-.39223	-.70942	-.63488
2	-.44247	-.79510	-.76855	-.06950	-.35833	.25127	-.55520	-.38237
3	-.63844	-.68807	-.67324	-.54664	-.53852	-.40099	2.68346	.69981
4	-.46279	-.37991	-.35944	-.85783	-.11954	-.40099	-.70942	.01443
5	.07578	-.23330	-.22488	2.52369	-.69381	2.78588	-.09253	-.70703
6	-.76764	2.00691	1.76083	.16908	-.91941	-.40099	.37013	.84411
7	1.85697	1.51770	1.78680	-.22509	2.01785	-.40099	-.09253	2.28702
8	-.89829	-.83747	-.93962	.39728	-.59712	-.40099	-.40098	-.63488
9	.93516	-.04330	-.02767	-.54664	1.62963	-.40099	-.09253	-.81525
10	1.26614	.23195	.19505	.16908	-.39496	-.23902	-.40098	-.67096

图 10.2　标准化处理

(3) 利用标准化数据进行因子分析。

① 选择“分析”|“降维”|“因子分析”，将要进行分析的变量选入“变量”列表，如图 10.3 所示；

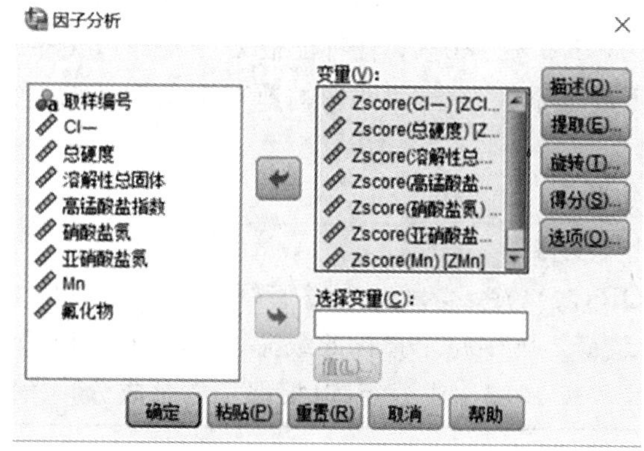

图 10.3　变量输入

② 点击“描述”按钮，在弹出的对话框中勾选“原始分析结果”和“KMO 与 Bartlett 球形度检验”复选框；

③ 点击“提取”按钮，在弹出的对话框中勾选“碎石图”复选框；

④ 点击“得分”按钮，在弹出的对话框中勾选“保存为变量”和“因子得分系数”复选框；

⑤ 点击“确定”按钮，查看并分析结果。

a. 查看 KMO 和巴特利特检验，如表 10.6 所示。

表 10.6　KMO 和巴特利特检验

KMO 取样适切性量数		0.210
Bartlett 球形度检验	近似卡方	70.435
	自由度	28
	显著性	0.000

KMO 值越接近 1，意味着变量间的相关性越强；Bartlett 球形度检验的显著性＜0.05，说明变量间存在相关关系。通过上述分析，发现可以进行主成分分析。

b. 全部解释方差或者解释总方差，如表 10.7 所示。

表 10.7　总方差解释

成分	初始特征值			提取载荷平方和			旋转载荷平方和		
	总计	方差百分比	累积/%	总计	方差百分比	累积/%	总计	方差百分比	累积/%
1	3.297	41.212	41.212	3.297	41.212	41.212	2.961	37.015	37.015
2	1.960	24.506	65.719	1.960	24.506	65.719	2.076	25.953	62.969
3	1.405	17.561	83.279	1.405	17.561	83.279	1.625	20.311	83.279
4	0.832	10.396	93.676						
5	0.297	3.710	97.385						
6	0.143	1.784	99.169						
7	0.066	0.829	99.998						
8	0.000	0.002	100.000						

提取方法：主成分分析法。

从表10.7可知，前三个主成分贡献率分别为 $r_1=41.212\%$，$r_2=24.506\%$，$r_3=17.561\%$，累计贡献率 $83.279\%>80\%$，且特征根 $\lambda_1=3.297$，$\lambda_2=1.960$，$\lambda_3=1.405$ 均大于1。因此可以提供的主成分个数 $m=3$，即影响地下水水质的监测因子主要为 CI^- 值、总硬度和溶解性总固体。

(4) 计算特征向量矩阵。

① 选择"转换"|"计算变量"；

② 根据 $F_j=V_j/SQR(\lambda_j)$，$j=1,2,3$，计算特征向量 F_j。其中，V_j 为用于计算主成分表达式系数的初始因子载荷矩阵中每个指标的载荷，如表10.8所示。

表10.8　成分矩阵(提取了3个成分)

	成分		
	1	2	3
Zscore(CI^-)	0.669	0.273	−0.507
Zscore(总硬度)	0.848	0.314	0.215
Zscore(溶解性总固体)	0.897	0.307	0.158
Zscore(高锰酸盐指数)	−0.249	0.945	0.072
Zscore(硝酸盐氮)	0.667	−0.175	−0.566
Zscore(亚硝酸盐氮)	−0.381	0.867	−0.039
Zscore(Mn)	0.088	−0.126	0.766
Zscore(氟化物)	0.816	−0.037	0.403

提取方法：主成分分析法。

③ 得到特征向量矩阵，如图10.4所示，进而获得主成分函数表达式。

	F1	F2	F3
1	.3684	.1950	-.4277
2	.4670	.2243	.1814
3	.4940	.2193	.1333
4	-.1371	.6750	.0607
5	.3673	-.1250	-.4775
6	-.2098	.6193	-.0329
7	.0485	-.0900	.6462
8	.4494	-.0264	.3400

图10.4　标准化处理

主成分函数表达式：

$$F_1=0.3684X_1+0.4670X_2+0.4940X_3-0.1371X_4+0.3673X_5-0.2098X_6+0.0485X_7+0.4494X_8$$

$$F_2=0.1950X_1+0.2243X_2+0.2193X_3+0.6750X_4-0.1250X_5+0.6193X_6-0.0900X_7-0.0264X_8$$

$$F_3 = -0.4277X_1 + 0.1814X_2 + 0.1333X_3 + 0.0607X_4 - 0.4775X_5 - 0.0329X_6 + 0.6462X_7 + 0.3400X_8$$

(5) 计算主成分合成模型及综合主成分值。

① 选择“转换”|“计算变量”；

② 根据 $Y=r_1*F_1+r_2*F_2+r_3*F_3$，得到综合主成分表达式：

$$Y = 0.1245X_1 + 0.2793X_2 + 0.2807X_3 + 0.1196X_4 + 0.0369X_5 + + 0.0595X_6 + 0.1114X_7 + 0.2384X_8$$

③ 根据上述公式，可以求得所有监测点的综合得分值，进而能够对各监测点进行综合评价比较，具体计算结果如图 10.5 所示。

	取样编号	Y	Z1	Z2	Z3
1	水井1	88.70	155.67	70.23	41.78
2	水井2	87.67	153.36	70.70	40.72
3	水井3	95.80	167.00	76.76	46.55
4	水井4	121.95	213.26	96.96	58.69
5	水井5	134.27	232.51	110.01	65.44
6	水井6	307.23	530.10	244.60	164.25
7	水井7	295.39	519.59	233.37	137.16
8	水井8	77.25	134.06	62.65	37.85
9	水井9	151.39	269.03	119.53	63.96
10	水井10	171.56	299.64	138.25	80.87

图 10.5　综合主成分值

图中，Y 表示综合主成分结果。10 个监测点的优劣顺序为：水井 6、水井 7、水井 10、水井 9、水井 5、水井 4、水井 3、水井 1、水井 2、水井 8。

【例 10.3】 以我国东南部 13 个码头某年的各项经济指标为样本数据集(见表 10.9)，运用 SPSS 软件对该数据集进行主成分分析，寻找影响码头竞争力水平的主要因素并提出相应对策。

表 10.9　码头经济指标

	X_1	X_2	X_3	X_4	X_5	X_6	X_7	X_8	X_9	X_{10}	X_{11}	X_{12}	X_{13}
P_1	18035.55	2546.66	0.6023	2.59	288	10.63	15.8	191	66	60	734	248	25
P_2	53819.18	12341.46	0.5937	7.11	450	3	7	296	76	66	604	590	60.3
P_3	17260.07	900.53	0.3470	3.66	212	13.31	5.69	121	36	37	63	271	25
P_4	28124.33	3798.53	0.6768	5.28	367	15	19	121	42	46	128	496	31
P_5	29745.61	6568.76	1.4187	2.92	200	1.89	18.8	100	70	58	461	112.55	5.14
P_6	29029.76	6530.66	0.9395	3.27	402	6.01	1.5	168	28	104	160	370	30
P_7	10504.1	611.14	0.2826	3.16	100	11.9	18.1	74	29	25	198	267.13	8.2
P_8	8252.28	305.9	0.7537	0.74	200	17.6	50	32	20	13	33	80.17	0.21
P_9	8686.67	185.55	0.8099	0.13	145	23.6	48.5	20	25	6	49	89.5	3.68

续表

	X_1	X_2	X_3	X_4	X_5	X_6	X_7	X_8	X_9	X_{10}	X_{11}	X_{12}	X_{13}
P_{10}	7216.55	628.82	1.0901	1.27	145	19.5	10.27	70	12	43	140	110	3.77
P_{11}	11532.22	577.48	0.3452	2.42	160	10.1	22.4	11	15	10	71	98.4	0.42
P_{12}	8749.2	209.35	0.3437	102	102	23	64.69	12	11	4	37	51.55	3.09
P_{13}	2581.09	47.49	0.9860	54	54	37.14	50	12	10.17	6	18	43.5	2.26

其中，13 个三级指标分别是码头经济腹地年 GDP(X_1)、码头经济腹地年外贸进出口总额(X_2)、码头与经济腹地距离指数(X_3)、外商直接投资额(X_4)、码头投资额(X_5)、码头集装箱吞吐量增长率(X_6)、码头货物吞吐量增长率(X_7)、码头航线(X_8)、码头装卸率(X_9)、码头吊桥数(X_{10})、码头泊位数(X_{11})、码头总资产(X_{12})、码头总利润(X_{13})。

SPSS 软件中的具体操作步骤如下：

(1) 将数据录入 SPSS 软件中。

(2) 对 13 个监测因子进行标准化处理。

① 选择“分析”|“描述统计”|“描述”；

② 弹出“描述统计”对话框，将变量移入变量组，勾选“将标准化得分另存为变量”并点击确定；

③ 返回 SPSS“数据视图”，此时可以观察到新增了标准化后的数据字段，如图 10.6 所示。

	ZX1	ZX2	ZX3	ZX4	ZX5	ZX6	ZX7	ZX8	ZX9	ZX10	ZX11	ZX12	ZX13
1	.00507	-.04444	-.30664	-.39859	.57127	-.43641	-.47361	1.12852	1.39291	.77164	2.22541	.17226	.54401
2	2.55399	2.59289	-.33187	-.24737	1.88040	-1.23081	-.90243	2.35596	1.82942	.97093	1.67605	2.10524	2.51080
3	-.05017	-.48768	-1.05535	-.36279	-.04289	-.15738	-.96627	.31023	.08337	.00767	-.61015	.30225	.54401
4	.72371	.29263	-.08816	-.30859	1.20967	.01858	-.31768	.31023	.34528	.30661	-.33547	1.57395	.87831
5	.83919	1.03854	2.08759	-.38755	-.13986	-1.34638	-.32742	.06474	1.56752	.70521	1.07175	-.59331	-.56252
6	.78820	1.02828	.68225	-.37584	1.49251	-.91742	-1.17044	.85966	-.26584	2.23315	-.20024	.86180	.82259
7	-.53140	-.56560	-1.24422	-.37952	-.94797	-.30418	-.36153	-.23919	-.22218	-.39093	-.03966	.28038	-.39203
8	-.69180	-.64779	.13736	-.46048	-.13986	.28928	1.19293	-.73017	-.61505	-.78952	-.73693	-.77632	-.83721
9	-.66086	-.68019	.30218	-.48089	-.58432	.91398	1.11984	-.87045	-.39679	-1.02204	-.66931	-.72359	-.64387
10	-.76558	-.56084	1.12391	-.44275	-.58432	.48710	-.74309	-.28595	-.96426	.20696	-.28476	-.60772	-.63886
11	-.45817	-.57466	-1.06063	-.40427	-.46311	-.49159	-.15200	-.97566	-.83330	-.88917	-.57635	-.67328	-.82551
12	-.65641	-.67378	-1.06503	2.92725	-.93181	.85151	1.90877	-.96397	-1.00791	-1.08847	-.72003	-.93808	-.67674
13	-1.09577	-.71737	.81862	1.32138	-1.31970	2.32370	1.19293	-.96397	-.91318	-1.02204	-.80032	-.98358	-.72299

图 10.6　标准化处理

(3) 利用标准化数据进行因子分析。

① 选择“分析”|“降维”|“因子分析”，将要进行分析的变量选入“变量”列表，如图 10.7 所示；

② 点击“描述”按钮，在弹出的对话框中勾选“原始分析结果”和“KMO 与 Bartlett 球形度检验”复选框；

③ 点击“提取”按钮，在弹出的对话框中勾选“碎石图”复选框；

④ 点击“得分”按钮，在弹出的对话框中勾选“保存为变量”和“因子得分系数”复选框；

⑤ 点击“确定”按钮，查看并分析结果。

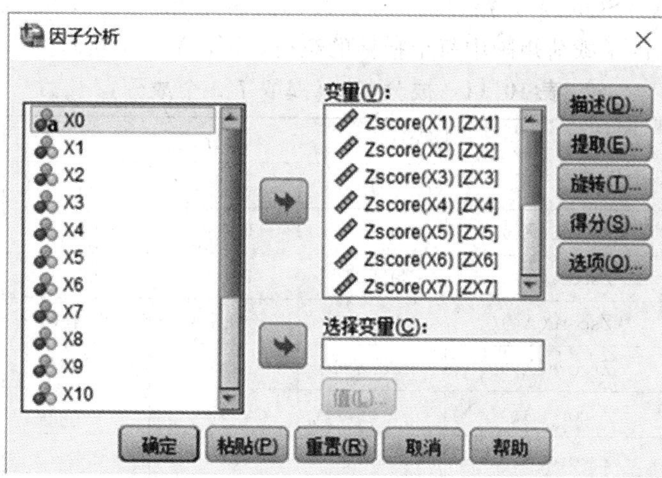

图 10.7　变量输入

a. 全部解释方差或者解释总方差见表 10.10 所示。

表 10.10　总方差解释

成分	初始特征值			提取载荷平方和		
	总计	方差百分比	累积/%	总计	方差百分比	累积/%
1	8.420	64.765	64.765	8.420	64.765	64.765
2	1.422	10.936	75.701	1.422	10.936	75.701
3	1.149	8.835	84.537	1.149	8.835	84.537
4	0.817	6.285	90.822			
5	0.423	3.251	94.073			
6	0.406	3.120	97.193			
7	0.191	1.468	98.661			
8	0.082	0.633	99.294			
9	0.048	0.370	99.664			
10	0.032	0.246	99.910			
11	0.010	0.080	99.990			
12	0.001	0.010	100.000			
13	3.276*E*-16	2.520*E*-15	100.000			

提取方法：主成分分析法。

从表 10.10 可知，前三个主成分贡献率分别为 $r_1=64.765\%$，$r_2=10.936\%$，$r_3=8.835\%$，累计贡献率 84.537%>80%，且特征根 $\lambda_1=8.420$，$\lambda_2=1.422$，$\lambda_3=1.149$ 均大于 1。因此可以提供的主成分个数 $m=3$，即影响码头竞争力水平的主要因素为：码头经济腹地年 GDP(X_1)、码头经济腹地年外贸进出口总额(X_2)、码头与经济腹地距离指数(X_3)。

(4) 计算特征向量矩阵。

① 选择“转换”|“计算变量”；

② 根据 $F_j=V_j/\mathrm{SQR}(\lambda_j)$，$j=1,2,3$，计算特征向量 F_j。其中，V_j 为用于计算主成分表达式系数的初始因子载荷矩阵中每个指标的载荷，如表 10.11 所示。

表 10.11　成分矩阵(提取了 3 个成分)

	成分		
	1	2	3
Zscore(X_1)	0.936	0.131	0.178
Zscore(X_2)	0.903	0.022	0.301
Zscore(X_3)	0.102	−0.794	0.456
Zscore(X_4)	−0.481	0.525	0.581
Zscore(X_5)	0.905	0.136	−0.046
Zscore(X_6)	−0.799	0.182	0.203
Zscore(X_7)	−0.768	0.237	0.472
Zscore(X_8)	0.960	0.135	0.058
Zscore(X_9)	0.836	−0.105	0.288
Zscore(X_{10})	0.851	−0.244	−0.034
Zscore(X_{11})	0.746	−0.135	0.312
Zscore(X_{12})	0.862	0.364	−0.175
Zscore(X_{13})	0.890	0.389	0.011

提取方法：主成分分析法。

③ 得到特征向量矩阵，如图 10.8 所示，进而获得主成分函数表达式。

	F1	F2	F3
1	.3226	.1099	.1661
2	.3112	.0184	.2808
3	.0352	-.6658	.4254
4	-.1658	.4403	.5420
5	.3119	.1140	-.0429
6	-.2754	.1526	.1894
7	-.2647	.1987	.4403
8	.3308	.1132	.0541
9	.2881	-.0881	.2687
10	.2933	-.2046	-.0317
11	.2571	-.1132	.2911
12	.2971	.3052	-.1633
13	.3067	.3262	.0103

图 10.8　标准化处理

主成分函数表达式：

$$Z_1=0.3226X_1+0.3112X_2+0.0352X_3-0.1658X_4+0.3119X_5-0.2754X_6-0.2647X_7+0.3308X_8+0.2881X_9+0.2933X_{10}+0.2571X_{11}+0.2971X_{12}+0.3067X_{13}$$

$Z_2 = 0.1099X_1 + 0.0184X_2 - 0.6658X_3 + 0.4403X_4 + 0.1140X_5 + 0.1526X_6 + 0.1987X_7 + 0.1132X_8 - 0.0881X_9 - 0.2046X_{10} - 0.1132X_{11} + 0.3052X_{12} + 0.3262X_{13}$

$Z_3 = 0.1661X_1 + 0.2808X_2 + 0.4254X_3 + 0.5420X_4 - 0.0429X_5 + 0.1894X_6 + 0.4403X_7 + 0.0541X_8 + 0.2687X_9 - 0.0317X_{10} + 0.2911X_{11} - 0.1633X_{12} + 0.0103X_{13}$

(5) 计算主成分合成模型及综合主成分值。

① 选择“转换”|“计算变量”；

② 根据 $Y=r_1 * F_1+r_2 * F_2+r_3 * F_3$，得到综合主成分表达式：

$Y = 0.2223X_1 + 0.2059X_2 - 0.0465X_3 - 0.0547X_4 + 0.2141X_5 - 0.1601X_6 - 0.1460X_7 + 0.2271X_8 + 0.1792X_9 + 0.1673X_{10} + 0.1566X_{11} + 0.2244X_{12} 0.2344X_{13}$

③ 根据上述公式，可以求得所有码头的综合得分值，进而能够对各地区进行综合评价比较，具体计算结果如图 10.9 所示。

	X0	Y	Z1	Z2	Z3
1	宁波舟	4832.839	7062.95	2071.58	3908.67
2	上海港	14932.536	21827.49	6342.37	12507.74
3	青岛港	4181.202	6074.33	2028.85	3107.22
4	天津港	7288.550	10614.86	3358.12	5709.65
5	广州港	8148.115	11920.38	3394.20	6925.75
6	深圳港	8058.329	11774.57	3458.26	6642.16
7	大连港	2596.629	3774.37	1246.16	1949.21
8	连云港	1966.327	2854.11	967.80	1477.30
9	营口港	2028.037	2941.85	1009.17	1522.27
10	厦门港	1832.749	2669.77	843.07	1406.87
11	烟台港	2751.893	3999.32	1323.09	2092.94
12	日照港	2014.620	2913.19	1050.19	1601.78
13	锦州港	598.069	859.67	340.36	500.63

图 10.9 综合主成分值

图中，Y 表示综合主成分结果。码头排名依次为上海港、广州港、深圳港、天津港、宁波舟山港、青岛港、烟台港、大连港、营口港、日照港、连云港、厦门港、锦州港。

课后习题

1. 通过本章节的学习，请概括总结出 PCA 的基本思想和基本概念。

2. 存在 $\boldsymbol{X}=(x_1,x_2)^{\mathrm{T}}$ 的协方差矩阵为 $\boldsymbol{\Sigma}=\begin{pmatrix}1 & 0.4\\0.4 & 1\end{pmatrix}$，该矩阵的相关系数矩阵为 $\boldsymbol{R}=\begin{pmatrix}1 & 0.4\\0.4 & 1\end{pmatrix}$。分别从 $\boldsymbol{\Sigma}$ 和 $\boldsymbol{R}$ 的角度出发，求随机变量 x 的各 PC 并加以比较其数值的大小，同时讨论所得到结果的意义是什么。

3. 依靠网络资源搜集 2010—2018 年以来“中国各地三甲医院的发展状况”的数据，使用 PCA 方法将所求解得到的结果进行分析，解释各个成分之间的联系，并简要分析产生这些差异的主要原因是什么。

4. 收集 2010—2018 年“中国西部地区各个省份的人均消费水平”数据，使用 PCA 方法进行分析，解释所获取到的 PC 与已知数据指标之间的差异和联系是什么。

参考文献

[1] 贺川双，杜修明，严英杰，等. 基于数据挖掘和主成分分析的电力设备状态评价[J]. 高压电器，2017(12)：34-41.

[2] 赵自阳，李王成，王霞，等. 基于主成分分析和因子分析的宁夏水资源承载力研究[J]. 水文，2017，37(02)：64-72.

[3] 钱冲，廖永红，刘明艳，等. 不同香型白酒的聚类分析和主成分分析[J]. 中国食品学报，2017，17(02)：243-255.

[4] 胡书文，徐建武. 主成分分析和因子分析在中国股票评价体系中的应用[J]. 重庆理工大学学报(自然科学)，2017，31(05)：192-202.

[5] 张远为，严飞. 我国商业银行系统性风险实证研究：基于主成分分析法[J]. 理论月刊，2017(02)：111-116.

[6] 高晓红，李兴奇. 主成分分析中线性无量纲化方法的比较研究. 统计与决策，2020，36(03)：33-36.

第 11 章　理想点法

理想点法是一种应用广泛的综合多属性决策方法，用处十分广泛。在使用过程中，首先构建一个原始决策矩阵，其次标准化该矩阵，然后在有限多个解决方案中找出最好和最坏的解决方案，接着计算距离，即每个解决方案与最好和最坏方案的距离，最后基于距离求得每个解决方案的相对贴近度，根据贴近度对所有方案进行评价。

11.1　经典理想点法

11.1.1　基本原理

理想点法又叫 TOPSIS（Technique for Order Preference by Similarity to Ideal Solution）。该方法的原理是对于决策问题给出的多个解决方案，从中找出该问题的正负理想解，然后通过可行解与正负理想解距离的关系找出一个最满意的解，这个解在距离的定义上满足与正理想解最近、与负理想解最远。

正理想解一般指假设的最佳解，对应的每个属性值在所有方案中都是最佳的，负理想解一般指假设的最差解，对应的每个属性值在所有方案中都是最差的。该方法的决策制订规则是将所有可行解与正负理想解进行对比，以满足与正理想解最近、与负理想解最远的要求，最终得到的解便是所有解中最满意的解。

假设有一个多属性决策制定问题，该问题有 $m(j=1,2,\cdots,m)$ 个指标和 $n(i=1,2,\cdots,n)$ 个解决方案，并设该问题的标准化加权决策矩阵的正理想解是 $\boldsymbol{Z}^+$：

$$\boldsymbol{Z}^+=(Z_1^+,Z_2^+,\cdots,Z_m^+) \tag{11.1}$$

使用欧几里得范数来度量距离，然后计算出任意可行解 Z_i 到 $\boldsymbol{Z}^+$ 的距离：

$$S_i^+=\sqrt{\sum_{j=1}^{m}(Z_{ij}-Z_j^+)^2},\ i=1,2,\cdots,n \tag{11.2}$$

其中，Z_{ij} 为标准化加权决策矩阵中第 j 个指标相对于第 i 个方案(解)的值。

同样，设 $\boldsymbol{Z}^-=(Z_1^-,Z_2^-,\cdots,Z_m^-)$ 为该问题的标准化加权决策矩阵的负理想解，然后计算任意可行解 Z_i 到负理想解 $\boldsymbol{Z}^-$ 的距离：

$$S_i^-=\sqrt{\sum_{j=1}^{m}(Z_{ij}-Z_j^-)^2},\ i=1,2,\cdots,n \tag{11.3}$$

最后，定义所有可行解的相对接近度：

$$C_i=\frac{S_i^-}{S_i^-+S_i^+},\ C_i\leqslant 1,\ i=1,2,\cdots,n \tag{11.4}$$

如果 Z_i 是正理想解，则 $C_i=1$；如果 Z_i 是负理想解，则 $C_i=0$。Z_i 离正理想解越近，C_i 越接近 1；Z_i 离负理想解越近，C_i 越接近 0。最后对 C_i 排序，求得满意解。

11.1.2 TOPSIS 法计算步骤

TOPSIS 法计算步骤如下：

(1) 对于一个决策问题，决策矩阵为 **A**。对 **A** 进行标准化处理后可得矩阵 **Z**′，该矩阵中的元素为 Z'_{ij}，且满足

$$Z'_{ij}=\frac{f_{ij}}{\sqrt{\sum_{i=1}^{n}f_{ij}^{2}}},\quad i=1,2,\cdots,n;\ j=1,2,\cdots,m \tag{11.5}$$

式中：

$$\boldsymbol{A}=\begin{bmatrix} f_{11} & f_{12} & \cdots & f_{1m} \\ f_{21} & f_{22} & \cdots & f_{2m} \\ \vdots & \vdots & & \vdots \\ f_{n1} & f_{n1} & \cdots & f_{nm} \end{bmatrix} \tag{11.6}$$

(2) 对第一步所得的 **Z**′ 进行加权处理，所得矩阵用 **Z** 表示，其元素 Z_{ij} 为

$$Z_{ij}=W_{j}Z'_{ij},\quad i=1,2,\cdots,n;\ j=1,2,\cdots,m \tag{11.7}$$

其中 W_j 为第 j 个指标的权重。

(3) 从所有解中找出正负理想解。矩阵 **Z** 中的元素 Z_{ij} 在所有解中越大越好。

$$\boldsymbol{Z}^{+}=(Z_{1}^{+},Z_{2}^{+},\cdots,Z_{m}^{+})=\max_{i} Z_{ij}\Big|_{j=1,2,\cdots,m} \tag{11.8}$$

$$\boldsymbol{Z}^{-}=(Z_{1}^{-},Z_{2}^{-},\cdots,Z_{m}^{-})=\min_{i} Z_{ij}\Big|_{j=1,2,\cdots,m} \tag{11.9}$$

(4) 求出所有解到正负理想解的距离 S_i^+ 和 S_i^-。

(5) 计算 C_i，依据 C_i 的大小对所有方案进行排序。

多属性综合评价方法有很多，各有其应用价值。TOPSIS 法最重要的优点是将原始数据的信息作用充分发挥了出来，评价结果能够准确反映评价方案之间的差距。同时，TOPSIS 法不仅适用于小样本数据，而且适用于具有多个评价对象和多个指标的大样本数据。因此，采用 TOPSIS 法进行多属性决策制订是比较准确和客观的。

11.1.3 应用实例

【例 11.1】 TOPSIS 法评价医疗质量的问题。

试根据表 11.1 中的数据，采用 TOPSIS 法对某市人民医院 1995—1997 年的医疗质量进行评价。

表 11.1 某市人民医院 1995—1997 年的医疗质量

年度	床位周转次数	床位周转率/%	平均住院日	出入院诊断符合率/%	手术前后诊断符合率/%	三日确诊率/%	治愈好转率/%	病死率/%	危重病人抢救成功率/%	院内感染率/%
1995	20.97	113.81	18.73	99.42	99.80	97.28	96.08	2.57	94.53	4.60
1996	21.41	116.12	18.39	99.32	99.14	97.00	95.65	2.72	95.32	5.99
1997	19.13	102.85	17.44	99.49	99.11	96.20	96.50	2.02	96.22	4.79

在所有指标中，平均住院日、病死率和院内感染率三个指标的值越小越好，称为成本型指标；其他指标的值越大越好，称为效益型指标。成本型指标可以转化为效益型指标，其中，绝对数成本型指标 x 可使用倒数法 $\frac{100}{x}$ 转化为效益型指标，相对数成本型指标 x 可使用差值法 $1-x$ 转化为效益型指标。因此，平均住院日采用 $\frac{100}{x}$ 转化，病死率和院内感染率采用 $1-x$ 转化。转化后所得数据见表 11.2。

表 11.2　转化指标值

年度	床位周转次数	床位周转率/%	平均住院日	出入院诊断符合率/%	手术前后诊断符合率/%	三日确诊率/%	治愈好转率/%	病死率/%	危重病人抢救成功率/%	院内感染率/%
1995	20.97	113.81	5.34	99.42	99.80	97.28	96.08	97.43	94.53	95.40
1996	21.41	116.12	5.44	99.32	99.14	97.00	95.65	97.28	95.32	94.01
1997	19.13	102.85	5.73	99.49	99.11	96.20	96.50	97.98	96.22	95.21

利用式(11.5)对表 11.2 中的数据进行归一化处理，得归一化矩阵值，见表 11.3。

表 11.3　归一化矩阵值

年度	床位周转次数	床位周转率	平均住院日	出入院诊断符合率	手术前后诊断符合率	三日确诊率	治愈好转率	病死率	危重病人抢救成功率	院内感染率
1995	0.590	0.592	0.560	0.577	0.580	0.580	0.577	0.577	0.572	0.581
1996	0.602	0.604	0.570	0.577	0.576	0.578	0.575	0.576	0.577	0.572
1997	0.538	0.535	0.601	0.578	0.576	0.574	0.580	0.580	0.583	0.579

例如，计算 1995 年床位周转次数的归一化值：

$$Z_{11}=\frac{20.97}{\sqrt{20.97^2+21.41^2+19.13^2}}\approx 0.509$$

其余归一化数值依此类推。

由式(11.8)和式(11.9)求得最优和最劣方案：

$$\boldsymbol{Z}^{+}=(Z_1^{+},Z_2^{+},\cdots,Z_m^{+})$$
$$=(0.602,0.604,0.601,0.578,0.580,0.580,0.583,0.581) \tag{11.10}$$

$$\boldsymbol{Z}^{-}=(Z_1^{-},Z_2^{-},\cdots,Z_m^{-})$$
$$=(0.538,0.535,0.560,0.577,0.576,0.574,0.575,0.576,0.572,0.572) \tag{11.11}$$

由式(11.10)、式(11.11)和式(11.2)、式(11.3)计算各年度的 S^{+} 和 S^{-}，见表 11.4。

例如，计算1997年S^+和S^-：

$$S^+=\sqrt{(0.602-0.538)^2+(0.604-0.535)^2+\cdots+(0.581-0.579)^2}=0.094 \tag{11.12}$$

$$S^-=\sqrt{(0.538-0.538)^2+(0.535-0.535)^2+\cdots+(0.572-0.579)^2}=0.044 \tag{11.13}$$

其余各年依此类推，由式(12.4)计算各年度的C_i，见表11.4。

例如，计算1997年的C_i：

$$C_i=\frac{0.044}{0.094+0.044}\approx 0.319 \tag{11.14}$$

其余各年依此类推。

表11.4　不同年度指标值与最优值的相对接近程度及排序结果

年份	S^+	S^-	C_i	排序结果
1995	0.045	0.078	0.634	2
1996	0.034	0.095	0.736	1
1997	0.094	0.044	0.319	3

由表11.4的排序结果可以看出，医疗质量最佳的年份是1996年。

【例11.2】 TOPSIS法在环境质量综合评价中的应用实例。

在环境质量评价中，将各样本的监测值和各层级的标准值分别作为TOPSIS法的决策方案，每个样本和每级标准值的C_i值可以通过TOPSIS法获得，对其值进行排序，可以获得每个样品的整体质量和不同样品之间的整体质量比较。表11.5列出了评估的选定元素和确定的评级水平及其代表值。

表11.5　某海湾沿岸海水侵染程度分级表

参评要素	分级			
	Ⅰ级 (无或很轻侵染)	Ⅱ级 (轻度侵染)	Ⅲ级 (较严重侵染)	Ⅳ级 (严重侵染)
氯离子/(mg/L)	100	400	800	2200
矿化度/(mg/L)	500	1500	2500	3500
溴离子/(mg/L)	0.25	1.25	2.50	9.00
$rHCO_3/rCl$	1.00	0.31	0.14	0.02
纳吸附比	1.40	2.60	4.50	15.50

测得111#和112#水样的各参评要素值如表11.6所示。

表 11.6　111#和 112#水样监测值

样本号	要素				
	氯离子/(mg/L)	矿化度/(mg/L)	溴离子/(mg/L)	$rHCO_3/rCl$	纳吸附比
111#	134.71	542.15	0	0.882	1.576
112#	152.44	721.18	0.20	1.267	1.366

取海水侵染Ⅰ～Ⅳ级标准值，111#和 112#水样监测值构成了 TOPSIS 法中的决策矩阵 $\boldsymbol{A}$：

$$\boldsymbol{A}=\begin{bmatrix} 100 & 500 & 0.25 & 1.000 & 1.400 \\ 400 & 1500 & 1.25 & 0.310 & 2.600 \\ 800 & 2500 & 2.50 & 0.140 & 4.500 \\ 2200 & 3500 & 9.00 & 0.020 & 15.500 \\ 134.71 & 542.15 & 0 & 0.882 & 1.576 \\ 152.44 & 721.18 & 0.20 & 1.267 & 1.366 \end{bmatrix}\begin{matrix} \text{Ⅰ} \\ \text{Ⅱ} \\ \text{Ⅲ} \\ \text{Ⅳ} \\ 111^{\#} \\ 112^{\#} \end{matrix}$$

由式(11.5)计算出 $\boldsymbol{A}$ 的标准化矩阵 $\boldsymbol{Z}'$：

$$\boldsymbol{Z}'=\begin{bmatrix} 0.042 & 0.107 & 0.027 & 0.535 & 0.085 \\ 0.168 & 0.321 & 0.133 & 0.166 & 0.158 \\ 0.335 & 0.535 & 0.265 & 0.075 & 0.272 \\ 0.922 & 0.749 & 0.954 & 0.011 & 0.937 \\ 0.056 & 0.116 & 0 & 0.472 & 0.095 \\ 0.064 & 0.154 & 0.021 & 0.678 & 0.083 \end{bmatrix}$$

在制定海水侵染分级标准时，由于各因素的重要性隐含在分级标准值中，因此本例的权重由标准值决定。计算公式为

$$W_i=\frac{S_i(n-1)/S_iI}{\sum_{i=1}^{n}[S_i(n-1)/S_iI]} \tag{11.15}$$

式中，W_i 为因素 i 的权重；n 为标准分级数，在本例中 $n=4$；$S_{i(n-1)}$ 为因素 i 的第 $n-1$ 级标准值；S_iI 为因素 i 的第Ⅰ级标准值。

权重向量可以被计算并得到 $\boldsymbol{W}^{\mathrm{T}}=\{0.198,0.1199,0.2398,0.3717,0.0767\}$。

由式(11.7)计算出加权标准化矩阵 $\boldsymbol{Z}$ 为

$$\boldsymbol{Z}=\begin{bmatrix} 0.0081 & 0.0128 & 0.0065 & 0.1989 & 0.0065 \\ 0.0322 & 0.0385 & 0.0319 & 0.0617 & 0.0121 \\ 0.0643 & 0.0641 & 0.0635 & 0.0279 & 0.0209 \\ 0.1768 & 0.0898 & 0.2288 & 0.0041 & 0.0719 \\ 0.0107 & 0.0139 & 0 & 0.1754 & 0.0073 \\ 0.0123 & 0.0185 & 0.0050 & 0.2520 & 0.0064 \end{bmatrix}$$

由式(11.8)和式(11.9)得

$$\boldsymbol{Z}^{+}=\{0.1768,0.0898,0.2288,0.2520,0.0719\}$$

$$Z^{-}=\{0.0081, 0.01280, 0.0000, 0.0041, 0.0064\}$$

最后，由式(11.2)、式(11.3)和式(11.4)计算得出 S_i^+，S_i^- 和 C_i 的值，如表 11.7 所示。

表 11.7　S_i^+、S_i^- 和 C_i 值表

	Ⅰ	Ⅱ	Ⅲ	Ⅳ	111#	112#
S_i^+	0.0535	0.1962	0.2455	0.3905	0.0767	0.0087
S_i^-	0.3550	0.2631	0.2093	0	0.3453	0.3847
C_i	0.8690	0.5728	0.4602	0	0.8182	0.9779

根据 C_i 值的大小进行排序得 $C_{112}>C_{\text{Ⅰ}}>C_{111}>C_{\text{Ⅱ}}>C_{\text{Ⅲ}}>C_{\text{Ⅳ}}$。

由排序结果可以总结：TOPSIS 法所得的评价结果符合实际情况。

TOPSIS 法是一种处理多属性决策制订问题的有效方法。具有以下优点：

(1) 结合各个属性，不仅可以求出每个评价对象或评价方案的水平，而且可以求出不同评价对象或评价方案的优劣。

(2) TOPSIS 法原理简单，可同时评价多个评价方案或评价对象。TOPSIS 法计算速度快，结果分辨率高，评价客观，具有较高的实用价值。

TOPSIS 法的缺点是 C_i 只能反映每个评价对象之间的相对接近程度，不能反映与理想最优解的相对接近程度。

11.2　改进的 TOPSIS 法

从 TOPSIS 法的排序决策步骤来看，其具有以下缺点：

(1) 使用式(11.5)求解标准化决策矩阵较为复杂，并且正负理想解不易求得。

(2) 权值是预先确定的，其取值通常是主观的，具有一定的随机性。

(3) 当方案 z_i、z_j 关于 f^+ 和 f^- 的连线对称时，由于 $f_i^+=f_j^+$，$f_i^-=f_j^-$，因而无法比较 z_i、z_j 的优劣。

为了弥补原始 TOPSIS 法的缺点，提出了一种改进的 TOPSIS 法。

11.2.1　改进 TOPSIS 法的步骤

本文以工程投标为例，来解释改进的 TOPSIS 法的求解步骤。在这个问题中，使用改进的 TOPSIS 法来优选各个承包商。

假设初审后有 m 家投标单位，有 n 个指标用于评标，决策矩阵中第 i 家投标单位相对于第 j 个指标的决策值为 x_{ij}，于是评价矩阵为：$\boldsymbol{A}=(x_{ij})_{m\times n}$。其中元素 x_{ij} 是基于收集到的数据获得的。

改进 TOPSIS 方法的步骤如下：

(1) 标准化决策矩阵，即将各指标全部转化为效益型指标，则可得 $\boldsymbol{R}=(r_{ij})_{m\times n}$。

效益型指标的标准化公式：

$$r_{ij}=\begin{cases}(x_{ij}-x_{j\min})/(x_{j\max}-x_{j\min}), & x_{j\max}\neq x_{j\min}\\ 1, & x_{j\max}=x_{j\min}\end{cases} \tag{11.16}$$

成本型指标的标准化公式：

$$r_{ij}=\begin{cases}(x_{j\max}-x_{ij})/(x_{j\max}-x_{j\min}), & x_{j\max}\neq x_{j\min}\\ 1, & x_{j\max}=x_{j\min}\end{cases} \tag{11.17}$$

（2）确定正负理想解。

$$r_j^*=\begin{cases}\max\limits_{1\leqslant i\leqslant m} r_{ij}, j\in J^+\\ \min\limits_{1\leqslant i\leqslant m} r_{ij}, j\in J^-\end{cases} \quad j=1,2,\cdots,n \tag{11.18}$$

其中，J^+ 表示效益型指标的集合，J^- 表示成本型指标的集合，r_j^* 表示第 j 个指标的理想值。

故正理想解为 $\boldsymbol{R}_j^+=(1,1,\cdots,1)$，负理想解为 $\boldsymbol{R}_j^-=(0,0,\cdots,0)$。

（3）计算指标权重。

当使用改进的 TOPSIS 法解决多属性决策问题时，应该首先求出每个指标的权重。由于指标的权重对最终的排序结果有很大影响，因此应该采用客观计算方法来求解权重，即根据决策矩阵，建立一个目标规划优化评价模型，并通过高等数学解法来计算权重。

求解步骤：设有指标 $G_1,G_2,\cdots,G_n$，对应的权重分别为 $w_1,w_2,\cdots,w_n$，则各方案与正负理想解的加权距离平方和为

$$f_i(w)=f_i(w_1,w_2,\cdots,w_n)=\sum_{j=1}^{n}w_j^2\ (1-r_{ij})^2+\sum_{j=1}^{n}w_j^2 r_{ij}{}^2 \tag{11.19}$$

在距离意义下，$f_i(w)$越小越好，由此建立如下的多目标规划模型：

$$\min f(w)=[f_1(w),f_2(w),\cdots,f_m(w)] \tag{11.20}$$

其中，$\sum\limits_{j=1}^{n}$，$w_j=1$，$w_j\geqslant 0$，$j=1,2,\cdots,n$。

由于 $f_i(\boldsymbol{w})\geqslant 0$，$i=1,2,\cdots,m$，上述多目标规划模型可以转化为如下的单目标规划模型

$$\min f(w)=\min\sum_{i=1}^{m}f_i(w) \tag{11.21}$$

其中，$\sum\limits_{j=1}^{n}w_j=1$，$w_j\geqslant 0$，$j=1,2,\cdots,n$。

构造拉格朗日函数：

$$F(w,\lambda)=\sum_{i=1}^{m}\sum_{j=1}^{n}w_j^2[(1-r_{ij})^2+r_{ij}^2]+\lambda\left(1-\sum_{j=1}^{n}w_j\right) \tag{11.22}$$

令

$$\begin{cases}\dfrac{\partial F}{\partial w_j}=2\sum\limits_{i=1}^{m}w_j^2[(1-r_{ij}^2)+r_{ij}^2]-\lambda=0\\ \dfrac{\partial F}{\partial \lambda}=1-\sum\limits_{j=1}^{n}w_j=0\end{cases} \tag{11.23}$$

求解后可得

$$w_j=\frac{\mu_j}{\sum\limits_{j=1}^{n}\mu_j} \tag{11.24}$$

$$\mu_j = \frac{1}{\sum_{i=1}^{m} [(1-r_{ij})^2 + r_{ij}^2]} \tag{11.25}$$

(4) 各方案优劣排序。

根据式(11.19)可求出各方案 $f_i(w)$的值，通过比较该值的大小进行排序。

11.2.2 实例分析

某公司需要招标，此时有多家单位投标，该公司需要在多家投标单位中选择最优单位。预选结束后，4 家单位满足条件，可以参加最终投标，具体信息见表 11.8。

表 11.8 4 家单位竞标资料

单位	投标标价 x_1/万元	工程工期 x_2/月	优良工程率 x_3/%	主材用量 x_4/万元	施工经验率 x_5/%	合同完成率 x_6/%
甲	4900	35	80	1900	80	75
乙	4950	37	75	1950	80	80
丙	5050	35	75	2050	75	75
丁	5100	37	80	2100	75	80

(1) 由上述指标可以看出，优良工程率、施工经验率和合同完成率是效益型指标，其余都是成本型指标。这些指标构成决策矩阵：

$$\boldsymbol{X}=(x_{ij})_{4\times 6}，i=1,2,3,4；j=1,2,\cdots,6$$

根据改进 TOPSIS 法的步骤，首先由式(12.16)和式(12.17)对 x_{ij} 进行处理求得标准化决策矩阵 $\boldsymbol{Y}=(y_{ij})_{4\times 6}$，计算结果见表 11.9。

表 11.9 x_{ij} 经标准化处理后的标准化矩阵 $\boldsymbol{Y}$

y_{ij}	y_1	y_2	y_3	y_4	y_5	y_6
甲	1	1	1	1	1	0
乙	0.75	0	0	0.75	1	1
丙	0.25	1	0	0.25	0	0
丁	0	0	1	0	0	1

(2) 根据标准化决策矩阵 $\boldsymbol{Y}$，由式(11.24)求得各指标的权重，分别为

$$\boldsymbol{W}_j=(0.1905，0.1548，0.1548，0.1905，0.1548，0.1548)^{\mathrm{T}}$$

(3) 利用改进的 TOPSIS 法，求得 $f_i(w)$的值并排序。由式(11.19)得

$$f_i(w)=(0.024,0.0525,0.1128,0.1206)$$

$$f_1(w)<f_2(w)<f_3(w)<f_4(w)$$

因此，方案优劣排序为：甲>乙>丙>丁。

从以上结果可以看出，改进 TOPSIS 法的评价结果与线性规划优化模型的评价结果是一致的。这表明，将改进 TOPSIS 法应用于工程评价是合理有效的，并且更加简便。

11.3　关于 TOPSIS 法的逆序问题

11.3.1　逆序产生的原因

1. 由于新方案的增加而导致逆序

传统的 TOPSIS 法很容易出现逆序。假设一个问题仅有两个指标（即 $n=2$），并且两个指标具有相等的权重，若每个方案都可以用一个点表示，则第 i 个方案可以用点 $A_i(x_{i1}, x_{i2})$ 表示。设有 4 个可行方案，分别为 $A_1(1,2)$、$A_2(2,2)$、$A_3(1.9,2.2)$、$A_4(2,3)$。

根据 TOPSIS 法的计算步骤，将原始数据标准化处理后得

$$A_1(0.2817, 0.4280)$$

$$A_2(0.5634, 0.4280)$$

$$A_3(0.5352, 0.4708)$$

$$A_4(0.5634, 0.6420)$$

可求得正理想解 $\boldsymbol{A}^+=(0.5634, 0.6420)$，负理想解 $\boldsymbol{A}^-=(0.2817, 0.4280)$。其中，点 A_2 与正负理想解的距离分别为 $S_{A2}^+=0.2140$，$S_{A2}^-=0.2817$。因此点 A_2 的相对贴近度为

$$C_{A_2}=\frac{S_{A_2}^-}{S_{A_2}^-+S_{A_2}^+}=0.5682$$

同理，计算距离 $S_{A_3}^+=0.1735$ 和 $S_{A_3}^-=0.2571$，则点 A_3 的相对贴近度为

$$C_{A_3}=\frac{S_{A_3}^-}{S_{A_3}^-+S_{A_3}^+}=0.5971$$

依此类推，则可得 4 个方案的优劣排序为：$A_4>A_3>A_2>A_1$。

假设增加了一个方案 $A_5(5,2)$，则将原始数据标准化处理后得

$$A_1(0.1631, 0.3934)$$

$$A_2(0.3261, 0.3934)$$

$$A_3(0.3098, 0.4328)$$

$$A_4(0.3261, 0.5902)$$

$$A_5(0.8153, 0.3934)$$

由此可得正理想解 $\boldsymbol{A}^+=(0.8153, 0.3934)$，负理想解 $A^-=(0.1631, 0.3934)$。其中，距离 $S_{A_2}^+=0.5273$，$S_{A_2}^-=0.1630$，则点 A_2 的相对贴近度为 $C_{A_2}=0.2361$；

然后计算 $S_{A_3}^+=0.5294$，$S_{A_3}^-=0.1510$，则点 A_3 的相对贴近度为 $C_{A_3}=0.221$。

同理可计算出点 A_4 和 A_5 的相对贴近度分别为 $C_{A_4}=0.3431$，$C_{A_5}=0.7682$。

五种方案的优劣排序为：$A_5>A_4>A_2>A_3>A_1$。通过比较以上两种排序结果发现，当只有四种方案时，A_3 优于 A_2；当增加了一种方案而其他方案没有变化时，A_2 优于 A_3，逆序出现。

逆序出现的根本原因是新决策方案加入后，决策问题的正负理想解发生改变，导致评价标准的变化，最终导致方案排序结果发生变化。

2. 由于原始数据结构改变而导致逆序

指标的权重为 $\boldsymbol{W}=(w_1, w_2, \cdots, w_n)^{\mathrm{T}}$ 时，可用传统的 TOPSIS 法直接对标准化决策矩

阵进行加权处理。

设某一个问题具有 4 个可行解，分别为 $A_1(1,2)$、$A_2(2,2)$、$A_3(1.9,2.1)$、$A_4(2,3)$。若忽略指标权重，则排序结果为 $A_4>A_3>A_2>A_1$。

若指标权重为(0.6,0.4)，则将其加权到标准化决策矩阵上可得

$$A_1(0.1690,\ 0.1729)$$
$$A_2(0.3380,\ 0.1729)$$
$$A_3(0.3211,\ 0.1815)$$
$$A_4(0.3380,\ 0.2594)$$

因此可得正理想解 $\boldsymbol{A}_4^+=(0.3380,0.2594)$，负理想解 $\boldsymbol{A}_1^-=(0.1690,0.1729)$。

距离 $S_{A_2}^+=0.0865$，$S_{A_2}^-=0.169$，则点 A_2 的相对贴近度 $C_{A_2}=0.6614$；距离 $S_{A_3}^+=0.0797$，$S_{A_3}^-=0.1523$，则点 A_3 的相对贴近度 $C_{A_3}=0.6565$。

排序结果为 $A_4>A_2>A_3>A_1$。

与前面的排序结果相比可以看出，由于权重系数被人为地与原始决策矩阵相乘，改变了原始决策包含的数据之间的关系结构，从而产生逆序。

传统的 TOPSIS 法在计算过程中直接将指标权重加权到原始数据，不仅改变了原始数据之间的关系结构，也不符合使用权重的初衷。

11.3.2 逆序消除的方法

基于上述模型，分别给出了传统 TOPSIS 法的正负理想解。

正理想解：
$$f_j^+=\begin{cases}\max(f_{ij}),\ j\in J^+\\ \min(f_{ij}),\ j\in J^-\end{cases}\quad j=1,2,\cdots,n \tag{11.26}$$

负理想解：
$$f_j^-=\begin{cases}\min(f_{ij}),\ j\in J^+\\ \max(f_{ij}),\ j\in J^-\end{cases}\quad j=1,2,\cdots,n \tag{11.27}$$

正负理想解对最终的排序结果影响很大，一个绝对的正负理想解(在所有能覆盖的决策区域内，绝对正理想解优于任何方案，绝对负理想解次于任何方案)如果可以求出，那么就不会出现逆序。

因此，提出了一种改进的方法。步骤如下：

(1) 标准化决策矩阵：

$$\boldsymbol{y}=(y_{ij})_{m\times n} \tag{11.28}$$

其中：$y_{ij}=x_{ij}\Big/\sum\limits_{i=1}^{m}x_{ij}^2$，$i=1,2,\cdots,m$；$j=1,2,\cdots,n$。

(2) 确定绝对正负理想解。绝对正负理想解可以根据决策问题确定，也可以根据专家经验确定。设 $\boldsymbol{V}^+=(V_1^+,V_2^+,\cdots,V_n^+)$，$\boldsymbol{V}^-=(V_1^-,V_2^-,\cdots,V_n^-)$。

(3) 计算所有可行解与绝对正负理想解的距离：

$$S_i^+=\sqrt{\sum_{j=1}^{n}w_j\,(y_{ij}-V_j^+)^2},\ i=1,2,\cdots,m \tag{11.29}$$

$$S_i^-=\sqrt{\sum_{j=1}^{n}w_j\,(y_{ij}-V_j^-)^2},\ i=1,2,\cdots,m \tag{11.30}$$

(4) 计算相对贴近度：

$$C_i=\frac{S_i^-}{S_i^+ + S_i^-},\quad i=1,2,\cdots,m \tag{11.31}$$

(5) 排序。由式(11.29)和式(11.30)可以看出，当使用绝对正负理想解时，由于 S_i^+ 和 S_i^- 的值没有变化，所以无论增加或减少多少可行解，相对接近度都不会发生变化，因此不会导致逆序。

TOPSIS 法的关键是如何确定合适的绝对正负理想解，这在实践中很容易实现。特别是对原始数据标准化处理后，决策数据被转换成[0,1]之间的值，因此绝对正负理想解可以分别被表示为 $\mathbf{1}_{n\times 1}=(1,1,\cdots,1)^{\mathrm{T}}$，$\mathbf{0}_{n\times 1}=(0,0,\cdots,0)^{\mathrm{T}}$，这样会使计算更加方便。

11.4 TOPSIS 综合案例

11.4.1 某公司的 PCB 电路板采购项目

某公司作为一家全球知名的高新技术企业，主要从事与计算机、通信、消费电子等 3C 产品制造行业，同时也涉及云计算、新能源以及新材料等高新科技产业。

随着市场业务的推进，某公司又开拓了很多市场，经营一些自有品牌零部件，如主板、散热器、CPU 接口、机箱等。下面以 A 公司某次电路板采购活动为例，在 A、B、C 三家供应商中做出选择，通过供应商评价选择模型对其进行分析，选择合适的供应商。

11.4.2 基于 FAHP 法的供应商评价指标权重的确定

1. 建立层次结构模型

根据供应商评价指标体系构建层次结构模型，如图 11.1 所示。

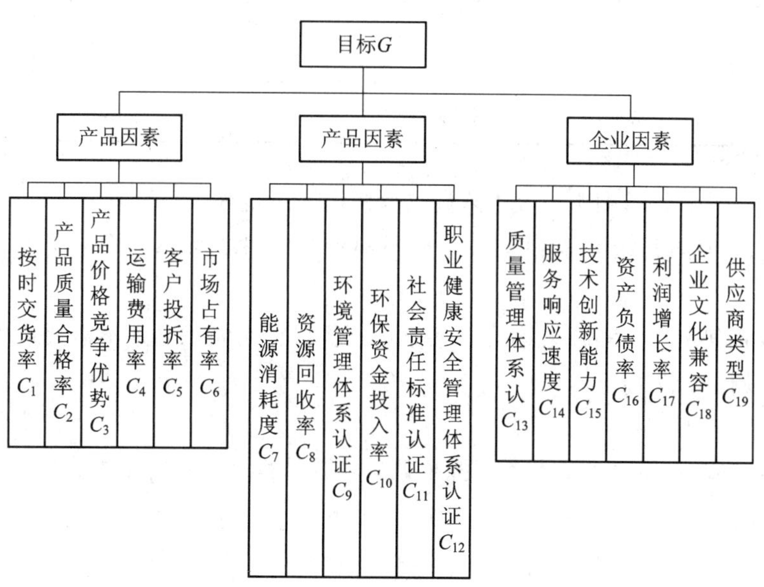

图 11.1 供应商评价指标体系层次结构模型

2. 构建模糊判断矩阵

模糊判断矩阵重要性标度如表 11.10 所示。

表 11.10 重要性标度

重要性标度 r_{ij}	定义
0.5 0.6 0.7 0.8 0.9	两元素相比，同等重要 两元素相比，稍微重要 两元素相比，明显重要 两元素相比，重要得多 两元素相比，极其重要
0.1～0.4	元素 i 与元素 j 相比重要性为 r_{ij}，则元素 j 与元素 i 相比重要性为 $1-r_{ij}$

3. 模糊判断矩阵一致性调整及权重计算

1）目标层权重计算

结合相关企业专家以及大学教授的意见，根据重要性标度表给出各因素的重要性标度，构造判断矩阵 $\boldsymbol{R}$，如表 11.11 所示。

表 11.11 目标层模糊判断矩阵

目标 G	产品因素	环境因素	企业因素
产品因素	0.5	0.7	0.9
环境因素	0.3	0.5	0.7
企业因素	0.1	0.3	0.5

采用以下方法，将模糊不一致矩阵调整为模糊一致矩阵：

(1) 确定一个同其余元素相比最有把握确定重要性的元素，设 r_{i1}，r_{i2}，…，r_{in} 最有把握。

(2) 用 $\boldsymbol{R}$ 的第 i 行元素减去第 k 行元素，若所得差为常数，则不需要调整第 k 行；否则，对其进行调整。由 $r_{ij}+r_{ji}=1$，$r_{ii}=r_{jj}=0.5$，得 $r_{ij}-r_{jj}=r_{ii}-r_{ji}=a$（$a$ 为常数）。调整 $r_{ik}-r_{jk}=a$，$k\in N$ 且 $k\neq i$，j。

(3) 重复步骤(2)直到所有行都不需要调整，得到模糊一致矩阵 $\boldsymbol{T}_1$：

$$\boldsymbol{T}_1=\begin{bmatrix}0.5 & 0.6 & 0.7\\ 0.4 & 0.5 & 0.6\\ 0.3 & 0.4 & 0.5\end{bmatrix}$$

(4) 根据公式 $w_i=\dfrac{1}{n}-\dfrac{1}{2a}+\dfrac{1}{na}\sum\limits_{k=1}^{n}r_{ik}$ 进行权重计算，其中 a 取最小值，$n=3$，则设

$a=1$，则权重为

$$W_i = (0.4333 \quad 0.3333 \quad 0.2333)$$

2）准则层权重分析

（1）产品因素模糊判断矩阵如表 11.12 所示。

表 11.12　产品因素模糊判断矩阵

产品因素	C_1	C_2	C_3	C_4	C_5	C_6
C_1	0.5	0.3	0.3	0.7	0.9	0.4
C_2	0.7	0.5	0.6	0.8	0.9	0.7
C_3	0.7	0.4	0.5	0.7	0.9	0.6
C_4	0.3	0.2	0.3	0.5	0.7	0.3
C_5	0.1	0.1	0.1	0.3	0.5	0.3
C_6	0.6	0.3	0.4	0.7	0.7	0.5

由 $n=6$，则设 $a=2.5$。

模糊一致矩阵为

$$T_2 = \begin{bmatrix} 0.50 & 0.4083 & 0.4417 & 0.5667 & 0.6417 & 0.4917 \\ 0.5917 & 0.50 & 0.5333 & 0.6583 & 0.7333 & 0.5833 \\ 0.5583 & 0.4667 & 0.50 & 0.625 & 0.70 & 0.55 \\ 0.4333 & 0.3417 & 0.375 & 0.50 & 0.575 & 0.425 \\ 0.3583 & 0.2667 & 0.30 & 0.425 & 0.50 & 0.35 \\ 0.5083 & 0.4167 & 0.45 & 0.575 & 0.65 & 0.50 \end{bmatrix}$$

对应的权重向量为

$$W_i = (0.17 \quad 0.2067 \quad 0.1933 \quad 0.1433 \quad 0.1133 \quad 0.1733)$$

（2）环境因素模糊判断矩阵如表 11.13 所示。

表 11.13　环境因素模糊判断矩阵

环境因素	C_7	C_8	C_9	C_{10}	C_{11}	C_{12}
C_7	0.5	0.4	0.1	0.3	0.2	0.1
C_8	0.6	0.5	0.1	0.3	0.2	0.1
C_9	0.9	0.9	0.5	0.7	0.6	0.6
C_{10}	0.7	0.7	0.3	0.5	0.3	0.3
C_{11}	0.8	0.8	0.4	0.7	0.5	0.4
C_{12}	0.9	0.9	0.4	0.7	0.6	0.5

由 $n=6$，则设 $a=2.5$。

模糊一致矩阵为

$$
\boldsymbol{T}_3=\begin{bmatrix}
0.50 & 0.4833 & 0.2833 & 0.40 & 0.3333 & 0.30 \\
0.5167 & 0.50 & 0.30 & 0.4167 & 0.35 & 0.3167 \\
0.7167 & 0.70 & 0.50 & 0.6167 & 0.55 & 0.5167 \\
0.60 & 0.5833 & 0.3933 & 0.50 & 0.4333 & 0.4667 \\
0.6667 & 0.65 & 0.45 & 0.5667 & 0.50 & 0.4667 \\
0.70 & 0.6833 & 0.4833 & 0.60 & 0.5333 & 0.50
\end{bmatrix}
$$

权重向量为

$$
\boldsymbol{W}_i=(0.12\quad 0.1267\quad 0.2067\quad 0.16\quad 0.1867\quad 0.20)
$$

(3) 企业因素模糊判断矩阵如表 11.14 所示。

表 11.14　企业因素模糊判断矩阵

企业因素	C_{13}	C_{14}	C_{15}	C_{16}	C_{17}	C_{18}	C_{19}
C_{13}	0.5	0.7	0.8	0.9	0.9	0.9	0.7
C_{14}	0.3	0.5	0.7	0.8	0.9	0.9	0.7
C_{15}	0.2	0.3	0.5	0.7	0.7	0.7	0.4
C_{16}	0.1	0.2	0.3	0.5	0.6	0.6	0.2
C_{17}	0.1	0.1	0.3	0.4	0.5	0.6	0.2
C_{18}	0.1	0.1	0.3	0.4	0.4	0.5	0.2
C_{19}	0.3	0.3	0.6	0.8	0.8	0.8	0.5

由 $n=7$，则设 $a=3$。

模糊一致矩阵为

$$
\boldsymbol{T}_4=\begin{bmatrix}
0.50 & 0.5429 & 0.6357 & 0.7071 & 0.7286 & 0.7429 & 0.5929 \\
0.4571 & 0.50 & 0.5929 & 0.6643 & 0.6857 & 0.70 & 0.55 \\
0.3643 & 0.4071 & 0.50 & 0.5714 & 0.5929 & 0.6071 & 0.4571 \\
0.2929 & 0.3357 & 0.4286 & 0.50 & 0.5214 & 0.5357 & 0.3857 \\
0.2714 & 0.3143 & 0.4071 & 0.4786 & 0.50 & 0.5143 & 0.3643 \\
0.2571 & 0.30 & 0.3929 & 0.4643 & 0.4857 & 0.50 & 0.35 \\
0.4071 & 0.45 & 0.5429 & 0.6143 & 0.6357 & 0.65 & 0.50
\end{bmatrix}
$$

权重向量为

$$
\boldsymbol{W}_i=(0.1881\quad 0.1738\quad 0.1429\quad 0.1190\quad 0.1119\quad 0.1071\quad 0.1571)
$$

供应商评价指标体系权重如表 11.15 所示。

表 11.15　供应商评价指标体系权重

	一级指标(权重)	二级指标(权重)	综合权重($\times 10^{-3}$)
绿色供应链环境下供应商选择评价指标体系	产品因素(0.4333)	C_1(0.1700)	73.66
		C_2(0.2067)	89.56
		C_3(0.1933)	83.76
		C_4(0.1433)	62.09
		C_5(0.1133)	49.09
		C_6(0.1733)	75.09
	环境因素(0.3333)	C_7(0.1200)	40.00
		C_8(0.1267)	42.29
		C_9(0.2067)	68.89
		C_{10}(0.1600)	53.33
		C_{11}(0.1867)	62.23
		C_{12}(0.2000)	66.67
	企业因素(0.2333)	C_{13}(0.1881)	43.88
		C_{14}(0.1738)	40.55
		C_{15}(0.1429)	33.34
		C_{16}(0.1190)	27.76
		C_{17}(0.1119)	26.11
		C_{18}(0.1071)	24.99
		C_{19}(0.1571)	36.65

11.4.3　基于 FTOPSIS 法的供应商排序

通过查询公司财务报表及获得的供应商相关数据可得到定量评价指标数据，如表 11.16 所示。

表 11.16　定量评价指标数据

	供应商 A	供应商 B	供应商 C
按时交货率/%	92	95	93
产品质量合格率/%	98	94	97
产品价格竞争优势/%	2.1	2.3	1.1
运输费用率/%	7	6.3	4
客户投诉率/%	3	20	7
市场占有率/%	1.2	0.7	0.9
能源消耗度/%	20.7	19	23.4
资源回收率/%	23	25	22
环保资金投入率/%	0.3	0.7	0.5
利润增长率/%	9.96	32.57	12.1

结合大学教授以及企业专家的意见，通过表 11.17 给出定性指标、客观指标的模糊评

级，其中，四个认证体系的模糊评级只是用于评价供应商达到认定标准之后部分的相对程度，因为认定的标准相对而言比较容易达到。各个指标评级如表 11.18 所示。

表 11.17　语言方案与对应的方案模糊评级

语言变量	模糊评级
很差	(1,1,3)
差	(1,3,5)
一般	(3,5,7)
好	(5,7,9)
很好	(7,9,9)

表 11.18　定性指标模糊评级

	供应商 A	供应商 B	供应商 C
环境认证/ISO14001	(5,7,9)	(7,9,9)	(5,7,9)
社会责任标准/SA8000	(5,7,9)	(5,7,9)	(3,5,7)
OHSAS18001 认证	(3,5,7)	(3,5,7)	(5,7,9)
ISO9001 认证	(7,9,9)	(5,7,9)	(7,9,9)
服务响应速度	(5,7,9)	(7,9,9)	(3,5,7)
供应商类型	(3,5,7)	(1,1,3)	(7,9,9)
企业文化兼容	(3,5,7)	(5,7,9)	(1,1,3)
技术创新能力	(5,7,9)	(3,5,7)	(5,7,9)
资产负债率	(5,7,9)	(3,5,7)	(5,7,9)

对于定性指标，结合前面章节的模糊决策标准化公式对定性指标进行标准化；定量指标中，利用式(11.5)对能源消耗度进行标准化。

代入式(11.5)对指标标准化最终得到定量评价指标标准化数据、定性指标标准化模糊评级和定量评价指标加权标准化数据，分别如表 11.19～表 11.21 所示。

表 11.19　定量评价指标标准化数据($\times 10^{-2}$)

	供应商 A	供应商 B	供应商 C
按时交货率	56.9	58.8	57.5
产品质量合格率	58.7	56.3	58.1
产品价格竞争优势	63.6	69.6	33.3
运输费用率	68.4	61.6	39.1
客户投诉率	14.0	93.5	32.7
市场占有率	72.5	42.3	54.3
能源消耗度	56.6	51.9	63.9
资源回收率	56.8	61.8	54.4
环保资金投入率	32.9	76.8	54.9
利润增长率	27.6	90.1	33.5

表 11.20　定性指标标准化模糊评级

	供应商 A	供应商 B	供应商 C
环境认证/ISO14001	(0.55，0.77，1)	(0.77，1，1)	(0.55，0.77，1)
社会责任标准/SA8000	(0.55，0.77，1)	(0.55，0.77，1)	(0.33，0.55，0.77)
OHSAS18001 认证	(0.33，0.55，0.77)	(0.33，0.55，0.77)	(0.55，0.77，1)
ISO9001 认证	(0.77，1，1)	(0.55，0.77，1)	(0.77，1，1)
服务响应速度	(0.55，0.77，1)	(0.77，1，1)	(0.33，0.55，0.77)
供应商类型	(0.33，0.55，0.77)	(0.11，0.11，0.33)	(0.77，1，1)
企业文化兼容	(0.33，0.55，0.77)	(0.55，0.77，1)	(0.11，0.11，0.33)
技术创新能力	(0.55，0.77，1)	(0.33，0.55，0.77)	(0.55，0.77，1)
资产负债率	(0.55，0.77，1)	(0.33，0.55，0.77)	(0.55，0.77，1)

表 11.21　定量评价指标加权标准化数据($\times 10^{-3}$)

	供应商 A	供应商 B	供应商 C
按时交货率	41.9	43.3	42.4
产品质量合格率	52.6	50.4	52.0
产品价格竞争优势	53.3	58.3	27.9
运输费用率	42.5	38.2	24.3
客户投诉率	6.87	45.9	16.1
市场占有率	54.4	31.8	40.8
能源消耗度	22.6	20.8	25.6
资源回收率	25.0	26.1	23.0
环保资金投入率	17.6	40.9	29.3
利润增长率	7.21	23.5	8.75

将式(11.15)中的得到的权重代入式(11.19)中得到定性指标加权标准化模糊评级，如表 11.22 所示。

表 11.22　定性指标加权标准化模糊评级($\times 10^{-3}$)

	供应商 A	供应商 B	供应商 C
环境认证/ISO14001	(37.9，53.1，68.9)	(53.1，68.9，68.9)	(37.9，53.1，68.9)
社会责任标准/SA8000	(34.2，47.9，62.2)	(34.2，47.9，62.2)	(20.5，34.2，47.9)
OHSAS18001 认证	(22.0，36.7，51.3)	(22.0，36.7，51.3)	(36.7，51.3，66.7)
ISO9001 认证	(33.8，43.9，43.9)	(24.1，33.8，43.9)	(33.8，43.9，43.9)
服务响应速度	(22.3，31.2，40.6)	(31.2，40.6，40.6)	(13.4，22.3，31.2)
供应商类型	(12.1，20.2，28.2)	(4.03，4.03，12.1)	(28.2，36.7，36.7)
企业文化兼容	(8.24，13.7，19.2)	(13.7，19.2，24.9)	(2.74，2.74，8.24)
技术创新能力	(18.3，25.7，33.3)	(11.0，18.3，25.7)	(18.3，25.7，33.3)
资产负债率	(15.3，21.4，27.8)	(9.16，15.3，21.4)	(15.3，21.4，27.8)

通过式(11.29)和式(11.30)计算各个供应商到最优解最劣解的距离，其中定量指标中最优解为效益型指标的最大值、成本型指标的最小值；最劣解为效益型指标的最小值、成本型指标的最大值。对于各个指标距离计算结果如表11.23、表11.24所示。

表11.23　各指标距离最优指标值的距离(绝对值)

	供应商A	供应商B	供应商C
按时交货率	1.4	0	0.9
产品质量合格率	0	2.2	0.6
产品价格竞争优势	25.4	30.4	0
运输费用率	18.2	13.9	0
客户投诉率	0	39.03	9.23
市场占有率	0	22.6	13.6
能源消耗度	1.8	0	4.8
资源回收率	1.1	0	3.1
环保资金投入率	23.3	0	11.6
利润增长率	16.29	0	14.75
环境认证/ISO14001	12.7	0	12.7
社会责任标准/SA8000	0	0	13.9
OHSAS18001认证	14.9	14.9	0
ISO9001认证	0	8.1	0
服务响应速度	7.47	0	15.7
供应商类型	14.2	27.4	0
企业文化兼容	5.55	0	14.9
技术创新能力	0	7.43	0
资产负债率	0	6.21	0

表11.24　各指标距离最劣指标值的距离(绝对值)

	供应商A	供应商B	供应商C
按时交货率	0	1.4	0.5
产品质量合格率	2.2	0	1.6
产品价格竞争优势	5	0	30.4
运输费用率	0	4.3	18.2
客户投诉率	39.03	0	29.8
市场占有率	22.6	0	9
能源消耗度	3	4.8	0
资源回收率	2	3.1	0
环保资金投入率	0	23.3	11.7

续表

	供应商 A	供应商 B	供应商 C
利润增长率	0	16.29	1.54
环境认证/ISO14001	0	12.7	0
社会责任标准/SA8000	13.9	13.9	0
OHSAS18001 认证	0	0	14.9
ISO9001 认证	8.08	0	8.08
服务响应速度	9.07	15.7	0
供应商类型	13.9	0	27.4
企业文化兼容	9.49	14.9	0
技术创新能力	7.43	0	7.43
资产负债率	6.21	0	6.21

根据式(11.29)计算供应商 A、B、C 距离最优解的距离尺度分别为

$$S_A^+ = 49.6, \quad S_B^+ = 65.5, \quad S_C^+ = 38.5$$

根据式(11.30)计算供应商 A、B、C 距离最劣解的距离尺度分别为

$$S_A^- = 52.9, \quad S_B^- = 41, \quad S_C^- = 59.2$$

根据式(11.31)，三个供应商的理想贴近度情况为

$$C_A = 0.516, \quad C_B = 0.385, \quad C_C = 0.605$$

从结果来看，供应商 C>供应商 A>供应商 B，所以选择供应商 C，这与当时某企业做出的选择相同。

课 后 习 题

1. 某地区开了 6 家快餐连锁店，由于不能完全满足该地区的用餐需求，所以决定从中选择一家店进行扩张。在扩建过程中，不但要满足就近送餐的要求，还要满足扩建成本最小化的目标。经过研究，得到了如表 11.25 所示的决策矩阵。试采用 TOPSIS 法来确定最佳扩建点。

表 11.25　决 策 矩 阵

连锁店序号	费用/万元	平均送餐距离/公里
1	60	1.0
2	50	0.8
3	44	1.2
4	36	2.0
5	44	1.5
6	30	2.4

2. 管理者准备评价某个城市的五个街区，并从中选择一个街区作为模范街区。在选择模范街区时，要综合考虑表11.26所示各街区的各个指标。试使用TOPSIS法来确定模范街区。

表11.26 各街区的指标

编号	住宅商品房面积/百万平方米	人均绿地面积(/平方米/人)	街区税收/(万元/年)	交通事故死亡率/%
1	0.1	5	5000	4.7
2	0.2	7	4000	2.2
3	0.6	10	1260	3.0
4	0.3	4	3000	3.9
5	0.8	2	284	1.2

参考文献

[1] 乔永辉. 一种基于TOPSIS的多属性决策方法研究. 企业技术开发，2006，25 (9)：89-91.

[2] 陈伟. 关于TOPSIS法应用中的逆序问题及消除的方法. 运筹与管理，2005 14 (3)：39-43.

[3] 李东坡，孙文生. 各地区农村建设全面小康社会的TOPSIS分析. 数理统计与管理，2006，25(4)：414-418.

[4] 鞠丽荣，何滨，杜娟，等. 应用TOPSIS法对校外教学点进行综合评价分析. 西北医学教育，2004，12(6)：497-499.

[5] 潘庆仲. 主成分分析及与TOPSIS法用于医院候诊室卫生评价的对比分析. 数理医药学杂志，1999，12(2)：174-177.

[6] 余雁，梁墚. 多指标决策TOPSIS方法的进一步探讨. 系统工程. 2003，21(2)：98-101.

[7] 马菊红. 应用TOPSIS法综合评价工业经济效益. 统计与信息论坛，2005，20(3)：61-63.

[8] 陈红艳. 改进理想解法及其在工程评标中的应用. 系统工程理论方法应用，2004，13(5)：471-473.

[9] 赵静，王婷，牛东晓. 用于评价的改进熵权TOPSIS法. 北电力大学报，2004，31 (3)：68-70.

[10] 尤天慧，樊治平. 区间数多指标决策的一种TOPSIS方法. 东北大学学报，2002，23(9)：840-843.

[11] 刘起宏. 绿色供应链视角下A公司供应商选择研究. 哈尔滨理工大学硕士论文，2017.

第 12 章　系统可靠性评价

12.1　可靠性概论

12.1.1　可靠性的基本概念

可靠性是系统工程中一个重要的概念，是衡量系统价值的基准之一，是判断系统质量水平的重要因素，还在某种程度上影响着整个系统模型运转过程的成败，因而管理者在对社会经济事务进行运筹决策和管理时必须将其纳入考虑，只有各个部门共同重视产品的质量和可靠性工作，才能保证管理工作达到目标预期水平。

随着电子工业生产能力与技术水平的飞跃发展，系统可靠性的研究从 20 世纪 40 年代起便逐渐兴起。例如雷达、导弹、大容量通信设备等复杂设备，组成这些设备的子系统或单元数量十分庞大。一般来说，某个系统的可靠性是其各子系统或单元可靠度的乘积。如某电路设备每个电力元件的可靠度均为 0.99，若设备由 5 个元件组成，则该设备的可靠度为 0.951；若设备由 100 个元件组成，则可靠度变为惊人的 0.399。由此可见，研究复杂系统的可靠性具有十分重要的现实意义。

系统的可靠性理论发展至今已经成为可靠性工程领域一个重要基础理论，研究的内容也非常广泛，从目标系统的设计、构思阶段到系统的生产制造环节以及设备的使用阶段等(见图 12.1)，都有十分广泛的研究范围和丰富的研究内容。

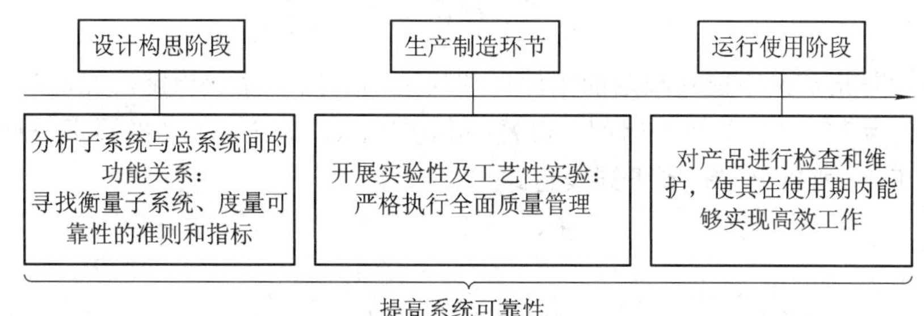

图 12.1　系统可靠性研究内容

可靠性概念最早形成于 20 世纪三四十年代，其主要标志事件是美国“真空管研究委员会”成立；20 世纪 50 年代属于可靠性工程的创建阶段，美国紧接着成立了“电子设备可靠性顾问委员会”，并发布了《军用电子设备可靠性报告》，中和欧美等国也相继开始了对可靠性的研究；1960 年代迈入了可靠性工程的全面发展阶段，美国军用标准 MIL-STD-785B 发布，英、法、日等国也紧随其后，成立了各自的可靠性研究机构；从 1970 年代至今，可靠性工程进入了深入发展阶段，美国海军提出了“设计以可靠性第一”的原则，除军用领域外，可靠性理论在机械电子、化工石油以及其他民用产品领域被广泛应用。

可靠性是指产品在规定的条件和规定的时间内，完成规定的功能的能力。为了研究可靠性，首先应明确可靠性概念中包含的一些因素，具体包括以下几项。

表 12.1　系统可靠性相关概念

因素	含　义
对象	可以是一个电器元件、一个部件或者一个庞大的系统。首先明确对象，包括明确产品的内容、性质
使用条件	如产品运输条件、包装要求、对工作环境的要求(如温度、压强等)、操作方法、维修程度等，使用条件的差异化会对对象的可靠性产生相当大的影响
规定时间	指定的时间可以是区间$(0,t)$，也可以是使用过程中的某一时间区间(t_1,t_2)
规定功能	使研究对象能正常工作的使用条件和参数要求
概率	用概率定义可靠度，对组成系统的元件、组件、零部件、机器、设备等子系统可靠程度进行测定、比较、评价、选择

12.1.2　可靠性的特征量

可靠度是指系统在规定的时间内完成规定功能的概率，通常用 R 表示。可靠度函数是与时间有关的函数，记作 $R=R(t)$，$R\in[0, 1]$。

若将“在规定的条件下，在规定的时间内完成产品的规定功能”记为事件(E)，其发生的概率以 $P(E)$表示，则描述产品正常工作时间寿命的随机变量概率分布可表示为

$$R(t)=P(E)=P(T\geqslant t),\quad 0\leqslant t\leqslant\infty \tag{12.1}$$

若受试验的样品数是 N_0 个，到 t 时刻未失效的有 $N_s(t)$个，失效的有 $N_f(t)$个。则没有失效的概率估计值，即可靠度的估计值为

$$R(t)=\frac{N_0-N_f(t)}{N_0}=\frac{N_s}{N_0}=\frac{N_s(t)}{N_s(t)+N_f(t)}$$

不可靠度是指产品不能在规定的条件下和规定的时间内完成指定功能的概率，又称为失效概率，记为 F。同理 F 也与时间 t 相关，并记为 $F(t)$。它与可靠度属于一对互补关系，二者相加等于1，所以可以得到下列表达式：

$$R(t)+F(t)=1 \tag{12.2}$$

$$F(t)=1-R(t)=P(T<t) \tag{12.3}$$

由上述可知，可靠度与不可靠度都是关于时间的函数，对于同一产品，若研究其可靠性和不可靠性的时间区间不同，产品在不同时期的可靠度和不可靠度的值可能也会不相同。

设同一型号的产品有 N 个，开始工作$(t=0)$后到任意时刻 t 时，有 $n(t)$个失效，则有

$$R(t)\approx\frac{N-n(t)}{N} \tag{12.4}$$

$$F(t)\approx\frac{n(t)}{N} \tag{12.5}$$

产品开始工作时$(t=0)$，因其均为新出厂产品，所以可靠性很高，不可靠性很低，故有

下列关系：$N(t)=n(0)=0$，$R(t)=R(0)=1$，$F(t)=F(0)=0$。随着使用次数和工作时间的增加，产品会出现一系列的折旧或者磨损，可靠度就会随时间不断地降低。当产品的工作时间 t 很大时，产品最后的可靠性总会趋于零。因此，$n(t)=n(\infty)=N$，所以有 $R(t)=R(\infty)=0$，$F(t)=F(\infty)=1$。由上述可知，可靠度函数 $R(t)$ 在 $[0,\infty)$ 时间区间内为递减函数，而不可靠度函数 $F(t)$ 为递增函数，如图 12.2(a)所示，$F(t)$ 与 $R(t)$ 的增减趋势相反。

对不可靠度函数 $F(t)$ 求导，则得失效密度函数 $f(t)$，即

$$f(t)=\frac{\mathrm{d}F(t)}{\mathrm{d}t}=-\frac{\mathrm{d}R(t)}{\mathrm{d}t} \tag{12.6}$$

失效密度函数 $f(t)$ 又称为故障密度函数，其图像如图 12.2(b)所示。

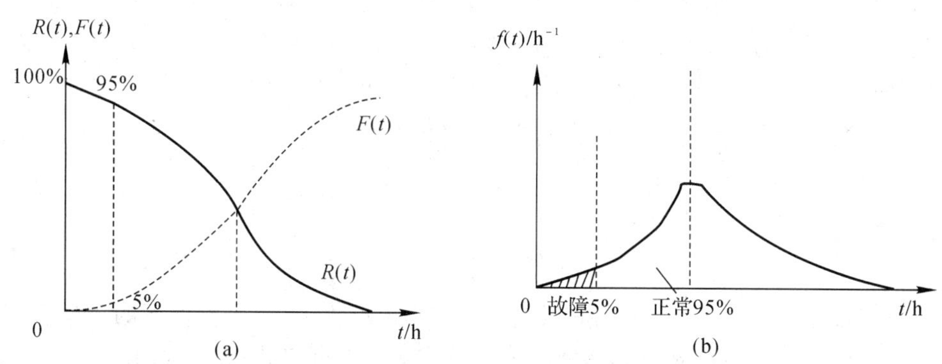

图 12.2　可靠度函数、失效密度函数与失效率(当失效率递增时)

由式(12.6)可得

$$F(t)=\int_0^t f(t)\mathrm{d}t \tag{12.7}$$

将式(12.7)代入式(12.3)，得

$$R(t)=1-F(t)=1-\int_0^t f(t)\mathrm{d}t=\int_t^\infty f(t)\mathrm{d}t \tag{12.8}$$

由此可见，不可靠度函数 $F(t)$ 为累积失效密度函数。

设有 N 个产品，从 $t=0$ 开始工作，到某时刻 t 时产品的失效数为 $n(t)$，而到时刻 $t+\Delta t$ 时产品的失效数为 $n(t+\Delta t)$，即在 $[t,t+\Delta t]$ 时间区间内有 $\Delta n(t)=n(t+\Delta t)-n(t)$ 个产品失效，则定义该产品在 $[t,t+\Delta t]$ 时间区间内的平均失效率为

$$\Delta t\to 0\bar{\lambda}(t)=\frac{n(t+\Delta t)-n(t)}{[N-n(t)]\Delta t}=\frac{\Delta n(t)}{[N-n(t)]\Delta t} \tag{12.9}$$

当产品数 $N\to\infty$，在 Δt 时间区间时，瞬时失效率的表达式为

$$\lambda(t)=\lim_{\substack{N\to\infty\\ \Delta t\to\infty}}\bar{\lambda}(t)=\lim_{\substack{N\to\infty\\ \Delta t\to\infty}}\frac{\Delta n(t)}{[N-n(t)]\Delta t} \tag{12.10}$$

失效率 $n(t)$ 是时间 t 的函数，故又称 $n(t)$ 为失效率函数，也称为风险函数，将平均失效率进行积分，可由下式表示：

$$m(t)=\frac{1}{t}\int_0^t \lambda(t)\mathrm{d}t \tag{12.11}$$

对于一般寿命问题，若寿命分布的定义范围为 $t\geqslant r$，而 $r\neq 0$，则将式(12.11)改写为下

式就更为准确，即

$$m^*(t) = \frac{1}{t-r}\int_r^t \lambda(t)\mathrm{d}t \tag{12.12}$$

累积失效率可定义为

$$M(t) = tm(t) = \int_0^t \lambda(t)\mathrm{d}t \tag{12.13}$$

失效率可用于评价产品可靠性，失效率与产品可靠性负相关。失效率也是与时间相关的一个概念，规定失效率的单位用时间的倒数表示，如用 10^{-5}/h 表示。对于可靠度高、失效率低的产品，则采用 Fit (Failure Unit) $10^{-9}/\mathrm{h}=10^{-6}/10^3\mathrm{h}$ 为单位。不同情况下采用不同的倒数，常用的倒数例如“动作次数”“转数”“距离”等。

失效(故障)率又叫瞬时失效率或失效强度，其含义是指工作到 t 时刻尚未失效的产品，在其随后的单位时间内发生失效的概率，一般记为 $\lambda(t)$。即失效率为产品工作 t 时刻后，在单位时间内发生故障的产品数与在 t 时刻仍在正常工作的产品数之比，故表达式如下：

$$\lambda(t)=\frac{\mathrm{d}F(t)/\mathrm{d}t}{R(t)}=\frac{-\mathrm{d}R(t)/\mathrm{d}t}{R(t)}=\frac{f(t)}{R(t)} \tag{12.14}$$

或

$$\lambda(t)=\frac{-\mathrm{dln}R(t)}{\mathrm{d}t} \tag{12.15}$$

由式(12.14)可知，$\lambda(t)$是不仅是瞬时失效率，也可称为 $R(t)$条件下的 $f(t)$。若可靠度函数 $R(t)$或不可靠度函数 $F(t)=1-R(t)$已求出，则可按式(12.15)求出 $\lambda(t)$。同理，若失效率函数 $\lambda(t)$已知，则由式(12.15)亦可求得 $R(t)$，即

$$R(t) = \exp\left[-\int_0^t \lambda(t)\mathrm{d}t\right] \tag{12.16}$$

由上述式子可知，可靠度函数 $R(t)$是把 $\lambda(t)$以区间 $0\sim t$ 为积分上下限进行积分后的指数型函数。

常用到的失效率函数有三种，分别是失效率随时间推移增长型、随时间推移下降型以及失效率稳定型。

当 $\lambda(t)=\lambda=$常数时，表示失效率稳定近似常数的产品，其可靠度函数式(12.16)变为

$$R(t)=\mathrm{e}^{-\lambda t} \tag{12.17}$$

对应于上述三种不同失效率函数的类型，失效率曲线一般可也可分为三种：递减型失效率(DFR)曲线、恒定型失效率(CFR)曲线、递增型失效率(IFR)曲线。

如图 12.3 所示曲线完整地反映了产品在整个使用寿命过程中三个不同时期的情况，其形状与浴盆外形相似，所以又称为浴盆曲线。特别指出，凡是由单一的失效机理引起失效的零件、部件应属于 DFR 型；而固有寿命集中的多属于 IFR 型；在一些由很多复杂零件组成的设备或系统中，不同的零件其工艺设计、材料、工作条件、使用方法也不同，所以形成了包含上述三种失效类型的浴盆曲线。

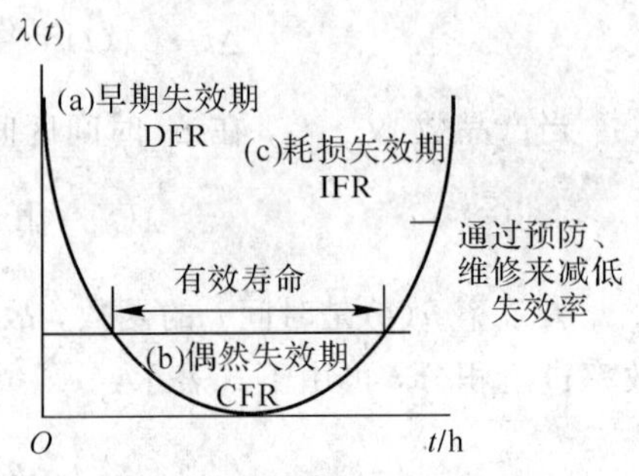

图 12.3　失效率曲线

1. 早期失效期

递减型失效期(DFR)又称为早期失效期，是指产品投入使用的最初时间段，其特点是开始时失效率高，但随着使用时间的增加失效率会迅速下降，如图 12.3 中的(a)所示。这一阶段的失效是由于设计考虑不周、材料有缺陷、生产过程中出现问题、检验过程中混入不合格品或设备本身存在部件使用寿命短等原因造成的。

2. 偶然失效期

如图 12.3(b)所示，在早期失效期过后，失效率一般会趋于稳定，降到最低，并且在相当长的一段时间内基本保持不变。在此期间，失效的发生往往是偶然的，故把这段时间称为偶然失效期(CFR)。这段失效周期是产品的最佳工作时期。失效周期的持续时间称为指定失效率下的使用寿命。人们总是希望以最低的成本尽可能延长这一周期。

3. 耗损失效期

设备、系统等产品投入使用的后期为耗损失效期(IFR)。其特点是失效率随着工作时间的增加而增加，呈递增型，如图 12.3(c)所示。这是因为设备和系统的某些零件出现了磨损、疲劳、老化等原因。所以若能在时间节点之前预测将要损坏的时间点，更换将要损坏的部件，并保持设备的正常运行，就可以降低设备或系统失效率，延长设备或系统的使用寿命。但在某些特殊情况下，报废反而更合算。

平均寿命是产品寿命的平均值。不可修复的产品以及可修复的产品之间关于平均寿命的概念有所不同。

不可修复的产品，其使用寿命是在产品可以继续工作之前的所有时间。该产品的平均寿命是从产品开始到失效的平均工作时间(或工作次数)，或称为失效前的平均使用时间，记为 MTTF。

$$\mathrm{MTTF} = \frac{1}{N}\sum_{i=1}^{N} t_i \tag{12.18}$$

式中：N 为用于测试的产品总数量；t_i 为第 i 个产品失效前的所有时间，单位为 h。

对于可修复的产品，我们研究相邻两次故障间的时间间隔。因此，它的平均寿命即为平均无失效工作时间，记为 MTBF。

$$\mathrm{MTBF} = -\frac{1}{\sum\limits_{t=1}^{N} n_i}\sum_{i=1}^{N}\sum_{j=1}^{n_i} t_{ij} \tag{12.19}$$

式中：N 为用于测试的产品总数量；n_i 为第 i 个测试产品的失效数；t_{ij} 为第 i 个产品第 $j-1$ 次失效到第 j 次失效的工作时间，单位为 h。

12.2　系统的可靠性分析

12.2.1　串并联系统可靠性模型

1. 串联系统可靠性模型

若系统由 n 个部件组成，假设其中某个部件发生故障，整个系统就不能正常工作，或者说只有所有部件都正常工作，组成的系统才能正常工作，具有这种性质的系统称为串联系统，其可靠性框图如图 12.4 所示。

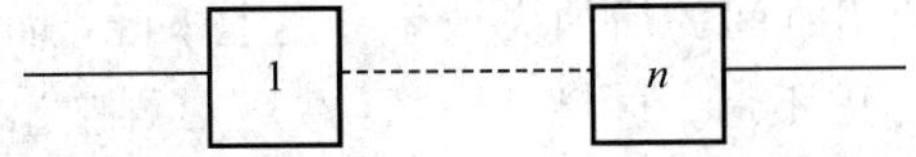

图 12.4　串联系统可靠性框图

设系统中第 i 个产品元件的使用寿命为 x_i，使用可靠度为 $R_i=P(x_i>t)$，$(i=1,2,\cdots,n)$，假定每个产品的使用时长 x_1，x_2，…，x_n 独立同分布，若初始时刻 $t=0$，所有部件都是新的且同时开始工作，则整个串联系统的使用寿命为

$$X_s=\min\{x_1,x_2,\cdots,x_n\} \tag{12.20}$$

进一步，我们可以得到整个系统的可靠度表达式为

$$\begin{aligned} R_s(t) &= P(X_s>t)=P\left\{\min(x_1,x_2,\cdots,x_n)>t\right\} \\ &= P\left\{x_1>t,x_2>t,\cdots,x_n>t\right\}=\prod_{i=1}^{n}P\left\{x_i>t\right\} \\ &= \prod_{i=1}^{n}R_i(t) \end{aligned} \tag{12.21}$$

即串联系统的可靠性等于系统各部件可靠性的乘积。

同理，如果我们假定第 i 个系统元件的失效率为 λ_i，则系统的可靠度又可以表示为

$$R_s(t)=\prod_{i=1}^{n}\mathrm{e}^{-\int_0^t\lambda_i(t)\mathrm{d}t}=\mathrm{e}^{-\int_0^t\sum_{i=1}^{n}\lambda_i(t)\mathrm{d}t}=\mathrm{e}^{-\int_0^t\lambda_s(t)\mathrm{d}t} \tag{12.22}$$

故系统的失效率为

$$\lambda_s(t)=\sum_{i=1}^{n}\lambda_i(t) \tag{12.23}$$

即串联系统的失效率等于组成该系统所有部件的失效率之和。

通过上述分析，我们得出以下关于串联系统的结论：

(1) 串联系统的可靠度低于组成系统的每个零件的可靠度，且随着串联部件数目的增加而下降。因此在设计串联系统时，应当选择可靠度较高的零件，并尽量减少串联的零件数。

(2) 串联系统的失效率大于该系统的任一单个部件的失效率。

(3) 若串联系统的各个组成部件寿命都服从指数分布，则系统寿命也服从指数分布。

【例 12.1】 某数控机床数控系统由 40 片集成电路芯片组成，它们分别安装在两块电路板上，每块电路板有 60 个插件接头，每片芯片有 20 个焊点和 12 个金属化孔。假设各元件均服从指数分布，集成电路芯片的失效率为 1×10^{-5}，焊点的失效率为 1×10^{-7}，金属化孔的失效率为 5×10^{-9}，插件接头的失效率为 1×10^{-6}，求系统工作 6 小时的可靠度和平均无故障工作时间。

解　数控系统中各部件是串联组成的，利用串联系统模型可以得到

$$\begin{aligned}\lambda_s(t) &= \sum_{i=1}^{n}\lambda_i(t)=40\times10^{-5}+40\times20\times10^{-7}+40\times12\times5\times10^{-9}+2\times60\times10^{-6} \\ &= 4.944\times10^{-4}\end{aligned}$$

因此系统的可靠度为

$$R_s(t=6)=e^{-\lambda_s t}=e^{-4.944\times10^{-4}\times6}=e^{-2.9664\times10^{-3}}$$

系统的平均寿命为

$$\mathrm{MTTF}=\frac{1}{\lambda_s}=\frac{1}{4.944\times10^{-4}}=2022.7\ \mathrm{h}$$

2. 并联系统可靠性模型

若某系统由 n 个单元部件组成，当且仅当系统所有部件都不能正常工作时，系统才丧失其规定功能，或者只要有一个单元部件可以正常工作，系统就能完成规定功能。我们称这种系统为并联系统，其可靠性框图如图 12.5 所示。

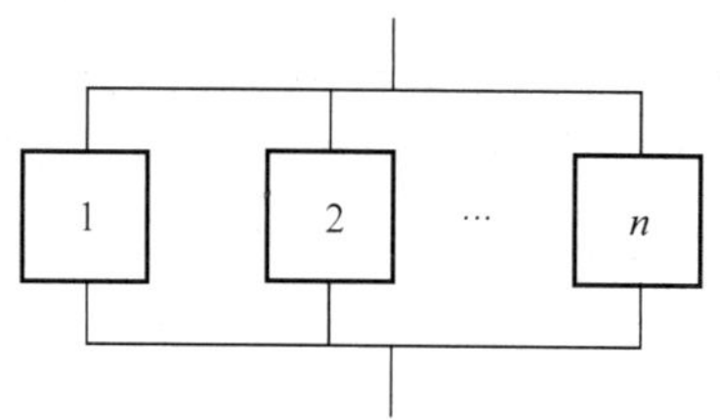

图 12.5　并联系统可靠性框图

设系统的第 i 个部件的寿命为 x_i，可靠度为 $R_i=P(x_i>t),(i=1,2,\ldots,n)$，使用寿命 x_1，x_2，…，x_n 相互独立，若初始时刻 $t=0$，所有部件都是新的，且同时开始工作。根据并联系统的定义，系统的寿命为

$$X_s=\max\{x_1,x_2,\cdots,x_n\} \tag{12.24}$$

于是整个系统的可靠度为

$$\begin{aligned}R_s(t)&=P(X_s>t)=P\{\max(x_1,x_2,\cdots,x_n)>t\}\\&=1-P\{\max(x_1,x_2,\cdots,x_n)\leqslant t\}\\&=1-P\{x_1\leqslant t,x_2\leqslant t,\cdots,x_n\leqslant t\}\\&=1-\prod_{i=1}^{n}[1-R_i(t)]\end{aligned} \tag{12.25}$$

式(12.25)表明：由独立部件组成的并联系统的可靠性高于系统中任一部件的可靠性。

并联系统的累积失效概率的表达式为

$$F(t)=\prod_{i=1}^{n}F_i(t) \tag{12.26}$$

可知并联系统的失效概率是系统各部件失效概率的乘积。

若部件的寿命服从参数为 λ_i 的指数分布，即 $R_i(t)=e^{-\lambda_i t},i=1,2,\cdots,n$，则系统的可靠度为

$$\begin{aligned}R_s(t)&=1-\prod_{i=1}^{n}(1-e^{-\lambda_i t})\\&=\sum_{i=1}^{n}e^{-\lambda_i t}-\sum_{1\leqslant i\leqslant j\leqslant n}e^{-(\lambda_i+\lambda_j)t}+\cdots+\sum_{1\leqslant j_1\leqslant\cdots\leqslant j_i\leqslant n}e^{-(\lambda_{j1}+\lambda_{j2}+\cdots+\lambda_{ji})t}+\cdots+(-1)^{n-1}e^{-\left(\sum_{i=1}^{n}\lambda_i\right)t}\end{aligned} \tag{12.27}$$

对上式进行积分得系统的平均寿命为

$$\mathrm{MTTF}=\sum_{i=1}^{n}\frac{1}{\lambda_i}-\sum_{1<i<j<n}\frac{1}{\lambda_i+\lambda_j}+\cdots+(-1)^{n-1}\cdot\frac{1}{\lambda_1+\lambda_2+\cdots+\lambda_n} \tag{12.28}$$

由上述分析，可以得到以下相关结论：

(1) 并联系统的失效率低于任一部件的失效率；

(2) 并联系统的平均寿命高于所有部件的平均寿命；

(3) 并联系统的可靠度大于所有部件可靠度的最大值；

(4) 并联系统的各部件寿命服从指数分布，但系统寿命不再服从指数分布；

(5) 随着部件数量 n 的增加，系统的可靠性增加，系统的平均寿命也增加。然而，随着部件数量的增加，新添加的部件对系统可靠性和寿命的贡献越来越小。

【例 12.2】 假设某机械机床由 3 个主要零件组成一条工作线系统，3 个零部件的可靠度分别为 0.9、0.7 和 0.5，求该机床正常工作的可靠度。

解 由式(12.27)得

$$\begin{aligned}R_s(t)&=1-\prod_{i=1}^{3}[1-R_i(t)]\\&=1-(1-0.9)\times(1-0.7)\times(1-0.5)=0.985\end{aligned}$$

由计算结果可以看出，并联工作储备系统可以提高系统的可靠性。

3. 混合系统可靠性模型

1) 并-串联系统

假设一个系统由 m 个子系统并联，而每个子系统中又有 n 个元件串联，这样的系统称为并-串联系统，其可靠性框图如图 12.6 所示。

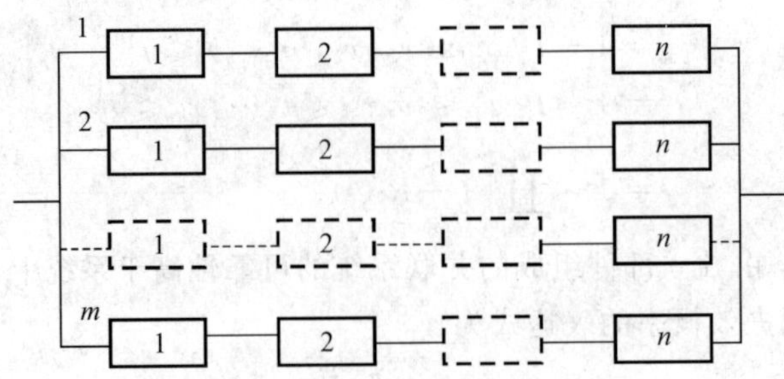

图 12.6 并-串联系统可靠性框图

同样地假设，组成并-串联系统的各单元的可靠度函数分别为 $R_{ij}(t)(i=1,2,\cdots,m;j=1,2,\cdots,n_i)$，且所有单元部件寿命都相互独立，则按串联和并联模型公式得

$$R_s(t)=\prod_{i=1}^{m}\left\{1-\prod_{j=1}^{n_i}[1-R_{ij}(t)]\right\} \tag{12.29}$$

2) 串-并联系统

若一个系统由 m 个子系统串联而成，而每个子系统则是由 n 个元件并联而成的，这样的系统称为串-并联系统，其可靠性框图如图 12.7 所示。

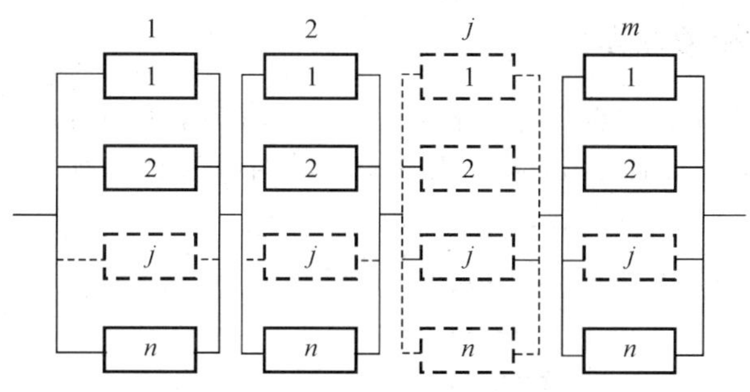

图 12.7　串-并联系统可靠性框图

设组成串-并联系统的各单元的可靠度函数分别为 $R_{ij}(t)(i=1,2,\cdots,m;j=1,2,\cdots,n)$，且所有单元寿命都相互独立，则按串联和并联模型公式得

$$R_s(t)=1-\prod_{j=1}^{m}\left[1-\prod_{i=1}^{n_j}R_{ij}(t)\right] \tag{12.30}$$

【例 12.3】 有 $m=n=3$ 的并-串联系统和串-并联系统，单元可靠度均为 $R(t)=0.9$，试分别求出这两个系统的可靠度。

解　对于并-串联系统，有

$$R(t)=1-[1-R^n(t)]^m=1-(1-0.9^3)^4=0.9801$$

对于串-并联系统，有

$$R(t)=\{1-[1-R(t)]^m\}^n=[1-(1-0.9)^3]^4=0.9970$$

由上述计算结果可以看出，串-并联系统的可靠度比并-串联系统的可靠度更高一些。

3）混联系统

由串联和并联系统混合而成的系统称为混联系统，其可靠性框图如图 12.8 所示。

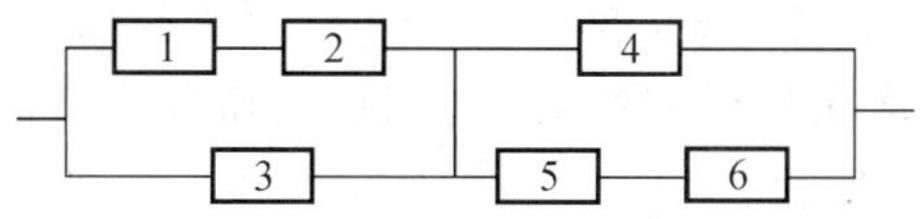

图 12.8　混联系统可靠性框图

对于一般的混联系统，计算其可靠性特征量的主要思想是利用串联或者并联的原理，将某些部分等效成一个整体进而进行分析。在图 12.8 所示的混联系统中，元件 1 和元件 2 串联构成的子系统 1，元件 5 和元件 6 串联构成子系统 2，子系统 1 和元件 3 并联构成子系统 3，元件 4 和子系统 2 并联构成子系统 4，子系统 3 和子系统 4 串联构成整个混联系统。因此，该系统可靠性特征量可进行如下计算：

$$\begin{aligned}
&R_{s1}(t)=R_1(t)\cdot R_2(t)\\
&R_{s2}(t)=R_5(t)\cdot R_6(t)\\
&R_{s3}(t)=1-[1-R_{s1}(t)]\cdot[1-R_3(t)]\\
&R_{s4}(t)=1-[1-R_{s2}(t)]\cdot[1-R_4(t)]\\
&R_s(t)=R_{s3}(t)\cdot R_{s4}(t)
\end{aligned} \tag{12.31}$$

12.2.2 表决系统和旁联系统

当某个系统的 n 个单元中至少有 k 个单元正常工作时，系统才正常工作，这样的系统称为 n 中取 k 表决系统，简称 k/n 系统，其可靠性框图如图 12.9 所示。显然，当 $k=1$ 时为 n 个单元纯并联系统；当 $k=n$ 时，k/n 系统为串联系统。

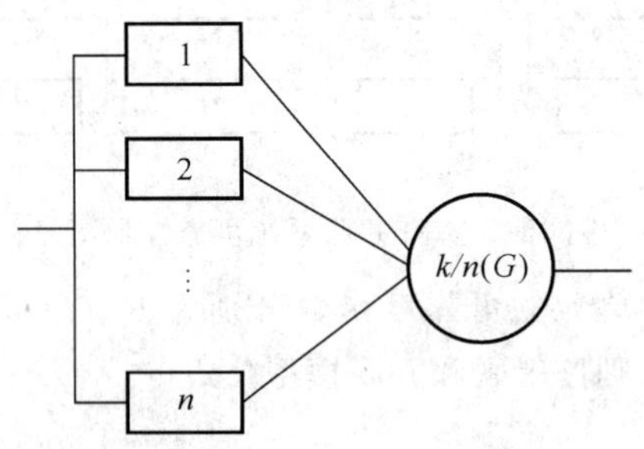

图 12.9 表决系统可靠性框图

假设组成系统的每个单元部件的失效率为 q，正常工作概率为 p，易知 $p+q=1$，且各单元部件相互独立，所以 k/n 系统的失效率服从二项分布，即

$$R_s(t)=\sum^{n}C_n^i n\left[R(t)\right]^i\cdot\left[1-R(t)\right]^{n-i}$$

假设各单元可靠度服从指数分布，即 $R(t)=e^{-\lambda t}$，则有

$$R(t)=\sum^{n}C_n^i\cdot e^{-i\lambda t}\cdot(1-e^{-\lambda t})^{n-i} \tag{12.32}$$

系统的平均寿命为

$$\text{MTTF}=\sum_{i=k}^{n}\frac{1}{i\lambda}=\frac{1}{k\lambda}+\frac{1}{(k+1)\lambda}+\cdots+\frac{1}{n\lambda} \tag{12.33}$$

常用的表决系统是 2/3 表决系统，即三个单元中至少有两个单元正常工作，系统就正常工作。2/3 表决系统广泛应用于机械系统、电路系统和自动控制系统，其可靠性框图等效为并-串联系统，如图 12.10 所示。

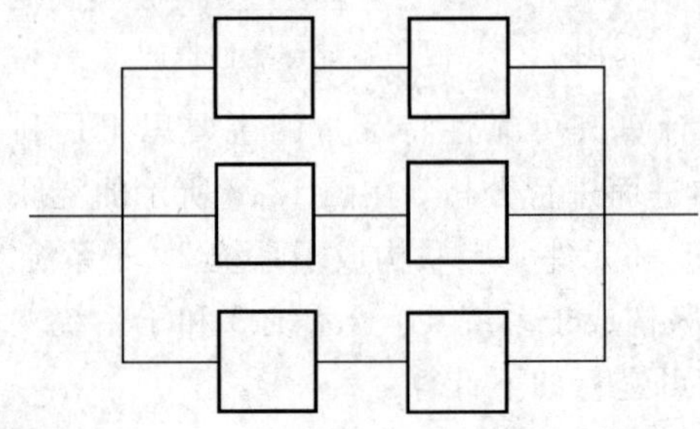

图 12.10 2/3 系统等效可靠性框图

假设 2/3 表决系统单元相互独立，且均服从指数分布，它们的可靠度均为 $R(t)$，失效率均为 λ，则 2/3 表决系统的可靠度和平均寿命时间分别为

$$R(t)=3e^{-2\lambda t}-2e^{-3\lambda t}$$

$$\text{MTTF}=\frac{3}{2\lambda}-\frac{2}{3\lambda}=\frac{5}{6\lambda} \tag{12.34}$$

由此可知，表决系统有以下特征：

① 相同条件下，2/3 表决系统的可靠度高于两个或三个单元组成的串联系统，低于两个或三个单元组成的并联系统；

② 相同条件下，2/3 表决系统的平均寿命为一个单元的平均寿命的 5/6 倍，低于一个单元的平均寿命；

③ 当对系统可靠性水平要求很高时，采用 2/3 表决系统结构可提高系统的可靠性。

k/n 表决表决系统模型是个通用模型，当 k 取不同的值时，k/n 表决系统将相应变化成以下几种特殊模型：

当 $k=n$ 时，n/n 系统等价于 n 个部件的串联系统。

当 $k=1$ 时，$1/n$ 系统等价于 n 个部件的并联系统。

当 $k=m+1$ 时，$m+1/2m+1$ 系统称为多数表决系统。

为了提高系统的可靠度，研究人员发现，除了多安装一些元件外，还可储备一些元件，以便当工作元件失效时，能立即通过转换开关使储备元件逐个地去替换，直到所有单元都发生故障时，系统才失效，这种系统称为旁联系统，如图 12.11 所示。

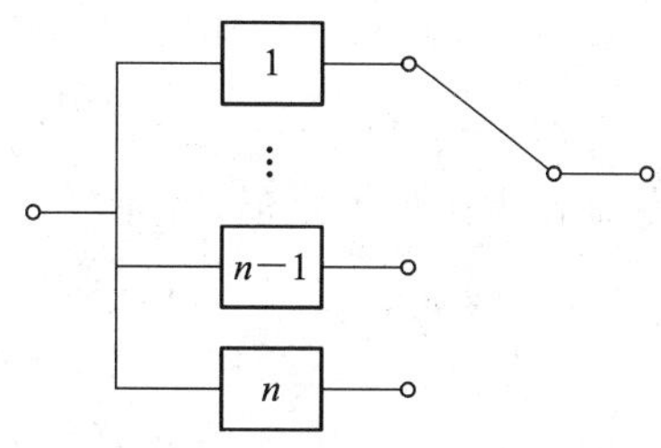

图 12.11　旁联系统等效可靠性框图

旁联系统与并联系统的区别在于：并联系统中每个单元一开始就同时处于工作状态，而旁联系统中仅有一个单元工作，其余单元处于待机工作状态。旁联系统也可以分为两种情况：一是储备单元在储备期内失效率为 0，二是储备单元在储备期内也可能失效。

12.3　可修复系统的可靠性分析

可靠性是按照从开始工作到故障发生的时间数据来进行计算的，而维修性指标是依据发生故障后单元维修所耗费的时间，两者存在本质的不同。一般来说，系统的可靠时间远远大于系统的维修时间。针对正常运转难以维持的系统，必须组织人员进行维修，而维修根据时间节点的不同，可分为预防维修(设备未损坏前的维修，其目的是将设备修复到规定的功能状态)和修复维修(针对已经出现故障或损坏后系统进行维修，目的是使设备修复到正常运转状态)。

12.3.1　预防性维修及维修周期

根据要求，工作人员每隔固定时间对系统进行检查保养，设系统从 0 时开始运转，检查时间间隔为 T，如图 12.12 所示，其中 $i=jT+\tau$，$j=0, 1, 2, \cdots$，$0\leqslant\tau\leqslant T$，$\tau$ 是检查保养期间内的时间。

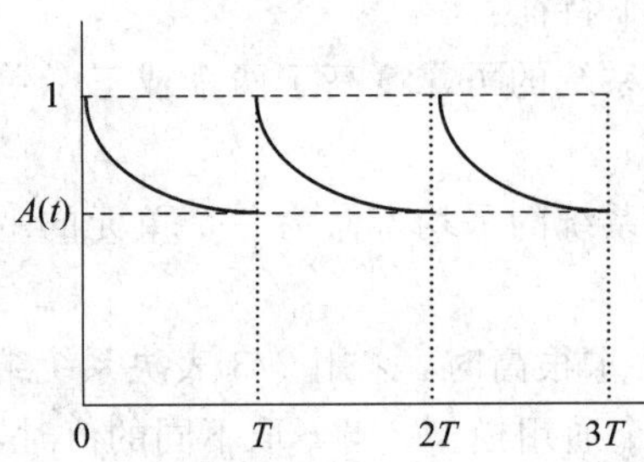

图 12.12　理想化保养方式对系统可用度的影响

若系统经保养后的可靠性与新系统一样，则 $R(T)$ 为系统在没有任何保养条件下系统工作到 T 时间的可靠度。因此，理想的预防维修系统的可靠度计算公式如下：

$$R_{\mathrm{PM}}(jT+\tau)=\left[{}^{R}(T)\right]jR(\tau) \\ j=0,1,2,\cdots \\ 0\leqslant\tau\leqslant T \tag{12.35}$$

系统每运行一次为时间 T，连续运行 j 次的概率为 $[R(T)]^{j}$，第 $j+1$ 次运行到时间 τ 的概率为 $R(\tau)$。

当系统元件寿命服从指数分布时，$R_{\mathrm{PM}}(t)=(\mathrm{e}^{-\lambda t})^{j}\mathrm{e}^{-(t-jT)}=\mathrm{e}^{-\lambda t}\ (0\leqslant t\leqslant\infty)$，此时不必进行预防性维修；当系统元件寿命服从威布尔分布时，有

$$R_{\mathrm{PM}}(t)=\exp\left[-j\left(\frac{T}{\theta}\right)^{m}\right]\exp\left[-\left(\frac{t-jT}{\theta}\right)^{m}\right],\quad jT\leqslant t\leqslant(j+1)T \tag{12.36}$$

这时，假定 $t=jT$，比较收益如下：

$$\frac{R_{\mathrm{PM}}(t)}{R(t)}=\frac{R_{\mathrm{PM}}(jT)}{R(jT)}=\exp\left[-j\left(\frac{T}{\theta}\right)^{m}+\left(\frac{jT}{\theta}\right)^{m}\right] \tag{12.37}$$

若 $\left(\frac{jT}{\theta}\right)^{m}>j\left(\frac{T}{\theta}\right)^{m}$，则有 $j^{m-1}>0$，即 $m>1$。因此当 $m>1$ 时，威布尔分布情况下，系统才会进行预防性维修。

维修型预防维修最佳维修周期的确定：

假设 $\overline{T}_{\mathrm{p}}$ 为平均预防维修时间，$\overline{T}_{\mathrm{f}}$ 为平均修复维修时间，$\omega(t)$ 是故障率，则每个周期 T 内的平均停用时间(MDT)为

$$\mathrm{MDT}=\overline{T}_{\mathrm{p}}+\overline{T}_{\mathrm{f}}\int_{0}^{T}\omega(t)\,\mathrm{d}t \tag{12.38}$$

周期 T 内的平均可用时间 $\mathrm{MUT}=T$。

更新型预防维修最佳维修周期的确定：

若采取更新单元的形式进行维修，那么系统停工时间(MDT)表示为

$$\mathrm{MDT}=R(T)T_{\mathrm{p}}+(1-R(T))T_{\mathrm{f}} \tag{12.39}$$

系统的平均工作时间(MUT)为

$$\mathrm{MUT}=\int_{0}^{T}R(t)\,\mathrm{d}t \tag{12.40}$$

系统平均可用度(UTR)可表达为

$$\mathrm{UTR}=A(\infty)=\frac{\mathrm{MUT}}{\mathrm{MUT}+\mathrm{MDT}} \tag{12.41}$$

12.3.2　基于马尔科夫过程的可靠性分析

1. 系统状态转移过程

马尔科夫过程是 1907 年由俄国人马尔科夫提出的，用于研究系统状态与状态之间相互转移的关系。例如系统完全由定义为“状态”的变量的取值来描述时，则说系统处于一个“状态”。系统变量值的变化描述了系统状态的变化。以某台设备的运行状态为例，设备存在两种状态——正常状态 S 和故障状态 F。发生故障时，系统会从 S 状态转移到 F 状态。经过维修后，系统会从 F 状态再转移到 S 状态，其状态转移图如图 12.13 所示。

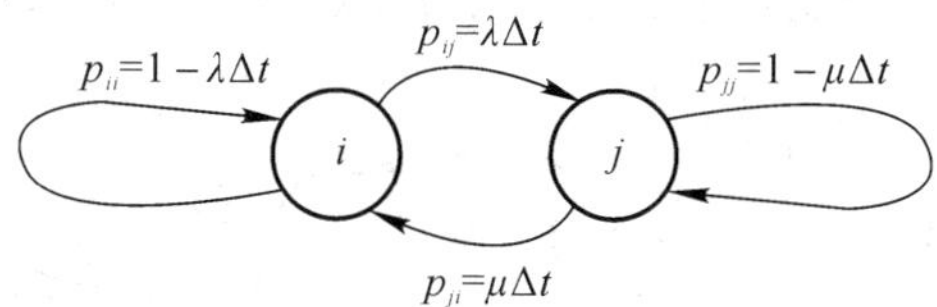

图 12.13　单部件系统状态转移图

如果在某个时刻，从一种状态到另一种状态的概率只与当前状态有关，而与前一种状态无关，这种性质就称为“无记忆性”或“无后效性”。也就是说，t_0 时刻过程的状态已知，而 $t(t>t_0)$ 时刻过程的状态与 t_0 时刻之前过程的状态无关。

一般而言，马尔科夫过程的参数和状态空间既可以是离散的也可以是连续的。当参数(时间参数)和状态空间都离散时，我们称此马尔科夫过程为马尔科夫链。

如果一个马尔科夫链 $X(t)$ 在 u 时刻处于状态 i，那么在 $t+u$ 时刻的状态转移为状态 j 的转移概率与转移的起始时间无关，即

$$P[X(t+u)=j\,|\,X(u)=i]=P[X(t)=j\,|\,X(0)=i]=P_{ij}(t) \tag{12.42}$$

则称此马尔科夫链是齐次的，$P_{ij}(t)$ 是齐次马尔科夫链在时间段 t 内从状态 i 转移到状态 j 的概率。

为了研究齐次马尔科夫链系统的可靠性特征量，接下来以一个单元的简单可修系统为例展开计算。便于讨论，此处假设组成系统的各个单元所处状态相互独立，且所有单元的寿命和维修时间均服从指数分布。

如果系统只由单个单元组成，则该单元工作时，系统也工作；单元故障时，系统也故障。若系统处于修复状态，则单元被修复后，系统也恢复工作状态。设 e_1 表示系统的正常状态，e_2 表示故障状态，则有

$$X(T)=\begin{cases} e_1 \\ e_2 \end{cases} \tag{12.43}$$

假设单元的故障率及修复率分别为 μ 和 λ，根据如图 11.12 所示的状态转移图，列出马尔科夫链的微系数矩阵 $\boldsymbol{P}(\Delta t)$ 为

$$\boldsymbol{P}(\Delta t)=\begin{pmatrix} 1-\lambda\Delta t & \lambda\Delta t \\ \mu\Delta t & 1-\mu\Delta t \end{pmatrix} \tag{12.44}$$

经过一系列的数学推导后，得到系统的瞬时有效度表达式为

$$A(t)=P_1(t)=\frac{\mu}{\lambda+\mu}+\frac{\lambda}{\lambda+\mu}\mathrm{e}^{-(\lambda+\mu)t} \tag{12.45}$$

当 $t \to \infty$ 时，系统的稳定有效度为

$$A(\infty)=\frac{\mu}{\lambda+\mu} \tag{12.46}$$

可见，经过一段很长时间的运行后，系统所处的状态与开始状态无关，处于平衡状态。系统的平均有效度为

$$\begin{aligned} A_{\mathrm{m}}(t) &= \frac{1}{t}\int_0^t\left[\frac{\mu}{\lambda+\mu}+\frac{\lambda}{\lambda+\mu}\mathrm{e}^{-(\lambda+\mu)t}\right]\mathrm{d}t \\ &= \frac{\mu}{\lambda+\mu}+\frac{\lambda}{(\lambda+\mu)^2}\left[1-\mathrm{e}^{-(\lambda+\mu)t}\right] \end{aligned} \tag{12.47}$$

若系统发生故障后不再修复，即系统进入吸收状态，其状态转移如图 12.14 所示。

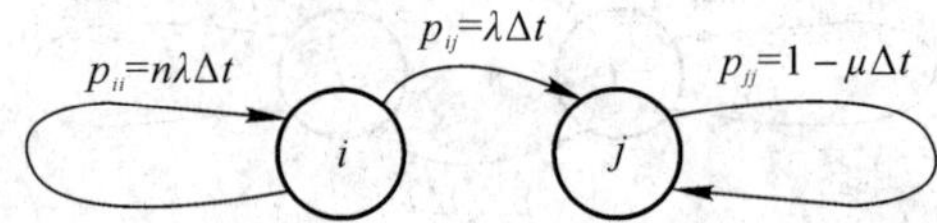

图 12.14　吸收状态转移图

此时，$R(t)=A(t)=\mathrm{e}^{-\lambda t}$，由可靠度即可求出其他特征量。

【例 12.4】 设有 3 个黑球和 3 个白球，把这 6 个球任意分给甲、乙两人，并把甲拥有的白球数定义为该过程的状态，则有四种状态 0、1、2、3。现每次从甲乙双方各取一球，然后相互交换。经过 n 次交换后过程的状态记为 X_n，该过程是否是马尔科夫链？如果是，试计算其一步转移概率矩阵。

由题意知，甲拥有白球的状态为离散值，且当前状态仅与上一时刻的状态有关。所以这个过程是马尔科夫链。由于 6 个球任意分给甲、乙两人，因此根据甲拥有球的数量不同而状态不同。

(1) 甲有 1 个球，则甲的状态有 2 种：0 和 1。

① 甲当前状态为 0，则说明甲有 1 个黑球，乙有 2 个黑球和 3 个白球，交换一次后甲状态为 0 的概率：2/5；甲状态为 1 的概率：3/5。

② 甲当前状态为 1，则说明甲有 1 个白球，乙有 3 个黑球和 2 个白球，则交换一次后：甲状态为 0 的概率：3/5；甲状态为 1 的概率：2/5。

因此，甲有 1 个白球时的一步转移概率矩阵为

$$\begin{bmatrix} \frac{2}{5} & \frac{3}{5} \\ \frac{3}{5} & \frac{2}{5} \end{bmatrix}$$

甲有 1 个球时的转移状态图如图 12.15 所示。

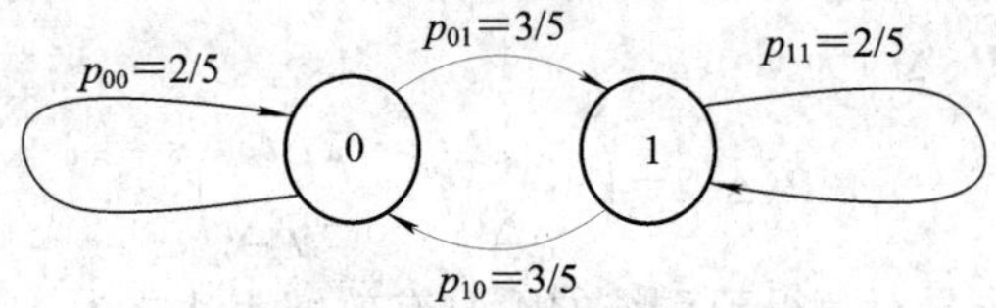

图 12.15　转移状态图

同理，甲有 2、3、4、5 个球的情况以此类推。

2. 并联可修复系统

假设并联系统由 n 个相同单元组成，每个单元的失效时间服从参数为 λ 的指数分布，维修时间服从参数为 μ 的指数分布，且所有单元的失效及维修时间相互独立，故障单元修复后的寿命仍服从参数为 λ 的指数分布，系统的可能状态为 e_i，$i=0,1,\cdots,n$，状态转移图如图 12.16 所示。

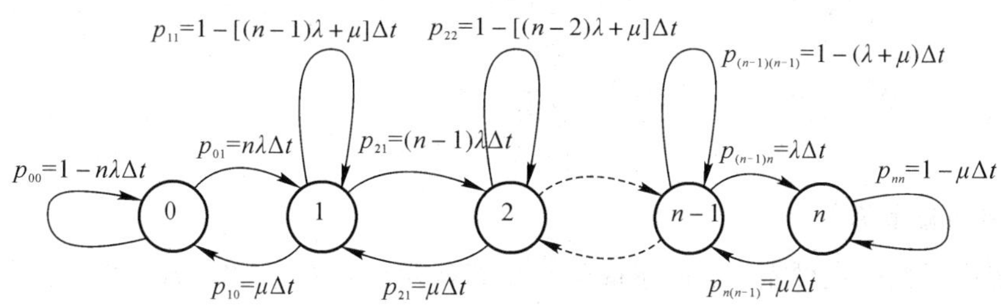

图 12.16　n 个相同单元并联状态转移图

在 $X(t)=j$ 时刻有 j 个单元发生了故障，此时该系统的微系数转移矩阵为

$$\boldsymbol{P}(\Delta t)=\begin{bmatrix} 1-n\lambda\Delta t & n\lambda\Delta t & 0 & \cdots & 0 & 0 \\ \mu\Delta t & 1-[(n-1)\lambda+\mu]\Delta t & (n-1)\lambda\Delta t & \cdots & 0 & 0 \\ 0 & \mu\Delta t & 1-[(n-2)\lambda+\mu]\Delta t & \cdots & 0 & 0 \\ \vdots & \vdots & \vdots & & \vdots & \vdots \\ 0 & 0 & 0 & \cdots & 1-(r\lambda+\mu)\Delta t & r\lambda\Delta t \\ 0 & 0 & 0 & \cdots & \mu\Delta t & 1-\mu\Delta t \end{bmatrix}$$

求解得系统的稳态有效度为

$$A(\infty)=\frac{\sum_{i=0}^{n-1}\frac{1}{(n-i)!}\left(\frac{\lambda}{\mu}\right)^i}{\sum_{i=0}^{n}\frac{1}{(n-i)!}\left(\frac{\lambda}{\mu}\right)^i} \tag{12.48}$$

3. 表决可修复系统

由于表决系统处于维修状态的单元一次只能有一个，其余的故障单元则处于待修状态。即工作状态的正常系统中至少 r 个单元工作，故障状态的异常系统有 $n-r+1$ 个单元故障，且发生故障的 $r-1$ 个单元也停止工作，系统恢复工作状态则需要有 1 个单元被修复后又有 r 个单元同时进入工作状态。

假设可表决系统在 $X(t)=j$ 时刻有 j 个单元发生了故障，$j=0,1,\cdots,n-r+1$。当 $j=n-m+1$ 时，系统处于故障状态，$E=\{e_0,e_1,e_2,\cdots,e_{n-r}\}$，系统的状态转移不再赘述。此时，系统的微系数矩阵为

$$
\boldsymbol{P}(\Delta t)=\begin{bmatrix}
1-n\lambda\Delta t & n\lambda\Delta t & 0 & \cdots & 0 & 0\\
\mu\Delta t & 1-[(n-1)\lambda+\mu]\Delta t & (n-1)\lambda\Delta t & \cdots & 0 & 0\\
0 & \mu\Delta t & 1-[(n-2)\lambda+\mu]\Delta t & \cdots & 0 & 0\\
\vdots & \vdots & \vdots & & \vdots & \vdots\\
0 & 0 & 0 & \cdots & 1-(r\lambda+\mu)\Delta t & r\lambda\Delta t\\
0 & 0 & 0 & \cdots & \mu\Delta t & 1-\mu\Delta t
\end{bmatrix}
$$

求解得系统的稳态有效度为

$$
A(\infty)=\frac{\sum\limits_{j=0}^{n-r}\frac{1}{(n-j)!}\left(\frac{\lambda}{\mu}\right)^{j}}{\sum\limits_{j=0}^{n-r+1}\frac{1}{(n-j)!}\left(\frac{\lambda}{\mu}\right)^{j}} \tag{12.49}
$$

4. 旁联可修复系统

假设转换开关完全可靠，根据储备单元在储备期内是否完全可靠，可分为完全可靠和不完全可靠两种情况展开讨论。

1）针对储备单元在储备期内完全可靠

设 1/2 旁联系统由两个相同的单元组成，根据旁联系统特性，假设故障单元未被修复，且新单元出现故障，因此系统处于故障状态。如果原本故障的单元修复完成进入工作状态工作，后发生故障的单元才可进入修复状态，那么此时系统恢复至工作状态。系统采用的转换开关可视为完全可靠，两个单元的工作寿命和维修时间分别服从参数为 μ 和 λ 的指数分布，其相互独立，则系统状态转移图如图 12.17 所示。图中 0 表示失效单元数为 0，单元全部有效；1 表示失效单元数为 1；2 表示失效单元数为 2，单元全部失效。

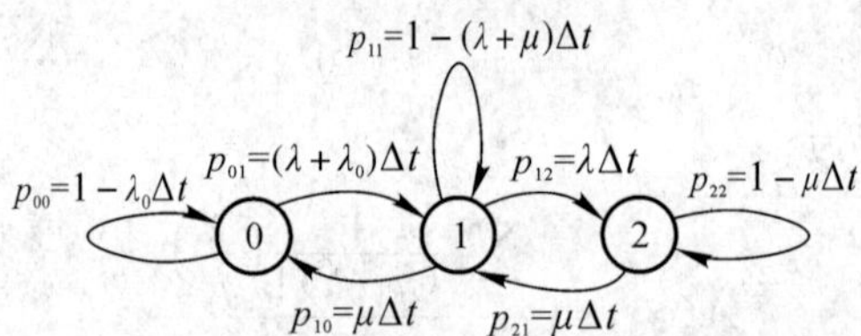

图 12.17　两个相同单元冷储备系统状态转移图

系统的微系数转移矩阵为

$$
\boldsymbol{P}(\Delta t)=\begin{pmatrix}
1-\lambda\Delta t & \lambda\Delta t & 0\\
\mu\Delta t & 1-(\lambda+\mu)\Delta t & \lambda\Delta t\\
0 & \mu\Delta t & 1-\mu\Delta t
\end{pmatrix} \tag{12.50}
$$

求解得系统瞬时有效度及稳态有效度分别为

$$
\begin{gathered}
A(t)=\frac{\lambda\mu+\mu^2}{\mu^2+\lambda\mu+\lambda^2}-\frac{\lambda^2(s_2\mathrm{e}^{s_1 t}-s_1\mathrm{e}^{s_2 t})}{s_1 s_2(s_1-s_2)}\\
s_1,s_2=-(\lambda+\mu)\pm\sqrt{\lambda\mu}
\end{gathered} \tag{12.51}
$$

$$
A(\infty)=\frac{\lambda\mu+\mu^2}{\mu^2+\lambda\mu+\lambda^2} \tag{12.52}
$$

2）针对储备单元在储备期内不完全可靠

同样以 1/2 旁联系统为例，假设只有一组维修人员且维修不同故障单元的时长均相同，工作单元和储备单元的寿命分别服从参数为 λ 和 λ_0 的指数分布，两个单元的维修时长均服从参数为 μ 的指数分布，且有关随机变量相互独立，系统可能状态与储备单元在储备期内完全可靠一致。因此系统状态转移图如图 12.18 所示。

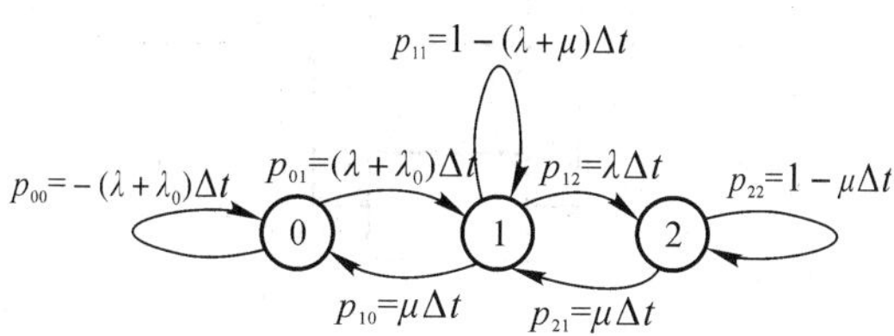

图 12.18　两个相同单元冷储备期有失效的系统状态转移图

系统的微系数转移矩阵为

$$\boldsymbol{P}(\Delta t)=\begin{bmatrix} 1-(\lambda+\lambda_0)\Delta t & (\lambda+\lambda_0)\Delta t & 0 \\ \mu\Delta t & 1-(\lambda+\mu)\Delta t & \lambda\Delta t \\ 0 & \mu\Delta t & 1-\mu\Delta t \end{bmatrix} \tag{12.53}$$

求解得系统瞬时有效度及稳态有效度分别为

$$A(t)=\frac{\lambda\mu+\lambda_0\mu+\mu^2}{\mu^2+(\lambda+\mu)(\lambda+\lambda_0)}-\frac{\lambda(\lambda+\lambda_0)(s_2\mathrm{e}^{s_1 t}-s_1\mathrm{e}^{s_2 t})}{s_1 s_2(s_1-s_2)}$$

$$s_1,s_2=\frac{1}{2}[-(2\lambda+\lambda_0+2\mu)\pm\sqrt{4\lambda\mu+\lambda_0^2} \tag{12.54}$$

$$A(\infty)=\frac{(\lambda+\lambda_0)\mu+\mu^2}{\mu^2+(\lambda+\mu)(\lambda+\lambda_0)} \tag{12.55}$$

课后习题

1. 某零件工作到 100 h 时，还有 100 个仍在工作，工作到 101 h 时，失效了 1 个，在第 102 h 内失效了 3 个，试求这批零件工作满 100 h 和 101 h 时的失效率 $\bar{\lambda}(100)$、$\bar{\lambda}(101)$。

2. 已知某产品的失效率为常数，$\lambda(t)=\lambda=0.30\times10^{-4}\mathrm{h}^{-1}$，可靠度函数 $R(t)=\mathrm{e}^{-\lambda t}$。试求在可靠度 $R=99.9\%$的条件下的可靠寿命 $t_{0.999}$、中位寿命 $t_{0.5}$ 和特征寿命 $T_{\mathrm{e}^{-0.1}}$。

3. 有一批抽检 $n=4$ 件时次品率 $p=0.2$ 的产品。请分别计算抽得次品数为 $k=0,1,2,3,4$ 的概率。

4. 有一大批产品，每箱 90 件中的次品率为 1%。求对一箱产品随机抽检并进行全数检验时，查出次品数不超过 5 的概率。

5. 某系统无故障工作时间平均为 $\theta=1000$ h，系统在 1500 h 的工作期内需要进行备件更换操作。现有 3 个备用部件可供使用，试计算系统能达到的可靠度。

6. 对轮船变速器进行寿命试验，运行 1000 h 后 1000 台变速器中有 5 台变速器发生失效。若已知失效率为常数，试求其特征寿命、中位寿命及任一变速器在任一小时的失效率。

7. 如图 12.19 所示混合系统，若各单元相互独立，且单元可靠度分别为 $R_1=0.995$，

$R_2=0.965$，$R_3=0.97$，$R_4=0.985$，$R_5=0.975$，试求系统可靠度。

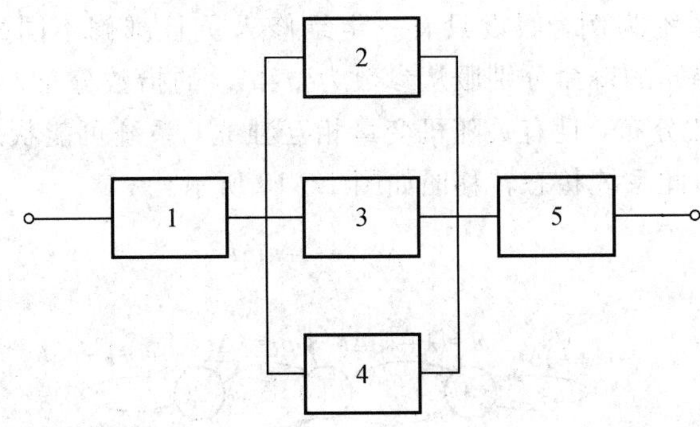

图 12.19　混合系统

参考文献

[1]　蒋仁言，左明健．可靠性模型与应用．北京：机械工业出版社，1999．

[2]　金伟娅，张康达．可靠性工程．北京：化学工业出版社，2005．

[3]　王少萍．工程可靠性．北京：北京航空航天大学出版社，2000．

[4]　刘惟信．机械可靠性设计．北京：清华大学出版社，1996．

[5]　曾声奎，赵廷弟，张建国，等．系统可靠性分析设计教程．北京：北京航空航天大学出版社，2001．

[6]　牟致忠．机械可靠性设计．北京：机械工业出版社，1993．

[7]　刘品．可靠性工程基础．北京：中国计量出版社，1995．

[8]　王世萍，朱敏波．电子机械可靠性与维修性．北京：清华大学出版社，2000．

[9]　居滋培．可靠性工程．北京：原子能出版社，2000．

[10]　何国伟．可靠性设计．北京：机械工业出版社，1993．

[11]　郭永基．可靠性工程原理．北京：清华大学出版社，2002．

[12]　马运义，徐秉权，等．可靠性技术的应用．北京：国防工业出版社，1996．

第 13 章　系统决策理论

13.1　系统决策概念

在现实生活中，每个人都会面临各种各样的决策，从小的方面来说，选择哪条路线上班、看哪场电影、购买哪种类型的保险等；从大的方面来说，出台各种政策法规、国家经济发展的形势及方向等。决策是一门综合性学科，它与经济学、数学、心理学和组织行为学有密不可分的关系。它是以实现某一特定目标为目的，在一定的基础上综合分析各种因素并对未来的行动做出科学合理决策的过程。

13.1.1　系统决策的概念

系统决策是指在特定环境下，决策者采取科学合理的方法对多种方案及进行筛选和评价，最后确定一种最有效的方案，并将该方案实施的过程。

系统决策的相关概念：

(1) 自然状态。自然状态又简称为状态，是不因为决策者主观意志而转移的客观条件。它主要具有以下三个特点：

① 不会因为决策者的主观想法而改变，在决策的过程中真实存在；

② 同一个决策问题，只能存在一种自然状态；

③ 在决策的过程中，人们可以对它进行数学表述并预测各种情况出现的概率。

(2) 备选方案。备选方案又称行动方案，它是可供决策者选择的方案。一般情况下，备选方案的数量必须超过两个。

(3) 损益值。损益值是指在不同状态下对应方案产生的损失和效益。

13.1.2　决策问题的描述

构成备选方案的集合 $A=\{A_1,A_2,\cdots,A_m\}$ 称为决策空间。如果可能出现的状态是有限的，那么，它们构成的集合 $S=\{s_1,s_2,\cdots,s_n\}$ 称为状态空间。假设对状态 s_j 来说，该状态出现的概率是 P_j，由于两种状态不可能同时出现，所以有矩阵表示法和决策树法两种不同的表示方式。

1. 矩阵表示法

矩阵表示法描述决策问题：

在表 13.1 中，一行对应一种方案，一列对应一种状态，表格中的任意元素 c 就是在该状态下选择该方案时的结果。元素 c 组成的矩阵称为决策矩阵，这是对决策问题进行描述的方式之一。

表 13.1　决策问题的矩阵表示法

状态	s_1	s_2	…	s_n
概率	P_1	P_2	…	P_n
方案	A_1	A_2	…	A_m
结果	c_{11}	c_{12}	…	c_{1n}
	c_{21}	c_{22}	…	c_{2n}
	⋮	⋮		⋮
	c_{m1}	c_{m2}	…	c_{mn}

2. 决策树表示法

决策树是一种模拟树木生长过程，从出发点开始不断分枝来表示分析问题的各种可能性，并将分枝的损益期望值中的最大值作为选择的依据。决策树能够形象地将决策过程描述出来。决策树的表示法如图 13.1 所示。

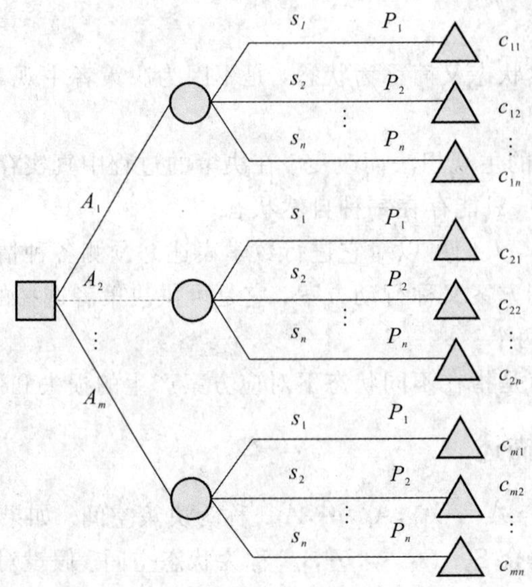

图 13.1　决策树表示法

下面对图 13.1 中的符号做简单的说明：

(1) 方框代表决策点，圆圈代表状态点，三角形表示树的末端，三角形旁边数值的大小代表损益值。

(2) 方框引出的分支称为方案枝，每一个方案枝代表一种方案。

(3) 圆圈引出的分支称为状态，一个树枝代表一种状态，树枝旁边的数值表示该状态发生的概率。

(4) 三角形表示状态枝的结束，状态枝旁边的数值表示该状态下方案的收益或损失值。

决策树表示法比较直观，能够清晰地把各种方案不同状态的可能性都表示出来，易于被决策者接受。

通过分析两种描述形式发现，影响决策过程的因素包括两个：一个是决策者对方案的选择；另一个是外部环境可能发生的变化，它不以决策者的意志为转移，而条件结果是决策者对方案的选择和客观条件相互作用的结果。

决策在管理中起着重要的作用。1978 年美国经济学家、诺贝尔经济学家获得者西蒙认为决策与管理是相互贯通的，管理的关键之处是决策。一项计划或者设计通常面临几种不同的自然情况，有可能需要采取几种不同的方案。决策是管理者日常生活中不可或缺的一部分。在企业经营过程中是这样，在国民经济和行政管理中也是这样。决策结果是至关重要的，小则关系到目标能否实现，大则决定企业命运，甚至国家经济的兴衰，错误的决策极有可能会给国家的政治、经济带来不可弥补的损失。因此，决策是否合理、是否正确，至关重要。决策者进行决策时，都应该尽自己最大的努力把决策做得更好、更合理、更科学。

13.1.3　系统决策的分类

分类标准不一样，分类的结果就会有很大的差异。根据不同的分类标准，对系统决策进行以下分类：

(1) 按照决策目标对系统决策影响的大小，可以将决策分成三个等级，分别是作业决策、战术决策和战略决策。一般我们认为作业决策是选择一个比较细致的方案，如产品生产线上生产作业的顺序；而战术决策是一个企业阶段性决策，它服务于战略决策，如选择一种产品的工艺方案；战略决策是企业长期发展的规划，比如，产品的开发方向，这类决策对企业发展的影响最大。

(2) 按照系统决策结构化程度的大小，一般将决策分为三类：非结构化决策、半结构化决策和结构化决策。非结构化决策是指决策过程复杂，不可能用确定的模型和语言来描述其决策过程，更无所谓最优解的决策也即无规律可循的决策，比如政府出台的新政策或者法律的改变与增删；半结构化决策是指在有规律可循和无规律可循之间的决策，比如市场上生猪的价格及房子的价格确定；结构化决策是提前对结果或者目标进行控制且有一定的规律可循的决策，比如，数学或者数值分析模型的确定。

(3) 按照决策形成的过程，决策可分为科学决策和经验决策两种。科学决策是通过一系列科学的思维和方法对研究系统进行综合、全方面和准确分析的过程；而经验决策主要考验决策者的实际经验而对系统进行的主观判断。

(4) 按照可控性风险，决策分为三类：非确定型决策、风险型决策和确定型决策。其中，非确定型决策是指与决策有关的内外部环境因素都是不能确定的，并且决策者采取的相应措施也是随机的；风险型决策是指决策者对不同方案的选择概率有差异，且有差异状态下的决策结果也不一样；确定型决策是指用于最终决策的内外部环境是确定的，决策者对决策过程的行为以及最终的决策都是确定的、可控的。

除此之外，还有很多种划分方法。比如，根据决策的一系列过程是否连续将决策划分为单项决策和连续决策；根据决策群体的大小将决策分为个体决策和群体决策；依据决策需要达到的目标类型将决策划分为单目标决策和多目标决策。

13.2 决策要素及原则

13.2.1 决策要素

什么叫决策呢？美国有位著名经济学家西蒙说过，管理的整个过程就叫决策。狭义上，指从不同的行为方案中，选择其中一个比较有价值的方案就叫决策；广义上，决策还包括为选择其中一个比较有价值的方案所做的一切活动。

【例 13.1】 假设某企业的资产总额为 200 万元，如果该企业投保险，则每年要交 2500 元的保险金，而每年该企业发生破坏性损失的概率为 0.1%。选择投保还是不投，对于该企业而言，这是一个要讨论的决策问题。另外在投与不投的决策问题中，其目标是让企业尽可能地减少损失，而对应可选的两种方案便是投保和不投保。该企业是否出现破坏性灾害是未知企业不能控制的自然状态。在不同自然状态下，对应选择这两种方案企业会得到差异化结果。

决策分析的整个过程是为了科学、合理地分析相关决策问题而进行的活动。其目的是从所有备选方案中选择最具价值和最有利于决策结果的方案。

对于决策分析一般包括以下基本要素：

(1) 决策者。决策过程的主体是为达到某种目的的决策者，且决策者是为达到某种目的所有人的代表，主导着决策的整个进程。

由多方利益代表者所构成的决策群体称为多人决策，也可称为共同决策组或者共同决策集团。即便各方利益可能有摩擦和冲突，但是，仍应客观积极地把决策群体看成一个不可分割的集体乃至整个人类社会福利的代表者。

(2) 方案。方案是指在决策中被选择的策略或者行动。方案个数是一定的，如企业要建造一个工厂，有选择大、中或小三种厂型方案可供选择，这样就有三个固定的方案。方案可以表示为

$$A=\{A_1, A_2, \cdots, A_m\}$$

其中，A 表示所有可能方案集，A_m 表示第 m 个方案。

(3) 结局。结局是最终方案选择的结果。如果是固定方案，那么结局只有一个即一个确定的结果；如果不是固定方案，那么在方案选择后，就会有多种结果即有多种结局的存在。例如，某企业的工厂建成后，投入生产所得的产品，可能面临滞销、畅销和销售一般三种结局。同时结局又是状态，可以表示为

$$S=\{S_1, S_2, \cdots, S_n\}$$

其中，S 表示所有可能的状态，S_n 表示第 n 个状态。

(4) 价值及效用。这是对最后的结局所作的一系列综合性评价。决策分析过程中，在没有风险情况下对结局的综合性评价叫作价值，我们用具体的损益值来进行表示。在有风险情况下的价值将随风险因素的大小而有所不同，这就是效用，效用的数学区间为[0,1]，其取值视情况而定。下面讨论问题都以具体的损益值来进行评价，且用矩阵来表示损益值状态：

$$C=\begin{bmatrix} c_{11} & c_{12} & \cdots & c_{1n} \\ c_{21} & c_{22} & \cdots & c_{2n} \\ \vdots & \vdots & & \vdots \\ c_{m1} & c_{m2} & \cdots & c_{mn} \end{bmatrix}$$

其中，C 为损益值矩阵；c_{mn} 为第 m 种方案在第 n 种状态下的损益值(不同状态)。

显然，c_{mn} 是方案 A_m 和状态 S_n 的函数，即 $c_{mn}=f(A_m, S_n)$。

对于一个确定的决策目标，可以认为损益值矩阵 C 有且仅有一个；对于一个不确定的决策目标，可以认为损益值矩阵 C 是不确定的且个数也不确定。所以，我们要找到一种切实可行的方法，使不固定结果的多目标决策问题转化为有固定结果的单目标决策问题。

(5) 偏好。偏好是指我们对不同的选择方案、目标和风险的偏向程度及爱好倾向。偏好一般有两种表示方法，即定量法和定性法。在考虑风险因素时，我们用效用来衡量具体偏好。

决策要素是决策分析的重要组成部分，决策要素的确定是系统决策的关键。

13.2.2　决策原则

决策者在进行决策时通常要遵循三条原则：

(1) 可行性原则。决策是为了达到目标而采取的一系列行动方案。为了能够实现最终想要的结果目标，要从资源上和技术上评价决策的可行性，只有统筹资源和技术，最终的结果才有价值和意义，才有可行性。

(2) 经济性原则。获得最大利益是所有决策的目的，所以，在进行不同方案比较时，要以强有力的经济指标及经济适用性作为决策的依据。

(3) 信息性原则。决策的过程中伴随着一系列相关信息的采集及利用，因此，我们可以根据整个研究系统内外部信息情况，观察所有信息为最终决策服务、组织的过程就是决策的过程，我们以定性和定量的方法收集和利用各种信息，另外，最终的决策结果也能作为信息的一部分反馈给系统。

13.3　决策程序

系统决策是一个发现问题、提出问题、分析问题、解决问题的系统分析过程。本书将其工作程序划分为确定目标、设计方案、选择方案、评审方案四个部分。

1. 确定目标

决策者要在调查研究的基础上结合实际情况制定目标，然后借助各种科学的方式方法实现目标。通常情况下，确定目标的过程要经历获取信息、信息的汇总和筛选、分析信息并确立问题三个步骤：

(1) 获取信息。获取信息是指决策者在原有知识、经验的基础上，通过实验观察、网络调查等手段获取数据资料。但由于决策者知识和经验的局限性，这类信息可能会带有一定的片面性。

(2) 信息的汇总和筛选。通过实验观察、网络、调查等手段获取到的数据资料并非全部都是主观信息，当中也会存在一定量的客观信息，比如，统计表和记录。因此，我们也应通过调查等手段获得相关有用的信息，例如，调查的过程中被调查者难免会存在一些主观看法，要注重这类信息的全面性和客观性。

(3) 分析信息并确立问题。从筛选出的重要信息中分析各因素之间的相互关系，并采用定性、定量研究方法确定问题。但在通常情况下，确定问题还需明确决策者的任务和目标以及目标的评价准则，并需要把目标与限制条件联系起来进行对比，以便下一步方案的设计。

2. 设计方案

对相关信息进行分析并根据信息之间的相互关系制订初步方案，在方案落实之前还需要不断地完善。因为方案设计中涉及的因素较多，初步方案考虑的问题或因素不够全面，需要对方案细节进行反复分析和研究。这个过程要用到建模和预测，即采用定性和定量相结合的方法；同时，还需要结合现有资源，设计多个备选方案以供决策者选择。另外，在分析备选方案的过程中，可以对很多因素进行调整。因此在决策过程中，优化问题始终存在。

3. 选择方案

拟定备选方案后需要对方案进行评价，计算各方案在一种或多种自然状态下的损益值。比如，施工队在下雨状态下施工的损益值是−1000 元，在不下雨状态下施工的损益值是 2000 元。通常情况下，方案的选择要经过评价准则的确定、准则重要度的排序和备选方案的评价选择等多个步骤：

(1) 评价准则的确定。要想对方案进行评价，首先要设立评价标准，即确定价值标准。其中，价值泛指实施该方案所产生的效益、效果和社会影响等。我们通常所说的“值不值得”是指广义的价值，这种价值可以是能够客观度量的，也可以是不能客观度量的，但都必须是能够判断优劣的。在实际决策问题中，同样的客观效果对不同的决策者来说可能有不同的价值，即决策者针对同一状态下同一方案的喜好及满意程度不一样。所以，最后需要提出用“效用”来衡量决策者的满意程度。

(2) 准则重要度的排序。同一决策问题的判断准则有很多个，备选方案不可能满足所有的准则。因此，我们事先需要用优先等级对确定准则进行排序。

(3) 备选方案的评价选择。在对一个复杂的方案进行选择时，仅仅依靠决策者的主观知识和经验进行选择或判断是不科学的。在对备选方案系统进行评价选择时，必须充分平衡最优解和满意解之间的关系。最优解是经过定量分析以后取得的最优结果，但是在方案的设计过程中很多因素只能应用定性的方法进行分析。换言之，最优解只能在假设的最理想情况下出现，加之不同决策者的心理、知识、认知、偏好、经验不同，故最终的决策结果也不同。因此，在社会实践的决策问题中，尽可能地选择对各方有利的方案。

4. 评审方案

已经确定的方案，仍需要进行多次审查评价，其过程一般包括：① 核查信息的可信度、准确性、全面性；② 验证对组织目标和现有资源的限制条件；③ 比较和分析选定方案与落选方案之间的不同，明确所选方案的优势和不足；④ 通过改变方案的主要影响因素，进行灵敏度分析，目的是确定哪些因素对评价结果有较大的影响；⑤ 经过核查，如果所选方案的评价结果是备选方案中最好的，那么该方案应该被实施。

决策问题的解决是一个很复杂的过程，其中的影响因素有很多。因此，针对一些特殊的新问题，其决策过程是可以根据上述步骤进行不断调整的。

13.4　确定型、不确定型和风险型决策

按照所处状态空间，决策可以分为确定型、不确定型和风险型决策三类。确定型决策是指方案个数固定，即 $m=1$ 时的决策；不确定型决策是指方案个数不固定，即 $m\geqslant 2$ 时的决策；风险型决策是指 $m\geqslant 2$ 且状态 θ_i 的概率分布确定时的决策。

具体来说，状态空间只有一个的决策，就是确定型决策。比如，一个企业的作业工序安排。不确定型决策是指决策者知道将面对哪些自然状态，并知道几种行动方案在各自然状态下所获得的收益值，但不能预先估计或计算出各自然状态出现多大的概率。用概率表示未来随机性状态的决策是风险型决策。

13.4.1　确定型决策

确定性决策是指在不可预知的未来某一种空间状态会必然出现，另外的空间状态一定不会出现的决策问题。假如某一个要解决的问题，不能完全知道其自然状态，但是其他外界信息确定，也可以得出行动方案进而解决问题，如线性规划法、盈亏平衡分析法、直观法等。

通过对确定型决策的分析可知，其适用于企业的作业计划、项目管理中的日程安排、设备修理计划等，它主要具备以下 4 个条件：

(1) 决策者想要达到一个明确且唯一的目标。

(2) 有且仅有一个确定的空间自然状态。

(3) 至少有两个备选方案用于决策者选择。

(4) 对于自然状态明确的情况下，不同的备选方案所对应的损益值能够一一计算出来。

确定型决策概念及理论看似很容易、很简单，但在社会实践工作中是相当麻烦的，并且大部分情况下会有多个方案。例如，一家企业从 n 个产地到 m 个销地会存在交通运输问题，但当 m、n 取值较大时，牵涉的运输方案就不止一个。所以，这个时候我们就会用线性规划等数学统计方法，找到最终确定运费最低的方案，以满足企业的利益要求。

13.4.2　不确定型决策

由于各种信息情况无法确定且各自然状态的相应概率无法有定性或者定量的预测，决策者个人的主观想法和实践经验占主要地位，因此，同一个状态下的同一个问题会有截然不同的处理结果。通常情况下，不确定型决策的准则包括：乐观准则决策、悲观准则决策、折中准则决策和后悔准则决策。

1. 乐观准则决策

最大收益准则是乐观准则，即在决策时，问题的决策者用想象的思维使利益最大化，所以，任何决定都建立在理想状态下。对每个方案进行收益计算，对比方案的受益，收益最大的方案就是要选择的对象。

【例 13.2】 设有一个不确定型决策问题，其决策方案数为 m、自然状态数为 n。由于其他方案在任何自然状态下的收益值都低于最优值，$m\times n$ 个可能事件中有利于“大中取大法”只有 1 个事件使决策实现。所以，收益最大化的决策实现的可能性为 $\frac{1}{mn}$。各种状态下的损益值如表 13.2 所示。

表 13.2　损益表　　元

方案	状态			
	n_1	n_2	最大值	最小值
m_1	99	99	99	99
m_2	0	100	100	0

使用“大中取大法”得出 m_2 为优选方案。然而，绝大多数决策者在实际决策中不是选择 m_2 方案，反而选择 m_1 方案，这是因为 m_1 方案没有风险，必然实现 99 元的收益。而 m_2 方案实现的可能性只有 $\frac{1}{mn}$(即 1/4)，而且目标实现的相对价值只有 1 个单位，出于决策结果的可靠性与相应的期望价值变化的考虑，使得实际决策背离理论决策。

2. 悲观准则决策

悲观准则与乐观准则决策相反，是一种相对保守的决策准则，决策者“前怕狼，后怕虎”，害怕自己的决策失误遭受无可挽回的经济损失，所以他们在进行决策时小心谨慎，对于未来消极因素占主导，从最坏结果中选择最好的决策方案。悲观准则决策的一般步骤为：对每种方案选择其收益的最小值，对比这些收益最小值，然后在最小值区间选择最大值，其对应的方案就是选择的决策方案。

【例 13.3】 某北方城市中某暖气供应商为在冬季来临准备进购煤炭作为供暖材料，他必须决定进货的规模是大批量、中批量还是小批量。供应商的盈利取决于煤炭的售价，未来冬季的天气状况将又进一步决定居民的暖气使用情况。现已知在不同天气状况下，三种进货方案对应的损益值如表 13.3 所示，最终确定该煤炭供应商需采取何种进货方案。

表 13.3　损益表

方案	天气状况		
	很热	一般	不热
大批量	10	4	−2
中批量	7	6	2
小批量	4	1	4

解 (1) 我们首先对应于每个方案找出其最坏结果，其中：大批量 $\min(10,4,-2)=-2$ 万元；中批量 $\min(7,6,2)=2$ 万元；小批量 $\min(4,1,4)=1$ 万元。

(2) 从中选择决策最优结果 $\max(-2,2,1)=2$ 万元，中批量进货是决策选择的最优方案。

这种方法中我们可以看出决策者所表现出的消极态度。这是一种比较保守的做法，往往被一些悲观主义决策者所采用。但是，它在减小损失方面做得比较好，有利于决策者找出最小损益值。

3. 折中准则决策

为找到适合普通决策者决策心态的决策方法，研究者赫维茨首次将“乐观系数”引入到决策中，赫维茨认为在进行决策的时候要根据内外因素去确定一个 0～1 之间的乐观系数值，然后通过计算收益和损失值，找出一个折中的决策结果。赫维茨乐观系数法又称折中准则，由此我们一般认为该决策目标取决于“乐观系数”的变化。

折中决策法一般步骤为：首先要有一个乐观系数，然后计算出每一个方案的收益最大值和损失最小值，按照特定公式得到折中收益值，对比结果之后选择出折中收益值中的最大值，即最优决策结果方案。

4. 后悔准则决策

后悔准则是通过计算各种方案的后悔值来选择决策方案的一种决策准则。该准则可以避免决策者将来对自己的决策感到后悔。在决策时，当某种自然状态可能出现时，决策者必然首选受益最大的方案，如果由于决策者决策失误选择了其他方案，那么他们就会感到后悔，我们把两个方案的收益值之差叫作后悔值。

后悔准则下进行决策的一般步骤为：每种备选方案在自然状态下对应的最高收益值为决策者的理想目标值，再将该状态下的所有收益值与理想目标值进行比较计算出差值，并将其作为理想目标的后悔值。进而对所有自然状态下方案的后悔值进行对比分析，找出最大后悔值，再从这些最大后悔值中选出最小值，即得到最终的结果方案。

13.4.3　风险型决策

在实际管理系统中，我们不可能对各种空间在自然状态下可能出现的信息一无所知。通常根据实际统计资料和工作经验，总是可以做出一定估算。我们称这种在事前估算的概率叫“主观”概率。所以，在实际工作中的决策问题大多数属于风险型决策问题。

1. 期望值法

所谓期望值，是指统计概率论中随机变量的数学期望。如果把行动方案当成研究对象的随机变量，那么 m 个行动方案就对应 m 个随机变量，进而每一个行动方案就会存在相对应的损益值，该值就是离散变量值。随机变量 X 的表达式对应的数学期望为

$$E(X) = \sum_{i=1}^{n} P_i x_i \tag{13.1}$$

其中，x_i 为第 i 个取值随机离散变量 x 的取值，$i=l,2,\cdots,m$；P_i 为 $x=x_i$ 时的概率。

期望值法是通过一定的计算原理，利用上述公式进行每个方案的损益期望值计算，然后对结果进行比较。若想使得决策目标的期望最大，那么就选择期望最大的方案作为最优方案；若想使得决策目标的期望最小，那么就选择期望最小的方案作为最优方案。

【例 13.4】 某轻工企业因为市场需求增加，某企业为了获得更好的发展决定扩展生产能力，拟定了三种扩建方案：① 大型扩建；② 中型扩建；③ 小型扩建。如果大型扩建，遇产品销路好，可获利 200 万元，销路差则亏损 60 万元；如果中型扩建，遇产品销路好，可

获利 150 万元，销路差可获利 20 万元；如果小型扩建，遇产品销路好，可获利 100 万元，销路差可获利 60 万元。根据经验数据可进行预测，预测未来产品销路好的概率为 0.7，销路差的概率为 0.3，确定最佳的扩产方案，并且使期望收益最大。

表 13.4　不同价格状态下的损益值

方案	损益值	
	销路好 S_1	销路差 S_2
大型扩产 A_1	200	60
中型扩产 A_2	150	20
小型扩产 A_3	100	60

解　这是一个面临两种自然状态和三种行动方案为一体的风险型决策分析问题，如下为运用期望值法求解的步骤：

(1) 根据表 13.4，可用公式 $E(X)=\sum_{i=1}^{n} P_i x_i$ 对每种行动方案的损益期望值进行计算：

方案 A_1：$E(A_1)=0.7\times200+0.3\times(-60)=122$ 万元

方案 A_2：$E(A_2)=0.7\times150+0.3\times20=111$ 万元

方案 A_3：$E(A_3)=0.7\times100+0.3\times60=88$ 万元

(2) 通过数学计算可知，方案 A_2 的数学期望最大 $E(A_1)=122$ 万元，所以选择行动方案 A_1。即应用中期规模批量生产该产品，获得的利润最大。

2. 最大可能法

所谓最大可能法，就是在不考虑其他状态的情况下，根据最大概率收益值的多少进行最终决策。另外，最大可能法是基于概率论中关于状态概率越大、发生可能性越大的思想提出来的，这一决策存在一定的风险，因为最大可能状态也只是在一定的概率下出现的。

决策步骤如下：

(1) 各种自然状态下选出的最大概率值可设为 P_i，其对应的状态 S_i 是所有自然状态中最有可能出现的；

(2) 由于在分析问题时仅仅依靠最大可能状态 S_i 进行问题决策，所以将其当作确定型决策问题来讨论，可根据各个 S_i 状态对应的各种方案的损益值进行决策。

在表 13.4 中，$P_2=0.7$ 最大，所以只考虑价格不变的状态，由表可以得知，在价格不变的情况下，其对应收益值最大的为中批规模生产，并且最终收益值为 200。

特别注意：我们在利用最大可能法来进行问题决策时，该准则中的概率值比其他概率值大得多，若一组概率值大小比较接近，则不建议使用该准则。

3. 贝叶斯分析法

在风险型决策中，由于自然状态的发生概率大多是根据过去的资料和经验估计的，因此存在准确性和可靠性的问题。也就是说，为了改进决策制订过程，是否有必要再进行调查或实验，进一步确认各种自然状态下事件的发生概率，并做出决策。采用贝叶斯定理能方便地解决这一类问题，即贝叶斯决策。

贝叶斯定理可以解决计算后验概率的问题，其表达式为

$$P(B_j \mid A_i) = \frac{P(A_i \mid B_j)P(B_j)}{\sum_{j=1}^{n} P(A_i \mid B_j)P(B_j)} \tag{13.2}$$

式中，$P(B_j)$为事件 B_j 发生的概率；$P(B_j \mid A_i)$为事件 A_i 发生条件下，事件 B_j 发生的条件概率；$P(A_i|B_j)$为事件 B_j 发生的条件下，事件 A_i 发生的条件概率。

【例 13.5】 某公司准备开发一种新产品，市场畅销可获利 2.0 万元，市场滞销将亏损 0.8 万元。根据以往的市场销售资料显示，产品畅销的概率为 0.8，滞销的概率为 0.2，为了准确掌握该新产品的市场销售情况，拟定聘请专业咨询公司进行市场调查和分析，该咨询公司对新产品畅销预测的准确率为 0.95，滞销预测的准确率为 0.90。请根据市场咨询分析结果为该公司做出决策。

解 由题可知，存在两种方案，即开发新产品(A_1)和不开发新产品(A_2)；同样，市场销售也存在两种状态，即畅销(θ_1)和滞销(θ_2)状态。

得到收益矩阵如下：

$$\begin{pmatrix} 20000 & -8000 \\ 0 & 0 \end{pmatrix}$$

用风险型决策的期望值法求解得到如下结果：

$$E(A_1) = 20000 \times 0.8 + (-8000) \times 0.2 = 14400$$

$$E(A_2) = 0$$

根据状态变量的先验分布进行决策，最满意的行动方案为 A_1，表示不论市场状态是畅销还是滞销，都应该选择开发新产品。

当补充市场调研信息时，设 H_1 预测市场畅销，H_2 预测市场滞销，则有

$$P(H_1 \mid \theta_1) = 0.95, \quad P(H_2 \mid \theta_1) = 0.05$$

$$P(H_1 \mid \theta_2) = 0.10, \quad P(H_2 \mid \theta_2) = 0.90$$

因此，

$$P(H_1) = \sum_{j=1}^{2} P(H_1 \mid \theta_j)P(\theta_j) = 0.95 \times 0.8 + 0.10 \times 0.2 = 0.78$$

$$P(H_2) = \sum_{j=1}^{2} P(H_2 \mid \theta_j)P(\theta_j) = 0.05 \times 0.8 + 0.90 \times 0.2 = 0.22$$

将全概率公式计算结果代入贝叶斯公式得如下结果：

$$P(\theta_1 \mid H_1) = \frac{P(H_1 \mid \theta_1)P(\theta_1)}{P(H_1)} = \frac{0.95 \times 0.8}{0.78} = 0.9744$$

$$P(\theta_2 \mid H_1) = \frac{P(H_1 \mid \theta_2)P(\theta_2)}{P(H_1)} = \frac{0.10 \times 0.2}{0.78} = 0.0256$$

$$P(\theta_1 \mid H_2) = \frac{P(H_2 \mid \theta_1)P(\theta_1)}{P(H_2)} = \frac{0.05 \times 0.8}{0.22} = 0.1818$$

$$P(\theta_2 \mid H_2) = \frac{P(H_2 \mid \theta_2)P(\theta_2)}{P(H_2)} = \frac{0.90 \times 0.2}{0.22} = 0.8182$$

当市场预测为畅销时，即事件 H_1 发生，有

$$E(A_1 \mid H_1) = 19283.2$$

$$E(A_2 \mid H_1) = 0$$

即当市场预测为畅销时，最满意方案为开发新产品。

当市场预测为滞销时，即事件 H_2 发生，有

$$E(A_1 \mid H_2) = -2909.6$$

$$E(A_2 \mid H_2) = 0$$

即当市场为滞销时，最满意方案为不开发新产品。

13.5 信息的价值

要想准确地做出问题决策，往往依赖于大量并且准确可靠的信息，但是，获得这些信息将付出很多代价。通常情况下，我们需要的决策信息一般包括两类：

一类是完全信息，它全部为大家所知，依靠某种特定的手段和方法，掌握大量的信息，据此信息作出正确的决策，进而使获得最大的收益价值。但是，想要获得完全信息，就必须付出相应的代价，在社会实践中，大多数情况下根本不可能获取完全信息。

另一类是抽样信息，即为不完全信息。抽样信息有一个大的抽样信息范围，通过抽样信息，我们应用统计学方法来对各种自然状态出现的概率进行推断，从而选择有利的最佳行动方案。对于抽样所得到的信息并不完全可靠，但是我们在获取此信息时不需要付出太大代价，所以在价值方面还是有一定的可取之处。

13.5.1 完全信息的价值

完全信息价值(Value of Perfect Information，VPI)是指针对一个随机事件，拥有此随机事件的完全信息时最大期望值与未拥有此随机事件完全信息时的最大期望值之差。完全信息价值可用数学表述，设决策者的行动方案集为 $D\{d_1,d_2,\cdots,d_m\}$，影响行动方案选择随机变量为 $C\{c_1,c_2,\cdots,c_n\}$，与随机变量 c_i 对应的状态集合为 $S_i\{s_1,s_2,\cdots,s_p\}$。对于 c_i 的状态 S_i，决策者根据现有信息可确定其概率分布为 $p_i(S_i)$，若采取行动方案 d_i，则其收益为 $r(S_i,d_i)$，期望收益值为 $E[r(S_i,d_j)]$，采取行动方案 $d(S_i)$时，可获得的最大期望收益为

$$E[r(S_i,d(S_i))] = \max_{d_j} E[r(S_i,d_j)] \tag{13.3}$$

花费 $M_i(S_i)$费用可以收集到 c_x 状态的完全信息，此时 c_i 的确定状态为 S_i，采取行动 $d(S_i)$时可获得最大期望收益值，即

$$E[r(S_i,d(S_i))] = \max_{d_j} E[r(S_i,d_j)] \tag{13.4}$$

则 c_i 状态下的完全信息价值为

$$\mathrm{VPI}_{S_i} = E[r(S_I,d(S_I))] - E[r(S_i,d(S_i))] \tag{13.5}$$

【例 13.6】 某项目中仪表控制分析人员估计按原计划成功解决技术难题的概率为0.6，失败概率为 0.4，成功解决的价值为 50×10^4 元，失败则为 10×10^4 元。若设备进行更新，则成功的概率相同，但价值为 100×10^4 元，失败价值为 -10×10^4 元，且决策者为风险中性。

解 采用决策树方法求解此问题(如图 13.2 所示)：

由图 13.2 可知，若拥有完全信息，损益期望值为 56 万，而原来没有得到完全信息的期望是 34 万元，此时可算得完全信息的价值为 56－34＝22 万元。

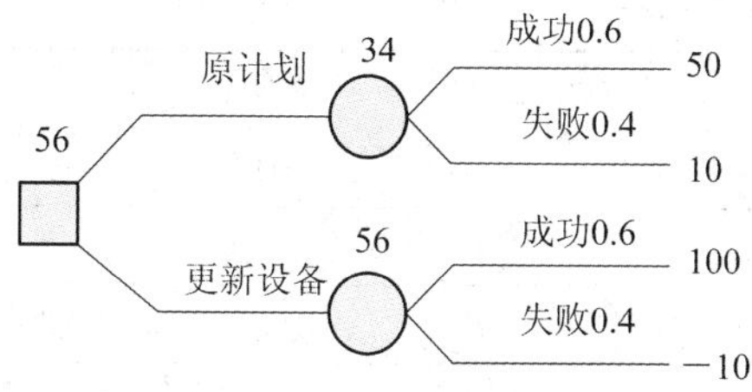

图 13.2　决策树求解完全信息价值

13.5.2　不完全信息的价值

由于不完全信息决策是基于抽样检验，这种情况会导致一定的判断误差，在确定最优方案的期望值时必须考虑此因素，在此情况下的最优方案期望值为 $E(\mathrm{II})$；而根据期望值法对风险型决策问题进行分析时，最优方案的期望值为 $E(\mathrm{I})$，因此不完全信息的价值就是获得抽样信息后与之前最优方案期望值之差，即

$$V = E(\mathrm{II}) - E(\mathrm{I}) \tag{13.6}$$

【例 13.7】　某化工厂生产某种化工产品，据长期统计分析，产品质量与原材料纯度有关。产品的次品率的统计资料如表 13.5 所示。工厂主管生产的部门建议在生产该产品之前，对该化工原料增加提纯工序，使原材料都处于 B_1 状态。增加提纯工序的费用为每批 3400 元。经估算，在不同纯度下损益表如表 13.6 所示。

表 13.5　产品质量次品率统计表

纯度状态（次品率）	B_1	B_2	B_3	B_4	B_5
	0.02	0.05	0.10	0.15	0.20
概率	0.20	0.20	0.10	0.20	0.30

表 13.6　不同纯度下的损益值表

方案 A_i	损　益　值				
	B_1	B_2	B_3	B_4	B_5
	0.20	0.20	0.20	0.20	0.30
提纯(A_1)	1000	1000	1000	1000	1000
不提纯(A_2)	4400	3200	2000	800	−400

由表 13.6 可知：

$$\begin{aligned} E(I) &= \max\left[\sum_{j=1}^{5} X_{ij} \cdot P(B_j)\right](i = 1,2) \\ &= \max(1000,1760) = 1760(\text{元}) \end{aligned}$$

在没有获得原材料纯度信息的情况下，选择 A_2 方案期望收益为 1760 元。而在生产前，通过抽样检验掌握每批化工原料的纯度状态，再采取相应的行动方案。增加检验工序的费用为 20 元。

根据以往抽样检验经验可知：

$P(A_i/B_j)$	B_j				
	B_1	B_2	B_3	B_4	B_5
A_1	0.1	0.1	0.1	0.8	0.8
A_2	0.9	0.9	0.9	0.2	0.2

据此，画出抽样信息的决策树，如图 13.3 所示。

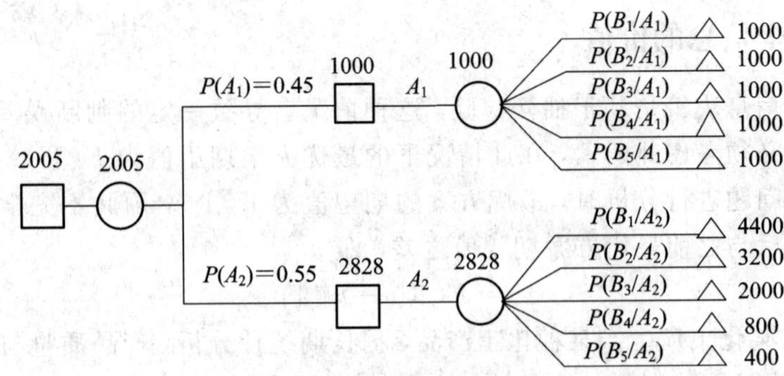

图 13.3　抽样信息的决策树

根据贝叶斯公式：

$$P(B_1 \mid A_1) = 0.327, P(B_1 \mid A_2) = 0.044$$
$$P(B_2 \mid A_1) = 0.327, P(B_2 \mid A_2) = 0.044$$
$$P(B_3 \mid A_1) = 0.164, P(B_3 \mid A_2) = 0.023$$
$$P(B_4 \mid A_1) = 0.071, P(B_4 \mid A_2) = 0.356$$
$$P(B_5 \mid A_1) = 0.109, P(B_5 \mid A_1) = 0.533$$

则

$$E(\mathrm{II}) = \sum_{i=1}^{2}\left(\sum_{j=1}^{5} P(B_j \mid A_i) \cdot x_{ij}\right) \cdot P(A_i) = 2005(\text{元})$$

不完全信息的价值为

$$V = E(\mathrm{II}) - E(\mathrm{I}) = 245(\text{元})$$

不完全信息的价值高于不完全信息的费用，因此，对增加原材料纯度检验这道工序是可取的。

13.6　对策分析

当决策系统中的自然状态由竞争对手的策略决定时，这种决策就是对策型决策。与前文不同的是，此时自然状态是由人决定的，它有可能是比你更聪明的对手出的招数。在数学中，对策论(又称博弈论)就是研究对策型决策的一门分支学科，即在不完全知道对方行动或意图的条件下构建和研究相应的数学决策模型。在现实生活中，我们常常可以看到双方对抗、竞争的现象，从日常生活中的下棋、游戏到政治、军事上的斗争，以及经济领域各个企业的相互竞争，均属此类现象。最著名的例子是田忌赛马、乒乓球团体赛队员出场名单及出场顺序。

在对抗性和竞争性现象中，斗争的各方希望己方取得最终的胜利或获得尽可能好的结局，但是总会遭遇对方的干扰、破坏、抵抗或进攻。在这种情况下想获得尽可能好的结局，就必须从对手可能采取的策略出发，选取对付策略。

13.6.1　对策的要素

1. 局中人

各自决定自己的排兵布阵、进攻方式以及具有绝对决策权和指挥权的双方(或多方)称为局中人，如对弈的双方、国家之间谈判的首脑等。

在一场斗争对策中，必然会有斗争的参加者，他们为了自己的胜利，制订战胜对方的决策，这些参加者就是局中人。与决策和对局无关的就是局外人。例如，足球场上的裁判员和带有偏向喜好的观众都不是局中人；齐王和田忌赛马的对策中，只有齐王和田忌是局中人；在两个主权国家的谈判中，除了两国领导人，其他的外交专家和经济政策专家都不是局中人，局中人必须有绝对的话语权。

局中人既可以是单独的个体，如象棋博弈双方；也可以是一个集合体，比如一支足球队伍、一家跨国上市公司等。从广义上来讲，在人和自然环境的相处中，同样也可以把整个自然界视为局中人。

除此之外，我们也会把一个利益共同体视为局中人。比如在桌游游戏中，虽有多个参加者，并且各个参加者都是一个独立的个体，但当他们的利害关系一致时，其利害双方就会分化，利害双方的当事人就被视为局中人。

2. 策略集合

决策者为了战胜对手会制订一系列的应对策略，这些策略构成了一个应对策略集合。在实际博弈中，每个局中人都拥有各自的策略集合。

对于每个局中人来说，都会有一个完整的行动方案供其选择，并且所有局中人都会以这个行动方案来指导整个博弈过程。其中一个策略也叫作一个完整的行动方案，好的策略将促进行动方案的顺利实施。例如，在象棋的博弈中，“当头炮”并不是一个完整的策略，但它却是完整策略中的一部分且必不可少。策略集合是所有指挥局中人行动方案的集合。在对局中，至少应有两个策略供局中人进行选择。

在对策的决策过程中，如果局中人的策略集合是有限集，那么就叫作有限策略(有限对策)，否则，就称为无限策略(无限对策)。

3. 局势和支付函数

在对策型决策问题中，各局中人所选定的策略形成的策略组称为一个局势。支付就是一局对策的得失。局中人在一局对策结束时的支付，与全体局中人所选择的局势有关。支付是局势的函数。支付函数的自变量是局势，因变量是所有局中人的行为。

4. 占优策略

局中人不管别人的策略如何，他时刻关注自己的策略方针，并且认为自己的策略永远是最好的，别人的策略都不如自己的好，这个策略称为占优策略。

5. 占优均衡

当占优策略同时被两个决策者所使用时，我们就称这个结果是一种占优均衡。

企业在销售产品时，会考虑选择广告推销策略来增加企业的市场占有率，但广告营销存在一定的成本，使商业利润降低。现有 A、B 两个企业在经销同一商品，双方均有两个策略可供选择，即做广告推销和不做广告推销。若两家企业都选择不进行广告推销，由于成本较低，双方会各得到 10 个单位的利润；若两家企业都进行广告推销，则由于成本升高，双方都会获得 4 个单位的利润；但如果一家企业做广告推销而另一家企业不做广告推销，则广告推销企业获得 5 个单位的利润，而不做广告推广的企业获得 2 个单位的利润，如表 13.7 所示。

表 13.7　不同策略下的收益值

策略	不做广告	做广告
不做广告	10，10	2，5
做广告	5，2	4，4

从表中可以看出：当对战的双方策略有所调整时，局势会发生变化，从而最后的赢得值以及结果都会发生相应的变化。

13.6.2　对策的分类

按照对策与时间是否有关，可分为动态对策和静态对策。与时间有关的对策称为动态对策，与时间无关的对策称为静态对策。静态对策分为不结盟对策和结盟对策，而结盟对策又包括合作对策和联合对策；不结盟对策又包括多人对策和两人对策。另外，按照策略集合元素的个数不同，可分为无限集和有限集。按照支付函数运算之和是否为零，对策还可分为无限对抗对策、多人有限零和对策、两人有限零和对策和有限对抗对策等。

13.6.3　矩阵对策

在众多的对策模型中，二人有限零和对策(又称矩阵对策)占有重要地位。其中，参与对策的两个局中人称为“二人”；对局中的每个局中人的策略集合中的有限个元素称为“有限”；不管什么样的对局和局势，两人赢得分值之和为零叫作“零和”。换句话说，对局中的一个局中人是失去方，那么另外的一个局中人就是得到方，双方的利益对抗是绝对的，一个人赢必对应一个人输。

1. 矩阵对策的最优纯策略

当矩阵对策模型确定以后，所有的局中人都会思考同一个问题：怎样选择最有利的最优纯策略，以使自己获得最大的利益或者利润(或最少的损失)？

【例 13.8】 公司甲、乙的同一产品竞争市场份额，各有三种办法扩大销售额(由于市场需求一定，一家扩大，意味着另一家缩减)：① 改进包装；② 发布广告；③ 降价。公司甲的三种策略表示为 α_1、α_2、α_3，公司乙的三种策略为 β_1、β_2、β_3，在不同的策略下销售量增长百分比不同。表 13.8 中表示公司甲的增长率，而公司乙的增长率即为相反数。

表 13.8　不同策略下的销售量增长百分比

策略	β_1	β_2	β_3
α_1	2	1	2
α_2	3	0	−3
α_3	−1	−2	0

请选择最为稳妥且合适的策略。

$$A=\begin{bmatrix}2 & 1 & 2\\ 3 & 0 & -3\\ -1 & -2 & 0\end{bmatrix}$$

由赢得矩阵 $\boldsymbol{A}$ 可知，3 是公司甲的最大赢得值，因此公司甲想要拿到 3 这个最大赢得值，必须选择策略 α_2。因为所有局中人都会考虑自己和对方的排兵布阵，所以公司乙应该考虑到公司甲用 α_2 策略，所以，公司乙会使用 β_3 策略予以回击公司甲，如果真是按照公司甲用策略 α_2，公司乙用策略 β_3，那么公司甲的销售量将会下降；另外在策略选择中两公司都会尽可能使自己销售量增长百分比尽可能大，所以双方都会选择一种对自己最有利而对对手最不利的情况作为排兵布阵的基础，这也是我们所说的"理智行为"，同时这也是对双方最公平、最能接受的方式。

我们看到公司甲在各纯策略下可能获得最小赢得值及场上局势，此时矩阵 $\boldsymbol{A}$ 中每行的最小元素分别为 1、−3、−2。其中，最好的结果是 1，即公司甲应采取策略 α_1，无论对手采用何种策略，都能保证他的赢得值不会少于 1，至于其他策略，都有可能使公司甲的赢得值少于 1 甚至输给对方。

同理，对于公司乙来说，各纯策略可能带来最不利的结果，即矩阵 $\boldsymbol{A}$ 中每列的最大元素分别为 3、1、2。其中最好的也是 1，即公司乙应采取策略 β_2，无论对手采用何种策略，公司乙都能保证他的所失值小于 1，假如选择其他策略，都有可能使自己的所失值超过 1。

通过以上分析可知，如果在比赛中甲乙两队分别选择纯策略 α_1 和 β_2，则是一种"理智行为"。此时，比赛双方的所失值和赢得值在数值上相等(即绝对值相等)，甲队通过此策略得到最少赢得值为 1 的预期结果，而乙队通过策略则不会让甲队得到比 1 大的预期结果。所以，相互竞争的最终结果表现在对策上就成了一种比赛双方都能接受的结果。结论是：甲乙两队分别选择 α_1 和 β_2 是最优纯策略，并且是最优策略。

定义 1 假设 $G=\{\boldsymbol{S}_1,\boldsymbol{S}_2,\boldsymbol{A}\}$ 为一个对策矩阵，其中 $\boldsymbol{S}_1=\{\alpha_1,\alpha_2,\cdots,\alpha_m\}$，$\boldsymbol{S}_2=\{\beta_1,\beta_2,\cdots,\beta_n\}$，$\boldsymbol{A}=(a_{ij})_{m\times n}$。若 $\max\limits_i\min\limits_j a_{ij}=\min\limits_j\max\limits_i a_{ij}$ 成立，其值记为 V_G，则把 V_G 叫作对策的值；使 $\max\limits_i\min\limits_j a_{ij}=\min\limits_j\max\limits_i a_{ij}$ 绝对成立的纯局势 $(\alpha_{i^*},\beta_{i^*})$ 称为 G 纯策略下的解(或鞍点)，α_{i^*} 和 β_{i^*} 分别称为局中人双方 Ⅰ 和 Ⅱ 的最优解纯策略。

定理 1　对于一个对策矩阵 $G=\{\boldsymbol{S}_1,\boldsymbol{S}_2,\boldsymbol{A}\}$，在纯策略选择意义下存在解的充要条件是：存在纯局势 $(\alpha_{i^*},\beta_{i^*})$，使得对任意 i 和 j，有

$$a_{ij}\leqslant a_{i*j*}\leqslant a_{i*j}\tag{13.7}$$

证明　先证充分性。由式(13.7)有

$$\max_i a_{ij}\leqslant a_{i*j*}\leqslant\min_j a_{i*j}\tag{13.8}$$

而

$$\min_j \max_i a_{ij} \leqslant \max_i a_{ij^*} \tag{13.9}$$

$$\min_j a_{i^*j} \leqslant \max_i \min_j a_{ij} \tag{13.10}$$

所以

$$\min_j \max_i a_{ij} \leqslant a_{i^*j^*} \leqslant \max_i \min_j a_{ij} \tag{13.11}$$

另一方面，对任意 i 和 j，有 $\min_j a_{ij} \leqslant a_{ij} \leqslant \max_i a_{ij}$，所以

$$\max_i \min_j a_{ij} \leqslant \min_j \max_i a_{ij} \tag{13.12}$$

由式(13.11)和式(13.12)可知，$\max_i \min_j a_{ij} = \min_j \max_i a_{ij} = a_{i^*j^*}$ 且 $V_G = a_{i^*j^*}$。

再证必要性。

设有 $i^* j^*$，使得

$$\min_j a_{i^*j} = \max_i \min_j a_{ij} \tag{13.13}$$

$$\max_i a_{ij^*} = \min_j \max_i a_{ij} \tag{13.14}$$

则由

$$\max_i \min_j a_{ij} = \min_j \max_i a_{ij} \tag{13.15}$$

有

$$\max_i a_{ij^*} = \min_j a_{i^*j} \leqslant \min_j a_{i^*j} \leqslant a_{i^*j} \tag{13.16}$$

证毕。

定理 1 中式(13.16)应用在对策中的意义是：对于一个确定的平衡局势（α_{i^*}，β_{i^*}），其性质是在一个对局中，当纯策略 α_{i^*} 被局中人Ⅰ选择之后，局中人Ⅱ根据形势判断，为使自己的损失降到最少，局中人Ⅱ只能选择对抗局中人Ⅰ的纯策略 α_{i^*} 纯策略 β_{i^*}，不然局中人Ⅱ就会损失更多且无法挽回；同理，当纯策略 β_{i^*} 被局中人Ⅱ选择之后，局中人Ⅰ根据形势判断，为使自己的获得达到最大，局中人Ⅰ只能选择对抗局中人Ⅱ的纯策略 β_{i^*} 纯策略 α_{i^*}，否则，局中人Ⅰ就会赢得值变少且无法挽回。所以，在局势(α_{i^*}，β_{i^*})之下对战双方的竞争强度将会达到一个绝对的平衡状态，只有这个平衡状态是对双方都有利的。

【例 13.9】 某纺织公司的采购员根据往年经验，考虑当前季度的棉花采购数量问题。根据以往的统计可知，一季度需要消耗 150 吨棉花用于纺织，而在旺季和淡季下分别要消耗 100 吨和 200 吨的棉花用于纺织。假定棉花价格随着淡旺季变化而变化，即旺季棉花价格高，淡季棉花价格低，查阅历年棉花统计价格表可知：在淡季时棉花价格为 10 元，在正常情况下棉花价格为 15 元，在旺季时价格为 20 元。为了简化分析流程，假设棉花价格为每吨 10 元。问：在下个季度淡旺季条件不明的情况下，该单位应该储存多少吨棉花并且使支出最少呢？

解 对于这样的一个问题，我们将其视为对策问题，在这个对策中局中人为采购员和大自然。采购员有三个可选择的策略：第一策略为购买 100 吨棉花，第二策略为购买 150 吨棉花，第三策略为购买 200 吨棉花，分别将这三种策略记为 α_1、α_2、α_3。大自然第一策略为淡季购买，第二策略为正常购买，第三策略为旺季购买，分别将这三种策略记为 β_1、β_2、β_3。

为了更好地说明问题，进行下一季度棉花采购实际费用计算，作为采购员的赢得，赢

得矩阵为

$$\begin{pmatrix} -1000 & -1750 & -3000 \\ -1500 & -1500 & -2500 \\ -2000 & -2000 & -2000 \end{pmatrix}$$

由$\max\limits_{i}\min\limits_{j} a_{ij}=\min\limits_{j}\max\limits_{i} a_{ij}=a_{33}=2000$ 知该对策的解为(α_3,β_3)，即旺季购买 200 吨棉花为最优方案。

2. 矩阵对策的混合策略

1）混合策略的定义

对于一个矩阵对策 $\boldsymbol{G}=\{\boldsymbol{S}_1,\boldsymbol{S}_2,\boldsymbol{A}\}$来讲，赢得值 $V_1=\max\limits_{i}\min\limits_{j} a_{ij}$是局中人Ⅰ最可控最有把握完成的，另外 $V_2=\min\limits_{j}\max\limits_{i} a_{ij}$是局中人Ⅱ最多的损失值。其中局中人Ⅰ在赢得值方面小于或者等于局中人Ⅱ对应的所失值，总有 $V_1\leqslant V_2$。当 $V_1=V_2$ 时，此情况下矩阵对策 $\boldsymbol{G}$ 就是纯策略下的解，并且 $V_G=V_1\leqslant V_2$，但是在实际情况中会存在更多是 $V_1<V_2$。因此，纯策略下的解是不存在的。

【例 13.10】 设赢得矩阵 $\boldsymbol{A}=\begin{bmatrix}5 & 9\\ 8 & 6\end{bmatrix}$，$V_1=6$，$i=2$；$V_2=8$，$j=2$；$V_1<V_2$。

当对局双方从最不利情况中去选择最好的结果时，即为纯策略原则，对局双方应选取 α_2 和 β_1 策略，这样局中人Ⅰ的赢得值是 8，所以比 6 的预期赢得值还大 2，原因就是局中人Ⅱ选择的策略不是最优的，进而使其对手的赢得值增加。所以，策略 β_1 对局中人Ⅱ来说并不是最优的，而是为了取得更好的效果要选择策略 β_2。当局中人Ⅱ作出调整之后，局中人Ⅰ必然会予以回应，局中人Ⅰ选取策略 α_1 以使自己的赢得值为 9，与此同时，局中人Ⅱ以策略 β_1 来应对局中人Ⅰ的策略冲击。所以，局中人Ⅰ和局中人Ⅱ分别选取策略 α_1（或 α_2）和 β_1（或 β_2）的概率同时存在都有可能。

在以上情况下，各局中人都没有最优纯策略可以选取，那么能否用一个概率分布来表示不同的策略结果？局中人Ⅰ分别以概率 1/4 和 3/4 选取对应的纯策略 α_1 或 α_2；同理，局中人Ⅱ分别以概率 1/2 和 1/2 选取对应的纯策略 β_1 或 β_2，这样就能更好地解决问题。我们将这种策略称为混合策略。

下面是关于矩阵对策的混合策略定义。

定义 2　设 $\boldsymbol{G}=\{\boldsymbol{S}_1,\boldsymbol{S}_2,\boldsymbol{A}\}$为矩阵对策，其中 $\boldsymbol{S}_1=\{\alpha_1,\alpha_2,\cdots,\alpha_m\}$，$\boldsymbol{S}_2=\{\beta_1,\beta_2,\cdots,\beta_m\}$，$\boldsymbol{A}=\{a_{ij}\}_{m\times n}$。记 $S_1^*=\left\{x\in E^*\,\middle|\,x_i\geqslant 0,i=1,2,\cdots,n,\sum x_i=1\right\}$；$S_2^*=\left\{y\in E^*\,\middle|\,y_i\geqslant 0,i=1,2,\cdots,n,\sum y_i=1\right\}$，则我们称 S_1^* 和 S_2^* 分别为局中人Ⅰ和Ⅱ的混合策略集（或策略集）；$x\in S_1^*$ 和 $y\in S_2^*$ 分别称为局中人Ⅰ和Ⅱ的混合策略，对$x\in S_1^*$，$y\in S_2^*$，(x,y)称为一个混合局势。

2）混合策略的求解

求解混合策略一般有线性方程组法、迭代法、图解法和线性规划法，这里采用线性规划解法求解。

首先以赢得矩阵 $\boldsymbol{A}=\begin{bmatrix}5 & 9\\ 8 & 6\end{bmatrix}$来建立要研究混合策略对应的线性规划模型。

设局中人Ⅰ应用策略 α_1 和 α_2 的概率分别为 x_1'和 x_2'，我们假定一种最坏的情况下，平均值 V 是甲的赢得值。于是可以建立如下的数学关系分析模型：

$$\begin{aligned}&x_1'+x_2'=1\\&x_1'\geqslant 0,\ x_2'\geqslant 0\\&5x_1'+8x_2'\geqslant V\\&9x_1'+6x_2'\geqslant V>0\end{aligned}\tag{13.17}$$

另外，赢得矩阵 **A** 中的各元素值与 V 有关，假如矩阵 **A** 中每一个元素的数值都大于 0，那么不管局中人Ⅱ采用何种策略，则对于局中人Ⅰ的赢得值都是正值。本例中 **A** 的所有元素都取正值，显然 $V>0$。

再次，做变量替换，令 $x_i=\frac{x_i'}{V}(i=1,2)$，以上 5 个数量数学表达式变为

$$\begin{aligned}&x_1+x_2=\frac{1}{V}\\&x_1\geqslant 0,\ x_2\geqslant 0\\&5x_1+8x_2\geqslant 1\\&9x_1+6x_2\geqslant 1\end{aligned}\tag{13.18}$$

另外对于其中局中人Ⅰ来讲，V 的值越大越好，换言之希望$\frac{1}{V}$的值越小越好。建立最优混合策略的线性规划模型如下：

(13.19)

计算求解该模型结果得到

$$\begin{aligned}&x_1=0.048\\&x_2=0.095\end{aligned}\tag{13.20}$$

$$\begin{aligned}&V=\frac{1}{x_1+x_2}=\frac{1}{0.048+0.095}\approx 7\\&x_1'=V*x_1=7\times 0.048\approx 0.036\\&x_2'=V*x_2=7\times 0.095\approx 0.664\end{aligned}\tag{13.21}$$

即：局中人Ⅰ有 0.336 的概率采取 α_1 策略，有 0.664 的概率采取 α_2 策略，将其简单地记为 $\boldsymbol{X}^*=(0.336,0.664)^{\mathrm{T}}$，$V_G=7$。

构建模型如下：

$$\begin{aligned}&\max\ y_1+y_2\\&5y_1+8y_2\leqslant 1\\&8y_1+6x_2\leqslant 1\\&y_1\geqslant 0,\ y_2\geqslant 0\end{aligned}\tag{13.22}$$

求解过程不再赘述。

通过以上分析可知，$V>0$，但是却没有一种具体的办法可以准确说出其大于零的原因。另外，在一些问题中 V 小于 0。因此，我们找到了一种合适且准确的办法使 **A** 中的每一个元素都大于零，即找到一个数值 k。同时有定理保证矩阵对策 $\boldsymbol{G}=\{\boldsymbol{S}_1,\boldsymbol{S}_2,\boldsymbol{A}\}$和 $\boldsymbol{G}'=\{\boldsymbol{S}_1,\boldsymbol{S}_2,\boldsymbol{A}'\}$的最优混合策略是相同的，有 $V_G=V_{G'}-k$。

13.7　决策的影响因素

决策，指组织或者个人为实现某种目标而对未来一定时期内有关活动的方向、内容及方式进行选择或调整的过程。决策是为组织运行服务的，现代管理的核心是科学决策，决策同样贯穿整个管理活动。管理工作成败的关键则取决于决策，决策的正误优劣影响企业的走向利益，关乎企业的命运。下面我们根据决策逐一找出影响决策的因素。

1. 环境因素

企业是社会大背景下的实体，环境会在不同程度上影响企业的生存和发展。当环境趋于有利于企业的方向发展时，决策便变得轻松；当环境趋于不利于企业的方向发展时，决策有可能变得越来越复杂。因此，影响因素主要包括三个方面：环境的稳定性、市场的结构和买卖双方的市场地位。具体来说，决策者应更符合环境变化的程度，兼顾本企业在市场的竞争力和同行的垄断程度以及市场需求。当环境剧烈变动时，决策的方向、内容与形式会不断地调整；当竞争程度激烈时，决策者能够密切关注市场动向，推出新产品；当市场需求较大时，决策者应该提高自身的生产能力和生产条件；当市场需求不足时，决策者应该根据不同市场的供求情况，改变产品生产等。组织的社会环境通常有以下几个方面：

(1) 政治环境：一般包括整个社会的政治气氛以及政权集中的程度、政治话语权等。

(2) 经济环境：一般包括整个社会的经济整体发展情况、政府的财政政策、国家银行的体制、国内社会投资水平以及整个消费水平特征等。

(3) 法律环境：一般包括国家法律的性质以及涉及的特殊法律等。

(4) 科技环境：一般包括技术水平、科技力量以及工艺条件等技术力量。

(5) 社会文化环境：一般包括社会中人力资源的数量、质量、性质，社会教育文化水平，民族传统文化的发展情况，伦理道德，价值取向以及不同区域的风俗习惯等。

(6) 自然环境：一般包括处于大自然中的各种资源的性质、可利用性以及分布数量等。

(7) 市场环境。一般包括国内和国外市场的发展变化以及市场对商品需求状况等。

例如，2008 年世界经济危机出现以后社会需求不足，企业产品销售困难进而使得大多企业面临倒闭的边缘。面对危机，国家制定了鼓励企业发展和实现各行各业的企业进行经济转型的策略。企业如果能够抓住这一政策优势并及时作出战略决策调整，便能够在恶劣的环境中生存下去，而且这也会为企业注入可持续发展的动力与活力。大危机的经济环境极其恶劣但如果决策者不失时机地抓住国家战略这一机遇，则摆脱危机的可能性很大。

2. 组织自身的因素

决策是为组织服务的，反过来组织自身也存在着促进和制约决策制定的因素。组织对决策的影响首先是组织文化给决策带来的影响。在保守型的文化中，决策者趋于保守，但他们不会轻易容忍失败，他们的决策主要为了维持现状。相反，进取型的组织对变化较为友好，通过创新，宽容地对待失败。同时组织的信息化程度也会对决策产生剧烈的影响，主要表现在影响决策的效率。一个组织信息化程度越高越能够快速获取高质量信息，并通过有限的信息做出较好的决策。当然，对环境的应变能力也不能忽略。对一个组织而言，其对环境的应变是有规律的，随时间的推移一个组织的应变能力趋于平稳，从而形成组织对环境特有的应变模式。组织文化、组织的信息化程度、组织对环境的应变模式都可以影响着决策者的决策，有时它们其中一个起作用，有时它们中一个起主导作用，另两个起辅助作用，共同影响着决策。因此正确的决策与组织自身有着重要的关系。换言之，加强组织自身建设、打造优秀团队也是企业能够发展壮大的重要因素。

一个强大的组织和集团，例如，中国电商阿里巴巴。阿里巴巴可以认为是一个拥有进取型的文化环境、先进的信息收集和处理技术，对环境应变能力超强的一个企业组织。正是因为企业自身的因素，才使得阿里巴巴不断地进取、不断地创新出新产品。为了应对支付问题的支付宝、为了应对物流问题的菜鸟物流、为了解决假货问题的天猫等，都是阿里巴巴面对市场环境下推出的。同样阿里巴巴面对环境挑战的能力也是非常强大的。2008 年国际金融危机让世界数以万计的企业破产，结果阿里巴巴不仅没有亏损，反而打破了创收纪录，缓解了中国人民的就业问题，为中国的进步作出了巨大的贡献。

3. 决策问题的性质和决策主体

当一个企业面临紧急而重要的问题时，决策者该如何决策呢? 当问题十分紧急的时候，相比如何解决问题，快速解决问题显得更重要。相反，当问题不是十分急迫的时候，决策者可以从容应对。当问题十分重要的时候，决策者就需要群策群力，而且决策者需要十分谨慎小心。

决策主体始终是人。人是最为复杂的因素，在一个在决策中，人可以很大程度影响决策的决定。决策主体对决策的影响主要分为四个方面：个人对待风险的态度、个人的能力、个人的价值观和决策群体关系的融洽度。前文所述组织文化对决策的影响可以分为进取型与保守型，个人对待风险的态度与此相同。当决策者属于爱好风险型，决策可能更具改革性，会为企事业带来巨大的变革。当决策者属于风险厌恶型，决策可能更趋于保守。决策者对信息的获取能力、认识能力、沟通能力、组织能力同样对决策产生深刻影响。决策者个人的综合能力决定了决策的质量，因此组织应当加强对上层团体的教育，以便提高决策的质量。东西方的价值观不同，决定了东西方对同一问题会有截然不同的看法，这也深刻地影响决策。在东西方的决策者都存在的公司，唯有决策者齐心协力，决策才能够更好地被制定。好的决策者能够快速处理问题，找出关键点，并且好的决策者必定有好的综合能力，尤其重要的是其决策能力以及对待风险的态度。

渊博的知识和丰富的实践经验密切与决策者的能力来源非常相关。例如，日裔美籍学者通过研究发现，只有决策者或决策群体综合素质高的企业，才会有更好的前途。积极的例子有日本的松下电气、中国的海尔与华为、美国的苹果公司等。

例如，在产业升级背景下，资源型企业迁移是一种客观现象。某一咨询公司以江苏、湖北、湖南、贵州四省的资源型企业为研究对象，基于问卷调查与企业高层访谈，探讨政府政策因素对资源型企业迁移决策影响。研究结果表明，在政策、经济、战略和情感四大影响企业迁移的因素中，政府政策(环境管制、土地优惠、政府配套设施和公平竞争环境)对资源型企业迁移的影响最为显著，情感也是促进资源型企业迁移的重要因素，但作用力度小于政府政策，经济因素则是阻碍企业迁移的因素。根据调查结果显示，要想实现各区域协调发展，应充分考虑影响资源型企业迁移的各种因素并制定有针对性政策措施。对于发达地区而言，实行更为严格的环境管制政策对推动本地资源型企业外迁有积极的意义；对于落后地区而言，要想吸引资源型企业的迁入，应在提供政府配套设施、公平竞争环境、土地与税收等优惠的同时，大力提高政府行政效率。同时，信息技术、产业配套、基础设施、市场开放等经济要素的建设以及能使企业家在新区位获得归属感等情感因素，对于吸引资源型企业的迁入也是必不可少的。

决策对于一个组织来说影响甚重，因此在决策者制定组织决策时，要充分考虑各种因素。有时候只有单一的因素影响决策，但有时候却也可能会很复杂。有时是一个因素起作用，更多的是众多因素共同起作用的结果。只有重视决策这一重要环节，管理者才能管理好一个组织，作出较优决策。

课后习题

1. 决策是什么？决策有哪些基本的类型？分析并说出确定型决策、不定型决策和风险型决策的异同点。

2. 方案在决策后形成的概率分布与其风险的关系是怎样的？

3. 假如某人拥有 100 元的多余资金，现有两种存储方案可供选择。第一种是全部存入到银行中，年利率为 7%，每年有一定利息收入。第二种是有奖储蓄，假如中得头奖，会得到 10000 元现金奖励，但是中奖概率很低，概率 $P=0.00003$；假如中得二等奖，会得到 2000 元现金奖励，中奖概率也很低，概率 $P=0.0005$；假如中得三等奖，会得到 100 元的现金奖励，中奖概率相对较高，概率 $P=0.01$；假如没有中得任何奖项，也会给予 10 元的现金回馈，概率 $P=0.1$，其中购买奖票需要花费 100 元，但是不论是否中奖，规定两年后所有本金全部退还给个人，并且给予持票者每张 8 元的利息。试用决策树为此问题找出最好的决策。

4. 某市连锁门市部想要提前预购明年的挂历，根据过去多年的统计资料及对明年的市场预测，连锁门市部明年挂历的销售量区间有可能为 0.5×10^4、1.0×10^4 或 1.5×10^4 本，就是卖得再好也不会超过 2×10^4 本。已知挂历的成本价和销售价分别为 15 元/本和 25 元/本。但时间性是挂历的特征，假如过期，那么售价为 5 元/本，并且可以全部卖完。试分别用后悔值法、悲观法、乐观法以及等可能法对门市部明年的挂历订购数量进行预测。

5. 某市的建筑公司想要开发新的项目和新的施工领域。我们用 S_1 表示新开辟的有较多施工项目的施工领域，用 S_2 表示基本没有施工项目的施工领域。根据现有资料估计的损益值和概率如表 13.9 所示。

表 13.9　损益值和概率

方　案	状　态	
	S_1	S_2
	0.4	0.6
开辟	50×10^4 元	-20×10^4 元
不开辟	0	0

为了企业更好地发展，掌握新施工项目领域的基本情况，该公司对此进行调查，通过各种办法收集资料，其花销为 7000 元，假设 80% 的情报有一定的可靠性。试求这些情报资

料对应的价值，并决定该企业是否需要开辟新的施工领域。

6. 某工程有甲、乙、丙三种方案，方案实施有可能成功，也有可能失败，概率和损益情况如表 13.10 所示。

(1) 用决策树法选择方案。

(2) 若在 2000～1500 元之间，相应的效用值如表 13.11 所示，该如何决策？

表 13.10　概率和损益

方案	成功(0.4)	失败(0.6)
甲	2000	－1000
乙	800	－100
丙	1000	－200

表 13.11　效用值

货币值	效用值
800	0.5
1000	0.7
－1000	0.05
－200	0.2
－100	0.3

7. 甲、乙两人各有 1 角、5 分和 1 分的硬币各一枚。在双方各不知道的情况下各出一枚硬币，并规定当和为奇数时，甲赢乙所出硬币；当和为偶数时，乙赢甲所出硬币。试据此给出二人零和对策的模型，并说明该项游戏对双方是否公平合理。

参考文献

[1] [美]赫伯特 A·西蒙. 管理行为[M]. 詹正茂，译. 北京：机械工业出版社，2007.

[2] 陈廷. 决策分析法[M]. 北京：科学出版社，1987.

[3] 齐演峰. 多准则决策引论[M]. 北京：兵器工业出版社，1989.

[4] 徐南荣，仲伟俊. 科学决策理论与方法[M]. 南京：东南大学出版社，1995.

[5] 梁清果，高崎，李双阁. ABC：分类法在军械维修器材仓库管理中的应用研究[J]. 物流技术，2004，67 (8)：60 - 61.

[6] 刘志勤，王兴录. 战时装备保障概论[M]. 北京：军事科学出版社，2002.

[7] 潘晴雯. 浅谈大学生思想信息的收集和处理[J]. 南通师专学校学报，1997，3：75 - 76.

[8] 王学义，孙德宝. 部队装备保障能力评价研究[J]，军械工程学院学报，2002. 14(1)：42 - 46.

[9] 李元左. 关于广义判断下的 AHP 法[J]. 系统工程理论与实践，1994(3)：8 - 16.

[10] 李元左，邱涤珊. 基于广义判断形式的模糊排序方法[J]. 模糊系统与数学，1997(4)：67 - 73.

[11] 刘艳琼，陈英武. 完全信息价值的影响图求解法及其应用. 中国工程科学，2006，(08)：45－49＋85.

[12] 韩宇鑫. 信息价值的评价. 辽宁工学院学报，2000，(02)：53－54＋60.

[13] 韩伯棠. 管理运筹学. 5 版. 大连：大连理工出版社，2006.

[14] 胡运权. 运筹学教程. 北京：高等教育出版社，2005.

[15] 李彦军，戴凤燕，李保霞，等. 政策因素对资源型企业迁移决策影响的实证研究. 中国人口·资源与环境，2015，25(06)：135 - 141.

第 14 章　群体决策

随着社会的不断发展、科技的不断进步、知识和信息量的急剧增长，待解决的问题越来越多并且越来越复杂，需要具有不同知识结构、不同经验的专家集思广益共同出谋划策以弥补个人决策在才智、经验和精力方面的不足。在处理实际问题时，多领域知识的需求和多方利益的需求导致群体决策的出现，任何重大的决策都会影响一群人，每一项重要决策都应尽量满足群体的愿望和要求。因此，决策所面临的问题是多目标、多方案、多领域，且具有一定的不确定性。在这种情况下，必须由若干个决策者组成的群体进行决策，需要建立一个由不同知识结构组成、运用科学理论方法和手段、具有丰富知识的决策群体，以保证决策的科学性系统方法。无论决策的组织和实现方式有何不同，多人构成的决策群体在决策理论中都称为“群体”(Group)，所做出的决策称为“群体决策”(Group Decision Making)。

14.1　群体决策的概念和特征

14.1.1　群体决策问题

如果某村要选举正、副村主任各一人，过程如下：① 由群众推举出三个人为村干部候选人；② 在镇村召开全体 18 岁及以上村民参加的选举大会，投票选出大家认可的村干部；③ 根据个人得票数，得票数最多的当选为村主任，得票数排在第二位的当选为副村主任。

选举择优的方法具有广泛的应用，选举问题是群体决策问题的典型应用。

人类自从有了有意识的活动，就需要对各类选择问题作出抉择，以获得最优结果。在现实社会中，一个家庭、一个社团、一个企业、一个政府部门，乃至一个国家都会遇到各种需要做决策的问题。其中，那些不能用定量指标衡量的定性决策问题，需要凭借决策者的知识和经验从不同的角度集思广益，因此通常采用群体决策的方法是合适的。此外，对于涉及一个集体甚至整个社会利益的公众事件，更需要采用多人参与的方式进行决策。

然而，在一个社会群体中，鉴于各个成员对所考虑的事物总会存在着价值观念上的差别和个人利益间的冲突，故他们对于各种事物必然会具有不同的偏好态度。将众多不同的个体偏好汇集成一个群体偏好，以此对某类事物做出优劣排序或从中选优。第二次世界大战之后，民主政治和市场经济是社会发展的两大基本课题。民主政治的主要形式是投票表决，而市场经济亦即货币投票，它们实质上都是典型的群体决策问题。

下面是群体决策问题的一些例子。

北京奥运会图标的设计：在设计奥运会图标前，北京奥运会组委会共收到参赛作品 1994 件，其中国内(包括香港、澳门特别行政区和台湾)作品 1766 件、国外作品 228 件，组委会依据奥运会主题并融合中国文化元素，最终以五环作为奥运会的标志。

类似性质的活动还有很多：

(1) 项目招标：一项拟建工程需进行公开招标以选择最佳建设单位。对此，需要发布信息以保证不少于两个投标单位参与竞标，且招标评选组的专家成员不少于两位。然后根据各专家的偏好形成评选组偏好，最终选出中标单位。

$$\{\text{投标单位}\}\xrightarrow{\text{评选组偏好}}\{\text{中标单位}\}$$

(2) 商品销售市场调查：为统计某时期内品牌商品的销售排名情况，需要调查不少于两个品牌的商品，同时不少于两位顾客选购同类商品，然后按照某规则汇总排名。然后依据销售指标，将所有顾客个体选择不同品牌商品的偏好汇集成顾客群对各品牌商品的偏好，最后按照顾客偏好得到品牌商品的排名。

此外，学术职称评定、设计方案选择、陪审团定罪量刑及联合国提案表决等，都是群体决策问题的重要案例。群体决策问题包含有三大要素：一是不少于两个可供选择的对象，称为供选方案或统称方案，如选举中的候选人、项目招标中的投标方案、文体比赛中的选手和供选购的品牌商品；二是不少于两位参与决策的成员，如选举中的投票人、项目招标中的评选专家、文体竞赛中的评判员和选购商品的顾客；三是要有选定决策规则，即选举规则、评选规则和销售指标。

14.1.2 偏好关系和群体决策规则

对于一个由多人参与决策的群体决策问题，为各个可供选择的方案进行选择排序，根本的依据来源于各位决策者的个人偏好。但是，由于不同的决策个体对于方案的偏好一般是不同的，因此直接使用各人的个体偏好去选择方案得出不同的决策结果，无法取得代表整个决策群体意见的择优结果。为此，需要有一个合适的规则，将所有决策者的个体偏好汇集成一个决策群体的总偏好，由它来进行各方案的排序。

由此可见，群体决策要研究的基本问题是：如何汇集各决策者的多个个体偏好成为一个群体偏好的群体决策规则的问题。

为了描述群体决策问题，首先要明确两个供选方案之间的偏好关系概念。

设 S 是任意集合，R 是 S 上的二元关系，$a,b\in S$。若 a 和 b 之间有关系 R，记作 aRb；a 和 b 之间没有关系 R，则记作 $\neg aRb$。

例如，设 S 是上海市区所有房子高度的集合，R 是 S 上的“高于”关系，$a,b\in S$，即 a 和 b 是上海市区两幢房子的高度。若 a“高于”b，则记作 aRb；若 a“不高于”b，则记作 $\neg aRb$。

序关系 R 只是集合 S 上的二元关系。

(1) 若 $\forall a\in S$，有 aRa，则称 R 在 S 上具有传递性。

(2) 若 $\forall a,b,c\in S$，有 aRb 和 $bRc\Rightarrow aRc$，则称 R 在 S 上具有自反性。

(3) 若 $\forall a,b\in S$，有 $bRc\Rightarrow\neg bRa$，则称 R 在 S 上具非对称型。

(4) 若 $\forall a,b\in S$，$a\neq b$，有 aRb 或者 bRa，则称 R 在 S 上具有完全性。

如果 R 在 S 上具自反性、传递性和完全性，那么称 R 是 S 上的序关系或逆存关系。如果 R 在 S 上具传递性、非对称性和完全性，那么称 R 是 S 上的强序关系。

某意义下具有可比性的供选方案组成的集合称为供选方案集，简称方案集。假设偏好关系 X 是供选方案集，x 和 y 是 X 中的两方案，即 $x,y\in X$，R 是 X 上某意义下的二元

关系。

(1) 若 R 是“好于”的关系，则称 R 是 X 上的严格偏好关系，简称严格偏好，记作 P。也即任一 X 上 x“好于”y 均统称为 x 严格偏好 y，记作 xPy。

(2) 若 R 是“一样好”的关系，则称 R 是 X 上的淡漠关系，简称淡漠，记作 I。也即任一 X 上的 x“一样好”y 均统称为 x 严格偏好 y，记作 xIy。

(3) 若 R 是“不差于”的关系，则称 R 是 X 上的偏好关系，简称偏好，记作 R。也即任一 X 上的 x“不差于”y 均统称为 x 严格偏好 y，记作 xRy。

现在给出群体决策的相关概念。

群体决策规则：设 $\{R_1,\cdots,R_l\}$ 是由 X 上 l 个决策者所有可能的个体偏好 $R_r(r=1,\cdots,l)$ 组成的集合，$\{R\}$ 是 X 上的群体偏好 R 组成的集合。若给定 $\{R_1,\cdots,R_l\}$ 中一组确定的个体偏好 $[R_1,\cdots,R_l]$，对应有 $\{R\}$ 中唯一的群体偏好 R，则称从 $\{R_1,\cdots,R_l\}$ 到 $\{R\}$ 的这个映射 F 为群体决策规则，记作 $R=F(R_1,\cdots,R_l)$。集合 $\{R_1,\cdots,R_l\}$ 称为 F 的定义域，集合 $\{R=F(R_1,\cdots,R_l)\mid[R_1,\cdots,R_l]\in\{R_1,\cdots,R_l\}\}$ 称为 F 的值域。

群体决策是一门交叉学科，其中集结了政治学、行为科学、经济学、数学、社会心理学、管理科学和决策科学等。不同的学科对群体决策的定义术语也有所不同。

这里对群体决策定义如下：

定义 1　群体决策是一个包含成员集、对象集、方法集、方案集、环境集的五元组系统，记为 $\mathrm{GDS}=(M,O,W,S,C)$。

其中，M——成员集，是群体决策的主题；

O——对象集，包括环境、问题、目标等；

W——方法集，指群决策理论、采取的方法和手段；

S——方案集，指所有可能选择的决策方案；

C——协同集，指决策过程中采用的控制机制和协调策略。

14.1.3　群体决策的理论应用研究

在企业的经营管理过程中，群体决策的方法和理论有着非常重要的意义，合理科学地使用群体决策方法能够帮助企业做出更科学的决策。本节针对企业管理过程中经常出现的代表性问题的解决方法进行了研究。

1. 360 度绩效评价方法

目前进行员工绩效考评可以采用很多方法，如图尺度评价法、成对比较法、自我考评法、关键事件法、目标管理法、度评价等流行绩效评价技术。图尺度评价法是以表格的形式列举出一些绩效构成要素，如工作质量、生产效率、勤勉性、独立性等，首先针对每一位下属雇员从每一项评价要素中找出最能符合其工作绩效等级的分数，然后将每一位雇员得到的所有分值相加，即得到其最终的工作绩效评价结果。成对比较法是将同级人员编成一组，然后按事先规定的具体评价项目在同组成员间逐项对比，胜者得一分，负者得零分，最后计算每个人的总分数并按优劣排出名次。自我考评法是由美国的丹尼逊提出的，包括工作质量、工作数量、创造性、独立性、工作态度、业务知识、交际能力、表达技巧等自我评价要素。每个要素需要按照优劣程度分成不同的等级。通过一些具体标准，每个自评者选择一个合适的等级对自身进行评级。在具体等级的评价上，既可以根据调查结果，也可以由群众来直接评价。关键事件法是指主管人员将每一位下属在工作活动中所表现出的最佳行为或不良行为如事故等关键事件记录下来，然后在既定的一段时间内，根据记录的情况来讨论并评价员工的工作绩效。目标管理法包括两项内容，一是必须与每一位员工共同制订一套便于衡量的工作目标；二是定期与员工讨论其工作目标的完成情况。在实际操作中，大多数企业是将几种工作绩效评价方法结合起来使用的。

现在最普遍应用的就是360度绩效评价方法。它是一种从不同层面的人员中收集考评信息，从多个视角对员工进行综合绩效考评并提供反馈的方法。360度考核的具体定义是指一个组织中各个级别的、了解和熟悉被评价对象的人员，如直接主管或上级、同事及下属等，以及与其经常打交道的外部顾客对其效绩、重要的工作能力和特定的工作行为与技巧等方面提供客观、真实的反馈信息，以考核评价被评对象的绩效与贡献。考核模式综合运用了心理学、心理统计与评价、社会学、组织行为学、管理学、人力资源管理等科学理论，多角度、多来源地对组织及个人的效绩做出客观、准确的评估，促使企业人员提高管理技能和工作业绩的同时改善团队工作，为组织的变化与未来发展打下坚实的基础。

360度绩效评价方法的优点是进行全面的绩效评价，并通过反馈程序达到改变行为、提高绩效等目的。该评价方法的主要有以下特点：① 信息质量十分可靠。因为多渠道的信息构成了员工的所有工作信息，而且这些信息提供者是从自己最清楚情况的某个角度提供的，没有偏见。同时，对员工全方位的评价便于从人员的考核结果来提高企业的团队精神，提高企业的工作效率。② 增强员工的自我发展意识。全方位的评价要求员工加强自我发展。这种激励作用对企业也有很大好处。但是，360度绩效评价的反馈也存在弊端。实践证明，员工在自评过程中可能出现自我估计过高或过低的情况，其他考评者对被考评者可能了解不全面，也可能存在评价者的个人偏见，评价过程中经常存在利害关系的权衡。这些因素都使得360度绩效评价的结果有可能失真，形成不利的非正式组织。非正式组织是以情感和利益为基础的没有正式组织形式的群体，其成员希望被组织接受和重视，在决策和评价时组织成员都追求观点的统一。这将使得考核结果趋同却不能反映真实情况，为了非正式组织内部利益而集体做假，提供对绩效评价不利的信息，最终会导致评价结果失真。非正式组织中的这种群体思维会直接影响绩效评价的可靠性和客观性。由于360度绩效评价的反馈来自不同的方面，这样就很可能形成不同的评价甚至完全相反的评价，同时信息繁多，因此如何进行信息处理就成为一个非常棘手的问题。

针对360度绩效评价方法可靠性较差的问题，可以从以下方面进行改进：

(1) 对不同的评价者制定不同的考核内容。

(2) 对不同的评价者制定不同的考核权重。

(3) 明确工作绩效评价标准与严格的培训。

在众多流行的评价技术中存在一些共同问题，例如居中趋势、晕轮效应以及主观确定权重等。居中趋势采取趋中平等的方法，也就是说不管实际表现的差异，让每个人得到的结果都极为接近。晕轮效应是指对下属某一绩效要素的评价较高，会导致对其他要素也有较高的评价。对于主观确定权重而言，反映不同评价要素的重要性的权重有差异，而这些评价技术大都假设所有评价因素的权重相同，即使有些方法(比如图尺度评价法)注意到了权重差别，但权重的确定却是通过主观方法完成的。这都不符合现实情况。如何尽量综合这些方法各自优点的同时，克服它们的不足，使多部门多因素评价可以满足要求？为此，不同的考核者(上级主管、同事、下属和顾客等)可以从不同的角度进行考核，全方位、准确地考核员工的工作业绩，如图 14.1 所示。一般来说，360 度考核的权重设置原则为 $n_1>n_2>n_3>n_4>n_5$，还可以采用统计程序，运用加权平均或其他定量分析方法，综合处理所有评价，尽量避免偏误。

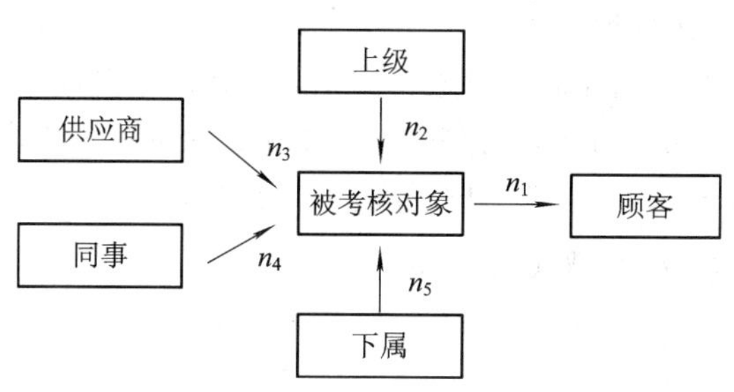

图 14.1　360 度考核

此外，对于被评者的评价内容是由一系列评价指标组成的，不同的评价主体对不同评价指标的了解程度是不同的。对于某些评价指标，被评价者的上级最为了解，如被评价者的工作业绩、业务知识等；而有些评价指标，如被评价者的沟通协调能力、协作性等，被评价者的同事是最清楚的；再有，像培育下属的能力、组织领导能力等，最有发言权的莫过于被评价者的下级。如果让不了解某项评价指标的主体来对这项指标进行评价，那么评价结果就很令人怀疑了。

360 度绩效评价方法是一种比较有效的、客观的、科学的考评方法。360 度绩效评价方法由多个部门共同完成，并且每个部门都对多个评价指标进行评价，因此将多属性动态群体决策方法应用到考评过程中会得到更好的评价结果。

2. 多属性群体决策法

360 度绩效评价除了涉及多个部门之外，还需要综合考虑多个评价指标，多属性群体决策方法能够帮助决策者获得客观的综合绩效评价。多属性群体决策作为群体决策的一类代表性问题，因涉及各个属性的综合评价及个体判断的集结而使得决策群体很难对方案进行直接的评价选优。目前提出的一些多属性群体决策的求解算法，其算法思想都来源于多属性决策方法。理想点法作为多属性决策的重要算法，以其算法简洁、决策依据直观合理而广泛应用于各决策领域。在群体决策的文献中也不乏理想点法的应用。本节通过对各属性值的个体判断进行集结，得到群体多属性决策矩阵，因此理想点法是基于真正的群体理想点，而非个体理想点。

多属性决策的步骤如下：

设决策群体为 $G=\{g_1,g_2,\cdots,g_s\}$，各决策个体 g_k 的权重为 w_k，满足 $0\leqslant w_k\leqslant 1$，$\sum_{k=1}^{s} w_k=1$。多属性群体决策问题的备选方案集为 $X=\{x_1,x_2,\cdots,x_m\}$，各方案的评价属性集为 $F=\{f_1,f_2,\cdots,f_n\}$，属性 f_i 的权重为 λ_j，满足 $0\leqslant\lambda_j\leqslant 1$，$\sum_{j=1}^{n}\lambda_j=1$。决策群体 G 中的决策个体 g_k 的多属性决策矩阵记为 $\boldsymbol{A}_k=(a_{ij}^k)_{m\times n}$，$k=1,\cdots,s$；$i=1,\cdots,m$；$j=1,\cdots,n$；多属性群体决策问题就是要由个体多属性决策矩阵 $\{\boldsymbol{A}_k\}$ 求得决策群体 G 对方案集 x 中的各方

案的评价排序并选出最优或最满意的方案 X^*。

一般地，评价属性集 F 中的各属性 f_j 有多种类型，如效益型、成本型、区间型等，且具有不同的量纲，因此需要对个体多属性决策矩阵 $\{\boldsymbol{A}_k\}$ 进行规范化处理。目前已有相关文献对规范化的方法进行了研究，在此不再讨论。为简便起见，这里假设 $\{\boldsymbol{A}_k\}$ 已经规范化，各属性值均为效益型，即属性值越大越好。

首先对多个体多属性决策矩阵 $\{\boldsymbol{A}_k\}$ 进行集结，得到群体多属性决策矩阵，即转化为一般多属性决策问题进行求解。为此，我们给出群体多属性决策矩阵求解方法。

对属性 $f_j(j=1,2,\cdots,n)$，决策个体 g_k 有方案评价向量 $\boldsymbol{a}_j(k)=(a_{1j}^k,a_{2j}^k,\cdots,a_{mj}^k)$，所有决策个体的评价向量 $\boldsymbol{a}_j(k)$ 构成矩阵 $\overline{\mathbf{A}}_j$：

$$\overline{\mathbf{A}}_j=\begin{bmatrix} a_{1j}^1 & a_{1j}^2 & \cdots & a_{1j}^s \\ a_{2j}^1 & a_{2j}^2 & \cdots & a_{2j}^s \\ \vdots & \vdots & & \vdots \\ a_{mj}^1 & a_{mj}^2 & \cdots & a_{mj}^s \end{bmatrix} \tag{14.1}$$

决策个体的加权矩阵：

$$\overline{\overline{\mathbf{A}}}_j=\begin{bmatrix} w_1a_{1j}^1 & w_2a_{1j}^2 & \cdots & w_sa_{1j}^s \\ w_1a_{2j}^1 & w_2a_{2j}^2 & \cdots & w_sa_{2j}^s \\ \vdots & \vdots & & \vdots \\ w_1a_{mj}^1 & w_2a_{mj}^2 & \cdots & w_sa_{mj}^s \end{bmatrix} \tag{14.2}$$

记

$$a_j^k=\max_i w_ka_{ij}^k \tag{14.3}$$

$$b_j^k=\min_i w_ka_{ij}^k \tag{14.4}$$

其中，$k=1,\cdots,s$；$i=1,\cdots,m$；$j=1,\cdots,n$。

称向量 $\boldsymbol{a}_j^*(k)=(a_j^1,a_j^2,\cdots,a_j^s)$ 为对应于属性 f_j 的群体正理想方案，称向量 $\boldsymbol{b}_j^*(k)=(b_j^1,b_j^2,\cdots,b_j^s)$ 为对应于属性 f_j 的群体负理想方案。

记

$$P_{ij}=s_{ij}^-/(s_{ij}^-+s_{ij}^+) \tag{14.5}$$

其中：

$$s_{ij}^-=\sqrt{\sum_{k=1}^{s}(w_ka_{ij}^k-b_j^k)^2} \tag{14.6}$$

$$s_{ij}^+=\sqrt{\sum_{k=1}^{s}(w_ka_{ij}^k-a_j^k)^2} \tag{14.7}$$

P_{ij} 代表对应属性 f_j 群体 G 对 i 方案 x_i 的评价，取值越大则该方案越优。

构造如下决策矩阵 $\boldsymbol{P}$：

$$\boldsymbol{P}=\begin{bmatrix} P_{11} & P_{11} & \cdots & P_{11} \\ P_{11} & P_{11} & \cdots & P_{11} \\ \vdots & \vdots & & \vdots \\ P_{11} & P_{11} & \cdots & P_{11} \end{bmatrix} \tag{14.8}$$

将各属性加权得

$$\overline{\boldsymbol{P}}=\begin{bmatrix}\lambda_1 P_{11} & \lambda_2 P_{12} & \cdots & \lambda_n P_{1n} \\ \lambda_1 P_{21} & \lambda_2 P_{22} & \cdots & \lambda_n P_{2n} \\ \vdots & \vdots & & \vdots \\ \lambda_1 P_{m1} & \lambda_2 P_{m2} & \cdots & \lambda_n P_{mn}\end{bmatrix} \tag{14.9}$$

称 $\boldsymbol{P}$ 或 $\overline{\boldsymbol{P}}$ 为群体多属性决策矩阵，它反映了决策群体 G 对各方案的偏好。至此，原多属性群决策问题已转化为一般多属性决策问题，可用常见的多属性决策方法求解。如采用理想点法，则记

$$r_i^- = \sqrt{\sum_{j=1}^{n} (\lambda_j P_{ij} - q_j^*)^2} \tag{14.10}$$

$$r_i^+ = \sqrt{\sum_{j=1}^{n} (\lambda_j P_{ij} - q_j^*)^2} \tag{14.11}$$

其中，$j=1,\cdots,n$，$i=1,\cdots,m$。

$$R_i=\frac{r_i^+}{r_i^+ + r_i^-} \tag{14.12}$$

其中，R_i 为群体 G 对各方案的多属性综合评价，取值越大表示方案越好。据此可进行方案排序选优。

【例 14.1】 设学校年终对教师进行 360 度绩效考核，对教学工作认真的教师予以奖励。参与考评的人员有被考核教师的上级、同级、下属、被考核教师的学生和被考核教师本人，记为评价群体 $G=\{g_1,g_2,g_3,g_4,g_5\}$，各评价成员权重相同，均为 1/5。被评者有 4 人组成，记为 $\{x_1,x_2,x_3,x_4\}$。采用工作业绩、业务能力、工作努力程度、团队合作精神 4 个评价指标对被评者进行全面考评，记评价指标为 $\{f_1,f_2,f_3,f_4\}$，指标权重向量 $\boldsymbol{\lambda}=(0.2,0.3,0.2,0.3)$。各评价成员分别以上述评价指标对被评人员进行评价，数据经过规范化处理后结果如下：

$$\boldsymbol{A}_1=\begin{array}{c}\\ x_1\\ x_1\\ x_1\\ x_1\end{array}\begin{array}{c}\begin{array}{cccc} f_1 & f_2 & f_3 & f_4\end{array}\\ \begin{bmatrix}0.3 & 0.2 & 0.5 & 0.7\\ 0.6 & 0.4 & 0.1 & 0.2\\ 0.2 & 0.8 & 0.8 & 0.3\\ 0.7 & 0.6 & 0.2 & 0.1\end{bmatrix}\end{array},\quad \boldsymbol{A}_2=\begin{array}{c}\\ x_1\\ x_1\\ x_1\\ x_1\end{array}\begin{array}{c}\begin{array}{cccc} f_1 & f_2 & f_3 & f_4\end{array}\\ \begin{bmatrix}0.5 & 0.2 & 0.7 & 0.3\\ 0.3 & 0.7 & 0.8 & 0.2\\ 0.6 & 0.2 & 0.4 & 0.3\\ 0.5 & 0.8 & 0.6 & 0.2\end{bmatrix}\end{array}$$

$$\boldsymbol{A}_3=\begin{array}{c}\\ x_1\\ x_1\\ x_1\\ x_1\end{array}\begin{array}{c}\begin{array}{cccc} f_1 & f_2 & f_3 & f_4\end{array}\\ \begin{bmatrix}0.2 & 0.6 & 0.3 & 0.5\\ 0.1 & 0.9 & 0.5 & 0.3\\ 0.7 & 0.6 & 0.2 & 0.4\\ 0.6 & 0.3 & 0.1 & 0.8\end{bmatrix}\end{array},\quad \boldsymbol{A}_4=\begin{array}{c}\\ x_1\\ x_1\\ x_1\\ x_1\end{array}\begin{array}{c}\begin{array}{cccc} f_1 & f_2 & f_3 & f_4\end{array}\\ \begin{bmatrix}0.3 & 0.6 & 0.8 & 0.2\\ 0.7 & 0.4 & 0.6 & 0.3\\ 0.4 & 0.5 & 0.6 & 0.2\\ 0.5 & 0.8 & 0.2 & 0.6\end{bmatrix}\end{array}$$

$$\boldsymbol{A}_5=\begin{array}{c}\\ x_1\\ x_1\\ x_1\\ x_1\end{array}\begin{array}{c}\begin{array}{cccc} f_1 & f_2 & f_3 & f_4\end{array}\\ \begin{bmatrix}0.1 & 0.7 & 0.4 & 0.3\\ 0.5 & 0.8 & 0.2 & 0.6\\ 0.4 & 0.6 & 0.7 & 0.3\\ 0.2 & 0.1 & 0.6 & 0.9\end{bmatrix}\end{array}$$

对评价指标 f_1，有加权决策矩阵 $\overline{\overline{\boldsymbol{A}}}_1$：

$$\overline{\overline{\boldsymbol{A}}}_1=\begin{bmatrix}0.06 & 0.1 & 0.04 & 0.06 & 0.02\\0.12 & 0.06 & 0.02 & 0.14 & 0.1\\0.04 & 0.12 & 0.14 & 0.08 & 0.08\\0.14 & 0.1 & 0.12 & 0.1 & 0.04\end{bmatrix}$$

由式(14.3)和式(14.4)得

$$\boldsymbol{a}_1^*=(0.14,0.12,0.14,0.14,0.1)$$

$$\boldsymbol{b}_1^*=(0.04,0.06,0.02,0.06,0.02)$$

由式(14.5)得

$$P_{11}=0.2217,\ P_{21}=0.5055,\ P_{31}=0.5563,\ P_{41}=0.6646$$

以此类推可得群体多属性决策矩阵 $\boldsymbol{P}$，加权后得到矩阵 $\overline{\boldsymbol{P}}$：

$$\overline{\boldsymbol{P}}=\begin{bmatrix}0.0443 & 0.1290 & 0.1268 & 0.1352\\0.1011 & 0.1950 & 0.0879 & 0.0856\\0.1113 & 0.1576 & 0.1278 & 0.0633\\0.1329 & 0.1399 & 0.0644 & 0.1772\end{bmatrix}$$

由式(14.8)和式(14.9)得

$$\boldsymbol{P}^*=(0.1329,0.1950,0.1278,0.1772)$$

$$\boldsymbol{q}^*=(0.0443,0.129,0.0644,0.0633)$$

由式(14.10)～式(14.12)得

$$R_1=0.4461,R_2=0.4697,R_3=0.4299,R_4=0.6327$$

于是得到被评人员的 360 度绩效考核结果排序为

$$x_4\succ x_2\succ x_1\succ x_3$$

3. 群体决策与绩效评价

对于重要职位的考核，经常需要联合多部门多领域专家领导通过多次考核、讨论，最终形成综合评价。通过多次考核、专家领导对被评对象逐步形成全方位的深刻认识，使得被评对象的能力和表现得到全面展示和考查。通过多次考核后形成的综合评价比较客观、真实可靠。所以设计不同的考查内容，对被评对象多次进行考核，是应用较多的一种考评方式。在多次考核过程中，专家领导需要对每一次考核做出评价，对专家意见进行综合后，每一次考核都会得到一个综合评价。于是，如何集结每一次考核得到的专家意见是需要考虑的问题。实际上，这是一个包含多轮群体交互的动态群体决策问题。然而，在大多数情况下，专家评价意见不仅仅受到被评对象的影响，还受到决策群体中其他评价者的影响，如领导偏好、专家权威等因素的影响。为此，需要根据多轮评价所得信息，对专家领导意见进行综合，得出其真实评价信息、建立在真实评价基础上的综合评价才是客观真实的。同时，由于绩效考核中存在信息不真实、偏好表达不完整以及权重不客观等因素，因此需要通过多轮群体交互，应用多轮群体决策方法进行考核，才能够有效地改善绩效考核。

群体决策的缺点如下：

(1) 群体决策的速度、效率低下。群体决策鼓励各个领域的专家，集结所有有限资源拟定出最满意的行动方案，若处理不当，则极有可能陷入盲目讨论的误区，浪费时间并降低决策的效率。

(2) 决策者存在从众压力。决策成员希望被决策组成员接纳的愿望而追求观点的统一，这样可能会导致群体决策流于形式。

(3) 群体决策易造成责任不清。针对个人决策，风险承担划定是明确的，但群体决策由于成员众多，责任划分不明确，因此很难界定责任范围。

(4) 决策者很可能更关心个人目标。具体表现为：决策成员依据自己所处的岗位和社会环境从不同角度对问题进行判定，若决策者个人主观性太强，则很可能发生决策目标而偏向个人目标的情况。

14.2　冲突分析方法

在决策过程中，冲突是必然发生且不可回避的问题。群体决策可以用合作与非合作程度来描述。其中，“合作”是指约束自己以满足他人利益同时保障自己的利益；“冲突”是指为满足自己的利益而发生的博弈和策略行为。如在供应链中，当强势供应商采取捆绑和单独销售两种方式同时销售滞销品和畅销品时，捆绑销售策略确实能提高滞销品销售量，但也会形成两类冲突：一是利润冲突，供应商捆绑销售会降低零售商尤其是供应商自身的利润，不利于整个供应链发展；二是订货量冲突，尽管供应商捆绑销售能提高滞销品订货量，但也会降低畅销品的订货量。

冲突分析是国外在经典对策论和偏对策理论的基础上发展起来的一种对冲突行为进行正规分析的决策分析方法。其主要特点是能最大限度地利用信息，通过对许多难以定量描述的现实问题进行分析，进行冲突事态结果预测和过程分析，以帮助决策者科学周密地思考问题。它是分析多人决策和解决多人竞争问题的有效工具，已经在国外很多领域得到了广泛应用。

14.2.1　冲突分析基本知识

1. 冲突分析方法主要特点

(1) 能最大限度地利用信息，尤其对许多难以定量分析的问题，用冲突分析解决起来更显得心应手，因而较适于解决系统工程中考虑社会因素影响时的决策问题和社会传统中的多人决策问题。

(2) 具有严谨的数学和逻辑学基础，是在一般对策论基础上发展起来的偏对策理论的实际应用。

(3) 冲突分析既能进行冲突事态的结果预测，又能进行事态的过程描述和评估，从而可为决策者提供多方面有价值的决策信息，并可进行政策和决策行为分析。

(4) 分析方法在使用中几乎不需要任何数学理论和方法，很容易理解和掌握。主要分析过程还可用计算机，因而具有很强的实用性。目前，使用较多的冲突分析软件是 CAP (Conflict Analysis Programer)和 DM (Decision Make)。

(5) 冲突分析用结局的优先序代替了效用值，并且在对结局比较判断时具有可传递性，从而在实际应用中避开了经典对策论关于效用值和传递性假设等障碍。

2. 冲突分析的程序

冲突分析的一般过程(或程序)如图 14.2 所示。

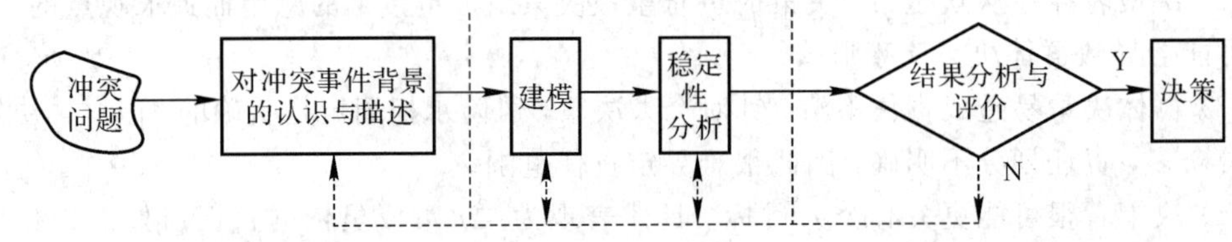

图 14.2 冲突分析过程示意图

(1) 对冲突事件背景的认识与描述。主要包括：① 冲突发生的原因及事件的主要发展过程；② 争论的问题及其焦点；③ 可能的利益和行为主体及其在事件中的地位及相互关系；④ 有关各方参与冲突的动机、目的和基本的价值判断。

(2) 建模。在初步的信息处理之后，对冲突事态进行稳定性分析时所使用的冲突事件的模型叫作建模，一般采用表格形式。

(3) 稳定性分析。这是解决冲突问题的关键，其目的是求得冲突事态的平稳结局。所谓平稳局势，是指所有局中人都可接受的局势，也即对任一局中人，更换其策略后得到新局势，如果新局势的效用值或偏好度都比原局势小，则称原来的局势为平稳局势。

(4) 结果分析与评价。对结果进行逻辑分析和系统评价，有助于为决策者提供有实用的信息。

3. 冲突分析的要素

一般而言，冲突分析是指将现实生活中实实在在存在的问题进行模型化，并分析再模型化过程中需要的基础信息，同时也是对冲突事件的处理过程。该过程中所涉及的因素有以下几个：

(1) 时间点。时间点也就是冲突发生的时间节点，在构建数学模型过程中，冲突不是一直不变的，各种因素和要点也都是不断变化的，因此我们很有必要规定一个时刻，使得问题更加明确。

(2) 局中人。局中人是指与冲突有关的人，这些人有决策权力，冲突分析的过程中至少有两个局中人。我们将局中人的集合记为 N，$|N|=n\geqslant 2$。

(3) 选择。选择是局中人在冲突发生过程中可能采取的行动。冲突局势是因各个局中人的选择而导致的一种局面。冲突分析过程中，局中人的所有选择组成的集合称为某一局中人的策略集合。我们将第 i 个局中人的选择集合标记为 O_i，$|O_i|=k_i$。

(4) 结局。将局中人的所有冲突策略进行聚集形成冲突发生的结果就是结局集合。我们将结局集合记为 T_i，$|T|=2^{\sum_{i=1}^{n}k_i}k_i$，结局也就是发生冲突的问题的解。

(5) 优先向量。每个局中人根据自己的偏好，对有可能发生的结局进行排序，最终形成优先序。

4. 冲突分析的常用方法

1) 冲突分析的建模程序

(1) 确定时间点、局中人和选择。

(2) 采用二进制的标记方法将所有结局全部“表出”，然后，就会得到基本结局，基本结局的所有情况的集合称为结局集合，记为 T。

(3) 删除不可行的结局以获得可行结局，全部可行结局组成的整体称为可行结局集合，标记为 $s\subseteq T$。

(4) 根据决策者对结局的偏好对其进行排列，确定局中人的优先顺序。

(5) 构建表格模型，以对其进行稳定性分析。

例如，在面向冲突的三角模糊数偏好下，多属性决策过程主要包含以下 7 个步骤：

(1) m 个决策专家从 n 个决策属性对 p 个方案进行评价，首先给出语言值偏好，利用表 14.1 转化成三角模糊数，可得到专家的三角模糊数型偏好矢量集合。

表 14.1　语言值与三角模糊数对照表

标　度	语言变量	三角模糊数
1	绝对差	(0.0, 0.0, 0.1)
2	非常差	(0.0, 0.1, 0.2)
3	极差	(0.1, 0.2, 0.3)
4	差	(0.3, 0.4, 0.5)
5	中等	(0.4, 0.5, 0.6)
6	好	(0.5, 0.6, 0.7)
7	极好	(0.7, 0.8, 0.9)
8	非常好	(0.8, 0.9, 1.0)
9	绝对好	(0.9, 1.0, 1.0)

(2) 根据 m 个决策专家的权重，确定决策者偏好并计算各个方案的群体偏好矢量。

$$V_l = \sum_{i=1}^{m} \lambda_i V_l^i \tag{14.13}$$

(3) 针对方案 A_i，利用两三角模糊数间的相似度公式计算各个专家的偏好矢量与群矢量之间的相似度 $S_l^i, i=1,2,\cdots,m$，根据公式(14.14)求出专家 G_i 关于方案 A_l 的冲突测度 D_l^i，构成方案 A_l 的冲突矢量 D_l。

$$D_l^i = | S_l^i - \sum_{i=1}^{m} \lambda_i S_l^i | \tag{14.14}$$

(4) 决策者给出阈值 δ，若专家 G_i 对决策方案 A_l 的冲突测度 $D_l^i \geqslant \delta$，说明此专家与其他专家对方案 A_l 的决策偏好差异较大，将信息反馈给专家 G_i，然后专家 G_i 决定是否修改决策信息。若专家 G_i 认为自己给出的信息不合理，可与其他专家协商修改决策信息，重新给出决策信息，进入步骤(3)，直到所有的专家冲突测度小于给定阈值 δ，进入步骤(5)；若专家 G_i 认为自己的决策合理，拒绝修改，则保留其偏好矢量，进行步骤(5)。

(5) 对所有方案实施步骤(3)、(4)，进入决策阶段。设属性 $G_j=(\beta_{j1},\beta_{j2},\beta_{j3})$，计算决策属性的期望值 $\mathrm{EV}(C_j)$，并将其根据公式(14.15)标准化，最后构成权重矢量 $W=(w_1, w_2,\cdots,w_n)$。

$$w_j = \frac{\mathrm{EV}(C_j)}{\sum_{j=1}^{n} \mathrm{EV}(C_j)} \tag{14.15}$$

(6) 决策者给出理想方案的三角模糊偏好矢量计算式(14.16)，则各方案的群偏好矢量与理想方案偏好矢量之间的加权相似度为式(14.17)。

$$V^* = (\langle C_1, (\alpha_{11}^*, \alpha_{12}^*, \alpha_{13}^*)\rangle, \langle C_2, (\alpha_{21}^*, \alpha_{22}^*, \alpha_{23}^*)\rangle, \cdots, \langle C_n, (\alpha_{n1}^*, \alpha_{n2}^*, \alpha_{n3}^*)\rangle) \tag{14.16}$$

$$\mathrm{WS}(V_i, V^*) = \sum_{j=1}^{n} w_j \frac{2\sum_{l=1}^{3} \alpha_{jl}^i \alpha_{jl}^*}{\sum_{l=1}^{3} (\alpha_{jl}^i)^2 + \sum_{l=1}^{3} (\alpha_{jl}^*)^2} \tag{14.17}$$

(7) 根据式(14.17)计算得到的加权相似度大小排列决策方案，加权相似度最大的对应最优方案。

2) 不可行结局的处理方法

不可行结局是指结局集合 T 中的某些结局，从逻辑推理或者偏好选择等方面来说不可能出现，我们称这样的结局为不可行结局。不可行结局的所有类型如表 14.2 所示。

表 14.2　不可行结局的类型

类型	在逻辑推理上不可行	在策略的选择上不可行	在合作上不可行	在阶梯要求上不可行
局中人自身	1	2		
局中人相互之间	3	4	5	6

产生不可行结局时需要对其进行处理，最常用的办法是予以删除，删除不可行结局的方法有两种：

(1) 列举法。按照先后顺序对所有结局进行排序并删除不可行结局，将可行结局一一列举出来。列举法适用于结局数不太多的情况。

(2) 结局集相减法。可行结局可以进行删除，以达到删减的目的。

14.2.2　简单冲突分析

【例 14.2】 设局中人 A 有两个行动方案 x_1 和 x_2；局中人 B 有一个行动方案 y_1。要求用二进制来描述可能形成的各种结局。

解　局中人共有 $2^2 \times 2^1 = 8$ 种结局。

局中人 A	行动 x_1：	0	1	0	1	0	1	0	1
	行动 x_2：	0	0	1	1	0	0	1	1
局中人 B	行动 y_1：	0	0	0	0	1	1	1	1
对应的十进制数：		0	1	2	3	4	5	6	7

二进制数与十进制数的换算公式：

$$(x_0, x_1, \cdots, x_n) = x_0 2^0 + x_1 2^1 + \cdots + x_n 2^n$$

二进制数转化为十进制数：

$$(1,1,0)=2^0+2^1+0\times 2^2=3（A 采用 x_1、x_2，B 不采用 y_1）$$

$$(0,1,1)=0\times 2^0+2^1+2^2=6（A 不采用 x_1，但采用 x_2；B 采用 y_1）$$

优先向量是每个局中人对所有结局进行排序，每个局中人根据自身的价值观对所有结局进行分析，以使其效用最大。值得注意的是，任何一方都不太可能清楚地了解对方具体的优先向量，所以，在进行冲突分析的过程中，应假设双方已知彼此的优先向量。

对结局进行详细的分析是冲突分析中非常重要的一部分，这里重点讨论在时间节点不变的情况下对结局进行分类的情况。

非零和对策(Non-zero-sum Game)一类非完全对抗的对策问题。博弈中各方的收益或损失的总和不是零值，这时既可能通过协商、合作增加总的收益，导致各人均有所得，从而形成多人合作对策；也可能由于互不信任，无法合作，各取自己的个体优超策略，而导致总体收益下降。如对例 14.3 中的结局进行优先向量排序如下：

局中人 A 的优先向量：0 1 4 7 5 6 3 2；

局中人 B 的优先向量：6 7 4 5 3 2 0 1。

由此可以看出，局中人 A 的想法是结局 0 也就是双方什么都不做时产生的效用值最大；结局 2 即 A 采用行动、B 不采取任何行动时的效用值最小。局中人 B 的想法是结局 6 的效用值最大，结局 1 的效用值最小。

通过对局中人进行分析可以发现两个人的价值观点是不一样的，然而，两者的观念也不是完全对立的。因此，我们把这种不完全相同也不完全对立的对策称为非零和对策。

1. 结局集的分类

(1) 单方面改进。对于已知彼此优先向量的局中人来说，可以通过改变自己的行动使最终的结局对自己有利，即单方面改进。单方面改进主要包括两层含义：① 能且只能改变自己的策略；② 以结局最优为目的改进。

(2) 合理性稳定。当局中人考虑某一个结局的时候是不存在单方面改进的可能性的。换句话说，如果对方不考虑改变其现有策略，那么这个结局对双方来说就是最优的。我们在分析问题的过程中将这种类型的结局称为 r。

(3) 惩罚性稳定。假设一个局中人考虑的结局是 q，并且存在单方面改进的可能性。那么，如果第一个局中人从结局 q 改进到结局 q'，而另一个局中人改进之后的结果对之前那个局中人来说更加不理想，那么，我们就称此情况为第一个局中人的连续性惩罚。

(4) 非稳定。一般情况下，局中人存在多个能进行单方面改进的结局并且这种结局不是连续惩罚性稳定的结局，那么，就称这种结局为非稳定结局，并将其标记为 u。

(5) 同时惩罚性稳定。对于结局 q 来说，假设可以进行单方面改进的局中人选择的结局都是非稳定的，如果局中人的共同行动的结果造成的结局 q' 对局中人来说都要比之前的结局 q 更差或相同，那么就称结局 q' 为同时性惩罚。如果单个局中人都存在同时性惩罚，那么就称结局 q 是同时惩罚性稳定结局，将其标记为 u(或 /)。

检验同时惩罚性稳定可以采用 $p=a+b-q$，其中 p 为局中人都进行改进的结果，q 表示局中人此时正在考虑的结局，a 表示第一个局中人改变后的结局，b 代表第二个局中人对结局 q 进行改变最终得到的结局。一般情况下，我们都将式中的符号转化为十进制。

(6) 全局稳定。假如一个结局对所有局中人来说都属于(r,s,u')时，那么就称此结局为平稳结局，记为 E。稳定性分析程序框图如图 14.3 所示。

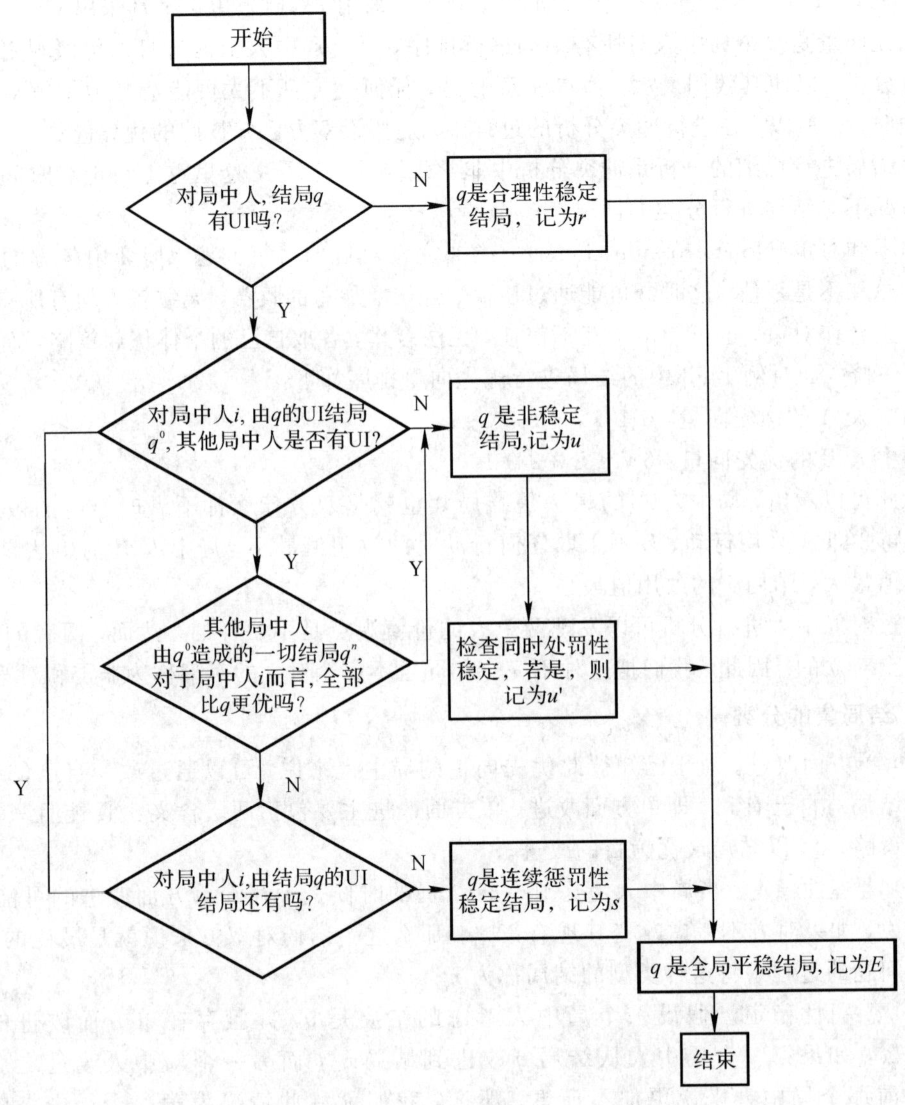

图 14.3　稳定性分析程序框图

2. 稳定性分析步骤

(1) 采用十进制的标记方法将局中人 A 和 B 的优先向量各排列成一行，其中，最左边的代表最优，最右边的代表最劣。

(2) 对结局的稳定性进行分析，确定合理性稳定结局，然后在该结局上标记 r。

(3) 对非合理性稳定的结局进行标记，即在其下面标记出可以单方面改进的结局，其结局的优劣从上到下依次降低。

(4) 仔细检查非合理性稳定的结局是不是 s。

(5) 在局中人都为 u 的情况下，检查是不是 u'。

(6) 求出全局平稳结局 E。

课后习题

1. 你如何看待群体决策是一个系统这种说法？这个系统应包含哪些基本成分？
2. 什么是群体决策局势？群体决策局势与群体决策系统有何联系和区别？
3. 请你谈谈群体决策的分类方法。
4. 群体决策的基本过程是什么？群体决策支持技术在哪些环节能较好地发挥作用？
5. 谈谈你对群体决策三维形态的理解。
6. 你认为当前一些生产经营机构在决策科学化上存在哪些共性问题？

参考文献

[1] 杜元伟，王素素，杨宁，等. 考虑专家知识结构的不完备型多属性大群体决策方法[J]. 中国管理科学，2017(12)：167－178.

[2] 徐选华，杜志娇，陈晓红，等. 保护少数意见的冲突型大群体应急决策方法[J]. 管理科学学报，2017，20(11)：10－23.

[3] 赵九茹，李心广，李霞. 基于多属性效用理论的群体决策偏好整合研究[J]. 统计与决策，2017(21)：42－46.

[4] 耿秀丽，肖子涵，孙绍荣. 基于双层专家权重确定的风险型大群体决策[J]. 控制与决策，2017，32(5)：885－891.

[5] 连晓振，李玉鹏，卢成. 一种权重未知条件下的 VIKOR 大群体决策方法[J]. 计算机集成制造系统，2017，23(7)：1561－1570.

[6] 张丽媛，李涛. 三角模糊偏好下冲突型多属性群决策方法研究. 运筹与管理，2019，28(02)：45－51.

[7] 刘卫华，于辉. 供应商捆绑销售策略下的供应链冲突分析. 系统工程学报，2019，34(06)：820－830.

[8] 徐选华. 面向特大自然灾害复杂大群体决策模型及应用. 北京：科学出版社，2012.[9]　岳超源. 决策理论与方法. 北京：科学出版社，2003.

[10] 徐泽水. 不确定多属性决策方法及应用. 北京：清华大学出版社，2008.

[11] 邓聚龙. 灰色预测与决策. 武汉：华中工学院出版社，1996.

[12] 孙露莹，陈琳，段锦云. 决策过程中的建议采纳：策略、影响及未来展望. 心理科学进展，2017，25(01)：169－179.

第15章　多目标决策

15.1　基本知识

在日常生活中，我们总要面对各种各样的决策。比如，在购物时，我们既想要考虑流行偏好，也希望商品物美价廉；在一个企业中，无论是高层对长期发展计划和战略规划的制定，中层对生产经营和人力资源的管理，还是基层人员对日程工作任务的安排等，都必须要考虑多种决策目标，权衡到各方的利益，面对多重风险。因此，需要一种系统的、全面的体系进行决策的制定。多目标最优化问题由意大利经济学家L·帕雷托在1896年提出。随着相互矛盾的多目标问题、多决策者多目标问题等概念的引入，多目标决策问题已经不断贴近人们的生活，具有十分重要的研究价值和现实意义。

15.1.1　多目标决策的基本概念

多目标决策是借助多个标准对多个相互矛盾的目标进行科学、合理的评价和选优，然后做出合理决策的理论和方法。一个重大技术改造项目的决策，一般需要考虑经济效益、社会效益、安全生产与环境保护等多方面的目标，并通过多种标准进行评价。其特点是：① 目标和标准的多样性，使得比较方案优劣的工作较复杂，难以迅速找到使所有目标达到最优的方案；② 决策过程从淘汰较差方案开始，在剩下的方案中选取满意的方案，用满意标准取代最优标准。

1. 目标系统、替代方案和决策标准

多目标决策问题通常包括三个基本因素：目标系统、替代方案及决策标准。

目标系统是指决策者选择计划所考虑的目标群体及其结构。

替代方案是指决策者根据实际问题设计的解决方案。

决策标准是指所选解决方案使用的标准，通常有两种类型，一种是最佳标准，所有程序都可以根据这种标准进行排序；另一种是满意度标准，它牺牲了最优化来简化问题，并将所有方案划分为几个有序子集，如“可接受”和“不可接受”以及“好”“可接受”“不可接受”和“坏”。

2. 劣解和非劣解

当方案的目标不如其他目标时，可以通过比较直接将其排除，这种方案称为劣解方案。

非劣解方案是一种不能立即丢弃同时也不能立即被确定为最佳的解决方案。非劣解方案在决策中起着非常重要的作用。

在多个目标的情况下，可能很难比较任意两个解决方案的优缺点。如图15.1所示，假设两个目标 f_1 和 f_2 越大越好，方案 A 和 B 以及方案 D 和 E 不能简单地确定它们的优点和缺点。然而，方案 E 和方案 I 相比，显然 E 比 I 差。对于选项 I 和 H，没有其他解决方案比它们更好。在剩余的其他解决方案中，虽存处于无法比较的情况，但始终能够找到比它们更好的解决方案。故将 I 和 H 称为非劣解，相反 A、B、C、D、E、F 和 G 称为劣解。

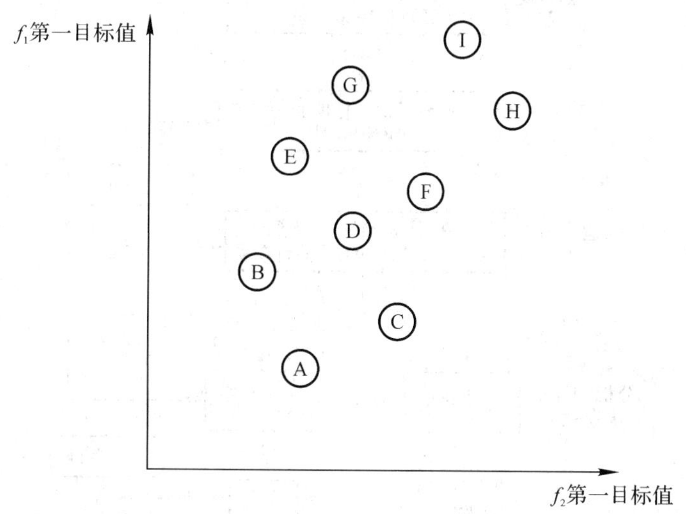

图 15.1 劣解与非劣解

如果可以直接判断出解决方案是不好的，则可以将其排除；如果它是一个非劣解方案，就不能简单地将它排除。当只有一个非劣解方案时，直接选择即可。但一般来说，会存在不止一个的非劣解方案。最终所选解决方案被称作最优解。

假设有 m 个目标，对应 m 个目标函数 $f_1(x), f_2(x), \cdots, f_m(x)$。

设最优解为 x^*，它满足

$$f_i(x^*) \geqslant f_i(x),\ i=1,2,\cdots,n \tag{15.1}$$

在进行多目标决策时，如果没有最优解决方案，则尝试在每个候选方案中找到非劣解方案，然后再找到满意的解决方案。

多目标决策主要是通过两种方案之间的比较，得到最优方案。除此之外，多目标决策还需要权衡方法来获得决策者认为满意的解决方案。这个过程反映的就是决策者的主观价值和意图。

15.1.2 制订多目标决策的过程

制订多目标决策的过程包括如图 15.2 中的五个步骤。

(1) 了解问题。决策者需要了解待解决的问题是否是多目标决策问题，在分析情况之后，提出所需要达成的目标。

(2) 构成问题。此时的任务是将最终目标高度概括并将相当模糊的陈述转变为数学计算，用于分析待实现的目标，从而确定主要问题。

(3) 构造模型。该步骤包含许多变量与变量之间的关系。模型形式有很多种，如简单的思维模型(存在于决策者的头脑中)。

(4) 分析和评价。在这项步骤中需要进行各种可行选项的比较。为此，应针对每个目标

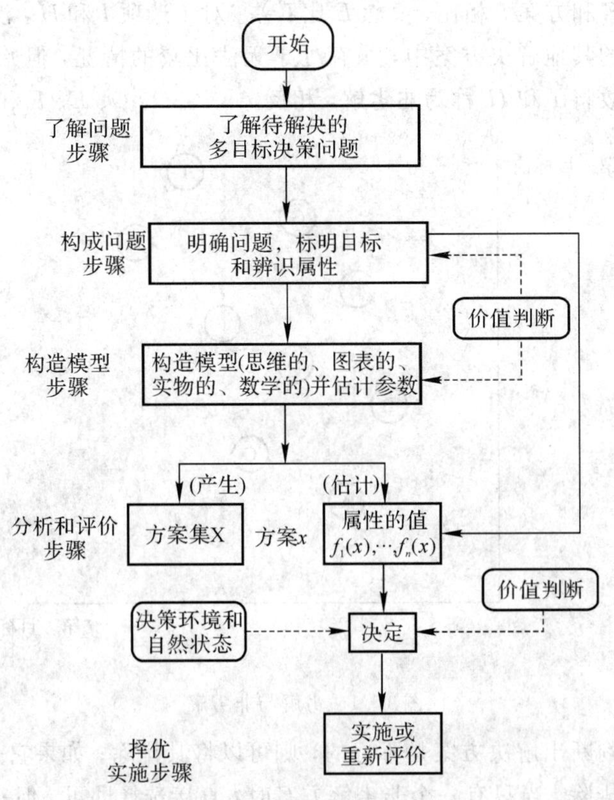

图 15.2　典型的多目标决策问题

校准一个或多个属性，并根据决策的具体规则进行排序和优化。

(5) 择优实施。根据分析和评价步骤中的结果，选择最合适的方案并实施。

除此之外，还需决策者做出如下判断：

(1) 在构成问题步骤中，需要定义问题，识别问题的边界并了解其环境，确定目标及其适当的属性等；

(2) 在构造模型步骤中，选择模型的形式以确定模型中的关键变量；

(3) 在分析和评价步骤中，选择决策规则。

以下列举出一些需要在决策过程中做出价值判断的情况：

(1) 在构建模型时，思维模型可以仅依靠主观判断来找出它们在所选择的决策变量之间以及在决策变量和属性之间的逻辑关系，但是在数学模型中，这种逻辑关系将依赖于解析和定量分析；

(2) 在分析和评价步骤中，对每个场景的后果进行评价，即计算与描述每个属性的值与估计属性之间的关系；

(3) 在分析和评价步骤中，使用决策规则对计划的最终评估具体取决于所使用决策规则的形式。

15.1.3　多目标决策问题的五要素

决策问题包含五个要素：决策单元、情节目标、情节属性、决策情况和决策规则。

1. 决策单元

决策者是做决定的人，他们是直接或间接提供最终价值判断的个人或一群人。根据该判断，将可行的解决方案进行比较以识别最佳解决方案。

决策单元包含决策者，以及结合信息处理器的其他人和机器，作用如下：

（1）接收输入信息；

（2）生成信息；

（3）将信息转化为知识；

（4）做出决定。

最小的决策单位是决策者自己。较大的决策单元可能包括决策者、分析师、计算机和绘图工具。

2. 情节目标

要分析多目标决策问题，必须了解目标的含义、结构和性质。

情节目标就是研究问题有望实现的决定性因素。在多目标决策问题中，用来表达决策者希望达成状态的陈述有很多。

明确定义的目标通常可以通过层次结构的形式表达出来，如图 15.3 所示。最高级别是总体目标，这是人们对决策问题进行研究的驱动力。但是这个目标通常比较模糊，不方便用计算的方式来表达。

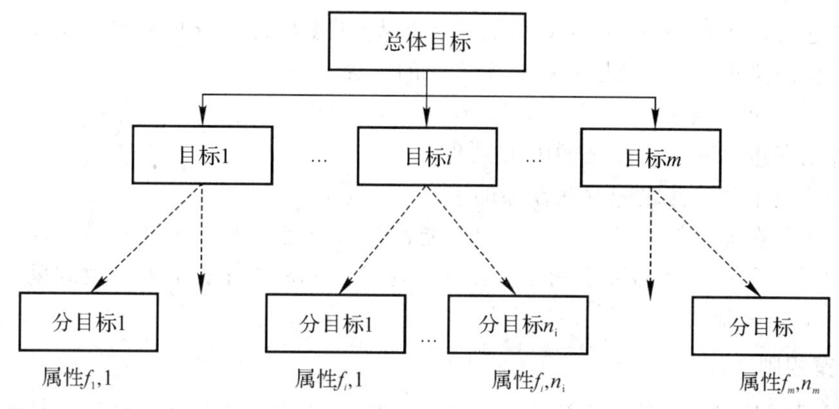

图 15.3　目标的递阶结构

我们可以使用一种实际方法来估计实现目标的程度。将低级别目标设置为一组属性，是可测的，用于反映特定目标（与之相关的目标）达到其目标的程度。

3. 情节属性

1）代理属性

在许多情况下，属性的值可以清楚直接地指示实现相应目标的程度。在一些问题中，所有目标与相应属性之间存在直接关系，这是我们希望实现的目标。分层目标的想法也是为了实现这一目标。对于最低层中的每个目标应该有一个属性或多个属性来直接测量目标的实现程度。

在某些情况下，可能存在不止一个或多个不同属性的目标，用于衡量其成就程度。但是，仍然可能存在一个或多个易于衡量的属性，并间接反映了目标的实现程度。此属性称为代理属性。如果使用代理属性测量目标，则存在间接关系。这种关系意味着需要添加额外的价值进行判断，决策者可以根据代理人属性的价值评估目标的实现程度。

2）属性的性质

每个目标的属性必须满足可理解性和可测量性。如果属性的值足以衡量达到相应目标的程度，则该属性是可以理解的。如果可以按特定比例为属性分配值，则该属性是可测量的。当使用一组属性来表示完整的多目标决策问题时，该组属性必须是完整的、可操作的、可分解的、非冗余的和最小的：① 如果多目标决策问题的所有重要方面都可以用这组属性来表示，那么它就是完整的；② 如果属性集可以有效地用于分析，那么它是有效的；③ 如果可以分解为几个部分的决策问题并进行评估简化，那么它是可以分解的；④ 如果没有重复考虑属性中决策问题的任何方面，那么它不是多余的；⑤ 如果属性是一个多目标决策问题，且没有其他一组属性具有较少数量的元素，那么它是最小的。

4. 决策情况

从结构上来看，多目标决策过程和决策可以被视为一个黑盒子，需要输入一些信息。应注意以下三点：

(1) 根据决策情况不同，其范围、数量和输入类型将随问题的性质而变化。

(2) 决策的最小范围是分析和评估这一步骤，它由有限的方案构成，也可以说是一组属性和环境状态的描述。在环境状态是已知的情况下，通过计算输入，可以得到每个方案的后果。在这种决策形势下，决策单位就是决策者(没有额外的分析师或计算机)。

(3) 其他决策情况，其范围包括整个问题的解决过程。

多目标决策问题通常具有以下特征：

(1) 决策变量之间存在复杂的因果关系；

(2) 决策变量和属性之间存在复杂的手段和目标；

(3) 由于存在无数个方案，因此它们不能作为一个简单的方案来安排，而必须以隐藏的方式或以手段和目的之间关系的形式给出。通常，此关系可表示为一组约束，并且决策受到这组约束的限制。

5. 决策规则

决策的目标是寻找最优的解决方案，在这过程中需要根据决策规则对方案进行分档或者排序。

通常，构建模型需要大量原始数据。决策单元既包含决策者，也包含与整个决策过程相关的人员和机器。在方法论方面，区分这两种决策情况的主要标志之一是计划的数量。在前一种情况下，解决方案是有限的；后一种情况则是无限的，导致构造问题和解决问题的不同。虽然决策情况决定了相应的多目标决策方法，但没有适当的指导方针来引导人们为特定的决策问题选择合适的决策情况。这种选择与决策问题的性质，以及人们的经验、智慧和判断分析有关。同时，在决策中需要考虑环境情况。

15.2 决策方法

解决多目标决策问题的方法有很多。本节主要介绍三种方法：化多目标为单目标法、重排序次法和分层序列法。

15.2.1　化多目标为单目标法

由于直接解决多目标决策问题比较困难，相比较而言单目标决策问题更容易被解决，因此可以先将多目标问题转化为单目标问题，不但能简化问题，而且求解决方法有很多。

1. 主要目标优化

m 个目标 $f_1(x), f_2(x), \cdots, f_m(x), x \in R$ 要求都是最优的，但 m 个目标中只有一个主要的，设其为 $f_1(x)$，并令其最大，即

$$f_i{}' \leqslant f_i(x) \leqslant f_i^n,\ i=1,2,3,\cdots,m \tag{15.2}$$

将多目标决策问题转化为单目标决策问题：

$$\max_{x \in R'} f_1(x) \tag{15.3}$$

$$R' = \{ f_i{}' \leqslant f_i(x) \leqslant f_i^n,\ i=1,2,3,\cdots,m;\ x \in \mathbf{R} \}$$

2. 线性加权和法

关于多目标的决策问题，共有 $f_1(x)$，$f_2(x)$，…，$f_m(x)$等 m 个目标，分别给出 $f_i(x)$ 的权重系数 $\lambda_i (i=1,2,\cdots,m)$，以此构成一个新的目标函数：

$$\max F(x) = \sum_{i=1}^{m} \lambda_i f_i(x) \tag{15.4}$$

计算方案 $F(x)$值，找出最大值的方案。

在多目标决策问题中，由于每个目标的维度不同，或是目标值需要程度不同，目标值可以首先转换为性能值或无量纲值，通过线性加权和方法计算，然后比较新的目标函数值进行权衡。

3. 平方和加权法

关于 m 个目标的决策问题，要求各方案的目标值 $f_1(x)$，$f_2(x)$，…，$f_m(x)$与规定的 m 个满意值 f_1^*，f_2^*，…，f_m^* 差距最小，可令总的目标函数：

$$F(x) = \sum_{i=1}^{m} \lambda_i (f_i(x) - f_i^*)^2 \tag{15.5}$$

并要求 $\min F(x)$，其中 λ_i 是第 $i\,(i=1,2,\cdots)$个目标的权重系数。

4. 乘除法

当存在 m 个目标 $f_1(x)$，$f_2(x)$，…，$f_m(x)$时，其中目标 $f_1(x)$，$f_2(x)$，…，$f_k(x)$的值要求越小越好，目标 $f_{k+1}(x)$，…，$f_m(x)$的值要求越大越好，假定 $f_{k+1}(x)$，…，$f_m(x)$都大于 0，可用如下目标函数：

$$F(x) = \frac{f_1(x) \cdot f_2(x) \cdots f_k(x)}{f_{k+1}(x) \cdot f_{k+2}(x) \cdots f_m(x)} \tag{15.6}$$

并要求 $\min F(x)$。

15.2.2　重排次序法

重排次序法是根据多个解的具体情况进行求解，直到最优解出现。

假设存在 n 个方案、m 个目标，最开始我们按照已知方法确定每个目标的权重系数，

用 f_{ij} 表第 i 方案的第 j 个目标值，如表 15.1 所示。

表 15.1　n 个方案的 m 个目标值

目标(j)		f_1	f_2	…	f_j	…	f_{m-1}	f_m
λ		λ_1	λ_2	…	λ_j	…	λ_{m-1}	λ_m
方案 i	1	f_{11}	f_{12}	…	f_{1j}	…	f_{1m-1}	f_{1m}
	2	f_{21}	f_{22}	…	f_{2j}	…	f_{2m-1}	f_{2m}
	⋮	⋮	⋮		⋮		⋮	⋮
	i	f_{i1}	f_{i2}	…	f_{ij}	…	f_{im-1}	f_{im}
	⋮	⋮	⋮		⋮		⋮	⋮
	n	f_{n1}	f_{n2}	…	f_{nj}	…	f_{nm-1}	f_{nm}

(1) 将量纲的目标值 f_{ij} 转变成无量纲的数值 y_{ij}。所应用的变换方法是：对目标 f_j，定义为越大越好，则先从 n 个待选方案中找出第 j 个目标的最大值为最优值，最小值便是最差值，即

$$\max_{1\leqslant i\leqslant n} f_{ij}=f_{i_bj},\ \max_{1\leqslant i\leqslant n} f_{ij}=f_{i_wj}$$

并相应地规定：

$$f_{i_bj}\rightarrow y_{i_bj}=100$$
$$f_{i_wj}\rightarrow y_{i_wj}=1$$

那么其他方案所对应的无量纲值用线性插值的方法便可求出。

对于目标 f_j 而言，若规定为越小越好，则可先从 n 个方案中的第 j 个目标中找出最小值并将其定义为最好值，将最大值定义为最差值。我们规定 $f_{i_bj}\rightarrow y_{i_bj}=1$，$f_{i_wj}\rightarrow y_{i_wj}=100$，对于其他方案的无量纲值可类似求得，这样全部的 f_{ij} 便转化成无量纲的 y_{ij}。

(2) 通过将 n 个方案成对比较，我们从中可以得到一组"非劣解"，记作 $\{B\}$。

(3) 通过对非劣解 $\{B\}$ 对比分析，我们便可以从中找出一组"好解"，最容易的方法是设置一个新的目标函数：

$$F_i=\sum_{j=1}^{m}\lambda_i y_{ij},\ i\in\{B\} \tag{15.7}$$

当 F_i 值最大时，方案 i 为最优方案。

15.2.3　分层序列法

分层序列法是根据目标重要程度对其重新排序，并优先考虑重要目标，如已知的排列顺序 $f_1(x)$，$f_2(x)$，…，$f_m(x)$；然后优化第一个目标，直到找到所有最优解集，用 R_1 表示；接着在集合 R_1 范围内求第 2 个目标的最优解，此时最优解集合用 R_2 表示，以此类推，直到求出第 m 个目标的最优解为止，即

$$f_1(x^{(1)})=\max_{x\in R_0} f_1(x)$$
$$f_2(x^{(2)})=\max_{x\in R_1} f_2(x)$$
$$\vdots$$

$$f_m(x^{(m)}) = \max_{x \in R_{m-1}} f_m(x)$$

$$R_i = \{x \mid \min f_i(x), x \in R_{i-1}\},\ i=1,2,\cdots,m-1,\ R_0 = R$$

对于此方法，解存在的前提是 $R_1, R_2, \cdots, R_{m-1}$ 等集合非空。这种方法在实际情况下很难实现，于是提出了一种允许公差的方法，也就意味着当求解出后一个目标是最优的时，没有必要要求先前的目标达到严格的最优性。

$$f_1(x^{(1)}) = \max_{x \in R'_0} f_1(x)$$

$$f_2(x^{(2)}) = \max_{x \in R'_1} f_2(x)$$

$$\vdots$$

$$f_m(x^{(m)}) = \max_{x \in R'_{m-1}} f_m(x)$$

$$R_i' = \{x \mid f_i(x) < a_i \max f_i(x),\ x \in R'_{i-1}\},\ i=1,2,\cdots,m-1,\ R'_0 = R$$

注意：$R_i' = \{x \mid f_i(x) < a_i \max f_i(x),\ x \in R'_{i-1}\}$，$i=1,2,\cdots,m-1$，$R'_0 = R$，$a_i > 0$ 是一个限度，应提前给出。

15.3　有限个方案多目标决策问题的分析方法

15.3.1　基本结构

从 m 个备选方案 $A_1, A_2, \cdots, A_m$ 选出最佳方案，注意到 n 个目标 $G_1, G_2, \cdots, G_n$。在评估调查之后得到的结论如表 15.2 所示(其中 a_{ij} 表示第 i 个方案的第 j 个后果值)。

表 15.2　有限个方案多目标决策问题的基本结论

方　案	目　标			
	G_1	G_2	$\cdots$	G_n
A_1	a_{11}	a_{12}	$\cdots$	a_{1n}
A_2	a_{21}	a_{22}	$\cdots$	a_{2n}
$\vdots$	$\vdots$	$\vdots$		$\vdots$
A_m	a_{m1}	a_{m2}	$\cdots$	a_{mn}

该模型可用矩阵表示为

$$\begin{bmatrix} a_{11} & a_{12} & \cdots & a_{1n} \\ a_{21} & a_{22} & \cdots & a_{2n} \\ \vdots & \vdots & & \vdots \\ a_{m1} & a_{m2} & \cdots & a_{mn} \end{bmatrix}$$

决策需遵循的准则为

$$E(A_i) = \sum_{j=1}^{n} \lambda_j a_{ij} \tag{15.8}$$

15.3.2 决策矩阵的规范化

为了减少比较各目标时的不便，对矩阵中的元素进行规范化处理是一种很好的解决方法。规范化的方法很多，常用的有以下几种。

1. 向量规范化

令

$$b_{ij}=\frac{a_{ij}}{\sqrt{\sum_{i=1}^{m}2a_{ij}}} \tag{15.9}$$

向量规范化就是将所有目标值转化为无量纲的量，且都在[0,1]范围内。但这种变换是非线性的，其变换后的最大值和最小值并不统一，因此最小值不一定为0，最大值也不一定为1，并且在某些情况下不容易比较。

2. 线性变换

假设目标是效益，则有

$$b_{ij}=\frac{a_{ij}}{\max\{a_{ij}\}} \tag{15.10}$$

很明显 $0\leqslant b_{ij}\leqslant 1$。

假设目标是成本，令

$$b_{ij}=1-\frac{a_{ij}}{\max\{a_{ij}\}} \tag{15.11}$$

则有 $0\leqslant b_{ij}\leqslant 1$。

3. 其他变换

决策矩阵中包含了成本目标，转换后的最大及最小成本目标不容易被比较，故将成本目标修改为

$$\boldsymbol{B}=\begin{bmatrix} \sum_{i=1}^{n}a_{i1}^{2}-n-2a_{11} & -(a_{12}+a_{21}) & \cdots & -(a_{1n}+a_{n1}) \\ -(a_{21}+a_{12}) & \sum_{i=1}^{n}a_{i2}^{2}-n-2a_{22} & \cdots & -(a_{2n}+a_{n2}) \\ \vdots & \vdots & & \vdots \\ -(a_{n1}+a_{1n}) & -(a_{n2}+a_{2n}) & \cdots & \sum_{i=1}^{n}a_{in}^{2}-n-2a_{nn} \end{bmatrix} \tag{15.12}$$

且将其统一从而得到一种更复杂的变换式。

假设目标为效益，则有

$$b_{ij}=\frac{a_{ij}-\min\limits_{i}\{a_{ij}\}}{\max\limits_{i}\{a_{ij}\}-\min\limits_{i}\{a_{ij}\}} \tag{15.13}$$

假设目标为成本，则有

$$b_{ij}=\frac{\max\limits_{i}\{a_{ij}\}-a_{ij}}{\max\limits_{i}\{a_{ij}\}-\min\limits_{i}\{a_{ij}\}} \tag{15.14}$$

这样在变换后，目标的最值统一为 0 和 1。

15.3.3　确定权的方法

表示权重的方法有很多，下面介绍两种比较常用的方法。

1. 专家法

L 个专家根据实际情况对 n 个目标 $G_i\,(i=1,2,\cdots,n)$ 给出相应的权重。设第 j 位专家提出权重方案为

$$w_{1j}, w_{2j}, \cdots, w_{nj},\ j=1,2,\cdots,L \tag{15.15}$$

满足条件 $w_{ij}\geqslant 0(i=1,2,\cdots,n)$，$\sum\limits_{i=1}^{n} w_{ij}=1$，则汇集这些方案可得到表 15.3 所示的权重方案。

表 15.3　专家法所得到的权重方案表

专家	目标					偏差
	G_1		G_i		G_n	
1	w_{11}	…	w_{i1}	…	w_{n1}	D_1
⋮	⋮	⋮	⋮	⋮	⋮	⋮
j	w_{1j}	…	w_{ij}	…	w_{nj}	D_j
⋮	⋮	⋮	⋮	⋮	⋮	⋮
L	w_{1L}	…	w_{iL}	…	w_{nL}	D_L
均　值	w_1	…	w_i	…	w_n	D_1

其中，$w_i=\dfrac{1}{L}\sum\limits_{j=1}^{L} w_{ij} i=1,2,\cdots,n$，最后一行是权重的数学期望估值：

$$D_j=\frac{1}{n-1}\sum_{i=1}^{n}\left[w_{ij}-w_i\right]^2, j=1,2,\cdots,L \tag{15.16}$$

假设 $\varepsilon>0$，针对以上方差进行估值。当上述各方差估值最大不超过规定的 ε 时，表明每个专家提供的方案没有显著差异。此时，$w_1, w_2, \cdots, w_n$ 被用作对应于每个目标 $G_1, G_2, \cdots, G_n$ 的权重。如果不满足上述公式，则需要与评估差异相对较大的专家协商，重新调整，然后第二次列入权重列表中。重复上述过程，即可得到一组满意的权重均值作为目标。

这种方法可行性很强，但对专家要求比较高。

2. 环比法

环比法就是按顺序比较两个目标的重要性，以获得两个目标的重要性的相对比率——环比率，然后通过连续乘法将环比率转换为最后目标基数的基本比率。该过程涉及五个目标，并使用表 15.4 中的顺序来确定其权重。表 15.4 的第二列是各目标重要性的环比率，是按照顺序两两比较得到的，获取途径为通过向决策者或专家咨询而得到。若这一列第一个数值为 2，则表明目标 A 对决策的重要性相比较于目标 B 是其 2 倍；就第 2 个数字 0.5

来说，代表目标 B 对决策的重要性值大致等于目标 C 的一半。依此类推，由第二列计算得到的第三列数据，即以目标 E 相对于决策的重要性定为其基数，将其重要性设置为 1。我们已知 D 的重要性为 E 的 1.5 倍，因此根据定基比率换算之后仍是 1.5，而 C 的重要性是 D 的 3 倍，所以 C 的重要性为 E 的 4.5 倍，其定基比率为 4.5。依此类推，各目标的重要性比率以 E 目标为基数的定基比率通过换算，求得这些比率的总和为 13.75，得到了第三列的合计值，将第三列中各行的数据分别除以这个合计值，就得到了归一化的权重值。

表 15.4 用环比法求权重

目 标	按环比计算的重要性比率	换算为以 E 为基数的重要性比率	权 重
A	2.0	4.5	0.327
B	0.5	2.25	0.164
C	3.0	4.50	0.327
D	1.5	1.50	0.109
E	—	1.00	0.073
合计		13.75	1.000

假使现实情况条件不能满足，我们可使用权的最小平方法：

将各目标的重要性进行成对比较，将第 i 个目标对第 j 个目标之间的相对重要性的估计值记作 $a_{ij}\,(i,j=1,2,\cdots,n)$，可以近似地认为两个目标的权重 w_i 和 w_j 的比值 $\frac{w_i}{w_j}$。假设决策者对 $a_{ij}\,(i,j=1,2,\cdots,n)$ 的判断相一致，则 $a_{ij}=\frac{w_i}{w_j}$，否则 $a_{ij}\approx\frac{w_i}{w_j}$，即从 $a_{ij}w_j-w_i\neq 0$ 选择一组权 $\{w_1,w_2,\cdots,w_n\}$。设 $Z=\sum_{i=1}^{n}\sum_{j=1}^{n}(a_{ij}w_j-w_i)^2$ 最小，其中 $w_i\,(i=1,2,\cdots,n)$，则 $\sum_{i=1}^{n}w_i=1$，且 $w_i>0$。

运用拉格朗日乘子法去解决此约束的问题，表达式为

$$L=\sum_{i=1}^{n}\sum_{j=1}^{n}(a_{ij}w_j-w_i)^2+2\lambda\Big(\sum_{i=1}^{n}w_i-1\Big) \tag{15.17}$$

对 w_k 进行微分，可得

$$\frac{\partial L}{\partial w_k}=\sum_{i=1}^{n}(a_{ik}w_k-w_i)a_{ik}-\sum_{j=1}^{n}(a_{kj}w_j-w_k)+\lambda=0,\quad k=1,2,\cdots,n \tag{15.18}$$

式(15.17)和 $\sum_{i=1}^{n}w_i=1$ 构成了 $n+1$ 个非齐次线性方程组，存在 $n+1$ 个未知数，可得到一组唯一的解。式(15.17)也可写成矩阵形式：

$$\boldsymbol{Bw}=\boldsymbol{m} \tag{15.19}$$

式中：

$$\boldsymbol{w}=(w_1,w_2,\cdots,w_n)^{\mathrm{T}},\ \boldsymbol{m}=(-\lambda,-\lambda,\cdots,-\lambda)^{\mathrm{T}}$$

$$\boldsymbol{B}=\begin{bmatrix}\sum_{i=1}^{n}a_{i1}^2-n-2a_{11} & -(a_{12}+a_{21}) & \cdots & -(a_{1n}+a_{n1})\\ -(a_{21}+a_{12}) & \sum_{i=1}^{n}a_{i2}^2-n-2a_{22} & \cdots & -(a_{2n}+a_{n2})\\ \vdots & \vdots & & \vdots\\ -(a_{n1}+a_{1n}) & -(a_{n2}+a_{2n}) & \cdots & \sum_{i=1}^{n}a_{in}^2-n-2a_{nn}\end{bmatrix}$$

3. 最优最劣法(BWM)

BWM 的主要思想是首先由专家或者决策制定者从初始指标中选择出最重要的和最不重要的两个指标，然后将最优和最劣的指标分别与其他指标进行两两比较，如图 15.4 所示。相对于 AHP 权重确定方法，BWM 减少了指标之间成对比较的次数，可以提升决策效率。

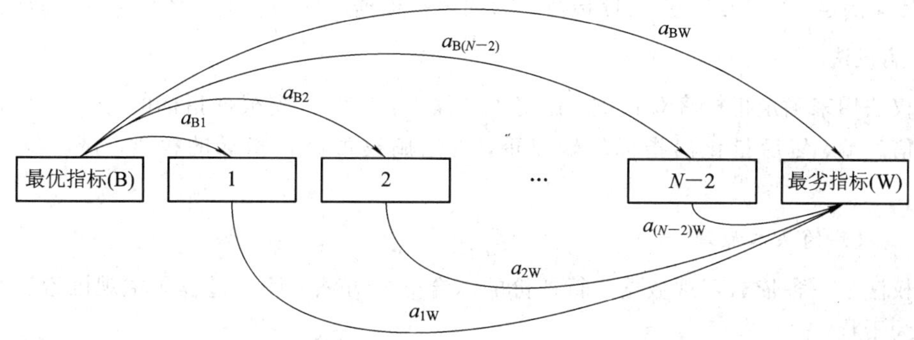

图 15.4　BWM 成对比较

BWM 的主要优势在于：

(1) 简化数据和操作过程。BWM 与其他成对比较方法(如 AHP)相比，减少了成对比较的次数。两者成对比较的次数分别为 $2n-3$(如图 15.4 所示)和 n^2-n 次。

(2) 简化计算。在计算方法的选择上，BWM 和其他方法分别是基于向量计算和矩阵计算来分析的。此外，BWM 的计算只需要使用整数，而其他方法的计算不可避免地使用到分数。因此，BWM 计算更加简便。

(3) 结果可靠。由于减少了成对比较的次数以及数据量，因此能很大程度避免专家在如此复杂的计算过程中产生思维混乱而导致的失误，从而保证了结果良好的一致性，使结果更加可靠。

BWM 作为一种新的用于确定指标主观权重的多属性决策方法，因其独特的简便、可靠等优势，正逐步应用于多个领域。

使用 BWM 确定指标权重的步骤如下：

(1) 在指标集 $\{C_1, C_2, \cdots, C_N\}$ 中确定最佳指标 C_{B} 和最劣指标 C_{W}。

(2) 确定偏好值 $a_{\mathrm{B}n}$ 和 $a_{n\mathrm{W}}$。$a_{\mathrm{B}n}$ 指最佳指标 C_{B} 相对于其他指标 C_n 的偏好值($n=1,2,\cdots,N$)，$a_{n\mathrm{W}}$ 指其他指标 C_n 相对于最劣指标 C_{W} 的偏好值($n=1,2,\cdots,N$)。因此，最好指标比其他指标偏好向量(Best-to-Others，BO)和其他指标比最好指标偏好向量(Others-to-

Best，OB)可以分别表示如下：

$$\boldsymbol{A}_{B,C}=(a_{B1},a_{B2},\cdots a_{BN})$$

$$\boldsymbol{A}_{C,W}=(a_{1W},a_{2W},\cdots,a_{NW})$$

(3) 求解下列方程，得到最优权重集($w_1^*,w_2^*,\cdots,w_N^*$)。

$$\begin{cases}\min\xi \\ \left|\dfrac{w_B}{w_n}-a_{Bn}\right|\leqslant\xi \\ \left|\dfrac{w_n}{w_W}-a_{nW}\right|\leqslant\xi \\ \sum\limits_n w_n=1\end{cases} \quad n=1,2,\cdots,N \tag{15.20}$$

(4) 检验比较一致性。一致性比率(CR)可通过以下方程得出：

$$CR=\frac{\xi^*}{CI} \tag{15.21}$$

其中 CR 应满足 CR<0.1，一致性指数(CI)的值是根据不同语言变量评估值 a_{BW} 确定的。

4. 熵权法

熵权法用来确定指标客观权重。在使用过程中，通常首先根据指标的变异程度反映出指标的信息熵，然后量化出指标的熵权重，再用熵权重修正指标的权重，最后得到客观权重。

1) 熵权法的基本原理

熵权法是一种依靠客观数据进行评价的综合分析方法，评价过程无主观因素影响，可避免人为干扰。

若系统有 M 种状态，出现每种状态的概率为 $f_m(m=1,2,\cdots,M)$时，则可以使用以下方程计算系统的熵：

$$H_n=-\sum_{m=1}^{M}f_m\ln f_m \tag{15.22}$$

当状态出现的概率相同，即 $f_m=\dfrac{1}{M}$时，熵为最大值，计算公式如下：

$$H_n=\ln M \tag{15.23}$$

假设评价对象以及指标的数目分别是 M 和 N，构成评价矩阵 $\boldsymbol{R}=(r_{mn})_{M\times N}$，则指标 n 的信息熵为

$$\begin{cases}H_n=-\sum\limits_{m=1}^{M}f_{mn}\ln f_{mn} \\ f_{mn}=\dfrac{r_{mn}}{\sum\limits_{m=1}^{M}r_{mn}}\end{cases} \tag{15.24}$$

总结如下：

(1) 指标的熵值越小，变异程度越大，指标提供的信息量越多，对综合评价产生的影响越大，权重越大。

(2) 在实际应用中可以基于指标值的变异程度，通过熵值计算熵权，然后对指标进行

加权，从而保证评价结果的客观性和有效性。

2）熵权法的计算步骤

（1）确定评价对象，建立评价指标矩阵，构造指标水平矩阵 $X'(i=1,2,\cdots,I,\ j=1,2,\cdots,J)$。

$$\boldsymbol{X}' = \begin{bmatrix} x'_{11} & x'_{12} & \cdots & x'_{1J} \\ x'_{21} & x'_{22} & \cdots & x'_{2J} \\ \cdots & \cdots & & \cdots \\ x'_{I1} & x'_{I2} & & x'_{IJ} \end{bmatrix}_{I\times J} \tag{15.25}$$

（2）评价矩阵 $\boldsymbol{X}'$ 进行标准化处理，得 $\boldsymbol{X}=(x_{ij})_{I\times J}$。

$$x_{ij} = \frac{x'_{ij} - \min\limits_{i}(x'_{ij})}{\max\limits_{i}(x'_{ij}) - \min\limits_{i}(x'_{ij})},\quad j \text{ 为正指标} \tag{15.26}$$

$$x_{ij} = \frac{\max\limits_{i}(x'_{ij}) - x'_{ij}}{\max\limits_{i}(x'_{ij}) - \min\limits_{i}(x'_{ij})},\quad j \text{ 为负指标} \tag{15.27}$$

（3）计算熵 H_j。

$$H_j = -k\sum_{i=1}^{I} f_{ij} \ln f_{ij} \tag{15.28}$$

其中 $f_{ij} = x_{ij}/\sum\limits_{i=1}^{I} x_{ij}$，$k=\dfrac{1}{\ln I}$，$f_{ij}$ 为第 j 个指标下第 i 个项目的指标值的比重。

（4）计算熵权 w_j。

$$w_j = \frac{1 - H_j}{\sum\limits_{j=1}^{J}(1 - H_j)} \tag{15.29}$$

若某一指标下所有项目的值都相等，即 $x'_{ij}(i=1,2,\cdots,I)$ 保持不变，则 $f_{ij}(i=1,2,\cdots,I)$ 也保持不变，此时指标的熵值最大，结果为 1，因此熵权为 0。这表明在这种特殊的情况下，指标值的变异程度为 0，该指标不能提供有效的信息，也就是所有项目在该指标下没有区别，所以可以删除该指标。

3）熵权法的适用范围及优缺点

（1）适用范围。

① 确定指标权重。

② 剔除无用的指标。

（2）优点。

① 客观性：与主观赋权法相比，结果客观、精确，结论具有一定的有效性和可靠性。

② 适应性：可在任何情况下确定指标权重，既可单独使用，也可以与其他方法组合使用。

（3）缺点。

① 比较范围受限：未考虑指标间的横向比较。

② 应用受限：指标权数依赖于样本。

③ 使用范围、解决问题有限：只能用于确定指标权重。

15.4 案例分析

【例 15.1】 日常生活中，我们选购笔记本电脑时通常会希望价格合理，也希望性能更优，这就是一个典型的多目标优化问题。假设市场上现有联想、惠普、华硕三款笔记本，其基本属性如表 15.5 所示。我们主要考虑价格、显卡、CPU、内存四个因素，试通过层次分析法求解该多目标优化问题，确定哪款笔记本电脑更加符合需求。

表 15.5 笔记本电脑信息

	联想	惠普	华硕
价格	5499	5999	4994
显卡	2G 集显	4G 独显	2G 独显
CPU	I5－1135G7	I5－10400F	I5－1135G7
内存	16G/512G	8G/512G	16G/512G

(1) 构建递阶层次结构模型，如图 15.5 所示。

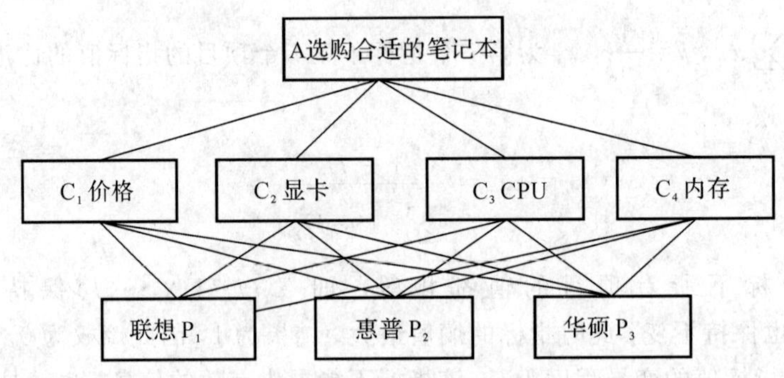

图 15.5 选购笔记本电脑的递阶层次结构模型

(2) 建立判断矩阵。

① 判断矩阵 A/C(相对于总目标各指标间的重要性比较)见表 15.6。

表 15.6 判断矩阵 A/C

A	C_1	C_2	C_3	C_4
C_1	1	3	2	2
C_2	1/3	1	1/4	1/4
C_3	1/2	4	1	1/2
C_4	1/2	4	2	1

② 准则相对重要性排序见表 15.7。

表 15.7　准则相对重要性排序

A	C_1	C_2	C_3	C_4	优先级	方根法
C_1	0.429	0.25	0.381	0.533	0.398	0.399
C_2	0.143	0.083	0.048	0.067	0.085	0.082
C_3	0.214	0.333	0.190	0.133	0.218	0.215
C_4	0.214	0.333	0.381	0.267	0.299	0.304

③ 各笔记本电脑关于价格、显卡、CPU、内存的排序，见表 15.8～表 15.11。

表 15.8　价 格 排 序

C_1	P_1	P_2	P_3	排序
P_1	1	1/3	1/4	0.123
P_2	3	1	1/2	0.320
P_3	4	2	1	0.557

表 15.9　显 卡 排 序

C_2	P_1	P_2	P_3	排序
P_1	1	1/4	1/6	0.087
P_2	4	1	1/3	0.274
P_3	6	3	1	0.639

表 15.10　CPU 排序

C_3	P_1	P_2	P_3	排序
P_1	1	2	8	0.594
P_2	1/2	1	6	0.341
P_3	1/8	1/6	1	0.065

表 15.11　内 存 排 序

C_4	P_1	P_2	P_3	排序
P_1	1	1/3	4	0.265
P_2	3	1	7	0.655
P_3	1/4	1/7	1	0.080

④ 层次总排序：

$$\boldsymbol{W}=\begin{pmatrix}0.123 & 0.087 & 0.594 & 0.265\\0.320 & 0.274 & 0.341 & 0.655\\0.557 & 0.639 & 0.065 & 0.080\end{pmatrix}\cdot\begin{pmatrix}0.398\\0.085\\0.218\\0.299\end{pmatrix}=\begin{pmatrix}0.265\\0.421\\0.314\end{pmatrix}$$

经上述分析和计算，在选购一台适合的笔记本电脑时，价格为影响最大的因素，其次分别是内存、CPU 和显卡。根据最终结果，可以发现惠普是最适合的笔记本电脑。

【例 15.2】 某工厂计划生产甲、乙两种产品，各产品均需消耗若干数量 A、B、C 三种材料，具体参数如表 15.12 所示。假定期末产品被全部售出，试问如何安排生产，使得总体利润和产值最大，且造成的污染最小。

表 15.12　产品及材料相关信息

	甲	乙	资源限量
A 材料单位消耗 B 材料单位消耗 C 材料单位消耗	9 4 3	4 5 10	240 200 300
单位产品价格	400	600	
单位产品利润	70	120	
单位产品污染	3	2	

解 问题的多目标模型如下：

$$\max f_1(x)=70x_1+120x_2$$

$$\max f_2(x)=400x_1+600x_2$$

$$\max(-f_3(x))=3x_1+2x_2$$

$$\begin{cases}9x_1+4x_2\leqslant 240\\4x_1+5x_2\leqslant 200\\3x_1+10x_2\leqslant 300\\x_1,x_2\geqslant 0\end{cases}$$

对于上述模型的三个目标，确定利润最大化为主要目标，另外两个目标则通过预测先给出期望值并转化为约束条件。其中，总产值至少应达到 20000 单位，污染控制在 90 单位以下。因此，可将目标函数转换为单目标模型：

$$\max f_1(x)=70x_1+120x_2$$

$$\begin{cases}400x_1+600x_2\geqslant 20000\\3x_1+2x_2\leqslant 90\\9x_1+4x_2\leqslant 240\\4x_1+5x_2\leqslant 200\\3x_1+10x_2\leqslant 300\\x_1,x_2\geqslant 0\end{cases}$$

用单纯形法求得最优解为

$$x_1=12.5,\quad x_2=26.25$$

$$f_1(x)=4025$$

$$f_2(x)=20750$$

$$f_3(x)=90$$

【例 15.3】 购买载货汽车一般需要考虑以下六个属性：维修期限 f_1、每百升汽油所跑里数 f_2、最大载货量 f_3、价格 f_4(万元)、可靠性 f_5 和灵敏性 f_6。某公司计划购进一批载货汽车，现有四种车型可供选择：A_1、A_2、A_3、A_4，其属性值如表 15.13 所示。

表 15.13　载货汽车购买因素

	f_1	f_2	f_3	f_4	f_5	f_6
A_1	2.0	1500	4	55	一般	高
A_2	2.5	2700	3.6	65	低	一般
A_3	2.0	2000	4.2	45	高	很高
A_4	2.2	1800	4	50	很高	一般

(1) 首先对不同度量单位和不同数量级的指标值进行标准化处理。先以以下量表对定性指标定量化。

效益型指标	很低	低	一般	高	很高	
	1	3	5	7	9	
	很高	高	一般	低	很低	成本型指标

其中，可靠性和灵敏性都为效益型指标，其打分如下：

可靠性	一般	低	高	很高
	5	3	7	9
灵敏性	高	一般	很高	一般
	7	5	9	5

(2) 进行标准化处理，即

$$a_{ij} = \frac{99 \times (f_{ij} - f_j^{**})}{f_j^{*} - f_j^{**}} + 1$$

其中：

$$f_j^{*} = \max_i f_{ij}$$

$$f_j^{**} = \min_i f_{ij}$$

变换后指标值矩阵如下：

	f_1	f_2	f_3	f_4	f_5	f_6
A_1	1	1	67	50.5	34	50.5
A_2	100	100	1	100	1	1
A_3	1	42.25	100	1	67	100
A_4	40.6	25.75	67	25.75	100	1

(3) 计算四种车型的效用值。

设权重向量为 $\boldsymbol{w}=(0.2,0.1,0.1,0.1,0.2,0.3)$，则

$$U(x_1) = \sum_{j=1}^{6} w_j a_{1j} = 34$$

$$U(x_2) = \sum_{j=1}^{6} w_j a_{2j} = 40.6$$

$$U(x_3) = \sum_{j=1}^{6} w_j a_{3j} = 57.925$$

$$U(x_4) = \sum_{j=1}^{6} w_j a_{4j} = 40.27$$

$$U^{*} = \max U = U(x_3) = 57.925$$

故，最优方案为选购载货汽车 A_3。

课后习题

1. 什么是多目标决策？

2. 对于单层次、多层次序列型和多层次非序列型三种目标体系，各列举社会生活或经济管理的一个例子，并构建目标标准系统的结构图。

3. 某公司为提高整体效益，对拥有的 11 个部门进行了考核，考核标准包括 9 项整体工作，并对工作水平较好的部门进行奖励。表 15.14 是对各个部门指标考核后的评分结果。

表 15.14 评分结果

部门	X_1	X_2	X_3	X_4	X_5	X_6	X_7	X_8	X_9
1	90	87	89	93	95	92	88	86	94
2	94	90	90	82	88	89	96	89	91
3	82	82	96	97	80	94	88	95	88
4	97	90	87	88	91	94	98	94	89
5	85	88	89	98	91	89	92	92	93
6	86	90	95	90	83	80	93	87	87
7	96	87	92	87	87	84	98	91	90
8	91	96	90	89	86	93	90	88	86
9	84	95	83	90	90	85	92	84	81
10	88	84	80	91	89	94	86	91	91
11	93	88	84	91	86	89	90	86	82

由于各项工作的难易程度不同，因此需要对 9 项工作进行赋权，以便能够更加合理地对各个部门的工作水平进行评价。试根据熵权法确定各考核标准权重。

参考文献

[1] 徐玖平，李军. 多目标决策理论和方法. 北京：清华大学出版社，2006.

[2] 杨自厚，许宝栋，董颖. 多目标决策方法. 辽宁：东北大学出版社，2006.

[3] 胡毓达. 多目标决策. 上海：上海科学技术出版社，2010.

[4] 方国华，黄显峰. 多目标决策理论、方法及其应用. 北京：科学出版社，2011.

[5] 黄宪成. 模糊多目标决策理论、方法及其应用研究. 大连理工大学，2003.

[6] 夏蔚军，吴智铭，王丽亚. 采购量折扣情况下基于改进 AHP 的供应商选择. 上海交通大学学报，2007，41(4)：541-545.

[7] 杨伟峰. 基于多目标决策的水利水电工程方案选择分析. 现代制造，2017(30)：123-124.

[8] 李帮学. 水利工程规划方案多目标决策方法研究. 低碳世界，2017(31)：115-116.

[9] 张金金，邱宏达，孙吉朋. 多目标决策模型在合理低价评标法中的应用. 价值工程，2017，36(24)：70-73.

[10] 程明熙. 处理多目标决策问题的二项系数加权和法. 系统工程理论与实践，1983，(04)：23-26.

[11] 镇常青. 多目标决策中的权重调查确定方法. 系统工程理论与实践，1987，(02)：16-24.

[12] 陆明生. 多目标决策中的权系数. 系统工程理论与实践，1986，(04)：77-78.

[13] 马云东，胡明东. 改进的 AHP 法及其在多目标决策中的应用. 系统工程理论与实践，1997，(06)：41-45.

[14] 许淑君，马士华. 供应链企业间的信任机制研究. 工业工程与管理，2000，(06)：5-8.

第 16 章　马尔科夫决策

所谓决策，是指在几个可行的决策计划中根据某些标准选择出一个最优方案，人们期望所作的决策能够达到预期的最优效果。实际上，人们在做决策的时候，经常需要考虑很多影响该决策效果的因素。因此，决策不是孤立的。换句话说，今天的决策会影响到明天，而明天的决策又会影响到后天，等等。如果只考虑当前的利益，而不顾及对未来的影响，从长远的角度看，决策的效果并不会很好。

本章讲述了一种称为序列决策的多阶段决策模型。决策者不仅仅要考虑决策结果的即时效应，也要考虑到为未来决策创造价值的机会。这类多阶段的决策模型规定在系统运行过程中，完成单一的决策并不能作为最终结果，而应在一系列观察点都做出相应的决策。例如，工厂的月度生产计划，以及为保证产品生产质量对机器进行的定期维修和保养；等等。在每个观察点处，决策者首先基于系统状态在所有备选方案中选择一个方案，进而会产生以下结果：① 获得某些效益，如销售产品的利润等；② 确定未来的系统状态，同时确定系统未来的发展规律及其概率。通过对②的反复循环，在下一时间点上观察系统状态，再做出新的决定。系统的下一个状态只与当前状态信息有关，而与更早之前的状态无关，即没有后效性(即马尔科夫性)，这称作马尔科夫决策过程(简称 MDP)。

MDP 模型的特点是可采用的行动集、既得报酬和转移概率只依赖于当前的系统状态和选取的行动，与过去的状态无关。MDP 模型是解决随机动态优化问题的重要工具。例如，排队系统的最优运行控制，是通过研究各种服务系统在排队等待中的概率特性，以实现系统的最优设计和最优控制；随机库存系统的最优订货策略，是研究连续性盘存/随机再制造系统的最优控制问题等；设备的最佳更换和维护策略，是根据变量现有的实际情况以及其变化趋势来预测未来的种种变化；等等。这些问题都可以转换为 MDP 模型来解决。

在 MDP 发展的前 30 多年，即 1980 年左右，其研究的方向主要集中在最优方程和求解算法(即策略与值迭代的方法)，但这些仅适用于单一目标规划函数的情形。在其后的 30 多年里，MDP 大部分的研究则集中在动态规划原则不直接适用的问题上，特别是多准则决策等方面。

16.1　马尔科夫链

16.1.1　基本理论

MDP 以概率论为基础，该方法所涉及的概率论的相关定义如下。

定义 1 条件概率。假设 A 和 B 为两个事件，而且 $P(A)>0$，称

$$P(B|A)=\frac{P(AB)}{P(A)} \tag{16.1}$$

为事件 A 发生的条件下事件 B 发生的条件概率。式(17.1)也可表示为 $P(AB)=P(A)P(B|A)$。

定义 2 全概率公式。我们命名试验 E 的样本空间为 S，事件 A 称为 E 的事件，若称为S的一个完备事件组则需要满足：$B_1, B_2, \cdots, B_n$之间两两互不相容，用数学语言表达即 $B_1, B_2, \cdots, B_n$，$B_iB_j=\varnothing(i\neq j,\ i,\ j=1,2,\cdots,n)$，$B_1\cup B_2\cup\cdots\cup B_n=S$，且有$P(B_i)>0\ (i=1,2,\cdots,n)$。

全概率公式为

$$P(A)=\sum_{i=1}^{n}P(B_i)P(A|B_i) \tag{16.2}$$

定义 3 矩阵的乘法运算。已知

$$\boldsymbol{A}=\begin{pmatrix}a_{11} & a_{12} & a_{13}\\ a_{21} & a_{22} & a_{23}\end{pmatrix},\ \boldsymbol{B}=\begin{pmatrix}b_{11} & b_{12}\\ b_{21} & b_{22}\\ b_{31} & b_{32}\end{pmatrix},\ \boldsymbol{C}=\begin{pmatrix}c_{11} & c_{12}\\ c_{21} & c_{22}\end{pmatrix}$$

如果

$$\begin{aligned}c_{11}&=a_{11}b_{11}+a_{12}b_{21}+a_{13}b_{31}\\ c_{12}&=a_{11}b_{12}+a_{12}b_{22}+a_{13}b_{32}\\ c_{21}&=a_{21}b_{11}+a_{22}b_{21}+a_{23}b_{31}\\ c_{22}&=a_{21}b_{12}+a_{22}b_{22}+a_{23}b_{32}\end{aligned}$$

那么矩阵 $\boldsymbol{C}$ 叫作矩阵 $\boldsymbol{A}$ 和 $\boldsymbol{B}$ 的乘积，记作 $\boldsymbol{C}=\boldsymbol{AB}$。

为便于书写，随机变量(ξ)在下文中我们统一使用“X”表示。

定义 4 转移概率矩阵 (Transition Probability Matrix，TPM)。随机变量序列$\{X_n, n=0,1,2,\cdots\}$称为一个马尔科夫链，如果存在以下等式：

$$P\{X_{m+k}=j|X_m=i, X_{kL}=i_L, \cdots, X_{k2}=i_2, X_{k1}=i_1\}=P\{X_{m+k}=j|X_m=i\} \tag{16.3}$$

对任意整数 k、L、m 以及非负整数 $m>k_L>\cdots k_2>k_1$ 均成立。

其中，$X_m=i$ 表示马尔科夫链在第 m 步(时刻 m)位于状态 i，状态 i 的集合 S 称为状态空间；$P_{ij}^{(k)}(m)=P\{X_{m+k}=j|X_m=i\}$称为在时刻 m 位于状态 i 经 k 步转移到达状态 j 的 k 步转移概率，而 $P_{ij}(m)=P_{ij}^{(1)}(m)$称为时刻 m 的 1 步转移概率；$\boldsymbol{P}^{(k)}(m)=(P_{ij}^{k}(m))$称为时刻 m 的 k 步 TPM，而 $\boldsymbol{P}(m)=(P_{ij}^{(1)}(m))=(P_{ij}(m))$称为时刻 m 的一步 TPM。

一步 TPM 中的一步转移概率 P_{ij} 具有如下两条性质：

(1) $P_{ij}\geqslant 0$；

(2) $\sum_{j=1}^{n}P_{ij}=1$。

k 步 TPM 揭示了一平稳的马尔科夫链从时刻 m 到 $m+k$ 时间的状态变化过程。

设$\{X_n, n\geqslant 1\}$是马尔科夫链，那么对于任意整数 n 和 $i, j\in S$，n 步的转移概率 $P_{ij}^{(n)}$ 具备以下四点性质：

(1) $P_{ij}^{(n)}=\sum_{k\in S}P_{ik}^{(1)}P_{kj}^{(n-1)}$；

(2) $P_{ij}^{(n)} = \sum_{k_1 \in S} \cdots \sum_{k_{n-1} \in S} P_{ik_1} P_{k_1 k_2} \cdots P_{k_{n-1} j}$；

(3) $P^{(n)} = PP^{(n-1)}$；

(4) $P^{(n)} = P^n$。

定义 5　齐次马尔科夫链的 1 步 TPM。马尔科夫链$\{X_n, n=0,1,2,\cdots\}$称为齐次的，是指它在时刻 m 的一步 TPM $\boldsymbol{P}(m)$与 m 无关，它等价于 $P^{(k)}(m)$且与 m 无关。其中，$\boldsymbol{P}^{(k)} = (P_{ij}^{(k)})$称为齐次马尔科夫链的 k 步 TPM，而 $\boldsymbol{P}=(P_{ij})$称为齐次马尔科夫链的 1 步 TPM。

相应地，$K-C$ 方程的条件为：$\boldsymbol{P}^k=\boldsymbol{P}^{(1)}\boldsymbol{P}^{(k-l)}$，其中 $0 \leqslant l \leqslant k$；$\boldsymbol{P}^{(k)}=\boldsymbol{P}^k$；马尔科夫链的概率分布：设$\{X_n, n=0,1,2,\cdots\}$为一条马尔科夫链，$X_0$ 的分布列(初始分布)为 $\boldsymbol{q}_0$(约定马尔科夫链的概率分布列为行向量)，记 $\boldsymbol{q}_n$ 为 X_n 的分布列或 Markov 链在时刻 n 的瞬时分布列，$\{P(n), n=0,1,2,\cdots\}$为一步 TPM 的集合，则有

$C1$：$\boldsymbol{q}_n = \boldsymbol{q}_0 \boldsymbol{P}^{(n)}(0) = \boldsymbol{q}_0 \prod^{n} P(i)$，$n \geqslant 0$　(非齐次)

$C2$：$\boldsymbol{q}_n = \boldsymbol{q}_0 \boldsymbol{P}^{(n)} = \boldsymbol{q}_0 \boldsymbol{P}^n$，$n \geqslant 0$　(齐次)

关于马尔科夫链的存在性的解释：对于任意给定的分布列 $\boldsymbol{q}_0$ 和一组随机矩阵$\{\boldsymbol{P}(n), n=0,1,2,\cdots\}$，作为唯一存在于某个概率空间$(\Omega, F, P)$中的马尔科夫链，它的初始分布列表示为 $\boldsymbol{q}_0$ 且相关 TPM 的集合表示为$\{\boldsymbol{P}(n), n=0,1,2,\cdots\}$。因此，齐次马尔科夫链由其初始分布和一步 TPM 唯一确定。

定义 6　固定概率向量(系统长期稳定状态)：设 $\boldsymbol{P}$ 是马尔科夫链的一步转移概率矩阵，存在一个唯一的无 0 分量的概率向量 $\boldsymbol{q}$，使得 $\boldsymbol{qP}=\boldsymbol{q}$，则称 $\boldsymbol{q}$ 为 $\boldsymbol{P}$ 的固定概率向量，或称 $\boldsymbol{q}$ 为 $\boldsymbol{P}$ 的固定点(或均衡点，即事物发展的长期稳定状态，可用作长期预测)。

如果马尔科夫链的转移概率矩阵 $\boldsymbol{P}$ 的所有行向量等于同一向量 $\boldsymbol{q}$，则称 $\boldsymbol{P}$ 是由 q 构成的稳态矩阵。不论马尔科夫链的初始分布如何，经充分多次状态转移后，绝对分布会趋于同一分布，即固定概率向量 $\boldsymbol{q}$ 给出的分布。换句话说，不论最初系统处于什么状态，最终都会以分布 $\boldsymbol{q}$ 处于系统内的各个状态，即系统最终会处于均衡状态。

定义 7　正规概率矩阵：设 $\boldsymbol{P}$ 为一概率矩阵，如存在一个正数 k，使得 $\boldsymbol{P}^k$ 仍为概率矩阵，且 $\boldsymbol{P}^k$ 中无 0 元素存在，则称 $\boldsymbol{P}$ 为正规概率矩阵。若 $\boldsymbol{P}$ 为正规概率矩阵，$\boldsymbol{q}$ 为其固定概率向量，则 $\boldsymbol{P}$ 的 n 次方序列 $\boldsymbol{P}$，$\boldsymbol{P}^2$，$\boldsymbol{P}^3$，…，$\boldsymbol{P}^n$，将逐渐趋于由 $\boldsymbol{q}$ 组成的方阵，即

$$\boldsymbol{P}^n \rightarrow \begin{bmatrix} \boldsymbol{q} \\ \boldsymbol{q} \\ \vdots \\ \boldsymbol{q} \end{bmatrix}$$

该方阵与正规矩阵 $\boldsymbol{P}$ 同阶。

【例 16.1】　某地区有三家汽车销售及维修服务公司 A、B、C，供 2000 个客户选择。为了增加各自公司的竞争力，提高盈利能力，三家公司实施以下商业策略：除了提供热情周到的服务外，还推出了广告宣传活动来推广公司产品，进而增强其在市场上的竞争力。假设每个公司的市场比例随时间变化，并且采用市场细分方法，可以基于个人的特质推断预测出群体中大部分人的行为偏好。以 $X_n(\omega)$表示随机选择的消费者 ω(样本空间的一个元素)在 n 时刻所偏好的公司，而且我们假定所给出的现在以及将来的偏好均与过去的选择无关。因此 $X=\{X_n, n \geqslant 0\}$便构成一个以 $E=\{1, 2, 3\}$为状态空间的马尔科夫链。表 16.1

反映了三家公司的市场占有率变化情况。

表 16.1 市场占有率的变化情况

公司	2020 年客户	2021 年增加客户数			2021 年减少客户数			2021 年客户
		由 A 转来	由 B 转来	由 C 转来	转向 A	转向 B	转向 C	
A	1000	0	150	100	0	600	0	650
B	500	600	0	0	150	0	200	750
C	500	0	200	0	100	0	0	600
共计	2000	1050						2000

以 2021 年客户数量变化情况构建转移矩阵，以列的方向表示转来客户，以行表示转走的客户数，每行之和为 2020 年的用户数，每列之和为 2021 年的用户数，当 $i=j$ 时，p_{ij} 代表 2020 年底原客户中未转走的客户数量，即得到转移矩阵如下：

$$\begin{bmatrix} & A & B & C \\ A & 400 & 600 & 0 \\ B & 150 & 150 & 200 \\ C & 100 & 0 & 400 \end{bmatrix} \rightarrow \text{转移走客户}$$

↑ 转来客户数

按行归一化，得到马尔科夫链的状态转移概率矩阵：

$$\boldsymbol{P}=\begin{bmatrix} 0.4 & 0.6 & 0 \\ 0.3 & 0.3 & 0.4 \\ 0.2 & 0 & 0.8 \end{bmatrix}$$

公司 $i(i=1,2,3)$ 对 n 时刻所占有的市场份额感兴趣，即概率 $\boldsymbol{P}(X_n=i)$。再者，当 n 趋于无穷时，若这一概率的极限 $\lim\limits_{n\to+\infty}\boldsymbol{P}(X_n=0)$ 存在，则反映了公司未来的稳定状态。

【例 16.2】 继续考虑例 16.1 中三家公司的竞争问题，2020 年三家公司的市场占有率为 $\alpha_0=(0.5\quad 0.25\quad 0.25)$，2021 年的市场占有率分别为 $\alpha_1=(0.325\quad 0.375\quad 0.3)$，状态转移概率矩阵为 $\boldsymbol{P}$，据此回答以下三个问题：

(1) 求出 2022 年的市场占有率，即 $\boldsymbol{P}^{(2022)}$；

(2) 求出 n 时刻的稳态概率，即 $\boldsymbol{P}^{(n)}$；

(3) 利用定义 6 确定三家公司的长期稳定状态。

解 (1) $\boldsymbol{P}^{(2022)}=\boldsymbol{\alpha}_0\boldsymbol{P}^2=\boldsymbol{\alpha}_1\boldsymbol{P}$

$$=(0.325\quad 0.375\quad 0.3)\begin{bmatrix} 0.4 & 0.6 & 0 \\ 0.3 & 0.3 & 0.4 \\ 0.2 & 0 & 0.8 \end{bmatrix}$$

$$=(0.30\quad 0.31\quad 0.39)$$

即 2022 年三家公司的市场占有率分别为 0.30、0.31、0.39。

(2) 利用 $\boldsymbol{P}=\boldsymbol{A}\wedge\boldsymbol{A}^{-1}$ 关系式计算 $\boldsymbol{P}$。

首先，获得与 TPM 相对应的特征值。因此，由 $|\boldsymbol{\lambda I}-\boldsymbol{P}|=0$ 可得

$$\begin{vmatrix} \lambda-0.4 & -0.6 & 0 \\ -0.3 & \lambda-0.3 & -0.4 \\ -0.2 & 0 & \lambda-0.8 \end{vmatrix}=0$$

即 TPM 的三个特征值分别为 $\lambda_1=1$，$\lambda_2=0$，$\lambda_3=0.5$。另计算特征向量，将对应于 λ_1 的特征向量表示为 $\boldsymbol{b}_i$，存在 $\lambda_i\boldsymbol{b}_i=\boldsymbol{b}_i\boldsymbol{P}(i=1,2,3)$，进而可通过建立方程组求得 $\boldsymbol{b}_i$。取分别对应于特征值 1、0 和 0.5 的特征值向量 $\boldsymbol{b}_1=(1,1,1)^{\mathrm{T}}$，$\boldsymbol{b}_2=(-1.5,1,0.37)^{\mathrm{T}}$ 与 $\boldsymbol{b}_3=(6,1,-4)^{\mathrm{T}}$。此外，$\lambda_1$、$\lambda_2$、$\lambda_3$ 互不相等，必使得 $\boldsymbol{b}_1$、$\boldsymbol{b}_2$、$\boldsymbol{b}_3$ 线性无关。

对应于特征值的特征向量实际上可以获得方程组，由于特征值彼此不同，因此已知它们与线性无关。令

$$\boldsymbol{A}=\begin{bmatrix} 1 & -1.5 & 6 \\ 1 & 1 & 1 \\ 1 & 0.37 & -4 \end{bmatrix},\quad \wedge=\begin{bmatrix} 1 & 0 & 0 \\ 0 & 0 & 0 \\ 0 & 0 & 0.5 \end{bmatrix}$$

则 $\boldsymbol{A}$ 可逆，可以算出 $\boldsymbol{A}^{-1}$，且有 $\boldsymbol{P}=\boldsymbol{A}\wedge\boldsymbol{A}^{-1}$。

$$\boldsymbol{A}^{-1}=\begin{bmatrix} \frac{7}{25} & \frac{6}{25} & \frac{12}{25} \\ -\frac{8}{25} & \frac{16}{25} & -\frac{8}{25} \\ \frac{1}{25} & \frac{3}{25} & -\frac{4}{25} \end{bmatrix}$$

于是，有

$$\boldsymbol{P}^{(n)}=\boldsymbol{P}^n=\boldsymbol{A}\wedge^n\boldsymbol{A}^{-1}=\boldsymbol{A}\begin{bmatrix} 1 & 0 & 0 \\ 0 & (0)^n & 0 \\ 0 & 0 & (1/2)^n \end{bmatrix}\boldsymbol{A}^{-1}$$

$$=\begin{bmatrix} \frac{7}{25}+\left(\frac{6}{25}\right)\left(\frac{1}{2}\right)^n & \frac{6}{25}+\left(\frac{18}{25}\right)\left(\frac{1}{2}\right)^n & \frac{12}{25}-\left(\frac{24}{25}\right)\left(\frac{1}{2}\right)^n \\ \frac{7}{25}+\left(\frac{1}{25}\right)\left(\frac{1}{2}\right)^n & \frac{6}{25}+\left(\frac{3}{25}\right)\left(\frac{1}{2}\right)^n & \frac{12}{25}-\left(\frac{4}{25}\right)\left(\frac{1}{2}\right)^n \\ \frac{7}{25}-\left(\frac{4}{25}\right)\left(\frac{1}{2}\right)^n & \frac{6}{25}-\left(\frac{12}{25}\right)\left(\frac{1}{2}\right)^n & \frac{12}{25}+\left(\frac{16}{25}\right)\left(\frac{1}{2}\right)^n \end{bmatrix}$$

故有

$$\lim_{n\to\infty}\boldsymbol{P}^{(n)}=\lim_{n\to\infty}\boldsymbol{P}^n=\begin{bmatrix} 0.28 & 0.24 & 0.48 \\ 0.28 & 0.24 & 0.48 \\ 0.28 & 0.24 & 0.48 \end{bmatrix}$$

(3) 假设状态转移概率矩阵 $\boldsymbol{P}$ 的固定概率向量为 $\boldsymbol{q}=(x \quad y \quad 1-x-y)$，根据定义 6 确定如下关系：$\boldsymbol{qP}=\boldsymbol{q}$。即

$$(x \quad y \quad 1-x-y)\begin{bmatrix} 0.4 & 0.6 & 0 \\ 0.3 & 0.3 & 0.4 \\ 0.2 & 0 & 0.8 \end{bmatrix}=(x \quad y \quad 1-x+y)$$

展开得到以下三个方程：

$$0.4x+0.3y+0.2-0.2x-0.2y=x$$

$$0.6x+0.3y=y$$
$$0.4y+0.8-0.8x-0.8y=1-x-y$$

解得
$$x=\frac{7}{25},\ y=\frac{6}{25},\ 1-x-y=\frac{12}{25}$$

这说明，无论三家食品公司的初始市场份额占了多少，经过长时间的竞争，A、B、C 三家公司的市场份额分别为 7/25、6/25、12/25。

16.1.2　状态的分解及状态空间的分类

定义 8　互通：如果状态 i 和 j，存在 $n\geqslant 0$，使 $p_{ij}^{(n)}>0$，则称自状态 i 可到达状态 j，记作 $i\rightarrow j$。如果 $i\rightarrow j$ 同时满足 $j\rightarrow i$，则称状态 i 和状态 j 互通，记为 μ_i。如果自状态 i 不可到达状态 j，则 $n\geqslant 0$，都有 $p_{ij}^{(n)}=0$。

在状态空间 S 中，互通关系满足以下性质：① 自反性 $i\leftrightarrow i$，($p_{ij}^{(0)}=1$)；② 对称性，若 $i\rightarrow j$，则 $j\rightarrow i$；③ 传递性，若 $i\rightarrow j$，$j\rightarrow k$，则 $i\rightarrow k$。

定义 9　闭集：设 C 为状态空间 S 的一个子集，若对任意 $i\in C$ 和任意 $j\notin C$，有 $p_{ij}=0$，则称 C 为闭集。若 C 为闭集，则表示自 C 内任意状态 i 出发，始终不能到达 C 以外的任何状态 j。

如果单个状态构成一个闭集，则称这个闭集为吸收态，那么这个吸收状态构成一个最小的闭集。

定义 10　不可约：马尔科夫链中除整个状态空间 S 以外没有其他的闭集。如果状态空间 S 中一个闭集 C 的状态是互通的，则称闭集 C 是不可约的。

【例 16.3】　设马尔科夫链$\{X_n,\ n\geqslant 0\}$的状态空间 $S=\{0,1,2\}$，其一步 TPM 如下，试确定各状态间的关系，并画出状态转移图。

$$\textbf{TPM}=\begin{bmatrix}\frac{1}{2} & \frac{1}{2} & 0\\ \frac{1}{2} & \frac{1}{8} & \frac{3}{8}\\ 0 & \frac{1}{3} & \frac{2}{3}\end{bmatrix}$$

解　按一步转移概率，画出各状态间的转移图，如图 16.1 所示。

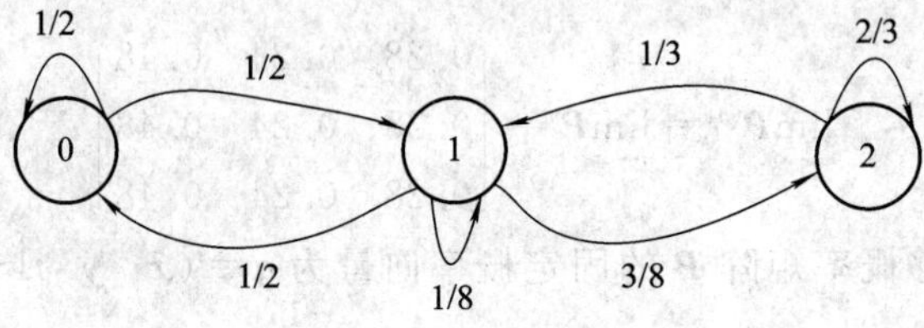

图 16.1　状态转移图

根据状态转移图可知，状态 0 可以到达状态 1，并可以继续到达状态 2；反之，从状态 2 出发经状态 1 也可到达状态 0，说明可知状态空间 S 是互通的。此外，由于 S 的所有状态都不能到达 S 以外的任一状态，所以状态空间 S 是一个闭集。因为 S 中不存在其他闭集，所以可以认为该马尔科夫链为不可约。

【例 16.4】 设马尔科夫链状态空间 $S=\{0,1,2,3,4\}$，其一步 TPM 如下：

$$\mathbf{TPM}=\begin{bmatrix} \frac{1}{4} & 0 & 0 & \frac{3}{4} & 0 \\ \frac{3}{8} & 0 & \frac{5}{8} & 0 & 0 \\ 0 & 0 & 1 & 0 & 0 \\ 1 & 0 & 0 & 0 & 0 \\ 0 & 1 & 0 & 0 & 0 \end{bmatrix}$$

试确定吸收态、闭集及不可约链。

解 基于 TPM，画出各状态间的转移图，如图 16.2 所示。

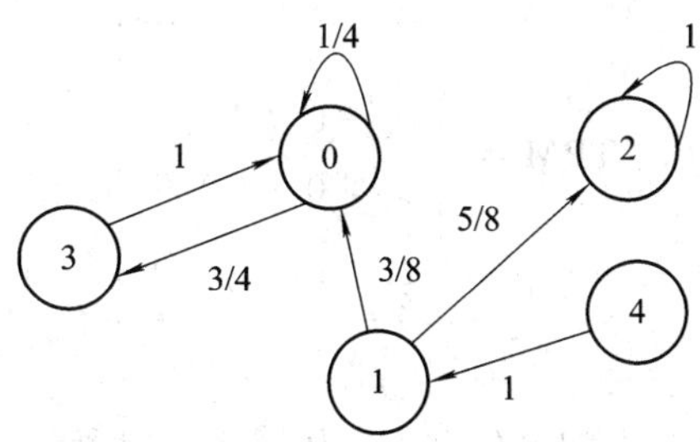

图 16.2 某马尔科夫链的状态转移图

据图可知，状态 2 为吸收态，故 $C_1=\{2\}$为闭集，同时可以确定，$C_2=\{0,3\}$，$C_3=\{0,2,3\}$，$C_4=\{0,1,2,3\}$均为闭集。其中，C_1和 C_2是不可约的。由于 S 状态空间具有闭子集，故马尔科夫链为非不可约链。

定义 11 状态的常返性：设$\{X_n,\ n=0,1,2,\cdots,n\}$为一条马尔科夫链，状态空间为 S，称 $f_{ij}^{(n)}=P(X_1\neq j,\cdots,X_{n-1}\neq j,X_n=j\mid X_0=i)$为由状态 i 出发经 n 步，首次到达状态 j 的概率，其中 $i,j\in S$，$n\geqslant 1$；称 $f_{ij}=P(\bigcup\limits_{n=1}^{\infty}X_n=j\mid X_0=i)$为由状态$i$出发经有限次数到达状态 j 的概率。显然，$f_{ij}=\sum\limits^{\infty}f_{ij}^{(n)}$。进一步地，当 n 取∞ 时，f_{ij}^{∞} 表示从状态 i 出发永不到达状态 j 的概率，即 $f_{ij}^{\infty}=1-f_{ij}$。

存在$\forall j\in S$，使得 $\tau_j=\inf\{n\geqslant 1\mid X_n=j\}$称为马尔科夫链 X 第一次到达某一状态j 的时刻，也就是首次到达状态 j 的间隔。显然，对任意的 $n\geqslant 1$，有

$$\begin{aligned} &P(\tau_j=n\mid X_0=i)=f_{ij}^{(n)} \\ &P(\tau_j<\infty\mid X_0=i)=\sum_{n}^{\infty}f_{ij}^{(n)}=f_{ij} \qquad (16.4) \\ &P(\tau_j=\infty\mid X_0=i)=f_{ij}^{(n)}=1-f_{ij} \end{aligned}$$

定义 12 设相应的 f_{ii} 刻画从状态 i 出发经有限步返回状态 i 的概率，$f_{ii}=\sum\limits_{n=1}^{\infty}f_{ii}^{(n)}=P\{\tau_{ii}<+\infty\}=\sum\limits_{n=1}^{\infty}P\{\tau_{ii}=n\mid X_0=i\}$。若 $f_{ij}=1$，则称状态 i 是常返的，有时又称“返回”“常驻”或“持久”；若 $f_{ij}<1$，则称状态 i 是非常返的，也称“滑过”或“瞬时”。若状态 i 为非常返的，则由该状态出发将以 $1-f_{ii}$的概率永不返回。若 $f_{ii}=1$，则系统以概率 1 无穷次返

回 i；若 $f_{ii}<1$，则系统以概率 1 只有有穷次返回 i；另外，如果 $P_{ii}=1$，则称 i 为吸收状态。进而将以下公式定义为常返状态 i 的平均返回时间，表示马尔科夫链 X 自状态 i 出发，首次重返状态 i 所需时间 τ_j 的期望值。

$$\mu_i=\begin{cases}\infty, & \text{若 } f_{ii}<1 \\ \sum_{n=1}^{\infty} n f_{ii}^{\infty}=E[\tau_j \mid X_0=i], & \text{若 } f_{ii}=1\end{cases} \tag{16.5}$$

定义 13 正常返与零常返：根据 μ_i 的值是有限或无限的，可把常返态分为两类，如果 $\mu_i<+\infty$，则称常返状态 i 为正常返；如果 $\mu_i=+\infty$，则称常返状态 i 为零常返。

【例 16.5】 设马尔科夫链 $\{X_n, n\geqslant 1\}$ 的状态空间 $S=\{1,2,3,4\}$。一步 TPM 为

$$\textbf{TPM}=\begin{bmatrix}0 & \frac{1}{2} & 0 & \frac{1}{2}\\ 0 & 0 & 1 & 0\\ 0 & 0 & 0 & 1\\ \frac{1}{2} & 0 & 0 & \frac{1}{2}\end{bmatrix}$$

试判断状态 1 的常返性。

解 基于 TPM，画出各状态间的转移图，如图 16.3 所示。

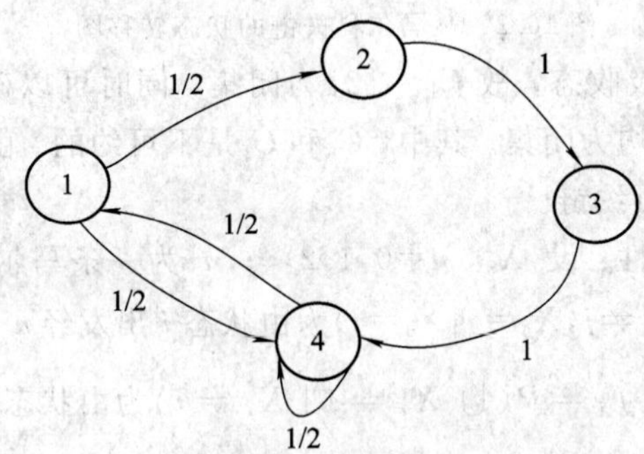

图 16.3 某马尔科夫链的状态转移图

由图 16.3 可知：

$$f_{11}^{(1)}=0,\ f_{11}^{(2)}=p_{14}p_{41}=\frac{1}{4},\ f_{11}^{(3)}=p_{14}p_{44}p_{41}=\frac{1}{8}$$

当 $n\geqslant 4$，$f_{11}^{(n)}=p_{14}p_{44}^{n-2}p_{41}+p_{12}p_{23}p_{34}p_{44}^{n-4}p_{41}=\frac{1}{2^n}+\frac{1}{2^{n-2}}$，$f_{11}=\sum_{n=1}^{\infty}f_{11}^{(n)}=\sum_{n=2}^{\infty}(\frac{1}{2^n})+\sum_{4}^{\infty}(\frac{1}{2^{n-2}})=1$，因此状态 1 是常返态。

进一步 $\mu_1=\sum_{n=2}^{\infty}(n\frac{1}{2^n})+\sum_{n=4}^{\infty}n\frac{1}{2^{n-2}}<+\infty$，故状态 1 是正常返态。

【例 16.6】 设马尔科夫链各状态间的转移图如图 16.4 所示，试确定各状态的性质。

$f_{11}^{(1)}=\frac{1}{4}$，$f_{11}^{(n)}=0(n\geqslant 2)$，所以 $f_{11}=\sum_{n=1}^{\infty}f_{11}^{(n)}=\frac{1}{4}$；

$f_{22}^{(1)}=\frac{1}{2}$，$f_{22}^{(2)}=\frac{1}{2}$，所以 $f_{22}=\sum_{n=1}^{\infty}f_{22}^{(n)}=1$；

$f_{33}^{(1)}=0$，$f_{33}^{(2)}=\frac{1}{2}$，$f_{33}^{(3)}=\left(\frac{1}{2}\right)^2$，…，所以 $f_{33}=\sum f_{33}^{(n)}=1$；

$f_{44}^{(1)}=\frac{1}{4}$，$f_{44}^{(n)}=0(n\geqslant 2)$，…，所以 $f_{44}=\sum f_{44}^{(n)}=1$。

于是，常返状态的为状态 2、3、4，非常返状态的为状态 1。此外，由于 $p_{44}=1$，因此状态 4 也为吸收状态。

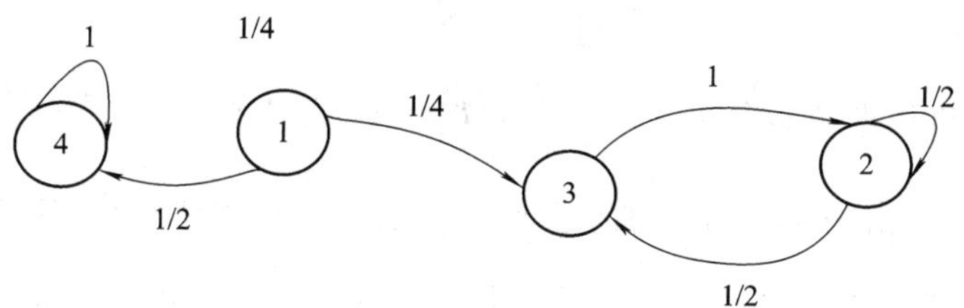

图 16.4　某马尔科夫链的状态转移图

定义 14　周期性状态：如集合$\{n: n\geqslant 1, P_{ii}^n>0\}$非空，则称该集合的最大公约数 $d=d(i)=G.C.D\ \{n: P_{ii}^n>0\}$为状态 i 的周期。如果 $d>1$，就称 i 为周期的；如果 $d=1$，就称 i 为非周期的。特别地，若 $P_{ii}>0$，则状态 i 是非周期的。

定义 15　遍历状态：如果状态 i 既是正常返的，又是非周期的，那么可以将状态 i 称为遍历状态。例如，吸收状态就是一种最特殊的遍历状态。

由此分析可以得到以下结论，设状态 $i\in S$：

(1) 若 $f_{11}=1$，则称状态 i 是常返的；若 $f_{11}<1$ 则称状态 i 是非常返的。

(2) 若 i 是常返状态，且 $\mu_{ii}<+\infty$，则称状态 i 为正常返状态；若 i 是常返状态，且 $\mu_{ii}=+\infty$，则称状态 i 为零常返状态。

(3) 若 $d_i>1$，则称状态 i 为周期状态，且周期为 d_i；若 $d_i=1$，则称状态 i 为非周期状态。若状态 i 是正常返的非周期状态，则称之为遍历状态。

【例 16.7】　设马尔科夫链$\{X_n, n\geqslant 1\}$的状态空间 $S=\{1,2,3,4\}$，各状态间的转移图如图 16.5 所示，试分析状态 1、3、5 的常返性及周期。

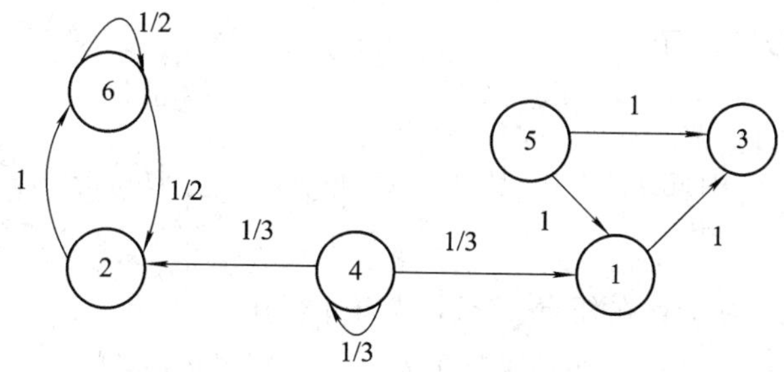

图 16.5　状态转移图

解　由状态转移图可知，$f_{11}^{(1)}=0$，$f_{11}^{(2)}=0$，$f_{11}^{(3)}=1$，$f_{11}^{(n)}=0, n\neq 3$，故 $f_{11}=1$，$\mu_1=\sum nf_{11}^{(n)}=3$，可见 1 为正常返态且周期为 3；又因状态 3、5、1 互通，故状态 3 与 5 也是周期为 3 的正常返态。

【例 16.8】　假设存在一条马尔科夫链的状态空间为 $S=\{0,1,2,3\}$，转移概率矩阵

$\boldsymbol{P}$ 为

$$\boldsymbol{P}=\begin{bmatrix}0 & 1 & 0 & 0\\0 & 0 & 1 & 0\\0 & 0 & 0 & 1\\\frac{1}{2} & 0 & \frac{1}{2} & 0\end{bmatrix}$$

试求状态 0 的周期。

解 根据已知条件可以算出：$P_{00}=0$，$P_{00}^{(2)}=P_{00}^{(3)}=P_{00}^{(5)}=P_{00}^{2n+1}=0$，而 $P_{00}^{(4)}=\frac{1}{2}$，$P_{00}^{(6)}=\frac{1}{4}$，$P_{00}^{(8)}=\frac{3}{8}$。由于$\{4,6,8,\cdots\}$的最大公约数为 2，所以状态 0 的周期为 2。

判别马尔科夫链的状态类别首先要明确判别依据，共有两种方法：首达概率和势矩阵。

定理 1 首达概率的计算方法如下：

(1) $f_{ij}^{(n)}=\begin{cases}p_{ij}, & n=1\\ \sum\limits_{k\in S-\{j\}}P_{ik}f_{kj}^{(n-1)}, & n\geqslant 2\end{cases}$

(2) $f_{ij}=p_{ij}+\sum\limits_{k\in S-\{j\}}P_{ik}f_{kj}$

【例 16.9】 设马尔科夫链 X 的状态空间为 $S=\{1,2,3\}$，其状态转移如图 16.6 所示，试判断出以上各状态是常返的或是非常返的。

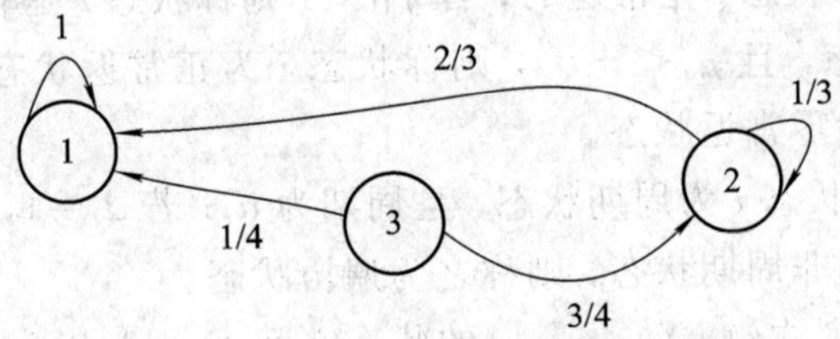

图 16.6 状态转移图

解 由定理 1 的式(1)有

$$f_{11}^{(1)}=P_{11}=1,\quad f_{11}^{(n)}=P_{12}f_{21}^{(n-1)}+P_{13}f_{31}^{(n-1)}=0$$

由于 $P_{12}=P_{13}=0$，因此 $f_{11}^{(n)}=0$。从而 $f_{11}=1$，$\mu_1=\sum\limits_{n=1}^{\infty}nf_{11}^{(n)}=1<+\infty$，故"状态 1"为正常返的。

由定理 1 的结论，对于存在任意 $n\geqslant 2$，状态 3 存在

$$f_{i3}^{(n)}=p_{i1}f_{13}^{(n-1)}+p_{i2}f_{23}^{(n-1)}\quad(\forall n\geqslant 2)$$

可求得 $f_{i3}^{(n)}=0(\forall n\geqslant 2,\ i=1,2,3)$，故 $f_{33}=f_{33}^{(1)}=P_{33}=0<1$，于是状态 3 是非常返的。同理可以求得状态 2 也是非常返的。

16.2 转移概率的极限性质

定义 16 转移概率：条件概率 $p_{ij}(n)=P\{X_{n+1}=j\mid X_n=i\}$为时刻 N 时马尔科夫链

$\{X_n, n\in T\}$的一步转移概率，其中，条件概率 $P_{ij}(n)$是指随机游动的质点在时刻 n 处于状态 i 的条件下，下一步转移到状态 j 的概率。

通俗地讲，转移概率不仅与状态有关，而且与时刻也有很大的关系。当转移概率不依赖于时刻的时候，可以认为马尔科夫链具有平稳的转移概率。

定义 17　齐次马尔科夫链：对任意 $\forall i,j\in T$，马尔科夫链$\{X_n, n\in T\}$的转移概率 $P_{ij}(n)$与初始时间无关，则称马尔科夫链是齐次链，同时，将 $P_{ij}(n)$记作 P_{ij}。

假设字母 $\boldsymbol{P}$ 代表一步转移概率 $P_{ij}(n)$组成的 $i\times j$ 的矩阵，且存在于状态空间 S 上，那么就会推导出系统状态的一步转移概率矩阵：

$$\boldsymbol{P}=\begin{pmatrix} p_{11} & p_{12} & \cdots & p_{1n} & \cdots \\ p_{21} & p_{22} & \cdots & p_{2n} & \cdots \\ \cdots & \cdots & \cdots & \cdots & \cdots \end{pmatrix} \tag{16.6}$$

定义 18　设$\{X_n, n\in T\}$为马尔科夫链，称 $P_j=P\{X_0=j\}$和 $P_j(n)=P\{X_n=j\}$，$(j\in I)$为$\{X_n, n\in T\}$的初始概率和绝对概率。$\{P_j, j\in I\}$和$\{P_j(n), j\in I\}$分别为$\{X_n, n\in T\}$的初始分布和绝对分布，简记为$\{P_j\}$和$\{P_j(n)\}$。概率向量 $\boldsymbol{P}^{\mathrm{T}}(n)=(p_1(n), p_2(n), \cdots)$为 n 时刻的绝对概率向量，$\boldsymbol{P}^{\mathrm{T}}(0)=(p_1, p_2, \cdots)$为初始概率。

定理 2　马尔科夫链的绝对分布由其初始分布和一步转移概率完全确定。

证明

$$\begin{aligned} P_j(n) &= P(X_n = j) \\ &= P(\bigcup_i (X_0 = i), X_n = j) \\ &= P(\bigcup_i (X_0 = i, X_n = j)) \\ &= \sum_i P(X_0 = i, X_n = j) \\ &= \sum_i P(X_0 = i) \cdot P(X_n = j \mid X_0 = i) \\ &= \sum_i P_j P_{ij}(n) \end{aligned}$$

【例 16.10】　设马尔科夫链 X 的状态空间为 $S=\{1,2,3\}$，其一次概率转移矩阵如下：

$$\mathbf{TPM} = \begin{bmatrix} \frac{2}{3} & \frac{1}{3} & 0 \\ \frac{1}{3} & \frac{1}{3} & \frac{1}{3} \\ 0 & \frac{1}{2} & \frac{1}{2} \end{bmatrix}$$

初始分布 $P_j^1=\frac{1}{3}$，$j=1,2,3$，试确定：(1) $P(X_1=1, X_3=3)$；(2) $P(X_3=3)$。

解　(1)

$$P(X_1 = 1, X_3 = 3) = P(X_1 = 1) \cdot P(X_3 = 3 \mid X_1 = 1) = \frac{1}{3} \cdot p_{13}^{(2)}$$

其中 $p_{13}^{(2)}$ 表示两步转移概率，即 $\boldsymbol{P}^{(2)}$ 矩阵中第一行第三列对应的数据。

$$P^{(2)}=\begin{bmatrix}\frac{5}{9} & \frac{3}{9} & \frac{1}{9}\\ \frac{3}{9} & \frac{7}{18} & \frac{5}{18}\\ \frac{1}{6} & \frac{5}{12} & \frac{5}{12}\end{bmatrix}$$

因此，$P(X_1=1,X_3=3)=\frac{1}{3}\cdot p_{13}^{(2)}=\frac{1}{27}$。

(2) $P(X_3=3)=\sum_j p_j^{(0)}\cdot p_{j3}^{(2)}$

$=\frac{1}{3}\cdot(p_{13}^{(2)}+p_{23}^{(2)}+p_{33}^{(2)})$

$=\frac{1}{3}\cdot\left(\frac{1}{9}+\frac{5}{18}+\frac{5}{12}\right)=\frac{29}{108}$

设马尔科夫链为有限状态的，显然有 $\lim_{n\to\infty}\sum_{j=1}^{S}p_{ij}(n)=\sum_{j=1}^{S}\lim_{n\to\infty}p_{ij}(n)=\sum_{j=1}^{S}p_j=1$，满足 $p_j\geqslant 0$，$\sum_{j=1}^{S}p_j=1$，$j=1,2,\cdots,S$，即 $\{p_j,j=1,2,\cdots,S\}$ 构成一个概率分布，在此称为转移概率的极限分布。有限状态的遍历的马尔科夫链必存在极限分布。

如马尔科夫链为无限状态的，则由 $\sum_{j=1}^{\infty}p_{ij}(n)=1$，$j\in S$，可得 $\sum_{j=1}^{S}p_{ij}(n)\leqslant 1$，又因为 $\lim_{S\to\infty}\left[\lim_{n\to\infty}\sum_{j=1}^{S}p_{ij}(n)\right]=\lim_{S\to\infty}\sum_{j=1}^{S}p_j\leqslant 1$，可见 $p_j\geqslant 0$，$\sum_{j=1}^{\infty}p_j\leqslant 1$，$j=1,2,\cdots,S$。无限状态的遍历的马尔科夫链不一定存在极限分布，只有其极限概率构成概率分布时才存在极限分布。

定理 3 设 j 为遍历状态，则对 $\forall\, i\in S$ 有

$$\lim_{n\to\infty}p_{ij}(n)=\frac{f_{ij}}{\mu_j}$$

$$\lim_{n\to\infty}\frac{1}{n}\sum_{k=1}^{n}p_{ij}(k)=\begin{cases}0, & j\text{ 为非常返的或零常返的}\\ \dfrac{f_{ij}}{\mu_{ij}}, & j\text{ 为正常返的}\end{cases}$$

当出现下述两种情形时，转移概率 $p_{ij}(n)$ 的极限值 $\lim_{n\to\infty}p_{ij}(n)$ 不存在：

(1) i 与 j 为互达的、周期的正常返状态；

(2) i 为非常返状态，j 为周期的正常返状态。

16.3 平稳分布

在马尔科夫链 X 中，状态概率是一个重要的量，表示系统在时刻 n 处于状态 j 的概率。这里的问题是：是否存在一个不随时间变化的所谓“平稳的”概率分布。

在介绍马尔科夫链的平稳分布问题之前，我们首先需要明确什么是马尔科夫链的遍历性，即马尔科夫链的遍历定理。这一定理指出，当存在马尔科夫链 $X=\{X_n,n\geqslant 1\}$ 的 TPM 为 $P_{ij}^{(k)}$ 时，对于 $\forall\, i,j$ 存在不依赖于 i 的 $\lim P_{ij}^{(k)}=P_j$，那么我们就称 $X=\{X_n,n\geqslant 1\}$ 是具有遍历的特性。

定义 19　设马尔科夫链 $X=\{X_n, n\geqslant 1\}$的 TPM 为 $\boldsymbol{P}$。若离散概率分布 $\boldsymbol{\pi}=(\pi_j, j\in S)$满足 $\boldsymbol{\pi}=\boldsymbol{\pi P}$，则称 $\boldsymbol{\pi}$ 是马尔科夫链 X 的平稳分布。

设 $X=\{X_n, n\geqslant 1\}$是马尔科夫链，则 X 没有稳态分布的充要条件是 X 没有正常返状态；X 具有唯一平稳分布的充要条件是 X 仅有一个不可约的正常返类；X 具有无限多个平稳分布的充要条件是 X 至少有两个不可约的正常返类。

定理 4　设马尔科夫链 $X=\{X_n, n\geqslant 1\}$是遍历的，$\boldsymbol{P}$ 为转移概率矩阵，记 $\boldsymbol{\pi}=(\pi_j, j\in S)$，则方程组

$$\begin{cases}\boldsymbol{\pi}=\boldsymbol{\pi P}\\ \pi_j\geqslant 0,\ \sum\pi_j=1\end{cases}$$

有唯一的正解：

$$\pi_j=\frac{1}{\mu_j},\quad \forall j\in S=\{0,1,2,\cdots\}$$

遍历性与平稳性存在以下相关关系。

定理 5　设有限马尔科夫链 $X=\{X_n, n\geqslant 1\}$的状态空间 $S=\{1,2,\cdots\}$，如果存在正整数 m，使得 $\forall i,j\in S$，都有 $p_{ij}^{(m)}>0$，则此马尔科夫链为遍历的，且$\lim\limits_{n\to\infty}P_{ij}^{(n)}=\pi(j)$中的 $\pi(j)$ 是方程组 $\pi(j)=\sum\limits_{i=1}^{S}\pi(i)p_{ij}$，$j=1,2,\cdots$，满足 $\pi(j)>0$，$\sum\limits_{j=1}^{S}\pi(j)=1$ 的唯一解。

定理表明无论初始状态如何，任一状态都能以正概率经过有限次转移到其他任一状态。

【例 16.11】　设马尔科夫链 $X=\{X_n, n\geqslant 1\}$的状态空间 $S=\{1,2,3\}$，其转移概率矩阵如下：

$$\boldsymbol{P}_1=\begin{bmatrix}\frac{1}{3} & \frac{2}{3} & 0\\ \frac{2}{3} & 0 & \frac{1}{3}\\ 0 & \frac{2}{3} & \frac{1}{3}\end{bmatrix}$$

试证明其遍历性，并求出平稳分布。

解　由于 $\boldsymbol{P}_2=(\boldsymbol{P}_1)^2=\begin{bmatrix}\frac{5}{9} & \frac{2}{9} & \frac{2}{9}\\ \frac{2}{9} & \frac{6}{9} & \frac{1}{9}\\ \frac{4}{9} & \frac{2}{9} & \frac{3}{3}\end{bmatrix}$，当 $m=2$ 时，对于 $\forall i,j\in S$，$p_{ij}^{(2)}>0$，可知，此马尔科夫链具有遍历性。由定理 4 得到

$$\begin{cases}\pi(1)=\frac{1}{3}\pi(1)+\frac{2}{3}\pi(2)\\ \pi(2)=\frac{2}{3}\pi(1)+\frac{2}{3}\pi(3)\\ \pi(3)=\frac{1}{3}\pi(2)+\frac{1}{3}\pi(3)\\ \pi(1)+\pi(2)+\pi(3)=1\end{cases}$$

解得 $\pi(1)=\frac{2}{5}$，$\pi(2)=\frac{2}{5}$，$\pi(3)=\frac{1}{5}$。

【例 16.12】 某地区主要由三家厂商提供某一类产品。年末对 2000 名消费者进行了问卷调查，发现购买三家厂商产品的消费者人数分别为 800、600 和 600。此外，得到该批用户的转移频数矩阵为

$$\boldsymbol{P}=\begin{bmatrix}0.4 & 0.3 & 0.3\\ 0.6 & 0.3 & 0.1\\ 0.6 & 0.1 & 0.3\end{bmatrix}$$

试预测 3 年后及长期各厂家市场占有率。

解 初始化市场占有概率$(p_1, p_2, p_3)=(0.4, 0.3, 0.3)$。三年以后的市场占有分布是$(p_1(3), p_2(3), p_3(3))$，则预测的公式为

$$(p_1(3),p_2(3),p_3(3))=(p_1,p_2,p_3)\begin{bmatrix}p_{11}^{(3)} & p_{12}^{(3)} & p_{13}^{(3)}\\ p_{21}^{(3)} & p_{22}^{(3)} & p_{23}^{(3)}\\ p_{31}^{(3)} & p_{32}^{(3)} & p_{33}^{(3)}\end{bmatrix}$$

$$\boldsymbol{P}(3)=(0.4\quad 0.3\quad 0.3)\begin{bmatrix}0.4 & 0.3 & 0.3\\ 0.6 & 0.3 & 0.1\\ 0.6 & 0.1 & 0.3\end{bmatrix}^3$$

$$=(0.5008\quad 0.2496\quad 0.2496)$$

未来市场占有率将会趋于平稳，此时顾客的流动对市场占有率失去影响，即在顾客流动过程中，各厂家争取的顾客将与流失的顾客抵消。设长期市场占有率为 $X=(x_1\quad x_2\quad x_3)$，则有

$$\begin{cases}(x_1\quad x_2\quad x_3)\begin{bmatrix}0.4 & 0.3 & 0.3\\ 0.6 & 0.3 & 0.3\\ 0.6 & 0.1 & 0.3\end{bmatrix}=(x_1\quad x_2\quad x_3)\\ x_1+x_2+x_3=1\end{cases}$$

可得 $X=(x_1\quad x_2\quad x_3)=(0.5\quad 0.25\quad 0.25)$。

结合系统发展的惯性，三个厂家未来市场占有率分别为 0.5、0.25、0.25。

16.4 马尔科夫过程

定义 20 设 $T=[0, +\infty)$，如果随机过程$\{X_t, t\in T\}$对任意 $n>0$，$t>0$，$s>s_n>s_{n-1}>\cdots>s_1>0$，以及任意状态 i_1，i_2，…，i_n，$i,j\in S$(状态空间)，均有

$$p\{X_{s+t}=j \mid X_s=i, X_{sn}=i_n,\cdots,X_{s1}=i_1\}=p\{X_{s+t}=j \mid X_s=i\} \tag{16.7}$$

则称随机过程$\{X_t, t\geqslant 0\}$为马尔科夫过程，其中 $T=[0, +\infty)$称为时间参数集。

马尔科夫过程$\{X_t, t\in T\}$称为可列马尔科夫过程(时间连续)，如果它的状态空间 S 为可列集，则记 $S=\{0,1,2,\cdots\}$。如果马尔科夫过程的转移概率 $p_{ij}(s,s+t)$独立于时刻 s，则称其为齐次马尔科夫过程。

定义 21 如果对于任何一列状态 i_0，i_1，…，i_{n-1}，i，j，以及对任何 $n\geqslant 0$，随机过程$\{S_t, t\geqslant 0\}$满足马尔科夫性质：

$$P\{X_{n+1}=j \mid X_0=i_0,\cdots,X_{n-1}=i_{n-1},X_n=i\}=P\{X_{n+1}=j \mid X_n=i\}$$

则称随机过程为离散时间马尔科夫链。

马尔科夫过程具有以下特点：

(1) 对马尔科夫过程$\{X_t, t\in T\}$，显然有：对$\forall i,j\in S$，$t>0$，成立$P_{ij}(t)\geqslant 0$，$\sum P_{ij}(t)=1$。

这说明转移矩阵$P(t)$是随机矩阵。

进一步地，若还满足

$$\lim_{t\to 0^+}P_{ij}(t)=P_{ij}(0)=\delta_{ij}=\begin{cases}1, & i=j\\ 0, & i\neq j\end{cases} \tag{16.8}$$

则称$P(t)$是一标准 TPM(或称马尔科夫过程$X(t)$是标准的)。

记$q_j(t)=p(X_t=j)$，$\forall t\geqslant 0$，$j\in S$，则称以$q_j(t)$为分量的行向量。$q(t)=[q_j(t)]$为马尔科夫过程在时刻t的瞬时分布，而称$q(0)$为初始分布。

(2) $K-C$ 方程：对于任意的$n,m\geqslant 0$及$i,j\in S$，存在

$$p_{ij}^{(n+m)}=\sum_k p_{ik}^{(n)}p_{kj}^{(m)}$$

证明 按照时刻n的状态进行分解，且结合马尔科夫性，可以得到

$$\begin{aligned}p_{ij}^{(n+m)}&=P(X_{n+m}=j \mid X_0=i_0)\\&=\sum_k P(X_{n+m}=j,X_n=k \mid X_0=i)\\&=\sum_k P(X_n=k \mid X_0=i)P(X_{n+m}=j \mid X_n=k,X_0=i)\\&=\sum_k P(X_n=k \mid X_0=i)P(X_{n+m}=j \mid X_n=k)\\&=\sum_k p_{ik}^{(n)}p_{kj}^{(m)}\end{aligned}$$

$K-C$ 方程刻画了，从状态i出发经过$n+m$步到达状态j可分成两个阶段：先从状态i出发经过n步到达状态k，然后从状态k出发经过m步到达状态j。由马尔科夫性，任意一时刻所处的状态独立于前一时刻的状态，故两个阶段的转移概率相乘。

一般地，若马尔科夫过程是不可约的，那么有$\pi_j=\lim\limits_{t\to\infty}q_j(t)=\lim\limits_{t\to\infty}q_{ij}(t)>0$，否则，极限为 0 且有

$$\pi_j q_{jj}=\sum_{i\in S,i\neq j}\pi_j q_{ij},\quad \sum_{j\in S}\pi_j=1 \tag{16.9}$$

上式的含义：不可约马尔科夫过程X离开状态j的概率$\pi_j q_{jj}$等于从任何其他状态进入状态j的概率，即

$$\sum_{i\in S,i\neq j}\pi_j q_{ij} \tag{16.10}$$

16.5 市场份额与期望利润预测

马尔科夫链在经历过较长一段时间后将逐渐趋于稳定，人们把马尔科夫链的这一状态称为稳定状态。该状态与初始状态无关，且在$n+1$期的状态概率与n期的状态概率相同。

由马尔科夫链的稳定状态定义，我们可以做出如下推理：当马尔科夫链处于稳态时，

有 $S^{(k+1)}=S^{(k)}$，即 $S^{(k+1)}=S^{(k)}\cdot P=S^{(k)}$。

假设 $\boldsymbol{S}^{(k)}=(x_1,x_2,\cdots,x_n)$，且 $\sum_{i=1}^{n}x_i=1$ 是经 k 步转移后的状态向量，一步 TPM 为

$$\boldsymbol{P}=\begin{bmatrix} p_{11} & \cdots & p_{1n} \\ \vdots & \ddots & \vdots \\ p_{n1} & \cdots & p_{nn} \end{bmatrix} \tag{16.11}$$

根据 $\boldsymbol{S}^{(k+1)}=\boldsymbol{S}^{(k)}\cdot\boldsymbol{P}=\boldsymbol{S}^{(k)}$，可展开为

$$(x_1,x_2,\cdots,x_n)\begin{bmatrix} p_{11} & \cdots & p_{1n} \\ \vdots & \ddots & \vdots \\ p_{n1} & \cdots & p_{nn} \end{bmatrix}=\boldsymbol{S}^{(k)}=(x_1,x_2,\cdots,x_n) \tag{16.12}$$

那么，我们可以得到如下方程组：

$$\begin{cases} p_{11}x_1+p_{21}x_2+\cdots+p_{n1}x_n=x_1 \\ p_{12}x_1+p_{22}x_2+\cdots+p_{n2}x_n=x_2 \\ \qquad\vdots \\ p_{1n}x_1+p_{2n}x_2+\cdots+p_{nn}x_n=x_n \end{cases} \tag{16.13}$$
$$x_1+x_2+\cdots+x_n=1$$

通过对方程进行移项，可得

$$\begin{cases} (p_{11}-1)x_1+p_{21}x_2+\cdots+p_{n1}x_n=0 \\ p_{12}x_1+(p_{22}-1)x_2+\cdots+p_{n2}x_n=0 \\ \qquad\vdots \\ p_{1n}x_1+p_{2n}x_2+\cdots+(p_{nn}-1)x_n=0 \end{cases} \tag{16.14}$$
$$x_1+x_2+\cdots+x_n=1$$

通过观察我们发现上述方程组中有 n 个变量，但是却有 $n+1$ 个方程，说明在这 $n+1$ 个方程中，有一个方程不独立。那么，我们通过消去其中第 n 个方程，并将相互独立的方程组写成矩阵形式：

$$\begin{bmatrix} (p_{11}-1) & p_{21} & \cdots & p_{n1} \\ p_{12} & (p_{22}-1) & \cdots & p_{n2} \\ \vdots & \vdots & & \vdots \\ 1 & 1 & 1 & 1 \end{bmatrix}\begin{bmatrix} x_1 \\ x_2 \\ \vdots \\ x_n \end{bmatrix}=\begin{bmatrix} 0 \\ 0 \\ \vdots \\ 1 \end{bmatrix} \tag{16.15}$$

令

$$p_1=\begin{bmatrix} (p_{11}-1) & p_{21} & \cdots & p_{n1} \\ p_{12} & (p_{22}-1) & \cdots & p_{n2} \\ \vdots & \vdots & & \vdots \\ 1 & 1 & 1 & 1 \end{bmatrix}\boldsymbol{X}^{(n)}=\begin{bmatrix} x_1 \\ x_2 \\ \vdots \\ x_n \end{bmatrix}\boldsymbol{B}=\begin{bmatrix} 0 \\ 0 \\ \vdots \\ 1 \end{bmatrix} \tag{16.16}$$

即可求得

$$\boldsymbol{P}_1\boldsymbol{X}^{(n)}=\boldsymbol{B}$$
$$\boldsymbol{X}^{(n)}=\boldsymbol{P}_1^{-1}\boldsymbol{B} \tag{16.17}$$

即求得 $\boldsymbol{X}^{(n)}$ 是马尔科夫链的稳态概率。

接下来，通过以下两个实例分别学习市场份额与期望利润预测。

【例 16.13】 某地区有三个新鲜牛奶供应厂家，分别为厂家 1、厂家 2 和厂家 3。根据对 2000 名消费者展开的调查，购买厂家 1、2、3 的客户分别为 800、600 和 600，得到如下状态转移矩阵：

$$\boldsymbol{A}=\begin{bmatrix}240 & 240 & 320\\ 360 & 180 & 60\\ 60 & 360 & 180\end{bmatrix}$$

通过已知条件，试预测三个牛奶厂家未来 3 个月的市场份额。

A 的第一行表示，在购买厂家 1 产品的 800 个消费者中，有 320 名消费者继续购买厂家 1 的产品，转向购买厂家 2 和产品的消费者都是 240 人。**A** 的第二行和第三行的含义同第一行。

根据已知的实验数据，通过 Excel 软件实现的具体步骤如下：

(1) 计算一步 TPM。首先输入 **A** 矩阵中数据，然后选择公式 sum(A1:C1)计算第一行的和，点击键盘上的【Enter】键，得到第一行的和为 800，依次计算各行数据的和，如图16.7 所示。

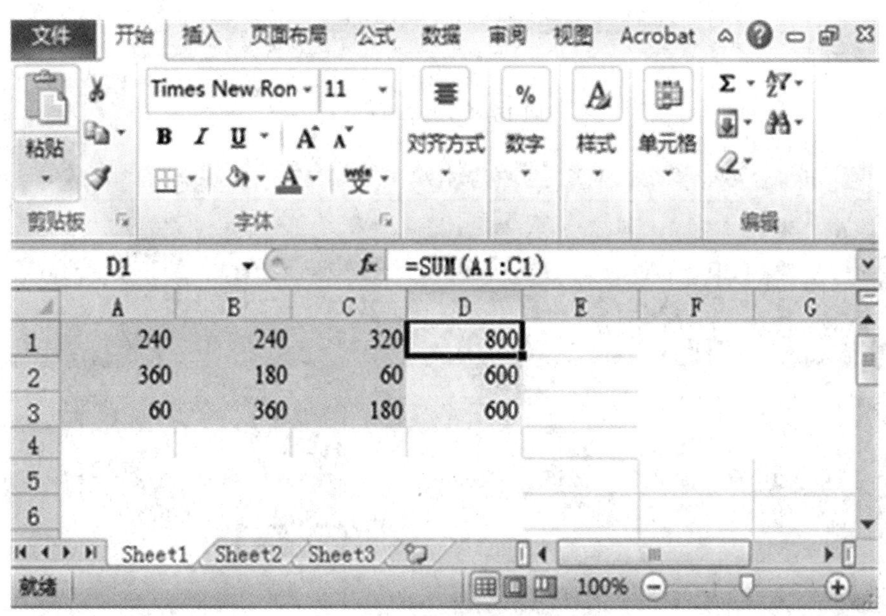

图 16.7　数据输入图

然后，用每一行中的每一个数据除以所在行的和，从而得到 TPM(见图 16.8)。

(2) 计算初始状态，分别用 2000 去除 800、600 和 600，得到如图 16.9 所示的结果。

(3) 对未来 3 个月三个厂家市场份额进行预测。

首先，用鼠标选中表格中的 B11:D11 的单元格，以存储未来第一个月三个厂家的市场份额。

然后，单击主菜单中的【公式】，从下拉菜单中选择【插入函数】，选择【数学和三角函数】，在【选择函数】中选择数组乘法函数【MMULT】，单击【确定】键，将出现如图 16.10 所示的对话框。

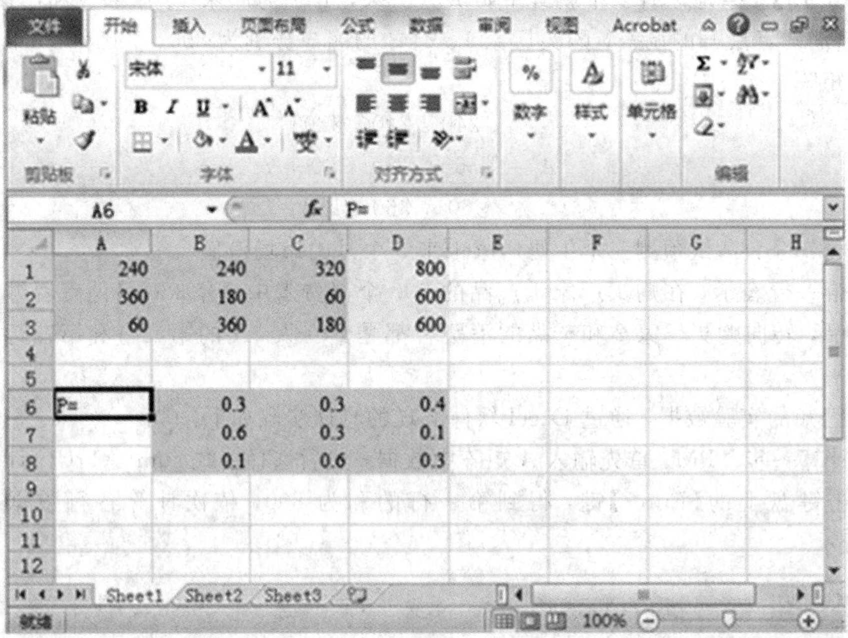

图 16.8 求解 TPM

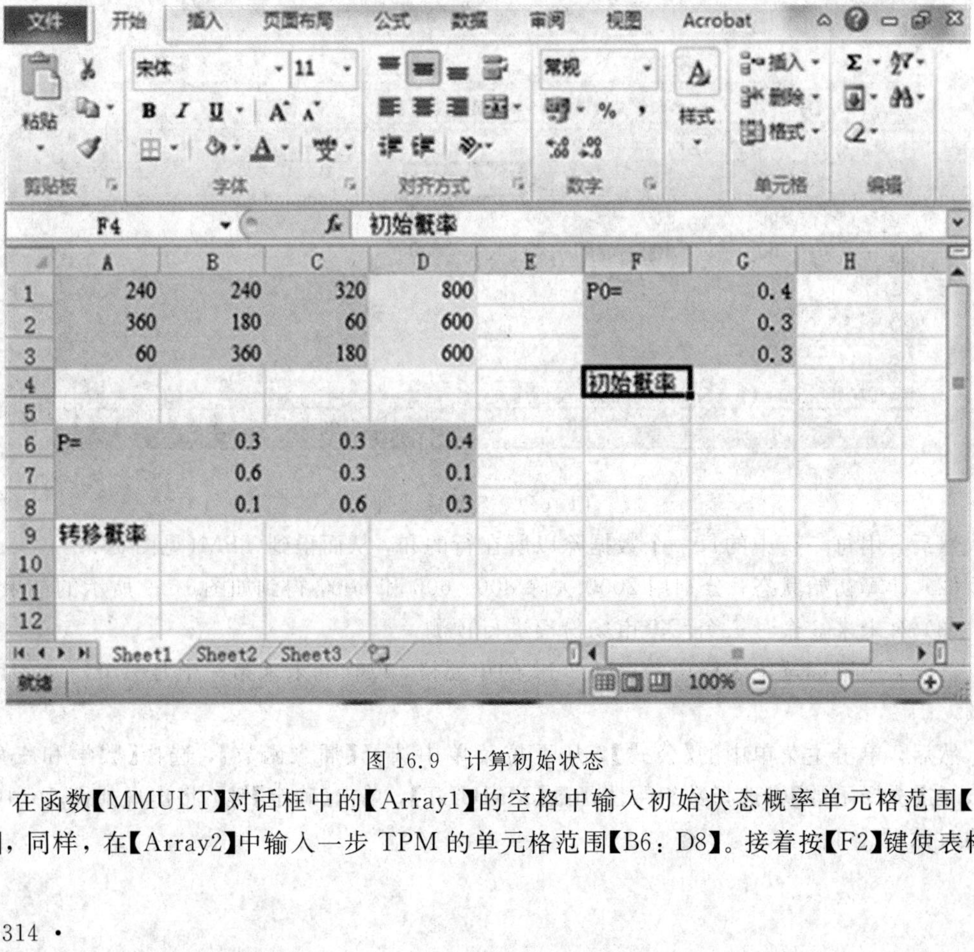

图 16.9 计算初始状态

在函数【MMULT】对话框中的【Array1】的空格中输入初始状态概率单元格范围【B5：D6】，同样，在【Array2】中输入一步 TPM 的单元格范围【B6：D8】。接着按【F2】键使表格处

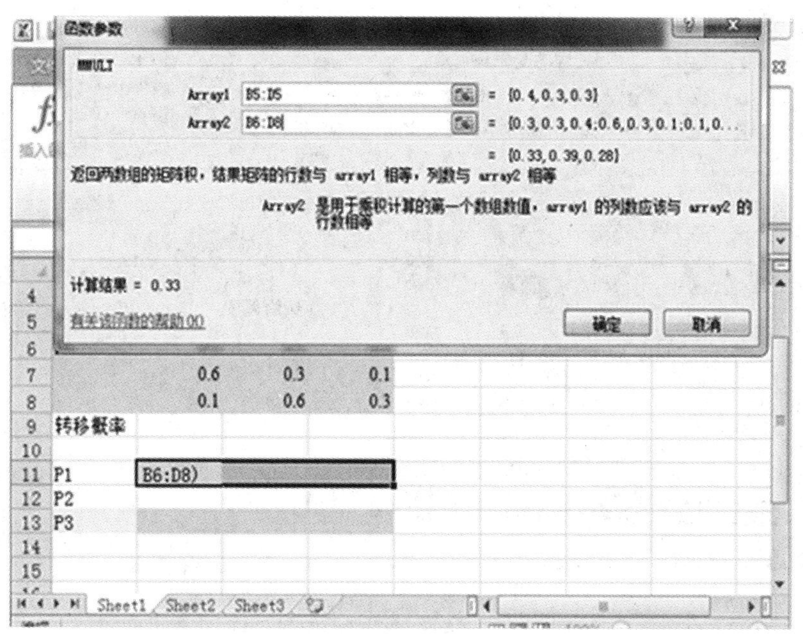

图 16.10　预测未来第一个月市场份额

于编辑状态，然后同时按下键盘上的【Ctrl】、【Shift】、【Enter】键，输出单元格区域为 B11：D11，得到各厂家市场份额分别为 0.33、039、0.28。结果如图 16.11 所示。

	A	B	C	D	E	F	G	H
4						初始概率		
5	P0=	0.4	0.3	0.3				
6	P=	0.3	0.3	0.4				
7		0.6	0.3	0.1				
8		0.1	0.6	0.3				
9	转移概率							
10								
11	P1	0.33	0.39	0.28				
12	P2							
13	P3							
14								
15								

图 16.11　未来第一个月份市场份额

重复以上步骤，P2＝ P・P1，P3＝ P・P2，得到未来 3 个月的市场份额汇总，如图16.12 所示。

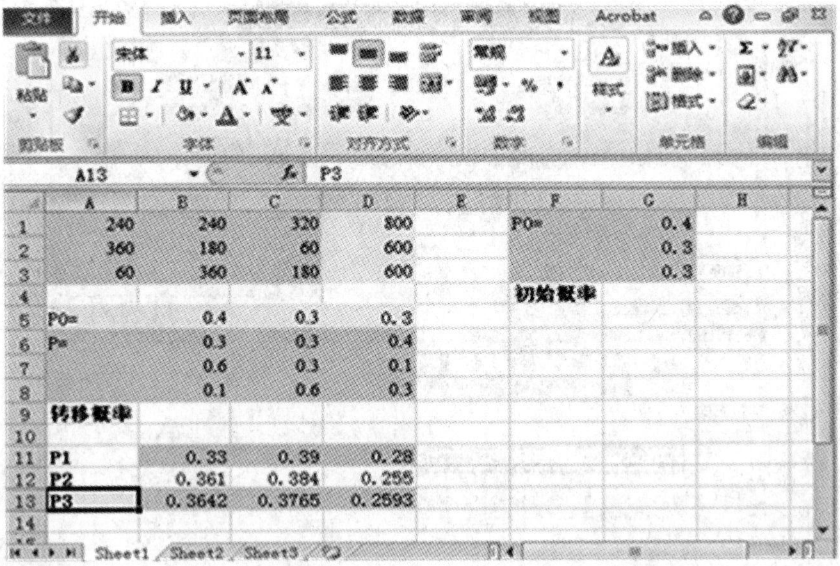

	A	B	C	D	E	F	G	H
1	240	240	320	800		P0=	0.4	
2	360	180	60	600			0.3	
3	60	360	180	600			0.3	
4						初始概率		
5	P0=	0.4	0.3	0.3				
6	P=	0.3	0.3	0.4				
7		0.6	0.3	0.1				
8		0.1	0.6	0.3				
9	转移概率							
10								
11	P1	0.33	0.39	0.28				
12	P2	0.361	0.384	0.255				
13	P3	0.3642	0.3765	0.2593				
14								

图 16.12　未来 3 个月的市场份额

马尔可夫链除了用来进行市场份额预测外，还常用来进行期望利润预测。

期望利润预测时考虑：一个与经济有关的随机系统在进行状态转移时，利润要发生相应变化，例如商品从连续畅销到滞销，显然在这些过程变化时，利润变化的差距是很大的。若马尔科夫链在发生状态转移时，伴随利润变化，则称这个马尔科夫链为带利润的马尔科夫链。

设系统有 N 个状态，状态 i 经过一步转移到状态 j 时所获得的利润为 r_{ij}，$i,j=1,2,\cdots,N$。

设利润矩阵为

$$\boldsymbol{R}=\begin{bmatrix} r_{11} & r_{12} & \cdots & r_{1N} \\ r_{21} & r_{22} & \cdots & r_{2N} \\ \vdots & \vdots & & \vdots \\ r_{N1} & r_{N2} & \cdots & r_{NN} \end{bmatrix}$$

显然，$r_{ij}>0$ 时盈利，$r_{ij}<0$ 时亏损，$r_{ij}=0$ 时平衡。由于系统状态转移为随机的，得到的利润也应当是随机的，这个利润只能是期望利润。期望利润分为有限时段期望利润和无限时段期望利润。

(4) 计算有限时段期望总报酬。

记 $v_i(k)$ 表示初始状态为 i 的条件下，到第 k 步状态转移前所获得的期望总报酬($k\geqslant1$，$i\in S$)。

表 16.2　一步转移的期望利润

状态 i	状态转移	$i\to1$	$i\to2$	…	$i\to i$	…	$i\to N$
	转移概率	P_{i1}	P_{i2}	…	P_{ii}	…	P_{iN}
	利润变化	r_{i1}	r_{i2}	…	r_{ii}	…	r_{iN}
	期望利润	$P_{i1}r_{i1}$	$P_{i2}r_{i2}$	…	$P_{ii}r_{ii}$	…	$P_{iN}r_{iN}$

从状态 i 开始经过一步转移后所得到的期望利润值为

$$v_i(1) = r_{i1}p_{i1} + r_{i2}p_{i2} + \cdots + r_{iN}p_{iN} = \sum_{j=1}^{N} r_{ij}p_{ij}$$

经过两步转移之后的期望利润为

$$\begin{aligned} v_i(2) &= [v_1(1) + r_{i1}]p_{i1} + [v_2(1) + r_{i2}]p_{i2} + \cdots + [v_N(1) + r_{iN}]p_{iN} \\ &= \sum_{j=1}^{N} [v_j(1) + r_{ij}]p_{ij} \\ &= v_i(1) + \sum_{j=1}^{N} v_j(1)p_{ij} \end{aligned}$$

k 步转移期望利润递推公式可以分解为两步，即一步和 $k-1$ 步。一步期望利润为 $v_k(1)$，$k-1$ 步利润为 $\sum_{j=1}^{N} p_{ij}v_j(k-1)$，故 k 步转移期望利润为 $v_i(k) = v_i(1) + \sum_{j=1}^{N} p_{ij}v_j(k-1)$。经过 n 步转移之后的期望利润为

$$v_i(n) = \sum_{j=1}^{N} [v_j(n-1) + r_{ij}]p_{ij} = v_i(1) + \sum_{j=1}^{N} v_j(n-1)p_{ij} \tag{16.18}$$

(5) 计算无限时段单位时间平均报酬。

对 $i \in S$，定义初始状态为 i 的无限时段单位时间平均报酬为

$$v_i = \lim_{k\to\infty} \frac{v_i(k)}{k}$$

记 $\boldsymbol{v} = [v(1), v(2), \cdots, v(N)]^{\mathrm{T}}$

$$v_i(k) = \sum_{n=0}^{k-1} P^n r = (I + P + P^2 + \cdots + P^{k-1})r$$

$$v_i = \lim_{k\to\infty} \frac{v_i(k)}{k} = \lim_{k\to\infty} \frac{(I + P + P^2 + \cdots + P^{k-1})r}{k} = \lim_{k\to\infty} P^k r$$

若马尔可夫链存在平稳分布，概率向量 $\boldsymbol{\pi} = (\pi_1, \pi_2, \cdots, \pi_S)$，对任意的 $i, j \in S$，均有 $\lim_{m\to+\infty} p_{ij}^{(m)} = \pi_j$，则称 π 为稳态分布。故转移概率存在以下趋势：

$$\boldsymbol{P}^m = \begin{bmatrix} p_{11}^{(m)} & p_{12}^{(m)} & \cdots & p_{1N}^{(m)} \\ p_{21}^{(m)} & p_{22}^{(m)} & \cdots & p_{2N}^{(m)} \\ \vdots & \vdots & & \vdots \\ p_{N1}^{(m)} & p_{N2}^{(m)} & \cdots & p_{NN}^{(m)} \end{bmatrix} \to \begin{bmatrix} \pi_1 & \pi_2 & \cdots & \pi_N \\ \pi_1 & \pi_2 & \cdots & \pi_N \\ \vdots & \vdots & & \vdots \\ \pi_1 & \pi_2 & \cdots & \pi_N \end{bmatrix}$$

因而，有

$$\boldsymbol{v}_i = \begin{bmatrix} \pi_1 & \pi_2 & \cdots & \pi_N \\ \pi_1 & \pi_2 & \cdots & \pi_N \\ \vdots & \vdots & & \vdots \\ \pi_1 & \pi_2 & \cdots & \pi_N \end{bmatrix} \begin{bmatrix} r(1) \\ r(2) \\ \vdots \\ r(S) \end{bmatrix} = \begin{bmatrix} \sum_{j=1}^{S} \pi_j r(j) \\ \sum_{j=1}^{S} \pi_j r(j) \\ \vdots \\ \sum_{j=1}^{S} \pi_j r(j) \end{bmatrix}$$

即无限时段单位时间平均报酬与初始状态无关，均为 $v_i=\sum_{j=1}^{N}\pi_j r(j)$。

【例 16.14】 某季节性产品销售受到天气的显著影响，根据历史资料分析，未来天气可能出现阴天、下雪、下雨、晴天四种状态，四种状态转移概率矩阵为 $\boldsymbol{P}$，其对应的状态转换利润矩阵为 $\boldsymbol{R}$，如果基期($n=0$)不管处于那种状态，预测其后 1 至 4 月各月总期望利润。

$$\boldsymbol{P}=\begin{bmatrix}0.5 & 0.1 & 0.1 & 0.3\\ 0.2 & 0.3 & 0.4 & 0.1\\ 0.15 & 0.2 & 0.35 & 0.3\\ 0.1 & 0.6 & 0.2 & 0.1\end{bmatrix}$$

$$\boldsymbol{R}=\begin{bmatrix}15 & 3 & 3 & 7\\ 4 & 3 & 4 & 1\\ 1 & 2 & 5 & 3\\ 11 & 16 & 12 & 7\end{bmatrix}$$

利用(16.18)计算各月的总期望利润。Matlab 平台计算程序如下：

```
clear;
P=[0.5 0.1 0.1 0.3; 0.2 0.3 0.4 0.1; 0.15 0.2 0.35 0.3; 0.1 0.6 0.2 0.1];
R=[15 3 3 7; 4 3 4 1; 1 2 5 3; 11 16 12 7];
V1=[sum(P(1,:). * R(1,:));sum(P(2,:). * R(2,:));
sum(P(3,:). * R(3,:)); sum(P(4,:). * R(4,:))]
I=eye(4);
V2=(I+P) * V1                         %2 个月之后的总利润
V3=(I+P+P^2) * V1                     %3 个月之后的总利润
V4=(I+P+P^2+ P^3) * V1                %4 个月之后的总利润
```

总期望利润汇总如表 16.3 所示。

表 16.3 预 期 利 润

	V_1	V_2	V_3	V_4
不同时间段的预期利润	10.2000	20.1000	27.8930	35.1127
	3.4000	9.1200	16.3120	23.3776
	3.2000	10.6700	17.4375	24.3407
	13.8000	18.8800	25.3040	32.3944

课后习题

1. 某地区有 A、B 和 C 三家工厂生产电视机。这三家产品占该地区销售市场份额的 50%，20%和 30%。这三家工厂的电视服务都是以年度为基础的。前不久，B 工厂制定了一项措施用以吸引 A、C 两家工厂的客户购买自家产品。根据市场调查，在 B 工厂新措施的影响下，A 工厂原有客户(市场订购客户)中只有 70%仍会购买 A 产品，而 20%和 10%的客户，将分别转向 B 工厂和 C 工厂。90%客户仍会选择 B 工厂产品剩下 10%，一半转向 A 工厂，另一半转向 C 工厂。C 工厂将保留 80%的原始客户，剩下 20%将平分到 A、B 两工厂。现假设这种销售趋势保持不变。

(1) 分别求出三家工厂在第一年、第二年、第三年的销售份额。

(2) A、B、C 三家工厂最终将各占市场多大份额？

2. 现有一家工厂购进了一台设备，该设备可以用来修理工厂中运转出现异常或者不能工作的机器。待修理的机器送至设备修理机器的概率分布如表 16.4 所示。

表 16.4　一小时内待修理机器的概率分布

一小时周期内到达的台数	0	1	2
发生的概率	0.6	0.2	0.2

如果有机器运转出现问题并送入该设备进行维修，在 1 小时为单位的周期内，机器检修完成的概率为 0.7，且不存在检修超过 1 台机器的可能。假设待修理的机器在循环开始时被发送到修理站，并且完成修理的时间是在循环结束时(即任何循环的状态在该循环结束时保持不变)。等待修理的最大机器数量最多为 2 台，否则维修站将不接受它并将机器返回其原始位置。此外，定义系统状态为任意给定周期内现有机器的台数，包括等待修理的机器在内。

试求：

(1) 该马尔科夫过程的一步 TPM；

(2) 稳态概率；

(3) 从某一个状态到另一个状态的首次到达时间和本身的在线时间；

(4) 期望台数以及平均队长。

题目(2) ～ (4)要求读者利用系统工程软件在计算机上完成。

3. 在一家工厂的车间内现有 2 台车床用于加工产品，每台车床故障后的修理时间为 1/4小时。需工作人员每隔 1/4 小时记录一次正常工作的车床台数。图 17.28 给出了连续观察 75 次的车床工作数量。

2	2	2	1	2	1	0	1	1
2	2	2	2	2	1	2	2	1
2	1	0	0	1	0	0	0	1
2	1	2	2	2	2	22	1	2
2	1	2	2	2	1	0	0	1
0	1	2	2	1	2	2	1	2
2	1	0	1	0	1	2	2	1
2	2	2	1	2	1	0	1	2
1	2	2						

图 16.13　车间观察 75 次的车床工作数量

试建立马尔科夫模型来计算车床在很长一段时间内都处于正常工作状态的车床数的期望。两台车床都处于故障状态的时间比率为多少？

4. 四层楼房中安装了自动电梯。该电梯只能被内部乘坐人员操控，电梯外人员无法叫停电梯，当恰好有人在同一楼层走出电梯时，方可搭乘。通常情况下，进入该楼并计划使用电梯的人中，有50%的人想去第2层，另外50%的人想去第3层和第4层；而在电梯内部，有80%的人想去第1层，剩下20%想去其余楼层。

(1) 假如小明恰巧进入楼中，想从第1层乘坐电梯，那么他坐上电梯的概率有多大？

(2) 假如现在电梯正在第2层，在它到达第1层之前会停留几次？(计算出平均值)

(3) 假如电梯停留在每个楼层的时间为30 s，这个时间也包含了启动的过程。现在电梯正在第2层，那么小明在第1层等待这个电梯到达的时间超过2 min的概率是多大？

5. 某地有甲、乙、丙三个商场在该地区销售生鲜产品，据调查8月份在甲、乙、丙三家商场购买产品的消费者数量分别为48、32、80人，9月份调查发现原买甲商场的12人转买乙，6人转买丙；原买乙的有2人转买甲，有16人转买丙；原来买丙的有8人转买甲，有30人转买乙，估算9月份及12月份，甲、乙、丙三个商场的产品在该地区的市场占用率。

参考文献

[1] 陈又星，徐辉，吴金椿. 管理科学研究方法：数据·模型·决策[M]. 上海：同济大学出版社，2013.

[2] 朱建平，靳刘蕊. 经济预测与决策[M]. 厦门：厦门大学出版社，2012.

[3] 朱钰，杨殿学. 统计学[M]. 北京：国防工业出版社，2012.

[4] 赖岳，吴根秀，黄涛，等. 信度马尔科夫链预测模型及应用[J]. 统计与决策，2017(14)：80-83.

[5] (美)别林斯里(BILLINGSLEY P). 概率与测度. 3版[M]. 北京：世界图书出版公司，2007.

[6] 刘桂红，魏丽娟，管强，等. 采用灰色-马尔科夫模型的福建省城镇养老保险基金结余量预测. 三明学院学报，2020，37(06)：37-44.

[7] 赵春艳，文新雷. 非线性时间序列计量经济学研究新进展. 统计与决策，2020，36(21)：32-37.

[8] 王小芹. 经济中基于马尔科夫决策过程的预测决策研究. 现代营销(经营版)，2020，(07)：82-83.

[9] 温海彬. 马尔科夫链预测模型及一些应用. 南京邮电大学硕士论文，2012.

[10] 陈振颂，李延来. 基于广义信度马尔科夫模型的顾客需求动态分析. 计算机集成制造系统，2014，20(03)：666-679.

[11] 汲剑锐. 马尔科夫链应用的一些探讨. 华中师范大学硕士论文，2012.

[12] 马睿瑄. 马尔科夫链模型在发展性学生评价中的应用研究. 内蒙古师范大学硕士论文，2014.